渤海渔业种群

对环境变化的适应性响应及资源效应

金显仕 主编

中国农业出版社

北　京

图书在版编目（CIP）数据

渤海渔业种群对环境变化的适应性响应及资源效应 / 金显仕主编—北京：中国农业出版社，2020.5
ISBN 978-7-109-26081-8

Ⅰ.①渤… Ⅱ.①金… Ⅲ.①渤海－渔业－种群－环境影响－适应性－研究 Ⅳ.①S931.3

中国版本图书馆CIP数据核字（2019）第236063号

渤海渔业种群对环境变化的适应性响应及资源效应
BOHAI YUYE ZHONGQUN DUI HUANJING BIANHUA DE SHIYINGXING XIANGYING JI ZIYUAN XIAOYING

中国农业出版社出版
地址：北京市朝阳区麦子店街18号楼
邮编：100125
责任编辑：王金环
版式设计：史鑫宇　　责任校对：吴丽婷
印刷：北京中科印刷有限公司
版次：2020年5月第1版
印次：2020年5月北京第1次印刷
发行：新华书店北京发行所
开本：787mm×1092mm　1/16
印张：18.25
字数：475千字
定价：180.00元

本 书 编 委 会

主　编　金显仕

副主编　窦硕增　王震宇　单秀娟

参　编　（按姓氏笔画排序）

丁小松　王伟继　卞晓东　印丽云
吉成龙　刘金虎　关丽莎　李　东
李江涛　李锋民　杨　涛　吴　强
吴惠丰　张　波　张秀梅　张学庆
陈碧鹃　胡晓珂　夏　斌　栾青杉
唐　诚　曹　亮　戴芳群

前言

Foreword

海洋作为人类社会可持续发展的宝贵财富，是解决当今人类所面临的人口增长、环境恶化和资源短缺三大问题的关键基础保障。特别是1994年《联合国海洋法公约》生效后，各沿海国家均把可持续开发海洋、发展海洋经济定为基本国策。其中，近海及其邻近区域具有非常重要的供给、支持、调节等生态系统服务功能以及文化功能。例如，这些区域接纳了全球75%～90%的入海悬浮物质及化学污染物，支撑了全世界60%人口的生存和2/3的大中城市的发展，成为各国实施海洋战略的主要区域。近海渔业更是对于保障各国食品安全和促进海洋经济发展发挥了极其重要的作用，发展海洋渔业成为各国缓解粮食危机的战略措施之一。从全球来看，近海及其周边区域用18%的地球表面，提供了25%的初级生产力和90%的渔获量。目前，约30亿人口的动物蛋白摄入量中有近20%来自水产品，其中近海捕捞产量占60%以上。就我国而言，自20世纪80年代以来，渔业生产力得到了极大释放和显著提高，近海渔业得以快速发展，在保障我国水产品供给、增加渔民收入、促进沿海地区海洋经济发展等方面做出了巨大贡献。

近年来渔业资源呈普遍性衰退，2013年国务院在《关于促进海洋渔业持续健康发展的若干意见》中明确指出，“加强海洋渔业资源和生态环境保护，不断提升海洋渔业可持续发展能力”是我国今后渔业发展的主要任务。在人类活动和气候变化影响日益加剧的情况下，科学认识环境变化对海洋渔业资源变动的影响及渔业种群对环境变化的反馈机理是保护海洋渔业资源和生态环境、提升渔业资源的可持续发展能力的必要前提，也是促进我国海洋渔业持续健康发展的基础和保障。

环境变化导致近海生态系统服务功能的衰退已成为制约我国海洋渔业可持

续发展的瓶颈，也为实现基于生态系统的渔业管理造成了巨大障碍。为突破这种困境，作为一种可持续渔业发展的管理策略，实施基于生态系统的资源环境适应性管理不仅是必要的，也是十分迫切的。在实施这一管理策略中，一些渔业基础科学问题是必须要搞清楚的。例如，渔业种群关键资源补充过程的驱动机制是什么？产卵场、育幼场形成的必备条件有哪些？栖息地生境发生了什么变化？这些变化是如何影响种群资源补充的？渔业种群对环境变化的响应机制是什么？产生何种资源效应？等等。据此，“近海环境变化对渔业种群补充过程的影响及其资源效应”成为2015年我国启动的最后一批国家重点基础研究发展计划（“973”计划）资源环境科学领域重点支持项目之一，项目从国家对保障优质蛋白供给、实现近海渔业资源可持续利用的需求和国际科学研究的前沿出发，以近海渔业资源的补充过程为主线，围绕关键科学问题“重要渔业种群早期生活史生境的变迁特征与机制”和“环境变化对渔业种群补充过程的调控机理及其资源效应”，研究近海环境变化压力下我国重要渔业资源早期生活史生境的变迁特征、对补充过程的影响与机制、渔业种群对这些变化的适应性响应，为保护、修复渔业种群早期生活史关键栖息地提供科学依据；同时，凝聚、吸引和培养一批中青年科技人才，提高我国在渔业领域的研究水平和国际影响力。

“近海环境变化对渔业种群补充过程的影响及其资源效应”项目以渤海为项目实施海域，重点研究渔业种群栖息地集中的“三湾一河口”（莱州湾、渤海湾、辽东湾和黄河口）的生境变迁及其对重要渔业种群补充过程的影响和资源效应。渤海有“黄渤海渔业资源摇篮”之称，人类活动活跃和环境变化剧烈，是产卵场、育幼场和渔场集中的我国唯一内海。本书是项目的成果之一，项目组人员经过近5年的努力，在整理和分析相关文献资料的基础上，结合补充调查和实验，通过数值模拟，解析了渤海环境变化对渔业种群补充的影响及其产生的资源效应。本书分为七章，包括第一章概述（金显仕、单秀娟、窦硕增、王震宇）、第二章渤海环境变化（王震宇、唐诚、张学庆、胡晓珂、李锋民、李东）、第三章渤海岸线变化（丁小松、单秀娟、金显仕）、第四章渤海渔业资源动态（吴强、卞晓东、栾青杉、关丽莎、杨涛、戴芳群）、第五章渤海食物网营养动力学（张波、杨涛）、第六章典型污染物对渔业种群诱导的毒理效应（窦硕增、吴惠丰、李锋民、夏斌、吉成龙、陈碧鹃、曹亮、印丽云、刘金虎）、第七章增殖放流对渔业资源的影响及其生态效应（张秀梅、王伟继、李江涛）。期望本书的出版能为国家和地方有关决策部门，以及从事渔业资源生态学、渔业资源评估与管理、资源养护与增殖等研究的科研院所和高等院校科研人员提供有

益参考。

渔业种群早期补充过程是一个复杂的过程，是渔业领域的世界难题和国际前沿，由于编者学识和水平有限，错误和不足之处在所难免，有关结论和认识也有待于进一步研究，衷心期望广大读者批评指正。

感谢科技部国家重点基础研究发展计划项目“近海环境变化对渔业种群补充过程的影响及其资源效应（2015CB453300）”经费的支持，感谢本书所有研究与撰写者、有关文献与资料的提供者。

金显仕

2019年5月

目录

Contents

前言

第一章　概述……1

一、研究意义……3

二、国际研究热点和发展趋势……4

三、国内研究现状和水平……6

四、我国近海渔业生态系统的突出问题和研究关注点……7

参考文献……8

第二章　渤海环境变化……13

第一节　物理环境变化……15

一、近海环流特征……15

二、水温分布……16

三、盐度分布……18

第二节　地质环境……20

一、渤海海岸与海底的地形地貌……20

二、莱州湾、黄河口的底质分布与特征……21

三、人类活动对于渤海岸线和海底地貌的改变……23

第三节　化学环境……28

一、黄河口及邻近海域营养盐分布特征……28

二、莱州湾营养盐分布特征……31

三、渤海营养盐分布特征……33

第四节　基础生产力……37

一、浮游植物和叶绿素a……37

二、浮游动物……44

参考文献……51

第三章　渤海岸线变化 …… 55
第一节　渤海海岸线和围填海活动的时空变化规律 …… 57
一、数据来源和处理方法 …… 57
二、海岸线时空变化 …… 60
三、围填海时空变化 …… 63
四、海湾形态变化 …… 64
五、海湾几何中心变化 …… 65
六、海岸线变化的影响因素 …… 66
第二节　围填海活动对渤海滨海湿地景观格局破碎化的影响 …… 67
一、研究区概况和数据来源 …… 67
二、围填海斑块的时空变化 …… 70
三、渤海滨海湿地景观格局破碎化的变化 …… 71
四、滨海湿地景观格局破碎化的趋势 …… 73
五、栖息地破碎化与渔业资源早期补充 …… 74
六、围填海工程对滨海生态环境的影响 …… 76
七、围填海对生物栖息地的影响 …… 77
八、景观格局破碎化和渔业资源早期补充的关系 …… 77
参考文献 …… 78
第四章　渤海渔业资源动态 …… 81
第一节　渔业资源早期补充 …… 83
一、数据来源及处理方法 …… 83
二、渤海鱼卵、仔稚鱼种类数和生态密度 …… 87
三、渤海鱼卵、仔稚鱼优势和重要种类 …… 88
四、渤海鱼卵、仔稚鱼物种多样性水平和种类更替 …… 92
五、渤海产卵亲体栖所类型和适温类型种类数 …… 94
六、综合分析 …… 96
第二节　饵料生物变化对渔业资源动态的影响 …… 99
第三节　渔业资源种类、优势种 …… 101
一、种类组成 …… 101
二、优势种 …… 103
第四节　渔业资源密度与种群分布 …… 105
一、渔业资源密度分布 …… 105
二、主要种群密度分布 …… 106
第五节　渔业资源结构 …… 119
一、渔业资源结构的季节变化 …… 119
二、甲壳类群落结构的年间变化 …… 119

参考文献 …… 121

第五章　渤海食物网营养动力学 …… 123

第一节　食物关系及营养级 …… 125

一、样品的分析与处理 …… 125

二、鱼类的食物组成 …… 126

三、鱼类的营养级和饵料生境宽度 …… 127

第二节　渤海鱼类食物关系的变化 …… 134

第三节　莱州湾鱼类群落关键种的组成及其长期变化 …… 136

一、关键种筛选 …… 136

二、食物网拓扑结构构建及关键种的筛选 …… 138

三、食物网拓扑结构及关键种的长期变化 …… 144

参考文献 …… 152

第六章　典型污染物对渔业种群诱导的毒理效应 …… 155

第一节　微塑料对许氏平鲉的行为、能量储备和营养成分的影响 …… 157

一、材料和方法 …… 157

二、聚苯乙烯微塑料的表征 …… 158

三、聚苯乙烯微塑料在许氏平鲉幼鱼体内的累积及组织分布 …… 159

四、聚苯乙烯微塑料暴露后许氏平鲉幼鱼的行为变化 …… 160

五、聚苯乙烯微塑料暴露后许氏平鲉幼鱼的组织学变化 …… 166

六、聚苯乙烯微塑料暴露后对许氏平鲉幼鱼的生长、能量储备和营养组成的影响 …… 167

七、环境意义 …… 168

第二节　重金属对渔业资源种群诱导的毒理效应 …… 169

一、渤海渔业生物重金属蓄积 …… 169

二、渤海典型重金属污染物的毒性效应及机制 …… 169

第三节　重金属对渔业资源关键补充过程的影响 …… 182

一、重金属对渔业种群亲体性腺发育和精卵质量的影响 …… 183

二、重金属对胚胎发育的影响 …… 184

三、重金属对仔鱼生长发育的影响 …… 186

第四节　典型产卵场水域重金属污染特征、环境行为及潜在风险评估——以莱州湾生态系统为例 …… 190

一、海洋环境介质中重金属污染分布特征及生态风险评价 …… 191

二、重要渔业生物重金属富集特征与潜在食用健康风险 …… 204

三、海洋食物链（网）上重金属传递累积与生物放大作用 …… 217

第五节　持久性污染物对渔业种群诱导的毒理效应 …… 226

一、持久性有机污染物 …… 226

二、POPs对水生生物的毒性效应 …… 226
三、POPs对饵料生物的毒性效应 …… 227
第六节 新型污染物对渔业种群诱导的毒理效应 …… 227
一、增塑剂对水生生物的毒性效应 …… 227
二、不同烷基链长度的PAEs对短凯伦藻生长抑制作用 …… 229
三、渤海表层水体中邻苯二甲酸酯的分布特征 …… 235
参考文献 …… 238
第七章 增殖放流对渔业资源的影响及其生态效应
——以中国对虾为例 …… 255
第一节 增殖放流对中国对虾资源的影响及其生态效应 …… 257
一、增殖放流对中国对虾资源数量及资源结构的影响 …… 257
二、中国对虾增殖放流群体洄游迁徙习性的变迁 …… 258
三、增殖放流对中国对虾种群生态安全的影响 …… 258
第二节 中国对虾幼虾应对关键环境因子变动的行为响应 …… 259
一、水体溶解氧与幼虾运动能力关系 …… 260
二、饥饿与对虾运动关系 …… 261
三、温度对幼虾运动能力的影响 …… 262
四、渗透调控与幼虾运动能力关系 …… 263
五、环境敏感性 …… 263
第三节 中国对虾增殖放流和监测 …… 265
一、标志放流点 …… 265
二、亲虾与苗种繁育 …… 265
三、增殖放流 …… 268
四、跟踪调查 …… 269
五、回捕调查 …… 270
第四节 基于分子标记的中国对虾增殖放流效果评价 …… 272
一、中国对虾分子标记 …… 272
二、中国对虾增殖效果评价 …… 278
参考文献 …… 279

第一章 概述

随着我国人口增加与耕地减少的矛盾日益突出，如何满足人民日益增长的优质蛋白质需求成为我国一项长期而艰巨的任务。我国水产品动物蛋白消费量约占人均动物蛋白消费量的三分之一，且呈上升趋势。根据国民经济与人口的发展趋势分析，预计到2020年我国对海洋水产品的需求将有大幅度的增加，达到每年4 000万t。目前，海洋捕捞产量中90%以上来自近海。然而，在人类活动和环境变化压力下，我国近海生态系统的结构与功能正发生着显著的变化，并影响到其生态服务功能（关道明，2012；中国海洋可持续发展的生态环境问题与政策研究课题组，2013）。例如，围填海直接导致滩涂、湿地和海湾空间减少、水动力条件改变及其自净能力的下降，污染和富营养化加剧水质/底质恶化和生态服务功能下降，过度捕捞导致渔业资源衰退，底拖网又破坏了底栖生境。诸如此类栖息地的生境变化已导致渔业资源补充过程受损、渔场和渔汛消失、渔获质量降低以及资源衰退或枯竭等问题，严重制约了近海生态系统的健康和食物产出能力，日益危及渔业资源的可持续发展（金显仕等，2005；唐启升等，2006）。而我国远洋渔业虽然在过去30多年中已取得了较大发展，但年产量仅维持在200万t左右，远远不能支撑我国对海洋水产品的基本需求。开展近海渔业生态环境修复和资源养护、提高渔业产量和质量仍是未来相当长时期内提升我国海洋渔业可持续发展能力的基本途径。因此，亟须从环境变动与资源效应关系的角度，研究近海渔业种群栖息地和资源补充过程的变化机理，认识渔业种群数量变动规律，为寻求渔业资源可持续开发利用与环境相协调发展的科学途径、保障近海生态系统的食物产出功能和优质水产品供给提供理论依据和技术支撑。

另外，近海渔业问题还涉及我国在今后海洋资源安全和战略发展的走向。随着与一些周边国家的双边渔业协定的实施，我国传统作业渔场范围正在变小，捕捞配额和产量严重削减。而在处理国际渔业纠纷问题时，渔业生物学、资源属地和属性的确权及其数量变动规律等问题至关重要。许多在我国近海产卵繁育的重要洄游性渔业种类（如小黄鱼、鲆鲽类和中国对虾）的越冬群体会洄游到一些共管水域而被“共享”。因此，开展环境变化下渔业资源变动的基础研究，特别是解决近海环境变化对渔业种群补充过程、资源效应及其迁移分布的影响问题，将有利于我国争取国际共享资源的高配额和提升资源分配与管理的话语权，应对未来可能产生的国际海洋资源与环境问题争端。

一、研究意义

全球变化背景下海洋生态系统演变与生物资源可持续生产已成为众多国际科学组织的前沿研究方向。如全球海洋生态系统动力学计划（GLOBEC）的重要研究目标之一是在认识海洋生态系统结构与功能的基础上，搞清楚生物资源的生产过程与机制，提高人们认识生物种群资源变动对环境变化响应的能力（唐启升等，2000）；海洋生物地球化学与生态系统整合研究计划（IMBER）以物质在食物网中的生物地球化学循环为线索，认识海洋生态系统演变规律及资源效应；全球赤潮生态学与海洋学研究计划（GEOHAB）则从海洋学与藻类生物学相互作用角度，认识有害藻华暴发机理及其对海洋生态环境和资源影响。这些研究计划的实施为深入开展海洋环境变化下生物资源变动和可持续利用研究提供了基本的科学理论和方法论框架，但诸多相关科学问题尚待进一步探讨。

近海具有丰富的陆源营养物质补充，基础生产力和生物多样性高，具备适宜生物生长和繁育的水动力基础和底质条件。渔业种群数量的变动主要由补充量的变化驱动，而种群的补充机制直接决定了渔业资源的世代发生量和可持续产出。因此，近海是众多渔业生物的优良产卵场、索饵场和渔场，支撑着渔业种群的持续补充和繁衍。但近海同时又是人类活动密集、开发强度高的区域，其生境和生物资源受人类活动和环境压力的影响也是显而易见的（Worm et al，2006）。伴随着大规模围填海工程实施、污染物入海、海水养殖等高强度人类活动的加剧，我国近海富营养化及赤潮、水母暴发等生态灾害日趋严重，已经导致了许多渔业环境和资源问题。如栖息地减少、碎片化或消失，湿地功能退化，仔鱼分散输运动力学基础剧烈变动，饵料基础失衡，产卵场和育幼场环境污染严重与质量退化，生物多样性降低，食物网结构简单化、敌害生物暴发等。毋庸置疑，这些生境结构和功能变化将对渔业种群的发育和繁殖、幼体分散输运、生长存活、性成熟等关键补充过程产生深刻影响，并产生一系列种群对环境变化的适应性响应问题，如生长和繁殖生存策略转变、种群结构更替、生活史型演变、分布迁移路线变更和资源数量剧烈变动等。但是，我们对这些环境变化过程与生物生产过程的关联机制等诸多科学问题的认识尚不甚清楚，亟待深入研究。

渔业资源补充过程是海洋生物、物理过程耦合作用的过程，依赖复杂多样的环境驱动因子来调节和维系可持续生物生产。因此，解决上述科学问题，必须依靠多学科交叉和融合的科学技术体系的支撑。在过去近 20 年中，我国在区域尺度的海洋生态系统动力学研究方面已经取得了一些重要进展，但在环境变动下渔业种群补充过程及其资源效应研究方面尚有待形成更完善的科学技术体系和取得原始创新成果。围绕上述科学问题，以补充机制—生境演变—生态响应和资源效应为主线，深入研究近海产卵场、育幼场等渔业种群早期生活史生境的形成机理及其演变特征，查明重要渔业种群关键补充过程及其环境驱动基础，搞清楚种群变动及其生活史策略对生境变化的响应机制；在此研究基础上，科学认识环境变动下渔业种群资源的退化机理，探究近海渔业种群早期生活史生境修复和资源养护的理论基础和科学途径，其意义重大。

二、国际研究热点和发展趋势

鱼类早期生活史的研究兴起于 20 世纪 60—70 年代联合国粮食及农业组织（FAO）设立鱼类浮游生物（鱼卵、仔稚鱼）调查工作组（Working Party on Fish Egg and Larval Surveys）并颁布调查技术规范和研究方法（Standard Techniques for Pelagic Fish Egg and Larva Surveys）之后（Smith et al，1977），70—80 年代国际海洋考察理事会（ICES）举办了三次鱼类早期生活史国际学术研讨会，大大革新了渔业种群补充机制及数量变动研究的理念（Blaxter，1974；Lasker et al，1981）。从 1977 年起由美国渔业学会（American Fisheries Society，AFS）举办的仔鱼学术年会（Annual Larval Fish Conference）成为展示和交流国际上相关研究成果和动态的重要学术平台。年会的研究主题一般聚焦于环境变化和人类活动影响下海洋渔业种群的繁殖生态、仔鱼分散输运过程、摄食和生长存活策略、饥饿和被捕食死亡过程，以及种群的适应性响应和资源数量变动等科学问题（Browman et al，2014）。

1. 全球变化背景下渔业种群的补充机制及其对环境变化的响应机制已成为一些国际组织和大科学计划的研究主题之一

在 GLOBEC 的相关研究计划中，北大西洋的“鳕鱼与气候变化”（ICES-CCC）、全球性的“小型中上层鱼类与气候变化”（SPFCC）和北太平洋的“气候变化与容纳量”（PICES-CCCC）等科学计划注重作用过程和反馈机制研究，研究气候变化下鳕鱼等渔业种群的早期补充过程与关键海洋生物、物理过程的耦合作用，认识这些国际共享性渔业种群数量变动对气候变化的响应及其对海洋生态系统演化的反馈作用等问题。科学问题包括从小规模海洋动力过程对仔鱼的摄食生长策略和生存死亡过程的影响、饵料生物变动与渔业补充群体的相互作用，到全球变化背景下大尺度风速场、流场和温度场等物理过程变化对仔鱼分散输运和生长过程的调控机制等。这些研究计划大大促进了研究环境变化下渔业种群补充机制和资源变动规律的基本科学理论框架和技术方法体系的构建。

2. 区域性渔业种群资源变动研究聚焦过度开发或衰退性渔业种群的资源补充过程、驱动机理及其对环境变化的响应机制等问题

渔业资源补充过程中的幼体分散输运过程及其动力学基础、饵料生物种群变动与资源补充过程耦合关系等研究一直备受关注。例如，AFS 第 37 届（2013 年）仔鱼学术年会将“仔鱼分散输运与种群连通性”列为主要的议题之一。近年来的相关研究尤其活跃，并取得了一系列重要进展（Leggett et al，1994；Helbig et al，1998a，1998b；Baumann et al，2006）。例如，欧洲科学家研究发现，在全球变化影响下，北海鳕鱼产卵场水温的长期变化引起了仔鱼的浮游动物饵料——桡足类的种类、种群结构的改变和数量变动，导致仔鱼经常由于无法得到充足的饵料保障而大量死亡，造成过去几十年间北海鳕鱼种群补充失败和资源数量急剧波动及衰退（Beaugrand et al，2003；Richardson et al，2004）。而日本科学家通过半个多世纪的不懈研究，终于搞清楚了日本鳗鲡仔鱼从产卵场（马里亚纳海山附近水域）到育幼场（东亚沿岸水域）的长达数月、超过 2 000 km 的远洋输运过程与机制。即仔鱼在北赤道海流和黑潮中发育生长，并借助黑潮动力驱动完成从产卵场到育幼场的远洋输运过程。全球变化下厄尔尼诺等海洋事件会通过影响黑潮水系的水动力条件（如温盐场、流场）和营养基础等造成鳗鲡补充量和资源量的剧烈变动或衰退（Tsukamoto，1992，2006）。这些开创性研究成果大大促进了该研究领域的发展。

3. 渔业种群早期生长存活和死亡过程研究是资源补充机制及其数量变动规律研究的重点、难点和热点

AFS 第 36 届（2012 年）和 38 届（2014 年）仔鱼学术年会分别将“鱼类早期生活史阶段不同死亡过程对资源补充的影响评估分析”“鱼类早期生活史阶段死亡过程对资源补充变动的驱动作用”“仔鱼食物网与捕食者—被捕食者相互作用”列为主要的议题，包括在近海生态机制转变下海洋生物、物理过程的变化对补充群体的饥饿死亡过程的作用（Leggett et al，1994）、敌害生物如水母暴发日趋严重的情况下补充群体被的捕食死亡过程与机制（Bailey et al，1989；Purcell et al，2001；Pepin et al，2003；Pepin，2004；Hallfredsson et al，2009）以及基于亲体—补充群体关系的死亡模型分析等。这些研究注重对近海生态系统演变下水动力基础和饵料生物种群的长期变化对鱼类浮游性动物种群死亡过程的探析（Head et al，2010），创新了许多观测和取样方法，如连续水下鱼卵取样系统等（Pepin et al，2005），同时形成和发展了一系列理论假说和死亡分析模型，如关键生活史阶段的匹配—非匹配饥饿死亡理论（Cushing，1990）、物理过程作用分割式死亡模型、选择性和制约性死亡模型分析等（Helbig et al，1998a，1998b）。相关理论和研究方法的创新将会在未来长时期内引领该领域的研究发展。

4. 在全球变化背景下，渔业种群对环境变化的响应机制和基于生态系统的适应性管理研究越来越受关注

近年来，*Science* 和 *Nature* 上发表的一系列相关论文提出并探讨了环境变化对渔业生态系统服务功能的作用机理（Myers et al，2003；Lotze et al，2006；Sibert et al，2006；Cheung et al，2013a，2013b）、渔业种群对环境变化的响应机制（Olsen et al，2004；Worm et al，2006；Cheung et al，2009；Smith et al，2011）以及基于生态系统的渔业资源的重建与适应性管理等科学理论框架（Botsford et al，1997；Pikitch et al，2004；Beddington et al，2007），形成了国际渔业科学领域研究的一个新热点。而环境变化下渔业资源补充过程的变动及其资源效应等研究，特别是资源补充过程对环境变化的反馈机制，是完善和实践这些理论框架的核心基础研究内容。其中，在生境选择、摄食和生殖策略转变、食物网变动以及种群和群落演替等研究方面取得了重要研究进展（Saucier et al，1993；Dahlgren et al，2000；Laurel et al，2007；Cheung et al，2013a，2013b）。环境变化下亲体—补充量关系研究也日趋活跃（Fox，2001），产生了基于日产卵量的生殖群体评估模型（Kraus et al，2004；Stratoudakis et al，2006；Haslob et al，2012）和基于个体生理因子分析模型，以解决环境驱动下鱼类早期补充动态变化（Hufnagl et al，2011；Gröger et al，2014）等一系列问题。尽管如此，目前多数相关研究大都处于资料积累、归纳分析、科学假设、方法论构建和案例分析等阶段，其理论验证和应用尚需深入研究。

综上所述，国际上近海环境变化与渔业资源变动关系研究的一个重要发展趋势是：在科学认识近海渔业生态系统演变的基础上，围绕“环境变化—资源补充机制反馈—种群适应性响应及其资源效应”这一渔业科学基础问题，研究渔业资源的补充过程及其驱动机理，探究生境变化对渔业资源补充过程和亲体—补充量关系的影响，阐释渔业种群的适应性响应及其资源效应，为渔业种群的重建以及构建基于生态系统的种群适应性管理理论提供科学依据。

三、国内研究现状和水平

在20世纪80年代之前，我国渔业资源学和渔业海洋学研究主要聚焦于鲐、大黄鱼、小黄鱼、带鱼、鲆鲽类等重要渔业种群的渔场海洋学及渔业生物学等研究，如“全国海洋普查”“烟威鲐鱼渔场环境及资源调查”等。“七五”期间开始开展渔业生物学、渔业资源数量变动与生态环境关系的研究，如实施了“胶州湾生态学和生物资源”“渤海水域渔业资源、生态环境及其增殖潜力的调查研究”“三峡工程对长江口生态系统的影响”“闽南—台湾浅滩渔场上升流区生态系研究”等研究计划。这些研究在近海渔业种群生物学（如种群结构、摄食、年龄生长、繁殖、洄游分布等）、资源数量分布与变动规律、渔业生态环境等方面积累了重要的调查数据，产生了一批开创性研究成果，为我国海洋渔业科学的发展奠定了研究基础（邓景耀等，1991；陈大刚，1991）。

“八五”以来，“渤海增养殖生态基础调查研究”“典型海湾生态系统动态过程与持续发展研究”“渤海生态系统动力学与生物资源持续利用”“东、黄海生态系统动力学与生物资源可持续利用”等国家重大项目注重生态环境变化对生物资源生产的影响研究。这些工作引领并推动了我国海洋生态环境与生物资源相关领域基础研究的发展（金显仕等，2005；唐启升，2006）。之后，科技部相继支持和实施了一批与海洋相关的“973”项目。这些研究大大提高了我国近海生态系统与生物资源的综合观测、建模和预测技术的研究水平，对推动我国海洋生态系统动力学研究的发展发挥了重要的作用（唐启升等，2000，2002）。

渔业生物作为海洋生态系统的生物主体之一，其资源量的变动是反映生态系统结构与功能变化的重要指标，因此，环境变化与渔业资源补充机制和种群数量变动关系一直是国际上渔业科学研究的主题，也是我国上述相关研究计划的重要研究内容之一。我国在该领域中也取得了一些重要研究成果，如阐释了鳀补充机制和资源变动规律、渤海渔业生态系统结构长期演变机制以及中国对虾的生活史及其亲体—补充量关系等问题（邓景耀等，1991；金显仕等，2005；Tang et al，2003；Jin et al，2013）。其他相关研究主要集中在近海渔业种群的繁殖群体结构及繁殖力、鱼卵和仔鱼的数量分布以及鱼类个体水平上的生殖、早期发育、存活及其与环境因子的关系等方面（姜言伟等，1988；万瑞景等，2008，2009；王爱勇等，2010；Bian et al，2014）。另外还有一些关于仔鱼关键阶段的摄食、饥饿、死亡及鱼卵和仔鱼被水母捕食死亡方面的研究（曹亮等，2012；Dou et al，2003；Shan et al，2009）。在渔业种群对捕捞和环境变化压力的适应性响应的认识和研究方面，也取得了一些进展，如发现小黄鱼、带鱼等种群的性成熟个体年龄提前和小型化等现象（金显仕等，2005）。但总体上，在关键资源补充过程中幼体分散输运过程、生长和死亡过程、亲体—补充量关系与海洋生物—物理过程的耦合关系以及渔业种群对环境变化的适应性响应机制等重要科学问题的研究尚不系统、深入，研究水平有待于提高，迫切需要开展深入研究。

四、我国近海渔业生态系统的突出问题和研究关注点

近海拥有丰富的陆源营养物质补充，基础生产力和生物多样性高，具备适宜生物繁育生长的水动力基础和底质条件。渔业种群数量的变动主要由补充量的变化驱动，而种群的补充机制直接决定了渔业资源的世代发生量和生物资源的可持续产出。因此，近海是众多渔业生物的优良产卵场、索饵场和渔场，支撑着渔业种群的持续补充和繁衍。但近海同时又是人类活动密集、开发强度高的区域，其生境和生物资源受人类活动和环境压力的影响也是显而易见的（Worm et al，2006；Lotze et al，2006）。伴随着大规模围填海工程、污染物入海、海水养殖等高强度人类活动的加剧，我国近海富营养化、赤潮和水母暴发等生态灾害日趋严重，已经导致了许多渔业环境和资源问题。如栖息地减少、碎片化或消失，湿地功能退化，仔鱼分散输运动力学基础剧烈变动，饵料基础失衡，产卵场和育幼场环境污染严重与质量退化，生物多样性降低，食物网结构简单化、敌害生物暴发等（崔毅等，2003；金显仕等，2005；Song，2009；关道明，2012；孙松，2012；Jin et al，2013）。毋庸置疑，这些生境数量的减少和质量功能退化将对渔业种群的繁殖发育、幼体分散输运、生长存活、性成熟等关键补充过程产生深刻影响，并产生一系列种群对环境变化的适应性响应问题如繁殖和生长生存策略转变、种群结构更替、生活史型演变、分布迁移路线变更和资源数量剧烈变动等（邓景耀等，2000；Tang et al，2003；张波等，2004；郭旭鹏等，2006；单秀娟等，2011，2012；Jin et al，2013）。但是，对这些环境变化过程与生物生产过程的关联机制等诸多科学问题的认识尚不甚清楚，亟待深入研究。

渤海曾是数十种重要经济渔业生物的繁衍生息地，生物资源量丰富，是我国的“战略鱼仓”。“三湾一河口”是集产卵场、育幼场和渔场于一体的关键栖息地。但近 30 年来，伴随着环渤海经济圈战略的实施和区域经济的快速发展，渤海近海环境变发生了剧烈变化，环境问题使渤海面临着严峻挑战，成为中国近年来海洋生态环境问题的热点区域之一。尤为突出的是大规模环湾围填海工程和临港工业区的建设，造成了湿地、滩涂和海湾等鱼虾蟹贝的栖息地大量消失（如曹妃甸工业区规划在 2004—2020 年围填海达 310 km^2），甚至改变了区域性海域的水动力条件和自净能力，进而影响了补充群体的幼体分散输运动力学基础。陆源污

染物入海总量呈波动式上升趋势，多数近海水域受到不同程度的营养盐、重金属、持续性有机污染物和新型污染物等污染，以“三湾一河口”的污染最为严重。另外，黄河、辽河、海河等大河径流的减少等更是严重改变了河口生态环境。而大规模海水养殖既直接占用了渔业生物的栖息地，又会引起滩涂、湿地、海草床等生境的改变，并加剧近海水域富营养化，引发赤潮等生态灾害。这些环境问题对渤海渔业资源的影响是显而易见的。就渔业种群资源而言，近年来小黄鱼资源量有上升的趋势，褐牙鲆、中国对虾和三疣梭子蟹等增殖种类的资源也有所恢复，但带鱼、真鲷、鳓、半滑舌鳎、刀鲚等绝大多数传统渔业资源已经严重衰退或枯竭，取而代之的是黄鲫、青鳞小沙丁鱼、赤鼻棱鳀和短吻红舌鳎等小型低值鱼类（金显仕等，2005；Tang et al，2003；Jin et al，2013）。国家已经通过严格控制入海污染物总量、限制围填海工程和禁渔等一系列措施来改善渤海水域环境和保护渔业资源，但在未来相当长一段时期内，渤海生态压力日益增大、生态系统服务功能持续受损和渔业资源结构性衰退趋势仍难以避免。

在上述研究背景下，我国科研人员越来越关注与近海渔业可持续发展有关的深层次科学问题的研究。而环境变化对渔业资源补充过程的影响及其资源效应问题尤其受到关注，因为它直接决定着渔业资源数量变动和持续产出能力。针对这一重大问题，科学家在2013年的国家海洋资源环境重大基础研究研讨会上，以国际前沿领域新进展为背景，深入探讨影响我国海洋渔业可持续的关键科学问题，提出了本领域的“环境变化—资源补充反馈—种群响应及资源效应”的科学思路。以我国前期相关研究为基础，结合国际相关研究成果和动态，围绕这一主线研究渤海环境变化对重要渔业种群补充机制的影响及其资源效应，力争在渤海渔业生境变迁特征和驱动基础、重要渔业资源补充过程与海洋生物—物理耦合关系、渔业种群对生境演变的适应性响应及其资源效应评估模型分析等方面取得创新性成果，可以提升我国在该研究领域的学术水平，为构建我国基于生态系统水平的近海资源环境的适应性管理和可持续发展战略提供科学基础，同时为国际相关研究提供一个具有自主创新特色的研究范例。

（金显仕、单秀娟、窦硕增、王震宇）

参考文献

曹亮，刘金虎，于鑫，等，2012. 实验条件下幼海蜇对褐牙鲆卵和初孵仔鱼捕食的比较研究［J］. 海洋与湖沼，43（3）：513-519.

陈大刚，1991. 黄渤海渔业生态学［M］. 北京：海洋出版社：1-505.

崔毅，马绍赛，李云平，等，2003. 莱州湾污染及其对渔业资源的影响［J］. 海洋水产研究，24（1）：35-41.

邓景耀，赵传絪，1991. 海洋渔业生物学［M］. 北京：中国农业出版社：1-452.

邓景耀，金显仕，2000. 莱州湾及黄河口水域渔业生物多样性及保护研究［J］. 动物学研究，21（1）：76-82.

关道明，2012. 中国滨海湿地［M］. 北京：海洋出版社：1-233.

郭旭鹏，金显仕，戴芳群，2006. 渤海小黄鱼生长特征的变化［J］. 中国水产科学，13（2）：243-249.

姜言伟，万瑞景，陈瑞盛，1988. 渤海硬骨鱼类鱼卵、仔稚鱼调查［J］. 海洋水产研究，9：185-192.

金显仕，赵宪勇，孟田湘，等，2005. 黄、渤海生物资源与栖息环境［M］. 北京：科学出版社：1-405.

单秀娟，金显仕，2011. 长江口近海春季鱼类群落结构的多样性研究［J］. 海洋与湖沼，42（1）：32-40.

单秀娟，金显仕，李忠义，等，2012. 渤海鱼类群落结构及其主要增殖放流鱼类的资源量变化［J］. 渔业科学进展，33（6）：1－9.
孙松，2012. 水母暴发研究所面临的挑战［J］. 地球科学进展，27（3）：257－261.
唐启升，2006. 中国专属经济区海洋生物资源与栖息环境［M］. 北京：科学出版社：1－1158.
唐启升，苏纪兰，2000. 中国海洋生态系统动力学研究（Ⅰ）：关键科学问题与研究发展战略［M］. 北京：科学出版社：1－252.
唐启升，苏纪兰，2002. 中国海洋生态系统动力学研究（Ⅱ）：渤海生态系统动力学过程［M］. 北京：科学出版社：1－445.
万瑞景，赵宪勇，魏皓，2008. 山东半岛南部产卵场鳀鱼的产卵生态Ⅱ. 鳀鱼的产卵习性和胚胎发育特性［J］. 动物学报，54：988－997.
万瑞景，赵宪勇，魏皓，2009. 山东半岛南部产卵场温跃层对鳀鱼鱼卵垂直分布的作用［J］. 生态学报，29：6818－6826
王爱勇，万瑞景，金显仕，2010. 渤海莱州湾春季鱼卵、仔稚鱼生物多样性的年代际变化［J］. 渔业科学进展，31：19－24.
张波，唐启升，2004. 渤、黄、东海高营养层次重要生物资源种类的营养级研究［J］. 海洋科学进展，22（4）：393－404.
中国海洋可持续发展的生态环境问题与政策研究课题组著，2013. 中国海洋可持续发展的生态环境问题与政策研究［M］. 北京：中国环境科学出版社：1－493.
中国渔业统计年鉴，2013. 北京：中国农业出版社.
Anticamara JA，Watson R，Gelchu A，et al，2011. Global fishing effort（1950—2010）：Trends，gaps，and implications［J］. Fish Res，107：131－136.
Bailey KM，Houde ED，1989. Predation on eggs and larvae of marine fishes and the recruitment problem［J］. Adv Mar Biol，25：1－83.
Baumann H，Hinrichsen HH，Möllmann C，et al，2006. Recruitment variability in Baltic Sea sprat（*Sprattus sprattus*）is tightly coupled to temperature and transport patterns affecting the larval and early juvenile stages［J］. Can J Fish Aquat Sci，63：2191－2201.
Beaugrand G，Brander KM，Lindley JA，et al，2003. Plankton effect on cod recruitment in the North Sea［J］. Nature，426：661－664.
Beddington JR，Agnew DJ，Clark CW，2007. Current problems in the management of marine fisheries. Science，316：1713－1716.
Bian X，Zhang X，Sakrai Y，et al，2014. Temperature－mediated survival，development and hatching variation of Pacific cod *Gadus macrocephalus* eggs［J］. J Fish Biol，84：85－105.
Blaxter JHS，1974. The early life history of fish［M］. Berlin，Heidelberg，New York：Springer－Verlag：1－200.
Blaxter JHS，Gamble JC，Westernhagen HV，1989. The early life history of fish. The third ICES symposium，Bergen，3－5 October 1988［J］. Rapp P－V Réun，ConsInt Explor Mer，191：1－497.
Botsford LW，Castilla JC，Peterson CH，1997. The management of fisheries and marine ecosystems［J］. Science，277：509－515.
Browman HI，Skiftesvik AB，2014. The early life history of fish—there is still a lot of work to do［J］. ICES J Mar Sci，doi：10.1093/icesjms/fst219.
Cheung WLW，Lam VWY，Sarmiento JL，et al，2009. Projecting global marine biodiversity impacts under climate change scenarios［J］. Fish Fish，10：235－251.
Cheung WLW，Watson R，Pauly D，2013a. Signature of ocean warming in global fisheries catch［J］. Nature，

497: 365 - 368.

Cheung WLW, Sarmiento JL, Dunne J, et al, 2013b. Shrinking of fishes exacerbates impacts of global ocean changes on marine ecosystems [J]. Nature Climate Change, 3: 254 - 258.

Courrat A, Lobry J, Nicolas D, et al, 2009. Anthropogenic disturbance on nursery function of estuarine areas for marine species [J]. Estu Coast Shelf Sci, 81: 179 - 190.

Cushing DH. 1990. Plankton production and year class strength in fish populations: an update of the match/mismatch hypothesis [J]. Adv Mar Biol, 26: 249 - 293.

Dahlgren CP, Eggleston DB, 2000. Ecological processes underlying ontogenetic habitat shifts in a coral reef fish [J]. Ecology, 81: 2227 - 2240.

Dou SZ, Masuda R, Tanaka M, et al, 2003. Identification of factors affecting the growth and survival of the settling Japanese flounder larvae [J]. Aquaculture, 218 (1/4): 309 - 327.

FAO, 2012. The state of world fisheries and aquaculture [M]. Rome: FAO: 1 - 209.

Field JG, Hempel G, Summerhayes CP, 2002. Ocean 2020: Science, Trends and the Challenge of Sustainability [J]. Island Press, 1 - 296.

Fox C, 2001. Recent trends in stock - recruitment of blackwater herring (*Clupea harengus* L.) in relation to larval production [J]. ICES J Mar Sci, 58: 750 - 762.

Gröger JP, Hinrichsen HH, Polte P, 2014. Broad - scale climate influences on spring - spawning herring (*Clupea harengus*, L.) recruitment in the Western Baltic Sea [J]. PloS one, 9: e87525.

Hallfredsson EH, Pedersen T, 2009. Effects of predation from juvenile herring (*Clupea harengus*) on mortality rates of capelin (*Mallotus villosus*) larvae [J]. Can J Fish Aquat Sci, 66: 1693 - 1706.

Haslob H, Hauss H, Hinrichsen HH, et al, 2012. Application of the daily egg production method to Baltic sprat [J]. Fish Res, 127: 73 - 82.

Head EJH, Pepin P, 2010. Spatial and inter - decadal variability in plankton abundance and composition in the Northwest Atlantic (1958—2006) [J]. J Plankton Res, 32: 1633 - 1648.

Helbig JA, Pepin P, 1988a. Partitioning the influence of physical processes on the estimation of ichthyoplankton mortality rates. 1. Theory [J]. Can J Fish Aquat Sci, 55: 2189 - 2205.

Helbig JA, Pepin P, 1988b. Partitioning the influence of physical processes on the estimation of ichthyoplankton mortality rates. II Application to simulated and field data [J]. Can J Fish Aquat Sci, 55: 2206 - 2220.

Hufnagl M, Peck MA, 2011. Physiological individual - based modelling of larval Atlantic herring (*Clupea harengus*) foraging and growth: insights on climate - driven life - history scheduling [J]. ICES J Mar Sci, 68: 1170 - 1188.

Jacquet J, Pauly D, Ainley D, et al, 2010. Seafood stewardship in crisis [J]. Nature, 467: 28 - 29.

Jin X, Shan X, Li X, et al, 2013. Long - term changes in the fishery ecosystem structure of Laizhou Bay, China [J]. Sci China (Earth Sci), 56: 366 - 374.

Kraus G, Köster FW, 2004. Estimating Baltic sprat (*Sprattus sprattus balticus* S.) population sizes from egg production [J]. Fish Res, 69: 313 - 329.

Lasker R, Sherman K, 1981. The early life history: Recent studies [J]. Rapp P - V Réun, Cons Int Explor Mer, 178: 1 - 607.

Laurel BJ, Stoner AW, Ryer CH, et al, 2007. Comparative habitat associations in juvenile Pacific cod and other gadids using seines, baited cameras and laboratory techniques [J]. J Exp Mar Biol Ecol, 351: 42 - 55.

Leggett WC, Deblois E, 1994. Recruitment mechanism in marine fishes: is it regulated by starvation and predation at egg and larvae stages? [J]. Nether J Sea Res, 32: 119 - 134.

Lotze HK, Lenihan HS, Bourque BJ, et al, 2006. Depletion, degradation, and recovery potential of estuaries and coastal seas [J]. Science, 312: 1806 - 1809.

Myers RA, Worm B, 2003, Rapid worldwide depletion of predatory fish communities [J]. Nature, 423: 280 - 283.

Olsen EM, Heino M, Lilly GR, et al, 2004. Maturation trendsindicative of rapid evolution preceded the collapse of northern cod [J]. Nature, 428: 932 - 935.

Pepin P, 2004. Early life history studies of prey - predator interactions: quantifying the stochasticindividual responses to environmental variability [J]. Can J Fish Aquat Sci, 61: 659 - 671.

Pepin P, Dower JF, Davidson FJM, 2003. A spatially explicit study of prey - predator interactions in larval fish: assessing the influence of food and predator abundance on larval growth and survival [J]. Fish Oceanogr, 12: 19 - 33.

Pepin P, Snelgrove PVR, Carter KP, 2005. Accuracy and precision of the continuous underway fish egg sampler (CUFES) and bongo nets: a comparison of three species of temperate fish [J]. Fish Oceanogr, 14: 432 - 447.

Pikitch EK, Santora C, Babcock EA, et al, 2004. Ecosystem - based fishery management [J]. Science, 305: 346 - 347.

Purcell JE, Arai MN, 2001. Interactions of pelagic cnidarians and ctenophores with fish: a review [J]. Hydrobiologia, 451: 27 - 44.

Richardson AJ, Schoeman DS, 2004. Climate impact on plankton ecosystems in the Northeast Atlantic [J]. Science, 305: 1609 - 1612.

Saucier MH, Baltz DM, 1993. Spawning site selection by spotted seatrout, Cynoscion nebulosus, and black drum, Pogonias cromis, in Louisiana [J]. Environ Biol Fish, 36: 257 - 272.

Shan XJ, Huang W, Cao L, et al, 2009. Ontogenetic development of digestive enzymes and effect of starvation in miiuy croaker *Miichthys miiuy* larvae [J]. Fish PhysiolBiochem, 35: 385 - 398.

Sibert J, Hampton J, Kleiber P, et al, 2006. Biomass, size, and trophic status of top predators in the Pacific Ocean [J]. Science, 314: 1773 - 1776.

Smith ADM, Brown CJ, Bulman CM, et al, 2011. Impacts of fishing low - trophic level species on marine ecosystems [J]. Science, 333: 1147 - 1150.

Smith PE, Richardson SL, 1977. Standard techniques for pelagic fish egg and larva surveys [J]. FAO Fish Tech Paper, 175: 1 - 100.

Song JM, 2009. Biogeochemical Processes of Biogenic Elements in China Marginal Seas [M]. Springer - Verlag GmbH & Zhejiang University Press: 1 - 662.

Stramma L, Johnson GC, Sprintall J, et al, 2008. Expanding oxygen - minimum zones in the tropical oceans [J]. Science, 320: 655 - 658.

Stratoudakis Y, Bernal M, Ganias K, et al, 2006. The daily egg production method: recent advances, current applications and future challenges [J]. Fish Fish, 7: 35 - 57.

Tang QS, Jin XS, Wang J, et al, 2003. Decadal - scale variations of ecosystem productivity and control mechanisms in the Bohai Sea [J]. Fish Oceanogr, 12: 223 - 233.

Tsukamoto K, 1992. Discovery of the spawning area for Japanese eel [J]. Nature, 356: 789 - 791.

Tsukamoto K, 2006. Spawning of eels near a seamount [J]. Nature, 439: 929.

Worm B, Barbier EB, Beaumont N, et al, 2006. Impacts of biodiversity loss on ocean ecosystem services [J]. Science, 314: 787 - 790.

Worm B, Barbier EB, Beaumont N, et al, 2007. Response to Comments on "Impacts of biodiversity loss on

ocean ecosystem services" [J]. Science, 316: 1285.

Worm B, Hilborn R, Baum JK, et al, 2009. Rebuilding global fisheries [J]. Science, 325: 578 - 585.

Worm B, Sandow M, Oschlies A, 2005. Global patterns of predator diversity in the open oceans [J]. Science, 309: 1365 - 1369.

Zeller D, Rossing P, Harper S, et al, 2011. The Baltic Sea: estimates of total fisheries removals 1950—2007 [J]. Fish Res, 108: 356 - 363.

第二章

渤海环境变化

第一节　物理环境变化

海洋物理环境主要指水动力、温度、盐度等特征。水动力驱动海洋中物质的运动，对输入海洋的陆源污染物、河流入海泥沙、浮游动植物、鱼卵、仔稚鱼等的输运过程具有控制作用。而温度和盐度是海洋物理环境的最基本要素，海水温度不仅表现了海水的热焓状态，而且影响海水其他物理要素和化学要素的变化，也影响海水中各种溶解气体的含量。海水盐度是确定海洋中水系、水团的重要标志，决定水的理化性质，是维持生物原生质与海水间渗透关系的一项重要因素。因而，物理环境对海洋生物的输运、分布、繁殖和生长产生重大影响，是海洋生物得以栖息的基本环境。

一、近海环流特征

近海环流主要由潮致余流、风生环流以及温盐环流组成。渤海是半封闭内海，水深较浅，潮致余流和温盐环流总体较小，风生环流较大。赵保仁等（1995）根据渤海的调查数据发现，辽东湾的环流是顺时针方向的，渤海湾口附近存在一个逆时针和顺时针的双环结构，黄河口外存在一支向东北偏北向的海流。江文胜等（2002）通过释放底层人工水母，分析认为辽东湾有一个逆时针环流，渤海湾有一个顺时针环流。近年来由于环渤海岸线的变化较大，特别是渤海湾岸线发生了非常大的变化，导致湾内环流涡旋增多。秦延文等（2012）根据渤海湾2003—2011年的岸线模拟渤海湾的水动力场变化，发现天津港北部的逆时针余流消失，黄骅港北部至天津港南部的逆时针沿岸余流有所减弱。

由于余流观测较为困难，考虑潮和海面风场的作用，利用有限体积海洋模型FVCOM（Finite Volume Community Ocean Model）对渤海的余流进行数值模拟，开边界条件输入条件采用预报潮位，海面风场强迫数据采用欧洲中期天气预报中心（ECMWF）2018年数据，对数值模拟结果进行月平均，以2018年的1月、5月、8月、10月表层余流为例进行分析（图2-1）。

1月，渤海月平均风场为偏西北风，在海面风场和潮流作用下，表层余流总体呈由北向南的趋势，在辽东湾顶部和东南部，余流流速较大，流速达到5 cm/s。在辽东湾，余流方向总体为西北—东南方向，导致辽东湾西岸水体离岸向东输运，辽东湾顶部水体向东南方向输运，而东岸水体沿岸向南输运；在渤海湾西北部存在一个顺时针环流，在黄骅港东西两侧分别存在顺时针和逆时针环流；在莱州湾的西部黄河口以南区域存在顺时针环流。

5月，渤海月平均风场为偏西南风，在海面风场和潮流作用下，表层余流总体为西南—东北方向，在莱州湾西部、渤海中部和秦皇岛附近，余流流速较大，流速达到5 cm/s。在辽东湾顶部，受岸线影响，余流方向为东南—西北方向，在普兰店湾口存在一个逆时针环流；在渤海湾，余流方向总体为西南—东北方向，南部水体离岸输运；在莱州湾，形成顺时针半封闭环流涡，莱州湾水体自黄河口附近向北输运。

8月，渤海月平均风场的空间分布存在较大差异，在渤海湾和莱州湾偏北向，在辽东湾偏东向，在渤海中部海域呈东北—西南方向。在海面风场和潮流作用下，表层余流空间分布差异较大，余流流速整体较小。在辽东湾，余流方向总体为东西向，导致辽东湾东岸水体离

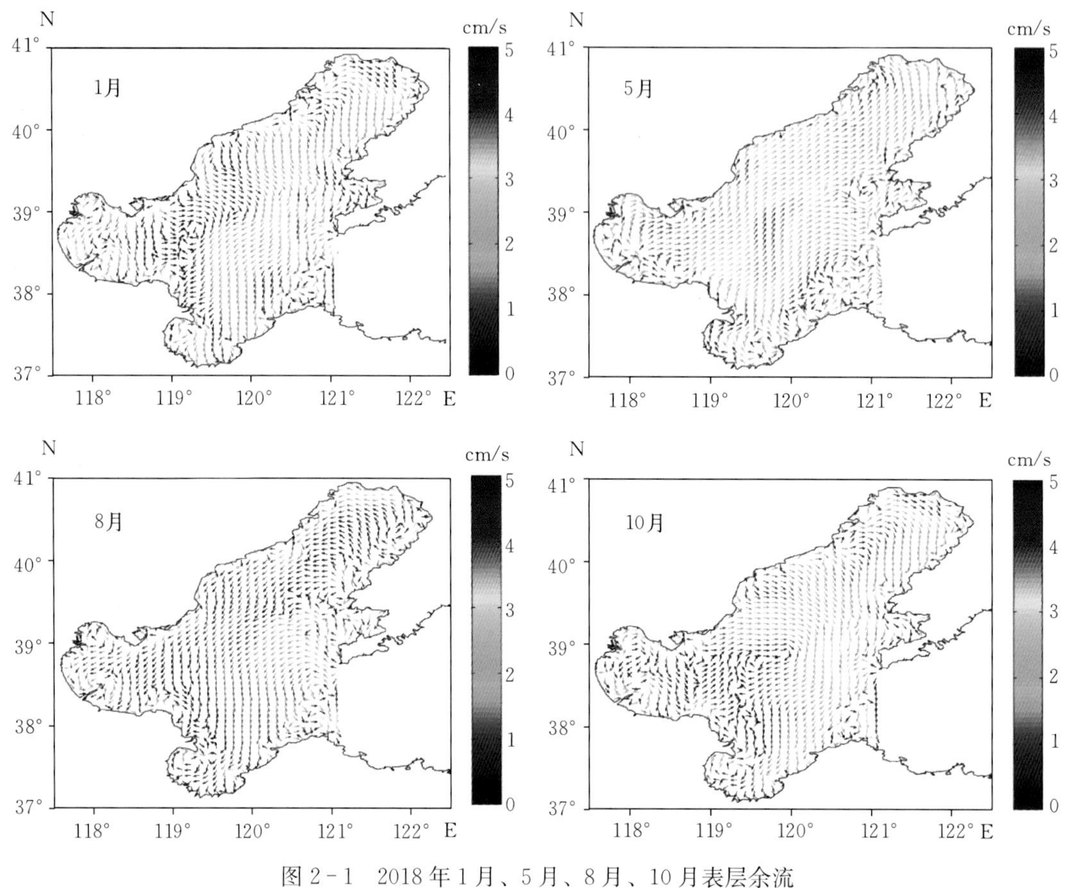

图 2-1 2018 年 1 月、5 月、8 月、10 月表层余流
（矢量箭头代表余流方向，颜色代表余流速度大小）

岸向西输运，辽东湾西岸水体沿岸向南输运；在渤海湾，余流方向总体为东北—西南向，西北部存在一个顺时针环流，黄骅港东西两侧分别存在顺时针和逆时针环流；在莱州湾，余流方向总体为东北—西南向，西部黄河口以南区域存在顺时针环流。

10 月，渤海海面月平均风场为偏西北风，在海面风场和潮流作用下，在辽东湾顶部和东南部，余流流速较大，流速达到 5 cm/s。在辽东湾顶部余流方向为西北—东南方向，辽东湾东岸余流方向为由北向南，辽东湾西岸水体离岸向东输运；在渤海湾，余流方向总体为由北向南，沿岸余流紊乱；在莱州湾，余流方向总体为东北—西南向，黄河口以南区域存在顺时针环流；在中央海区存在一个顺时针环流。

二、水温分布

渤海的温度在年际变化上有显著升高趋势，方国洪等（2002）对渤海和北黄海西部沿岸 7 个海洋站 1965—1997 年实测海洋表层水温和盐度的长期变化趋势进行了分析，得出渤海在这 32 年期间海表温度升高了 0.48 ℃，年变化率为 0.015 ℃。由于渤海半封闭和水深较浅，温盐分布季节变化十分明显。以下根据 2016 年 1 月、5 月、8 月、10 月渤海的大面观测资料进行分析。

1 月，渤海表层水温为−0.81～4.20 ℃，平均值为 1.43 ℃，其高值区出现在渤海海峡，低值区出现在黄河口附近海域；底层水温为−0.56～4.14 ℃，平均值为 1.46 ℃，其高值区出现在渤海海峡，低值区出现在黄河口附近海域，与表层温度分布基本一致（图 2-2）。

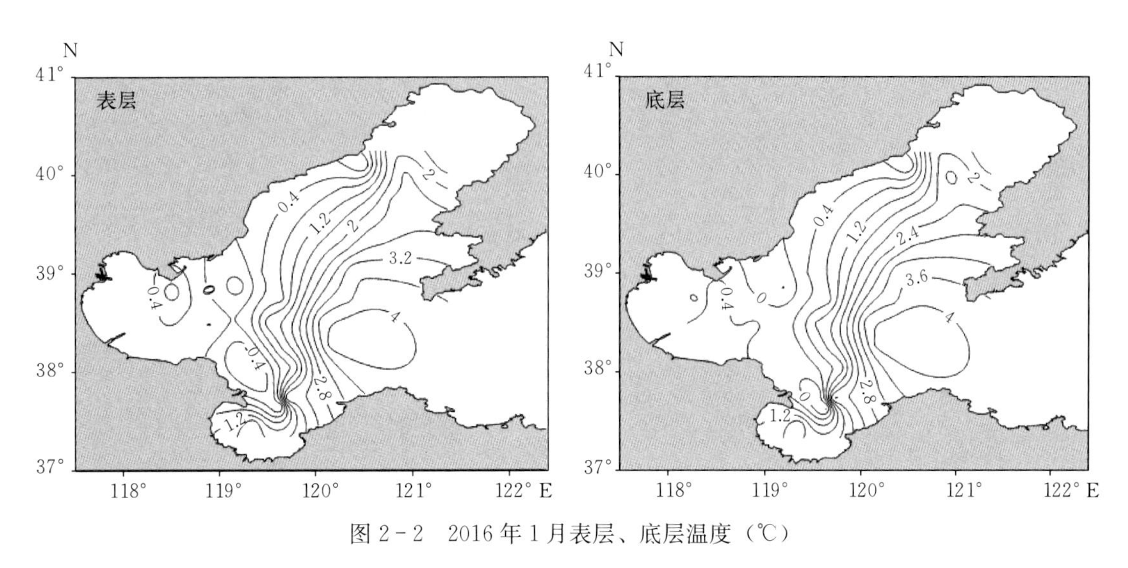

图 2-2　2016 年 1 月表层、底层温度（℃）

5 月，渤海表层水温为 9.93～18.81 ℃，平均值为 14.81 ℃，其高值区出现在辽东湾北部、渤海湾西部、莱州湾南部，低值区出现在辽东湾南部；底层水温为 8.53～18.17 ℃，平均值为 12.85 ℃，其高值区出现在辽东湾北部、渤海湾西部、莱州湾南部，低值区出现在辽东湾南部和渤海湾东部，与表层温度分布相差较大（图 2-3）。

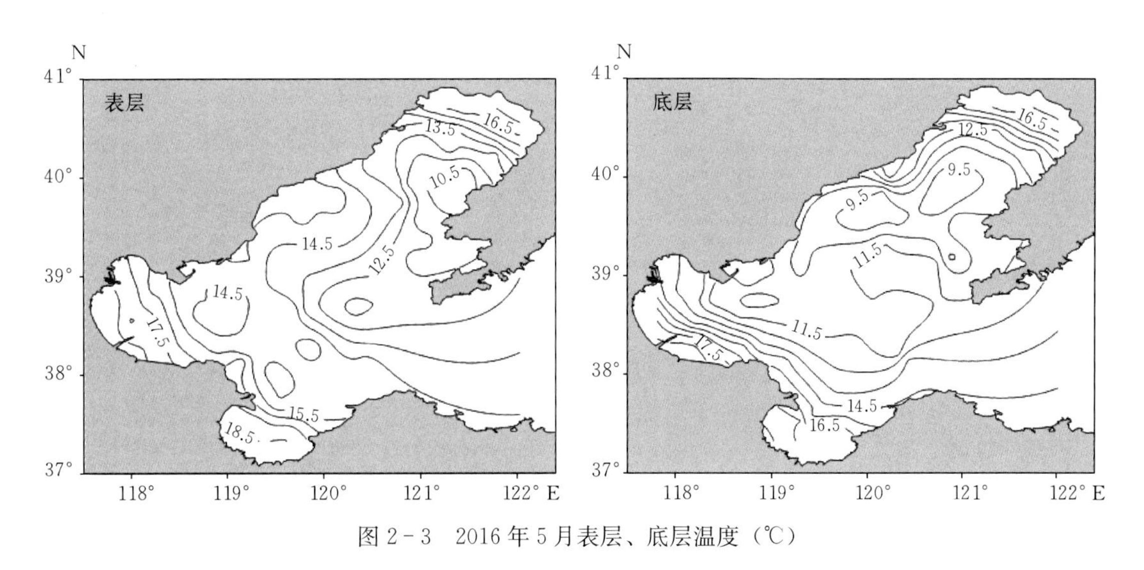

图 2-3　2016 年 5 月表层、底层温度（℃）

8 月，渤海表层水温为 23.59～29.53 ℃，平均值为 26.73 ℃，其高值区出现在辽东湾北部、渤海湾西部、莱州湾南部和渤海中部，低值区出现在辽东湾南部；底层水温为16.44～29.37 ℃，平均值为 24.42 ℃，其高值区出现在辽东湾北部、渤海湾西部、莱州湾南部，低值区出现在辽东湾南部和渤海中部，与表层温度分布相差较大（图 2-4）。

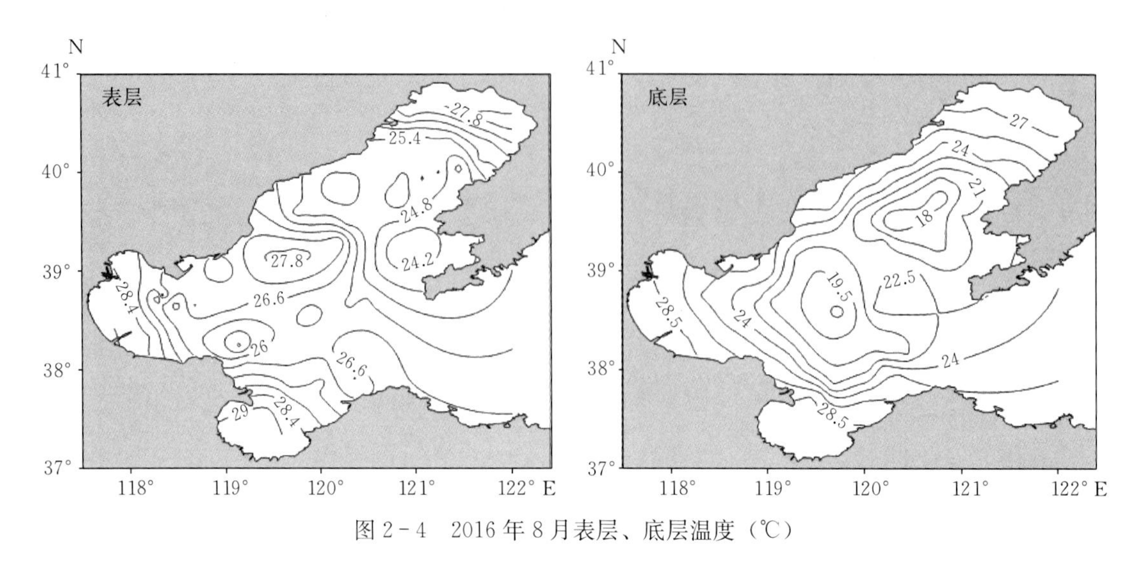

图 2-4　2016 年 8 月表层、底层温度（℃）

10 月，渤海表层水温为 15.03～20.47 ℃，平均值为 18.20 ℃，其高值区出现在渤海中部，低值区出现在辽东湾北部、渤海湾西部、莱州湾西部；底层水温为 15.11～20.44 ℃，平均值为 18.23 ℃，其高值区出现在渤海中部，低值区出现在辽东湾北部、渤海湾西部、莱州湾西部，与表层温度分布基本一致（图 2-5）。

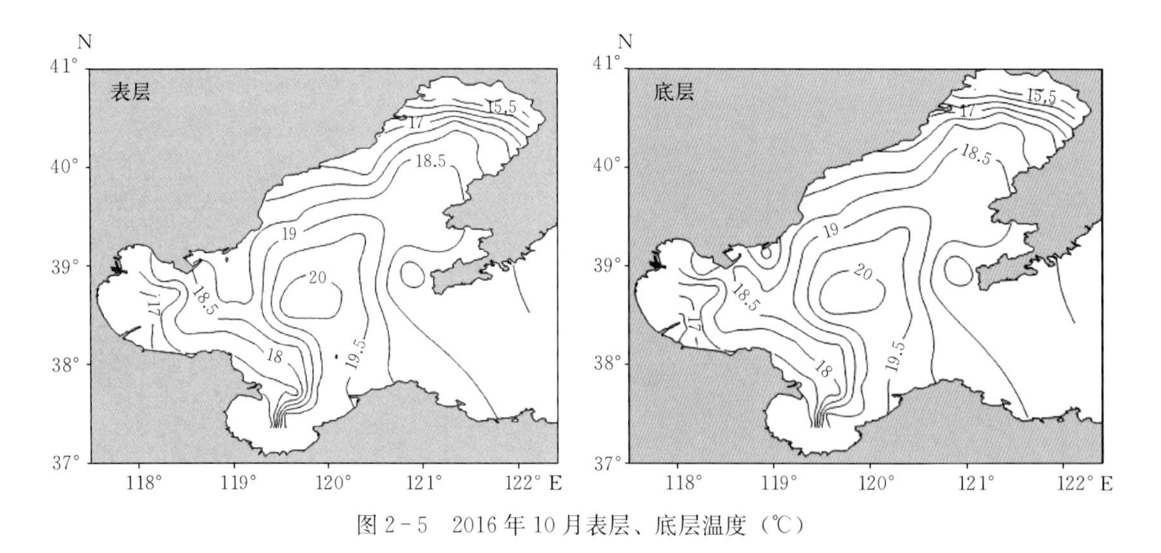

图 2-5　2016 年 10 月表层、底层温度（℃）

三、盐度分布

渤海的盐度在年际变化上有显著升高趋势，方国洪等（2002）对渤海和北黄海西部沿岸 7 个海洋站 1965—1997 年实测海洋表层盐度的长期变化趋势进行了分析，得出渤海海表盐度 32 年升高 1.34，年变率为 0.042。吴德星等（2004）根据渤海沿岸的葫芦岛、秦皇岛、塘沽及北隍城 4 个海洋站 1961—1996 年盐度观测进行分析，结果显示盐度分别升高了 1.1、1.6、1.9 和 0.4。由于近年来入海河流径流发生极大变化，渤海的盐度分布与以往又有所不同，本章节采用 2016 年监测数据进行分析。

1月，渤海表层盐度为30.06～32.44，平均值为31.64，其高值区出现在渤海中部，低值区出现在莱州湾南部；底层盐度为30.09～32.41，平均值为31.67，其高值区出现在渤海中部，低值区出现在莱州湾南部，与表层盐度分布基本一致（图2-6）。

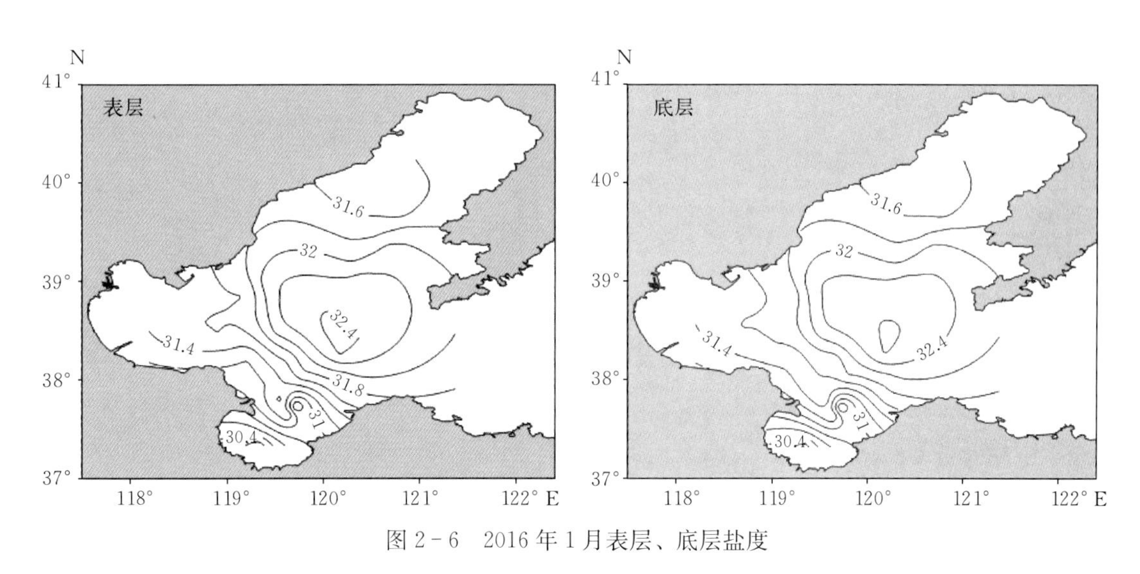

图2-6　2016年1月表层、底层盐度

5月，渤海表层盐度为29.62～32.38，平均值为31.36，其高值区出现在渤海中部，低值区出现在莱州湾西部和辽东湾中部；底层盐度为29.75～32.32，平均值为31.48，其高值区出现在渤海中部，低值区出现在莱州湾西部，与表层盐度分布基本一致（图2-7）。

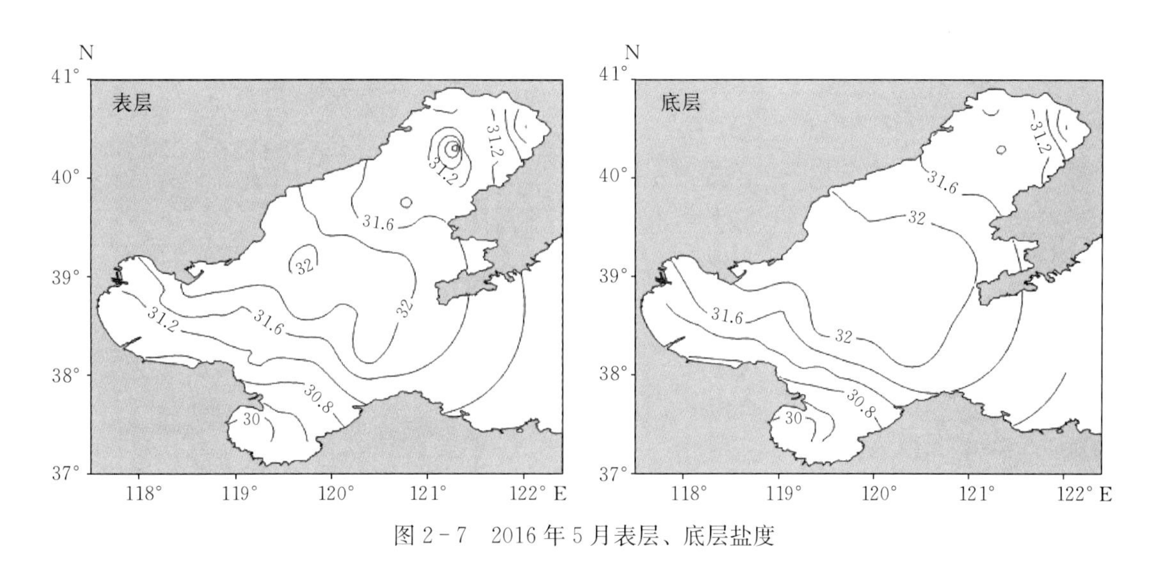

图2-7　2016年5月表层、底层盐度

8月，渤海表层盐度为22.88～31.90，平均值为30.78，其高值区出现在渤海湾东部和渤海中部，低值区出现在黄河口附近海域和辽东湾北部，极低值出现在辽东湾北部；底层盐度为25.22～31.91，平均值为31.13，其高值区出现在渤海中部，低值区出现在黄河口附近海域和辽东湾北部，极低值出现在辽东湾北部，与表层盐度分布相差较大（图2-8）。

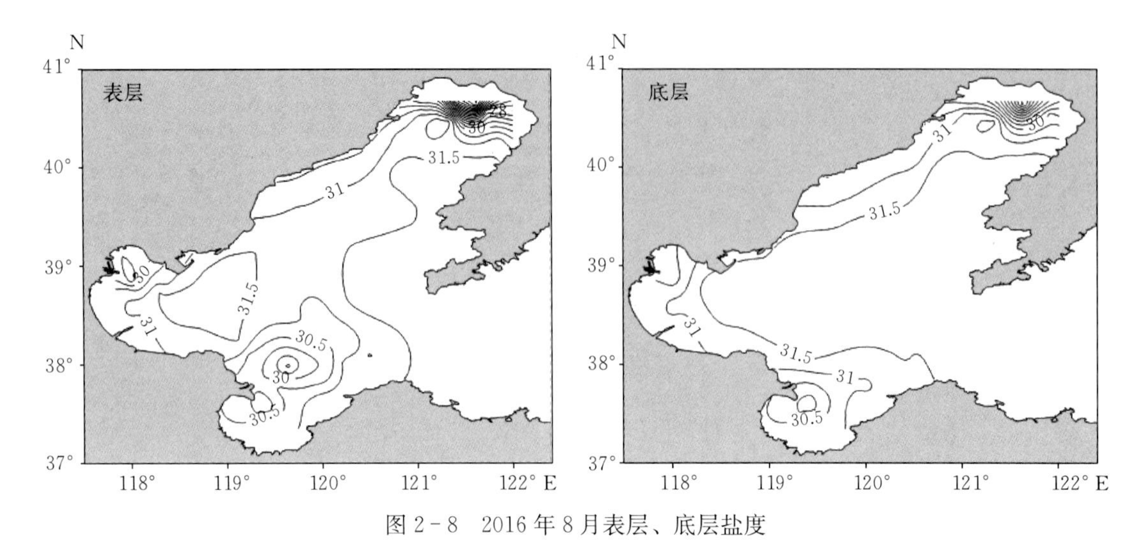

图 2-8　2016 年 8 月表层、底层盐度

10 月，渤海表层盐度为 25.84～32.24，平均值为 30.99，其高值区出现在渤海中部，低值区出现在辽东湾北部、渤海湾西部、莱州湾南部；底层盐度为 25.81～32.00，平均值为 31.02，其高值区出现在渤海中部，低值区出现在辽东湾北部、渤海湾西部、莱州湾南部，与表层盐度分布基本一致（图 2-9）。

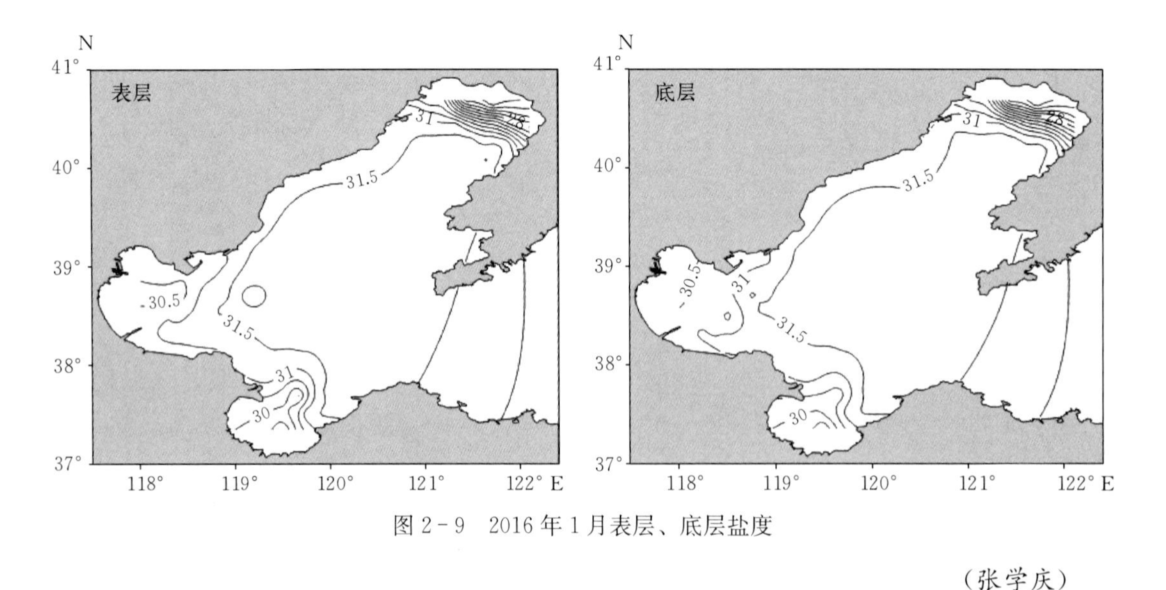

图 2-9　2016 年 1 月表层、底层盐度

（张学庆）

第二节　地质环境

一、渤海海岸与海底的地形地貌

渤海是由辽东湾、渤海湾、莱州湾三个海湾围绕着渤海中部盆地以及渤海海峡组成一个半封闭的海湾（徐晓达等，2014）。输入渤海的河流主要有黄河、海河、滦河和辽河，这些河流尤其是黄河带来大量的泥沙在河口附近堆积，发育各自的三角洲沉积。全新世以来，渤

海的沉积中心主要在滦河、海河和黄河入海口广大区域（陈江欣等，2018），沉积物的物质来源与沉积环境较为稳定（刘建国等，2007）。渤海海峡底部大部分为基岩出露，几乎很少沉积，只有在海峡南部才有薄的第四纪松散沉积。渤海的现代海底地貌主要表现为堆积地貌，分布有丰富的水下岸坡地貌和陆架地貌类型（刘晓瑜等，2013；陈姗姗等，2016），其地貌分布和海底地貌特征受渤海的构造单元控制，是各种海洋动力因素和河口区的泥沙动力作用共同长期塑造的结果（徐晓达等，2014）。

渤海的海岸主要可以分为基岩型和淤积型海岸，基岩型主要在山东半岛北部沿岸区，辽东湾东西两侧的海岸地区；淤积型主要是在莱州湾西侧与渤海湾下辽河平原一带（秦蕴珊等，1985）。渤海湾有我国范围最广的岸线和最长的淤泥质海岸，其与莱州湾之间被黄河三角洲凸出部分隔，莱州湾为粉沙淤泥质海岸，湾内地形平坦，略向渤海中央倾斜（中国海湾志编纂委员会，1997）。辽东湾与渤海湾之间被一条沙质沉积带分隔，辽东湾海岸主要分布着粒度较细的粉沙质软泥和淤泥质软泥，从湾顶及两岸向中央倾斜（中国海湾志编纂委员会，1997）。

自从 20 世纪 70 年代，由于环境变化和人类活动加剧，航道的开挖与疏浚、围填垦活动、海洋石油开采、人工鱼礁建设等活动直接改变了渤海的海岸和海底地貌，区域水动力和泥沙平衡被打破，新的地貌形态不断出现并改变海底生境，这些变化都对渔业种群及其早期生活史的生境造成了直接或间接的影响。

二、莱州湾、黄河口的底质分布与特征

海底沉积物的底质分布及粒度组成主要受到诸如源岩物质、地形、搬运介质、动力条件等因素的控制（王海龙等，2011；张剑等，2016），渤海沉积物的长期输运过程主要是环流的作用（Bian et al，2013），其底质分布与特征主要受物源和水动力条件控制（Shi et al，2012；马晓红等，2018）。

对渤海三湾及黄河口底质分布及其特征的研究已经做了大量的工作（乔淑卿等，2010；徐东浩等，2012；王中波等，2016；冯利等，2017；马晓红等，2018），其中莱州湾地区和黄河口附近的底质分布与特征备受关注。根据 2012 年莱州湾地区的底质调查和粒度分析资料，莱州湾的沉积物粒度参数（平均粒径、分选系数和偏态）的分布和沙、粉沙和泥的含量分布如图 2-10 所示。从沉积物平均粒径的分布图可以看出，在黄河口外东北方向有一条带状分布的细粒级沉积物泥质区，平均粒径基本在 7Φ* 以上，主要成分为沙质泥和粉沙（乔淑卿等，2010）。对黄河口和莱州湾西部海域重矿物的分布和组合研究表明，沉积物的物质来源主要为黄河口输入物质，莱州湾西南部河流输入物质及山东半岛西部岛屿冲刷产物为次要物质来源（王昆山等，2010）。重矿物的分布和底层沉积物的地球化学分析显示，黄河入海沉积物朝着南北两个方向扩散，其中北向为主要的输送方向（蓝先洪等，2017）。这种扩散的结果形成了在水下三角洲的南北端的离岸沉积，也导致了在近岸和离岸区域的沉积和侵蚀（Zhu et al，2000）。在黄河口附近，悬浮质沉积物在夏季通常在靠近河口近 5 m 等深线的地方由于潮流与河流交互作用沉积下来，在冬季由于风浪的作用被再悬浮搬运到更远的离岸区域（Yang et al，2011；Wang et al，2008）。

黄河入海物质向北运移主要为东北方向，在此区域形成了大面积的黏土质粉沙的沉积；

* 粒度常用单位，$\Phi = \log_2 D$，D 为颗粒直径（mm）。

向南运移的沉积物受莱州湾内潮流及余流的影响，运移方向逐步变为向东北向运移（冯利等，2017）。从沉积物的沙、粉沙成分分布图可以看到，莱州湾南部和东南部地区显示出与河口区域不同的分带特征（图 2-10）。

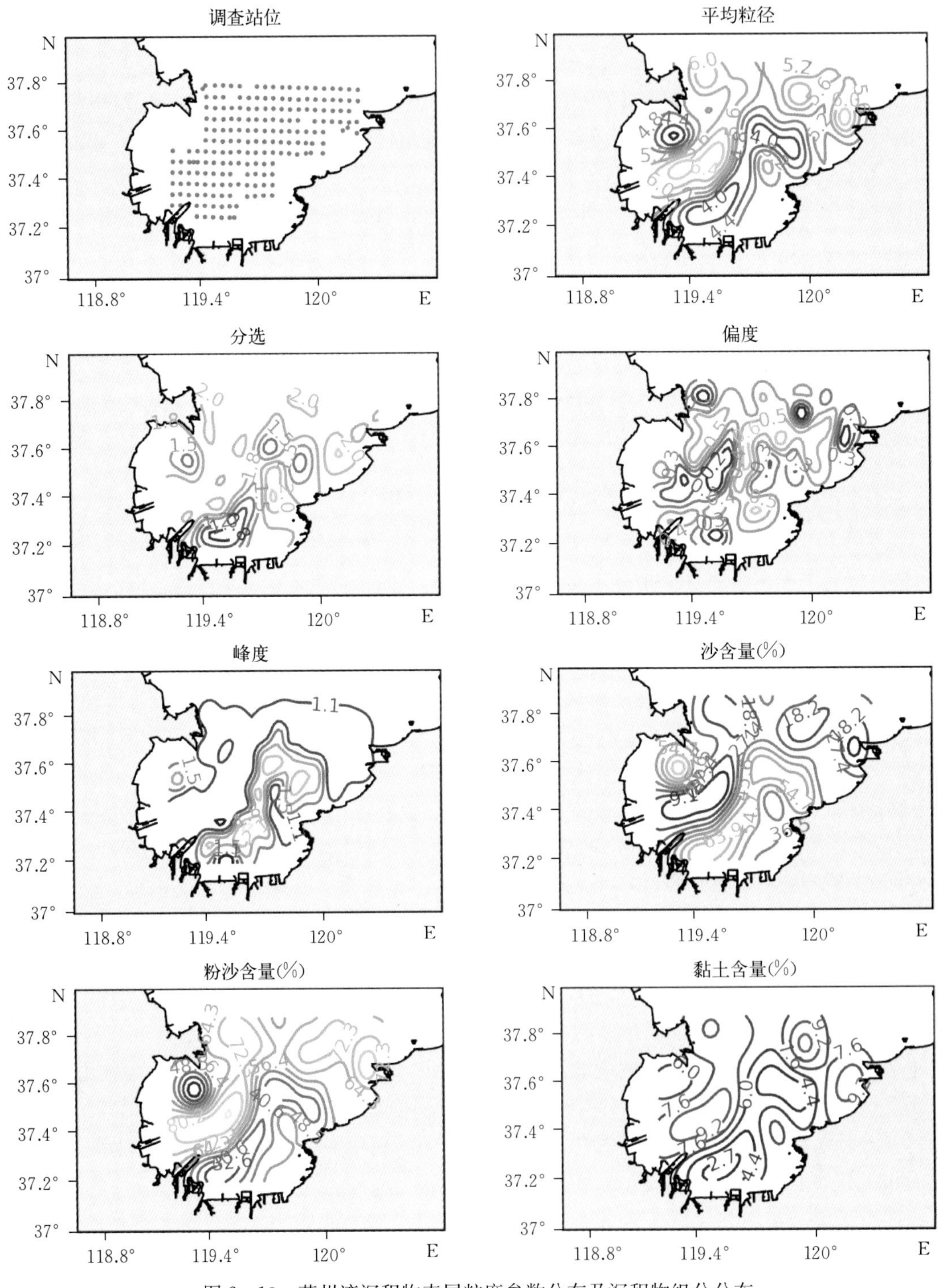

图 2-10　莱州湾沉积物表层粒度参数分布及沉积物组分分布

三、人类活动对于渤海岸线和海底地貌的改变

1. 物源输入与黄河口岸线变化

黄河三角洲在历史上经历过多次变动，在 1855 年形成现代黄河三角洲之后，黄河带来的泥沙沉积造成岸线不断向外扩张，海岸线大幅度向海推进（薛春汀，2009）。1891 年的历史海图上，渤海黄河口的岸线在距今 30～40 km 的内陆地区。通过对不同时期的海图进行岸线提取，可以看到莱州湾西部和黄河口一带在过去的一百年间岸线向海方向快速推进的过程（图 2-11）。Deng 等（2016）通过历史海图资料结合现代数字高程（DEM）模型，利用岸线剖面侵蚀/堆积的动态均衡模型（DESM）重建了莱州湾西岸古岸线；分析结果显示，造成现代黄河三角洲和莱州湾西部沉积环境发生改变的重要原因是海平面变化和人类活动造成物源输入的减少。

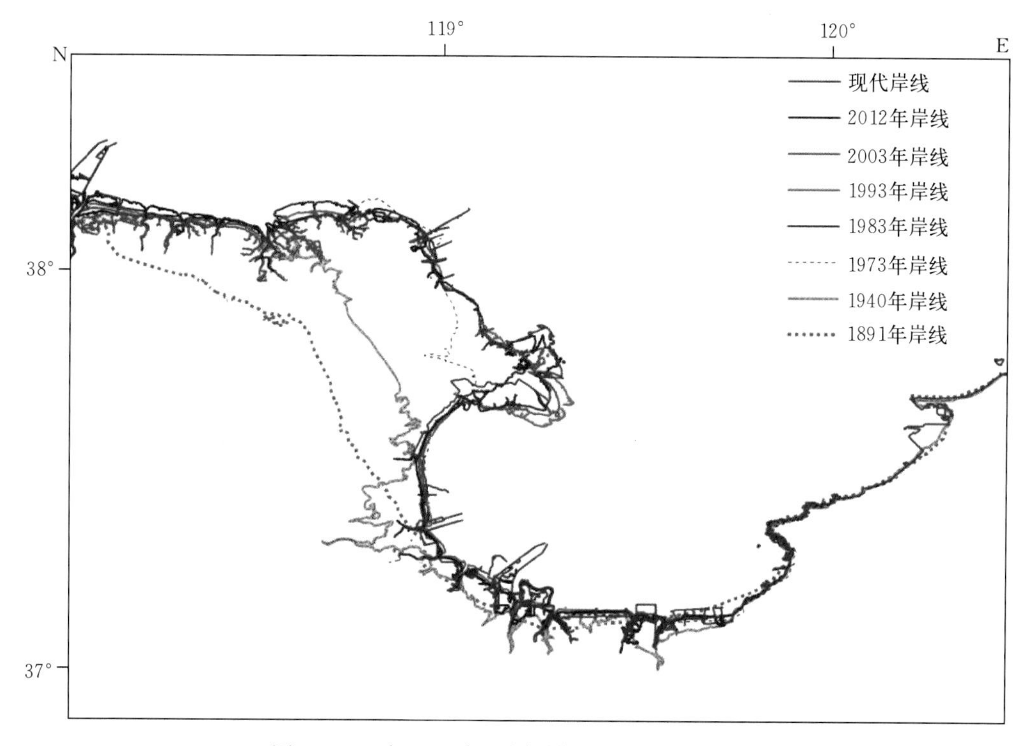

图 2-11　自 1891 年不同时期海图所提取的岸线

由于上游的人类活动和气候变化的原因，黄河在过去的近 70 年的入海流量和沉积物输入呈现一个明显减少的趋势（图 2-12）。入海沉积物输入的变化会直接对邻近海域表层沉积物特征和岸线地貌产生影响，沉积物输入的急剧减少和悬浮质粒径的增大不仅造成了河口沉积物扩散模式的改变，而且还改变了岸线和水下三角洲的坡度（Wang et al，2010）。莱州湾西海岸的地貌演变与黄河口—三角洲的地貌变迁特征相同，受到人类活动影响较为明显（李蒙蒙等，2013）。山东半岛西北部的 100 多座小型水库对于沉积物源输入有很大影响，一些地方的浅滩从沉积过程转为侵蚀过程，浅滩变得更窄（Wang et al，2009）。数值模拟显示，黄河口的岸线变化影响了莱州湾的流场，间接地影响了对虾的栖息地，导致对虾早期的栖息地逐渐消失（黄大吉等，2002）。

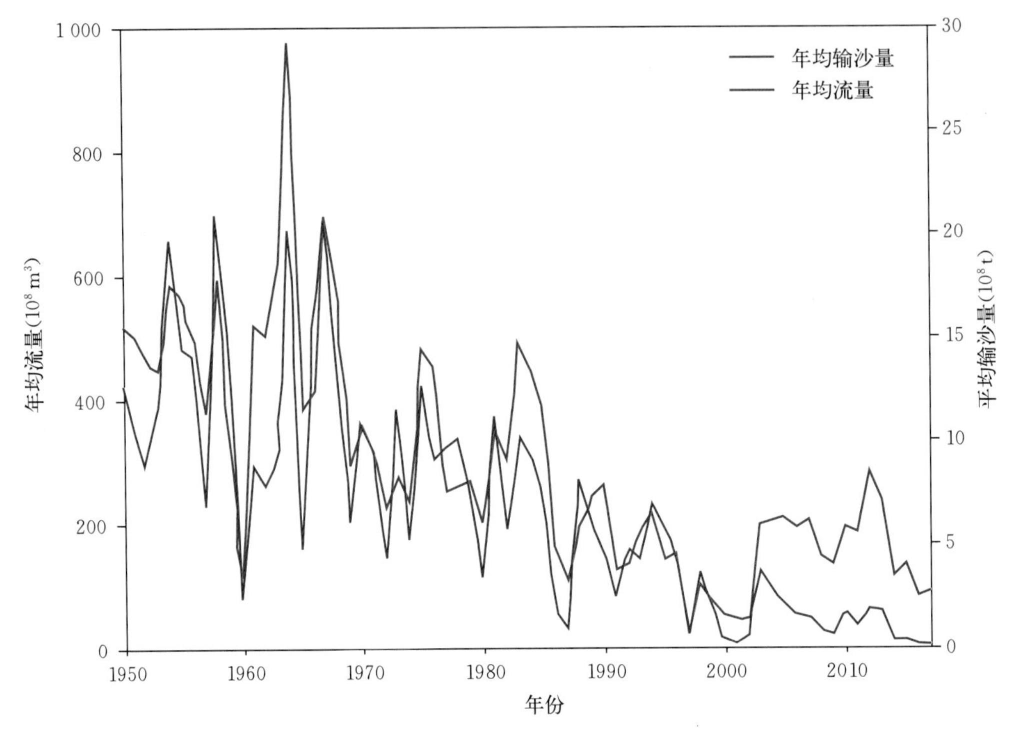

图 2-12　1950 年以来黄河入海径流量、输沙量的变化趋势图
（数据来自黄河水利委员会，参考 Wang et al，2010）

2. 围填海及沿岸工程的影响

填海造陆、航道清淤、港口扩建等人类活动逐渐成为改变海湾形态的主导因素。过去 20 多年，渤海岸线变化的一个主要驱动因素是建设填海造地和滩涂围垦。2006 年以后，大型工业、港口填海造地工程对渤海海岸线变迁影响显著加剧，其中以曹妃甸海域和龙口湾附近的围填海造地影响较大（李亚宁等，2015）。围填海工程会造成自然岸线的改变，引起岸线长度和海湾面积改变。赵鑫等（2013）的研究发现，曹妃甸区域围填海后，港池和潮汐通道内的有效波高减小幅度较大。曹妃甸深槽受围填垦的影响在深度、长度上都有变化，水下沙脊和浅滩的高度、形状有明显的变化（陈义兰等，2013）。

莱州湾东南岸线变化主要原因是人工围垦、滩涂养殖及盐田和防潮堤的扩建（张云华等，2011）。2003—2013 年围填海工程的建设导致海域面积减小 7.38%，海湾流速整体呈减小趋势，纳潮量明显减小，平均纳潮量减小 5.57%（姜胜辉等，2015）。以龙口湾为例，5 期龙口湾历史遥感影像（Landsat）显示了该区域由于围垦工程造成岸线形态显著变化的过程（图 2-13）。不仅如此，龙口人工岛吹填工程还使附近海底地形发生剧烈改变，多波束全覆盖扫测地形调查显示（图 2-14），人工岛建设前，该区域地形较为平坦，从东向西水深逐渐加深；吹填工程后该海域水深在−18.5～−10.2 m，其中 43%的区域在−16 m以下。多波束数据显示，挖泥船作业抽出海底沉积物后留下大量取土坑（图 2-15），其位置、形状、深度、大小清晰可见，它们如同一道道深度不一的海底“疤痕”，有的长达 1 200 m。

对渤海湾的水动力环境的数值模拟显示，围填海工程显著影响了渤海湾沿岸的余流场，致使西部水体沿岸南下进入渤海中部的通道受阻（袁德奎等，2015）。围填海工程破坏近岸海域的产卵场，使渔业生物的洄游发生变化，导致渔业资源锐减。

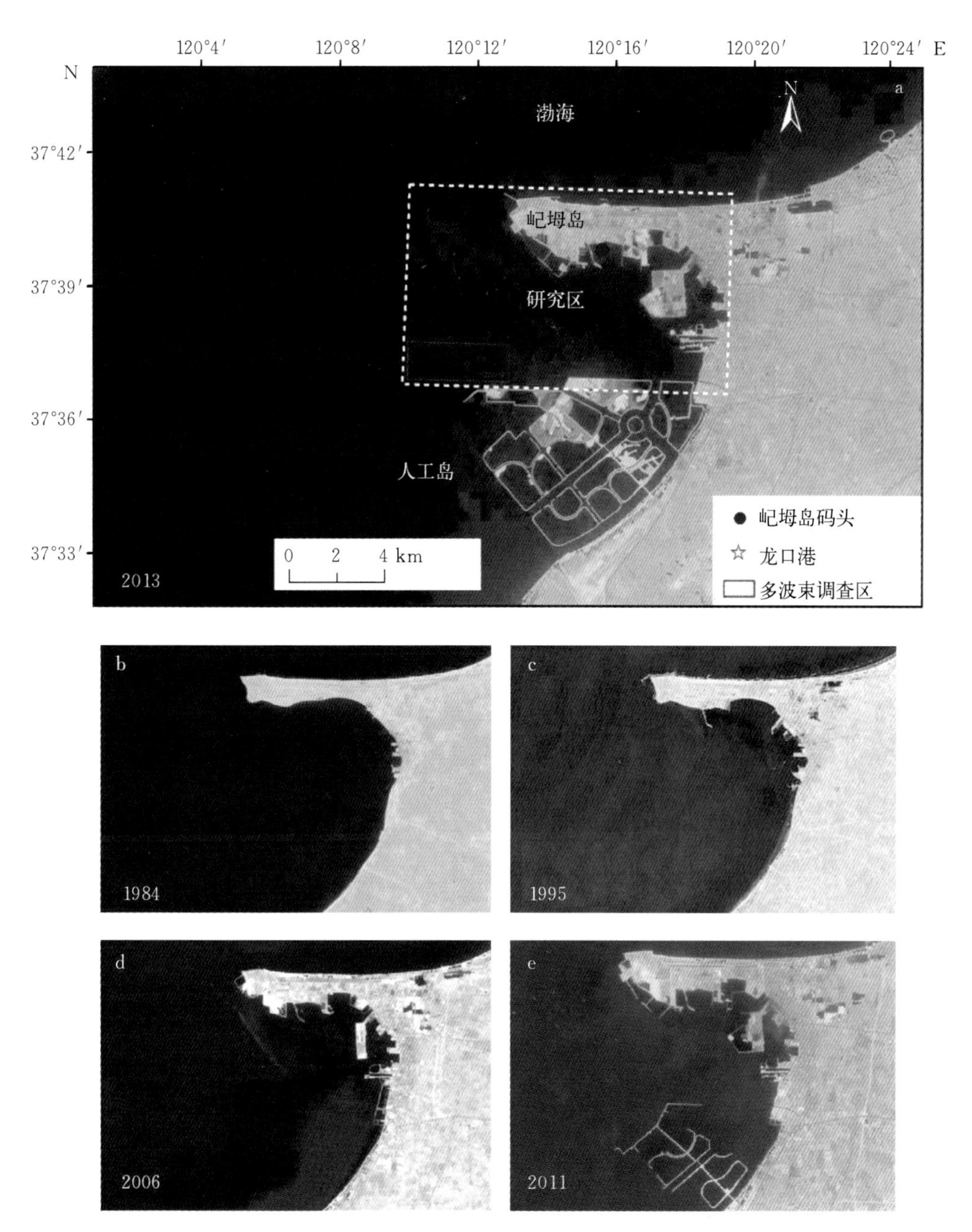

图 2-13　龙口湾历史遥感影像

a. 研究区地理位置　b～e. 龙口湾不同历史时期的遥感影像对比

3. 人工鱼礁投石对海底地貌的影响

现代海洋渔业建设中，海洋牧场受到普遍的重视和关注。海洋牧场的操作方式主要包括增殖放流和人工鱼礁建设。人工鱼礁是通过工程化的方式模仿自然生境（图 2-16、图 2-17），旨在保护、增殖或修复海洋生态系统的组成部分。它形成的产业涉及捕捞、养殖、休闲渔业等。人工鱼礁主要强调对修复生态系统的贡献。

截至 2018 年底，山东省已建设省级海洋牧场 83 处，其中国家级海洋牧场示范区 32 处，

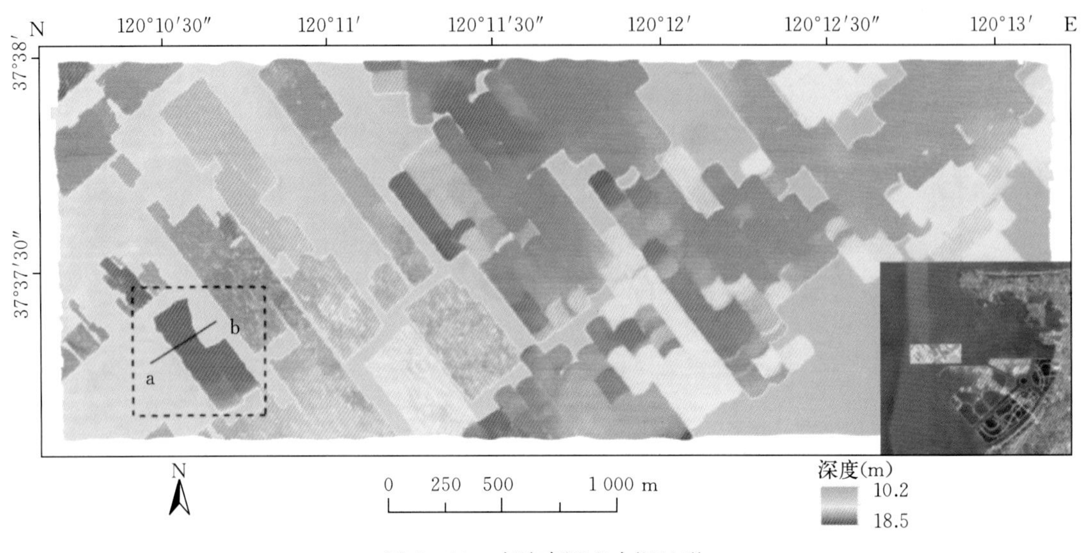

图 2-14　多波束调查水深地形

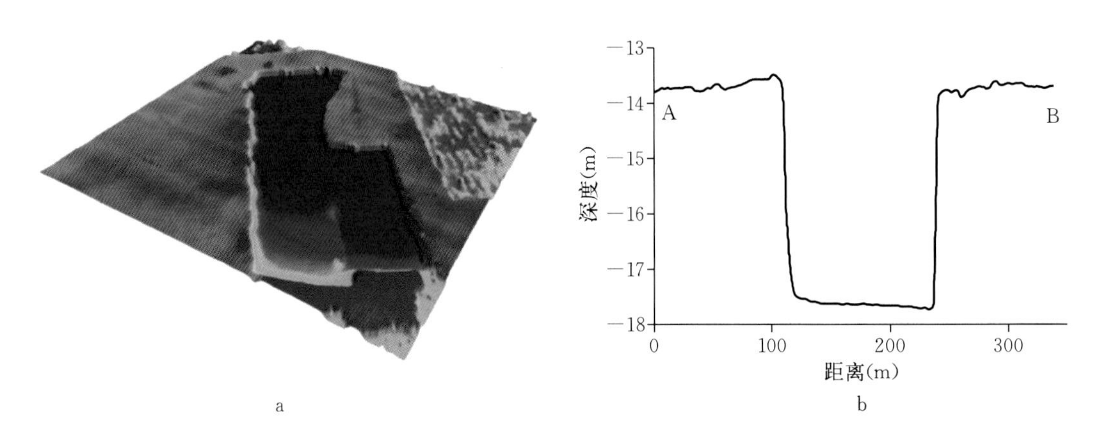

图 2-15　取土坑情况

a. 取土坑 3D 图　b. 取土坑水深剖面

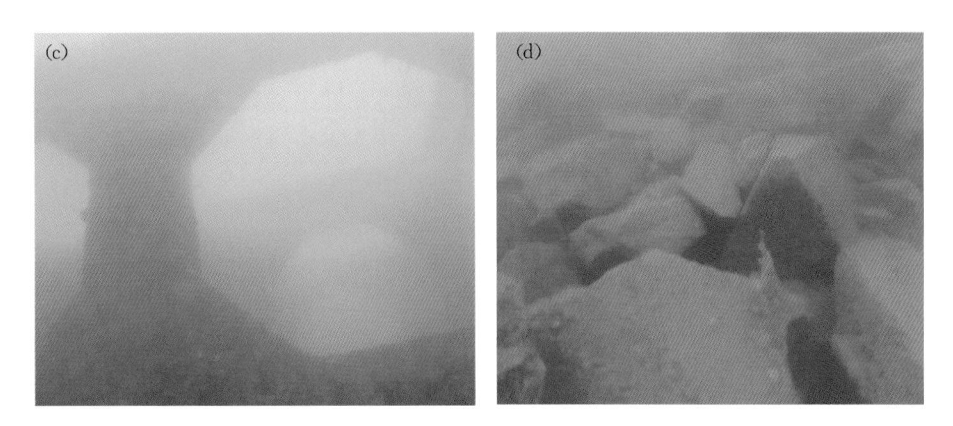

图 2-16　不同鱼礁投石前和投石后水下影像

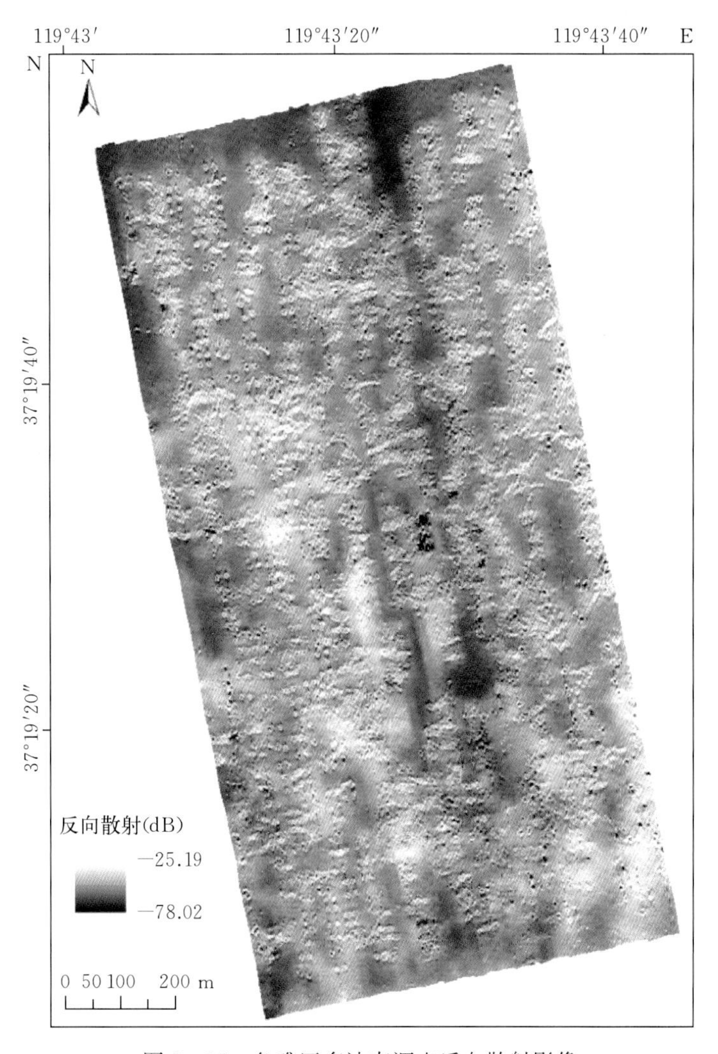

图 2-17　鱼礁区多波束调查反向散射影像

占全国的37%；累计投放各类人工鱼礁1 600多万空方，建设海洋牧场6万余公顷。

人工鱼礁会增加湍流强度，使其周围水动力发生改变，上升流的形成促使礁区附近水体垂直交换，海底的营养盐被翻起和扩散，上升流不断将底层、近底层的低温、高盐、富营养的海水涌至表层，从而加快了营养物质的循环速度，使人工鱼礁区成为鱼类的聚集地。鱼礁后面的涡流使流速减缓，大量的悬浮物在此停滞，从而引来鱼群，人工鱼礁区为鱼类提供了良好的庇护、索饵、繁殖和栖息场所（林军等，2006；Li et al，2017）。

大量预制件或礁石投放至海底，会搅动海底沉积物悬浮，并且改变海底水深条件，引起波浪和潮流等水动力改变，导致海底产生蚀淤变化。大量人工鱼礁的存在，改变了海底区域水动力特征，造成底部流速的明显下降，并对底部潮流的流向产生了一定影响，逐渐形成了鱼礁区特有的冲淤地形（李东等，2017）。高精度的多波束水下地形调查可以清晰检测出人工鱼礁在水下的状态及其周边的冲淤地形（图2-18）。在进行人工鱼礁区规划设计时，必须针对人工鱼礁建设工程以及礁体本身的特点分析该海区的水文、底质和地形特征，进而分析人工鱼礁选址的合理性（贾后磊，2009）。如果选址不合理，不仅会导致鱼礁丧失应有的功能，还会破坏原有的生态环境（李文涛等，2003）。关于鱼礁所造成的底部冲淤地形与渔业种群及其早期生境的关系还需要更多深入的研究。

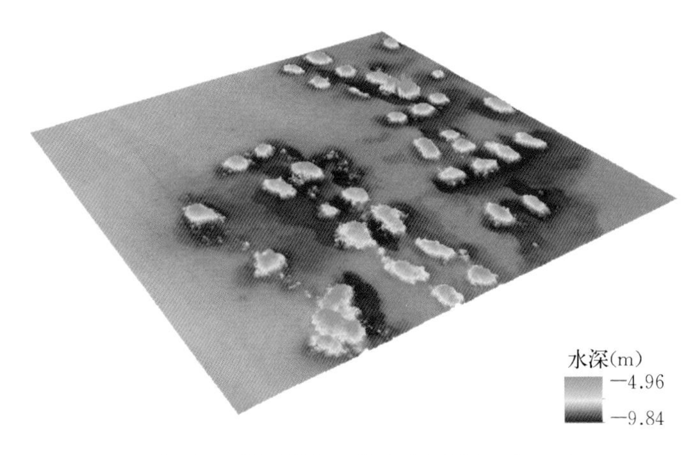

图2-18　莱州湾人工鱼礁的DEM三维显示

（唐诚、李东）

第三节　化学环境

一、黄河口及邻近海域营养盐分布特征

在黄河口及邻近海域于2004—2014年5月、8月进行了20个航次的营养盐、叶绿素和初级生产力的数据调查，2015年5月获取了营养盐、叶绿素和初级生产力的数据（图2-19）。

图2-20（a）为黄河口2004—2015年溶解无机氮（DIN）的变化趋势，除2010年8月外，其余年份DIN均值均超出海水水质一类标准（0.2 mg/L）。2004—2008年，DIN均值普遍超出四类海水水质标准（0.5 mg/L）。从2010年开始，黄河口DIN含量较前几年有了明显降低，DIN均值维持在0.25 mg/L左右。图2-20（b）为2004—2015年磷酸盐

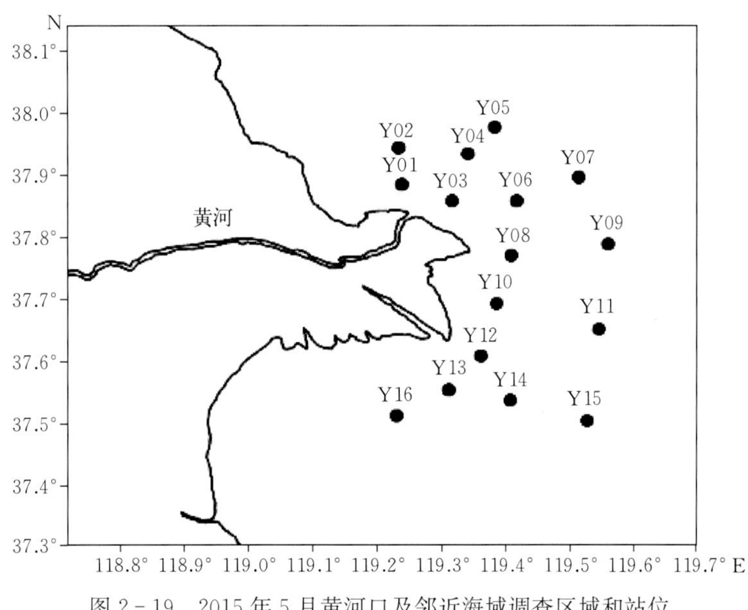

图 2-19　2015 年 5 月黄河口及邻近海域调查区域和站位

(PO_4-P) 的变化，绝大部分航次 PO_4-P 浓度均值在浮游植物生长所需的最低阈值 0.003 1 mg/L和海水水质一类标准值 0.015 mg/L 之间。

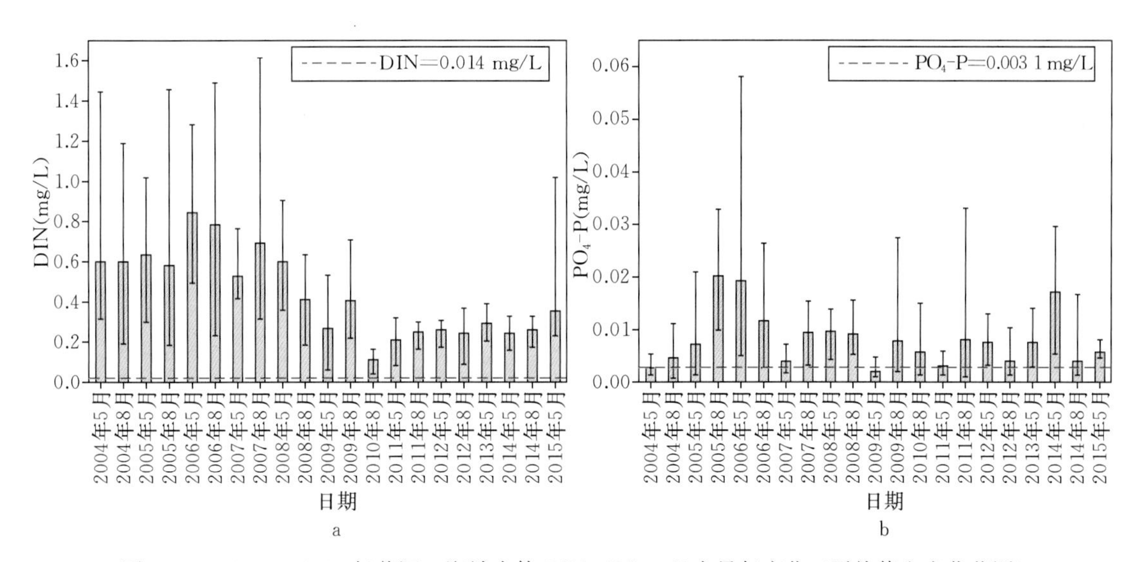

图 2-20　2004—2015 年黄河口海域水体 DIN、PO_4-P 含量年变化（平均值和变化范围）

近 10 年来黄河口及邻近海域溶解无机氮平均含量为 0.44 mg/L，远远大于浮游植物生长所需的 DIN 的最低阈值 0.001 4 mg/L（Nelson et al，1992），磷酸盐平均含量为 0.008 1 mg/L，远远大于浮游植物生长所需的磷酸盐的最低阈值 0.003 1 mg/L。因此，在这个区域无机氮及磷酸盐可以满足浮游植物生长对营养要素氮、磷的需求。

营养盐失衡是近些年黄河口水环境面临的主要生态问题之一。有学者认为海水中的氮磷比（N∶P）大于22∶1时存在磷限制，小于10∶1时存在氮限制。依据2004—2015年水质调查结果，近10年黄河口N∶P失衡现象较为严重（图2-21），除2013年8月外，其余航次的N∶P均值都超出了P限制限值22，部分航次如2004年5月、2004年8月、2005年5月、2007年8月和2014年8月的氮磷比均值甚至超过了100，但在该海域溶解无机氮和磷酸盐均能满足浮游植物生长的需求，并不存在氮、磷营养物质不足的问题，但氮、磷营养物质的比例失调肯定会对该海域的初级生产力产生一定的负面影响。无机氮相对于磷酸盐含量大大盈余，该区域高含量的无机氮可能会带来该区域的富营养化问题。

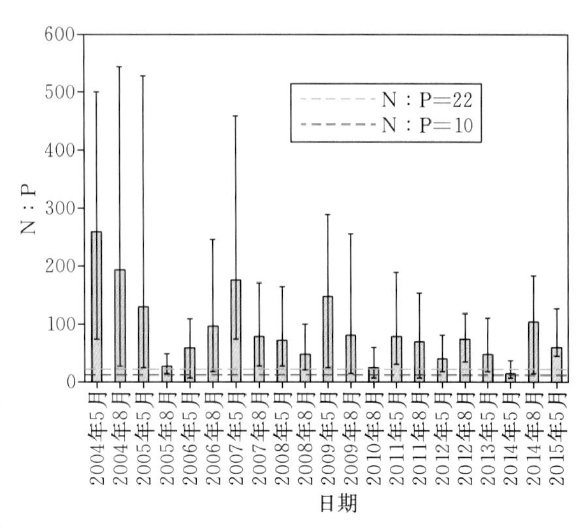

图2-21　2004—2015年黄河口N∶P变化（平均值和变化范围）

图2-22为2004—2009年共10个航次的活性硅酸盐数据，硅酸盐含量的平均值为0.77 mg/L，远远超过浮游植物生长所需的活性硅酸盐的最低阈值0.056 mg/L。图2-22为2004—2015年黄河口初级生产力变化图，2004—2015年黄河口初级生产力（以C计，下同）变化范围为9～1 548 mg/(m^2·d)，平均值为260 mg/(m^2·d)，不同航次的初级生产力均值的变化范围为112～564 mg/(m^2·d)。航次内不同站位间初级生产力水平差异较大，航次间初级生产力水平也呈现波动变化趋势，在2012年5月和2014年8月出现了明显的高值。

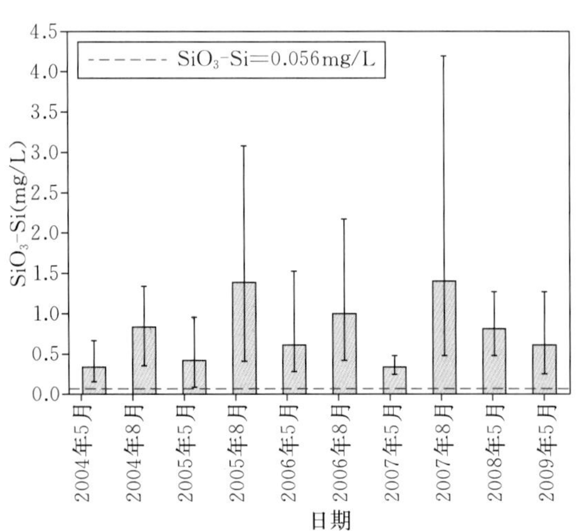

图2-22　2004—2009年黄河口SiO$_3$-Si变化

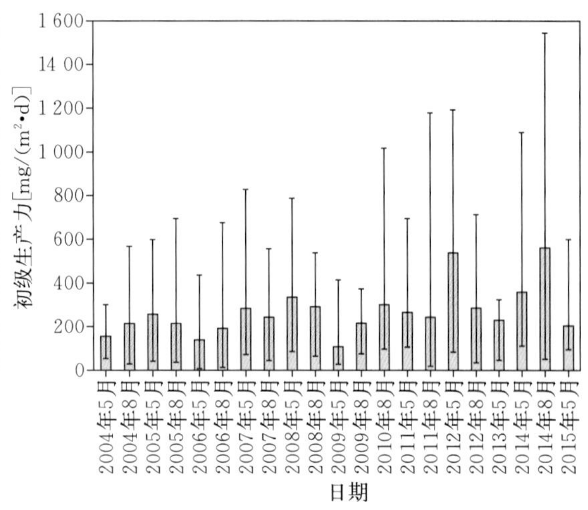

图2-23　2004—2015年黄河口初级生产力变化

2004—2015年黄河口及邻近海域磷酸盐和活性硅酸盐与海域叶绿素a及初级生产力

之间无显著相关性，8月溶解无机氮与海域叶绿素a及初级生产力之间也无显著相关性，5月溶解无机氮、硝酸盐氮及N∶P与海域叶绿素a及初级生产力之间呈现显著负相关性，这表明在5月高含量的无机氮造成的富营养化污染已对该区域的初级生产力产生了负面影响（表2-1）。

表2-1　2004—2015年5月和8月营养盐与叶绿素a、初级生产力之间的相关性

时间	项目	PO_4-P	NO_2-N	NO_3-N	NH_4-N	DIN	N∶P	SiO_3-Si
5月	叶绿素	0.006 2	0.131	−0.128	−0.010	−0.113	−0.182*	0.028
	初级生产力	0.045	−0.013	−0.211*	0.074	−0.194*	−0.190*	0.212
8月	叶绿素	−0.104	−0.144	−0.076	−0.164	−0.092	−0.110	0.054
	初级生产力	−0.135	−0.125	−0.108	−0.136	−0.090	−0.137	0.070

注：*代表$P<0.05$范围内显著相关。

在黄河口及邻近海域，20世纪50年代到90年代末营养盐呈现下降趋势；但与20世纪末相比，2000—2010年该海域的营养盐呈现升高趋势，这与黄河调水调沙黄河入海径流量和入海排污量的增加有关，导致黄河口及邻近海域海水营养盐含量明显增加；2011—2015年该海域的营养盐呈现略微下降趋势。但黄河口及邻近海域的营养盐含量始终高于浮游植物生长所需的DIN、PO_4-P和SiO_3-Si的最低阈值。因此，营养盐可能不是影响该区域渔业资源的主要因素，日益加剧的污染、高强度的捕捞及石油开采等人类活动可能是影响该区域渔业资源的主要因素。

二、莱州湾营养盐分布特征

2016年6月对莱州湾海域水体营养盐进行了调查。莱州湾表层无机氮变化范围为0.031～0.44 mg/L，平均值为0.16 mg/L，无机氮浓度呈现由东北向西南逐渐增大的趋势（图2-24）；底层水体无机氮变化范围为0.025～0.26 mg/L，平均值为0.12 mg/L，无机氮浓度同样呈现由东北向西南逐渐增大的趋势（图2-25）。

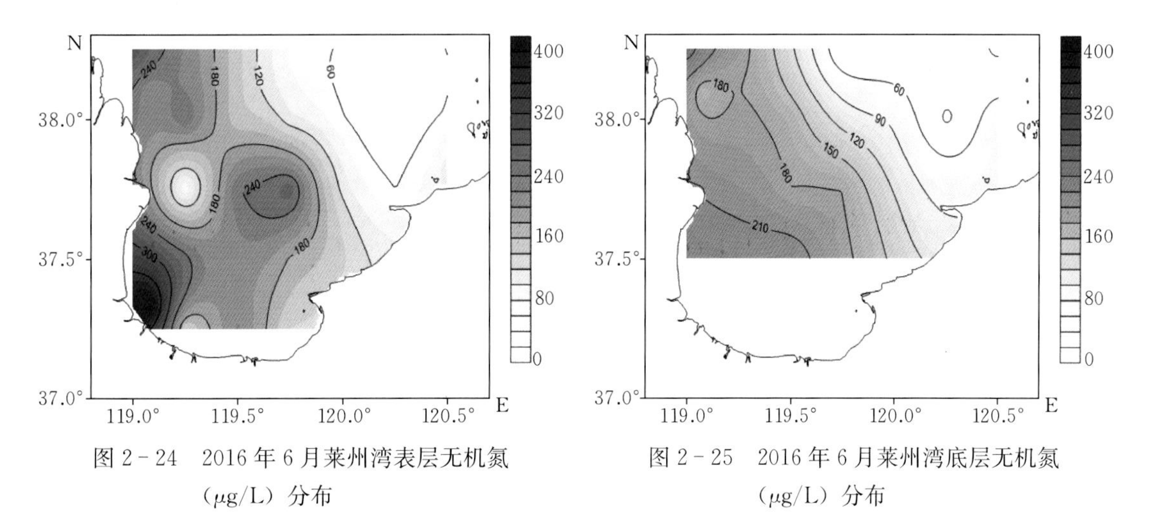

图2-24　2016年6月莱州湾表层无机氮（μg/L）分布

图2-25　2016年6月莱州湾底层无机氮（μg/L）分布

莱州湾表层磷酸盐变化范围为 0.001 6～0.016 mg/L，平均值为 0.003 6 mg/L，靠近黄河口附近出现明显高值区，莱州湾中部磷酸盐含量较低（图 2－26）；底层磷酸盐变化范围为 0.001 2～0.009 mg/L，平均值为 0.003 mg/L，其高值区出现在黄河口附近和莱州湾东部海域（图 2－27）。

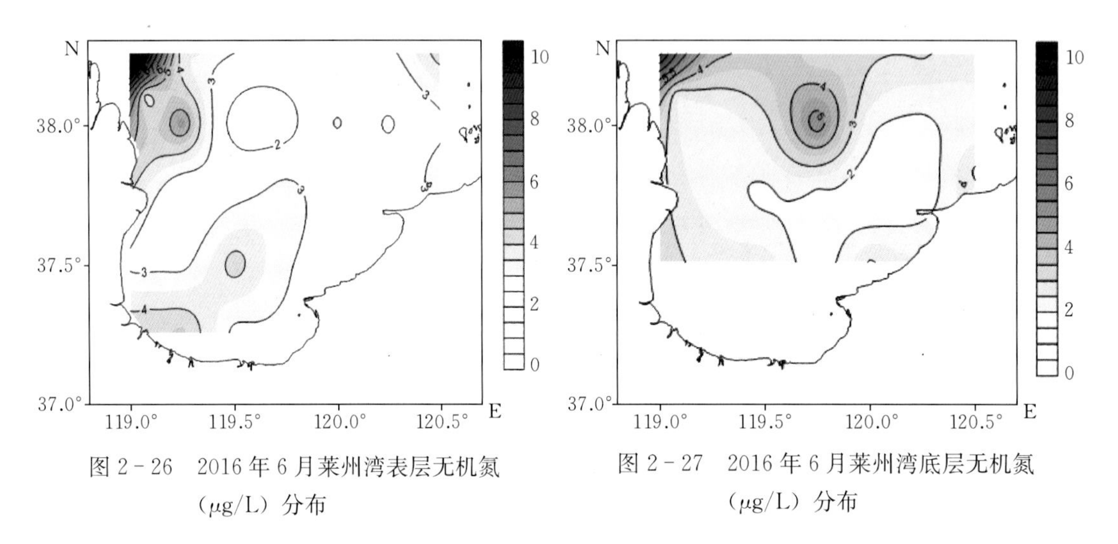

图 2－26　2016 年 6 月莱州湾表层无机氮（μg/L）分布

图 2－27　2016 年 6 月莱州湾底层无机氮（μg/L）分布

莱州湾表层硅酸盐变化范围为 0.006 7～0.28 mg/L，平均值为 0.087 mg/L，其高值区出现在莱州湾南部海域（图 2－28）；底层硅酸盐变化范围为 0.014～0.20 mg/L，平均值为 0.07 mg/L，黄河口附近海域存在一明显的高值区（图 2－29）。营养盐含量表层高于底层，近岸高于离岸；2016 年 6 月莱州湾溶解无机氮和磷酸盐含量大于浮游植物生长所需的 DIN 和无机磷酸盐的最低阈值 0.001 4 mg/L 和 0.003 1 mg/L；其硅酸盐含量的平均值也高于浮游植物生长所需的活性硅酸盐的最低阈值 0.056 mg/L。

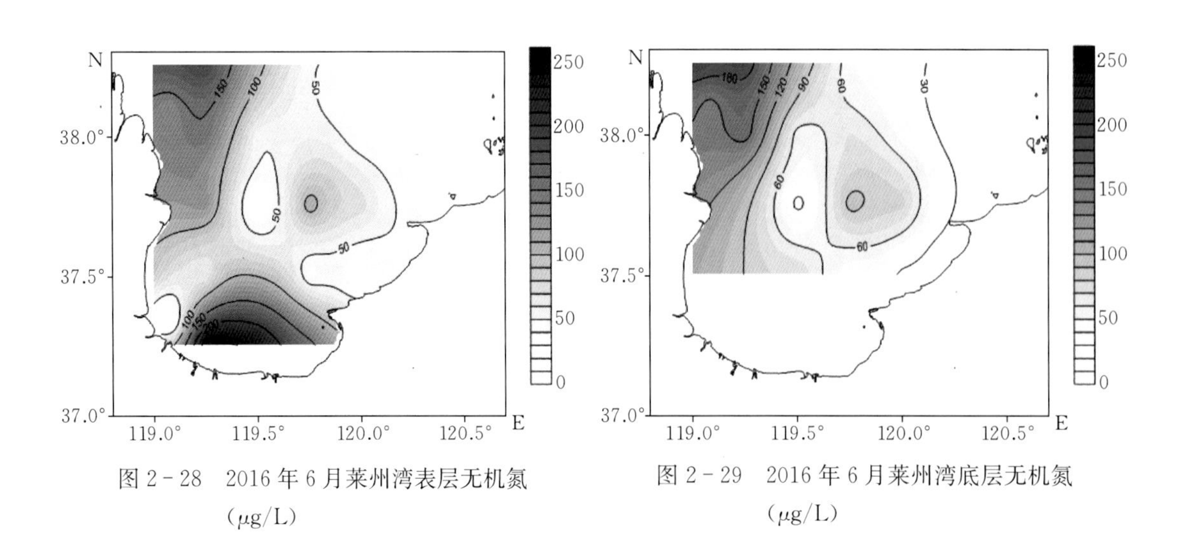

图 2－28　2016 年 6 月莱州湾表层无机氮（μg/L）

图 2－29　2016 年 6 月莱州湾底层无机氮（μg/L）

三、渤海营养盐分布特征

2015 年 5 月、8 月及 2016 年 5 月对渤海海域水体进行了 3 个航次的营养盐现场调查。2015 年 5 月，渤海表层无机氮变化范围为 0.014～0.55 mg/L，平均值为 0.17 mg/L，其高值区出现在莱州湾的东北部和渤海湾的西部和南部，低值区出现在渤海中部（图 2-30）；底层变化范围为 0.024～0.41 mg/L，平均值为 0.14 mg/L，莱州湾北部出现明显的高值区（图 2-31）。

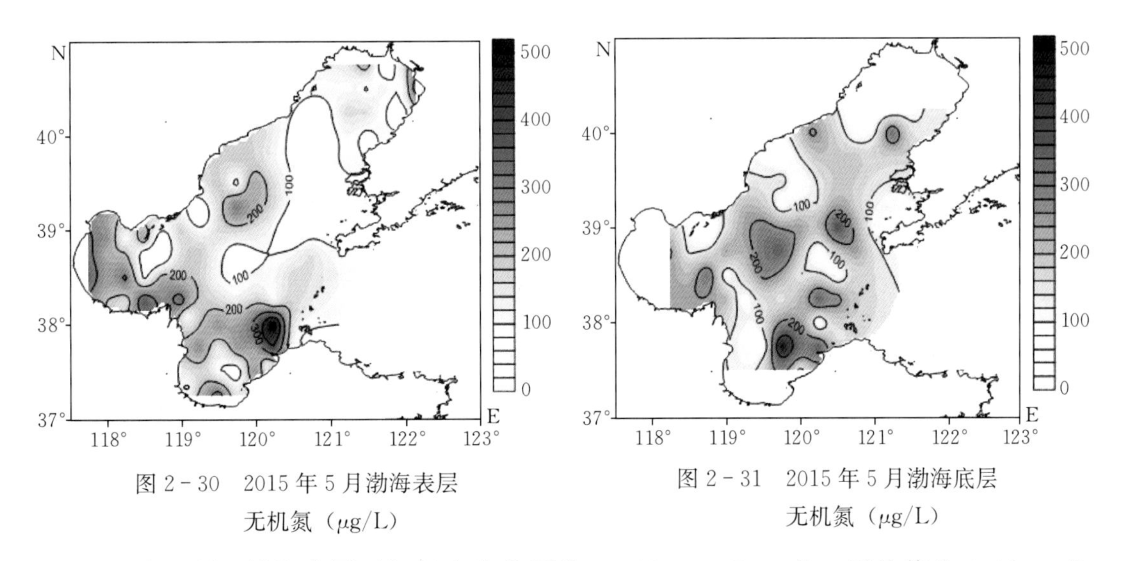

图 2-30　2015 年 5 月渤海表层无机氮（μg/L）

图 2-31　2015 年 5 月渤海底层无机氮（μg/L）

2016 年 5 月，渤海表层无机氮变化范围为 0.012～0.47 mg/L，平均值为 0.12 mg/L，其高值区出现在莱州湾、渤海湾南部和辽东湾北部，低值区出现在渤海中部（图 2-32）；底层变化范围为 0.013～0.32 mg/L，平均值为 0.089 mg/L，黄河口附近海域出现明显的高值区（图 2-33）。营养盐含量表层高于底层，近岸高于离岸；2015 年 5 月和 2016 年 5 月渤海溶解无机氮含量远远大于浮游植物生长所需的 DIN 的最低阈值 0.001 4 mg/L。

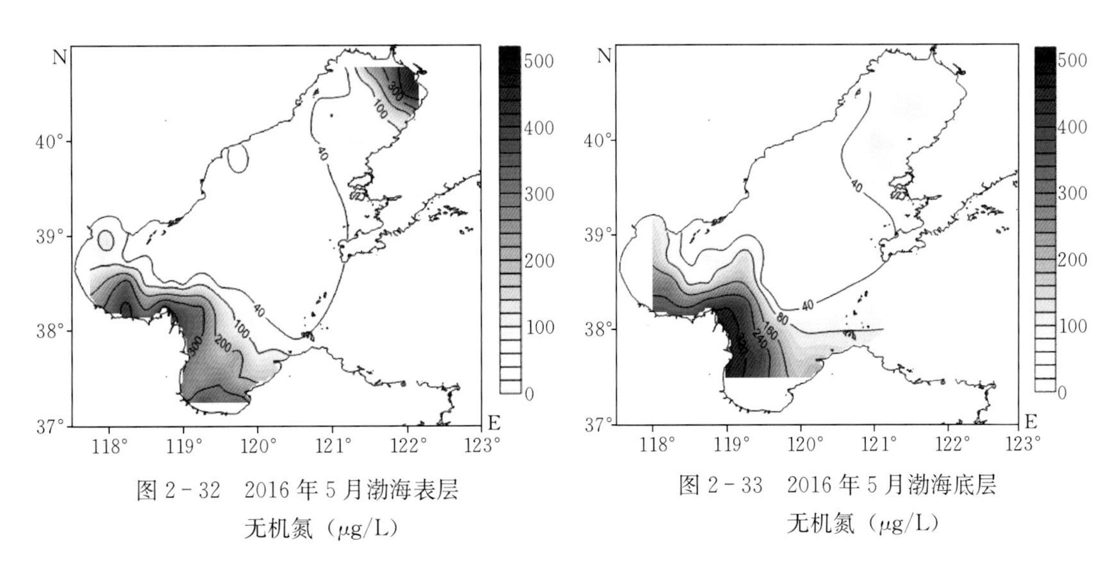

图 2-32　2016 年 5 月渤海表层无机氮（μg/L）

图 2-33　2016 年 5 月渤海底层无机氮（μg/L）

2015 年 8 月，渤海表层无机氮变化范围为 0.024～2.74 mg/L，平均值为 0.39 mg/L，在渤海湾西部沿岸海域有几个站位出现异常高值，低值区出现在渤海中部和辽东湾南部（图 2－34）；底层变化范围为 0.038～1.14 mg/L，平均值为 0.35 mg/L，辽东湾北部存在一明显的高值区（图 2－35）。2015 年 8 月渤海溶解无机氮含量远远大于浮游植物生长所需的 DIN 的最低阈值 0.001 4 mg/L。

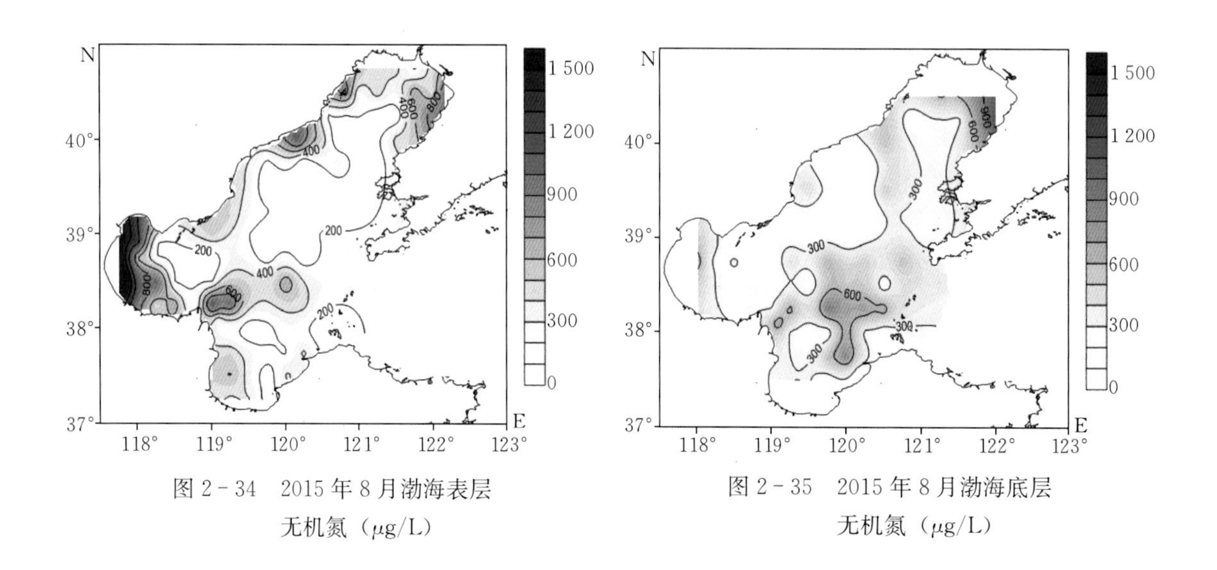

图 2－34　2015 年 8 月渤海表层无机氮（μg/L）

图 2－35　2015 年 8 月渤海底层无机氮（μg/L）

2015 年 5 月，渤海表层磷酸盐变化范围为 0.001 6～0.018 mg/L，平均值为 0.005 3 mg/L，莱州湾和渤海中部存在明显高值区，低值区出现在渤海湾北部（图 2－36）；底层变化范围为 0.001 4～0.007 8 mg/L，平均值为 0.004 mg/L，其高值区出现在渤海湾东部和辽东湾南部（图 2－37）。2015 年 5 月渤海磷酸盐含量高于浮游植物生长所需的磷酸盐的最低阈值 0.003 1 mg/L，能满足浮游植物生长所需。

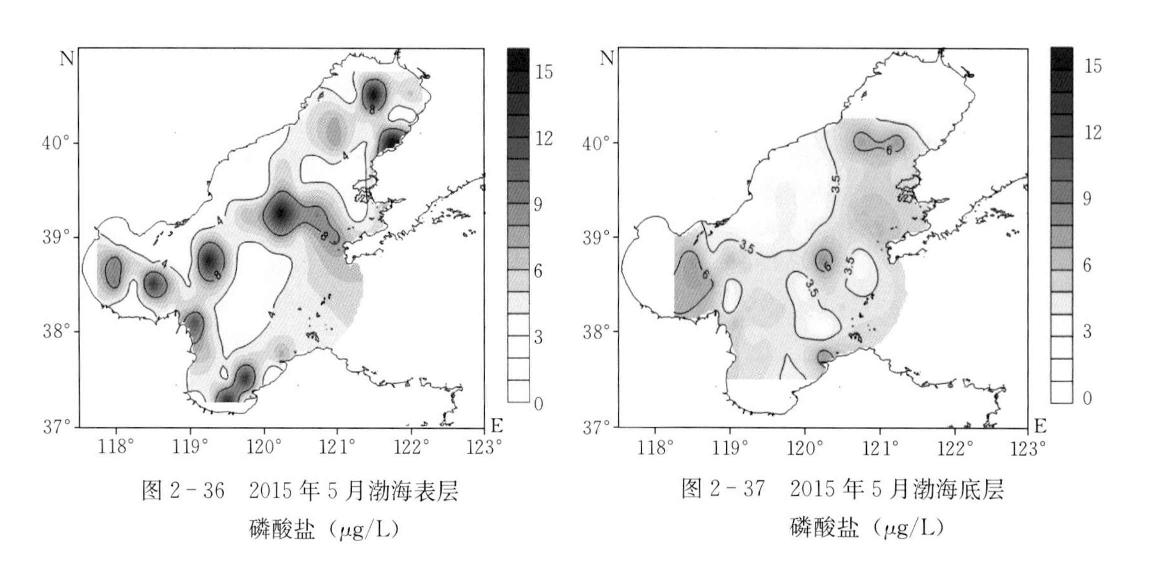

图 2－36　2015 年 5 月渤海表层磷酸盐（μg/L）

图 2－37　2015 年 5 月渤海底层磷酸盐（μg/L）

2016 年 5 月，渤海表层磷酸盐变化范围为 0.000 31～0.014 mg/L，平均值为 0.002 1 mg/L，黄河口邻近海域和辽东湾北部存在明显高值区，低值区出现在渤海中部（图 2－38）；底层变化范围为 0.000 31～0.014 mg/L，平均值为 0.003 2 mg/L，其高值区出现黄河口附近海域（图 2－39）。总体趋势：营养盐含量表层高于底层，近岸高于离岸；2016 年 5 月除了渤海中部外，其他海域磷酸盐含量高于浮游植物生长所需的磷酸盐的最低阈值 0.003 1 mg/L，能满足浮游植物生长所需。

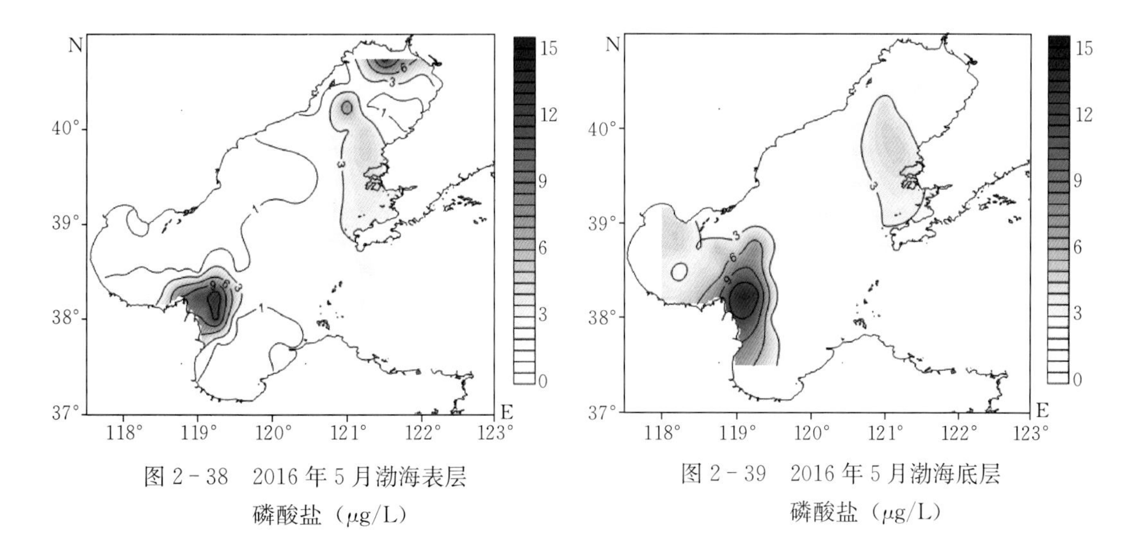

图 2－38　2016 年 5 月渤海表层磷酸盐（μg/L）

图 2－39　2016 年 5 月渤海底层磷酸盐（μg/L）

2015 年 8 月，渤海表层磷酸盐变化范围为 0.000 81～0.024 mg/L，平均值为 0.004 6 mg/L，在辽东湾北部和渤海湾北部出现明显高值区，低值区出现在渤海中部和渤海湾东部（图 2－40）；底层变化范围为 0.001 2～0.010 mg/L，平均值为 0.003 mg/L，辽东湾南部有一明显高值区，低值区出现在渤海中部（图 2－41）。2015 年 8 月除了渤海中部外，其他海域磷酸盐含量高于浮游植物生长所需的磷酸盐的最低阈值 0.003 1 mg/L，能满足浮游植物生长所需。

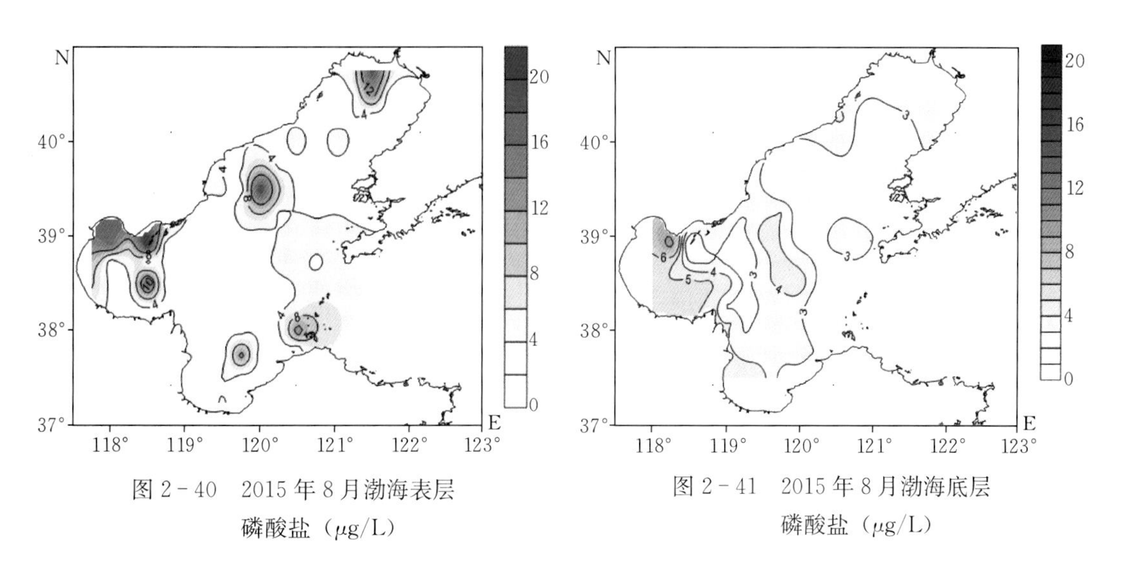

图 2－40　2015 年 8 月渤海表层磷酸盐（μg/L）

图 2－41　2015 年 8 月渤海底层磷酸盐（μg/L）

2015 年 5 月，渤海表层硅酸盐变化范围为 0.013～0.97 mg/L，平均值为 0.21 mg/L，其高值区出现在莱州湾的西部和辽东湾的北部，低值区出现在渤海中部（图 2 - 42）；底层变化范围为 0.002 3～0.53 mg/L，平均值为 0.15 mg/L，辽东湾出现明显高值区，低值区出现在渤海中部（图 2 - 43）。

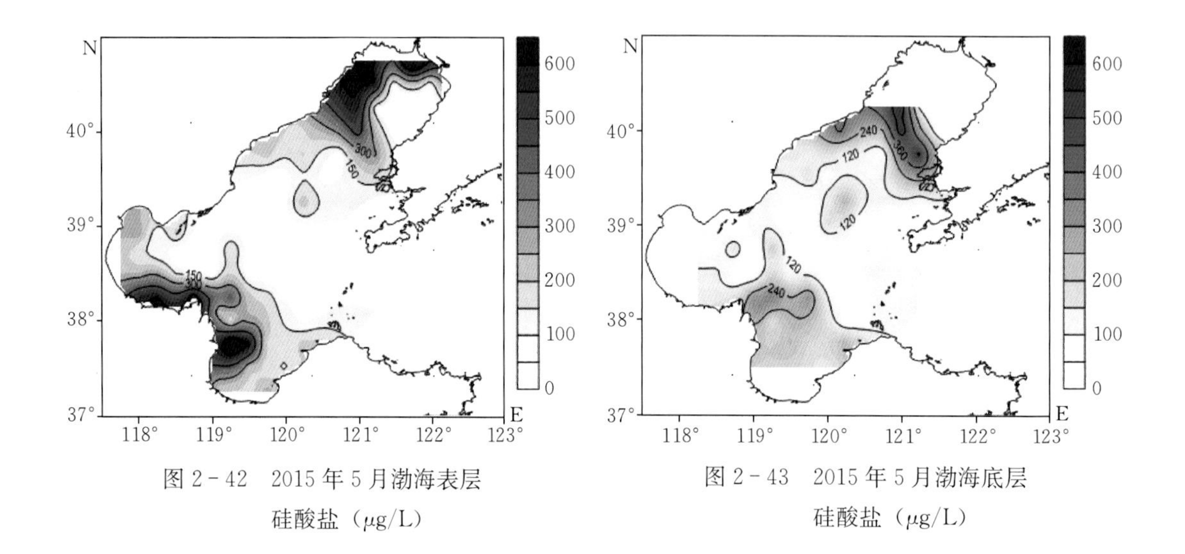

图 2 - 42　2015 年 5 月渤海表层硅酸盐（μg/L）

图 2 - 43　2015 年 5 月渤海底层硅酸盐（μg/L）

2016 年 5 月，渤海表层硅酸盐变化范围为 0～0.32 mg/L，平均值为 0.061 mg/L，其高值区出现在黄河口附近和辽东湾北部，低值区出现在渤海中部（图 2 - 44）；底层变化范围为 0～0.31 mg/L，平均值为 0.052 mg/L，黄河口附近海域出现明显高值区，低值区出现在渤海中部（图 2 - 45）。2015 年 5 月和 2016 年 5 月渤海硅酸盐能满足浮游植物生长所需的活性硅酸盐的最低阈值 0.056 mg/L。

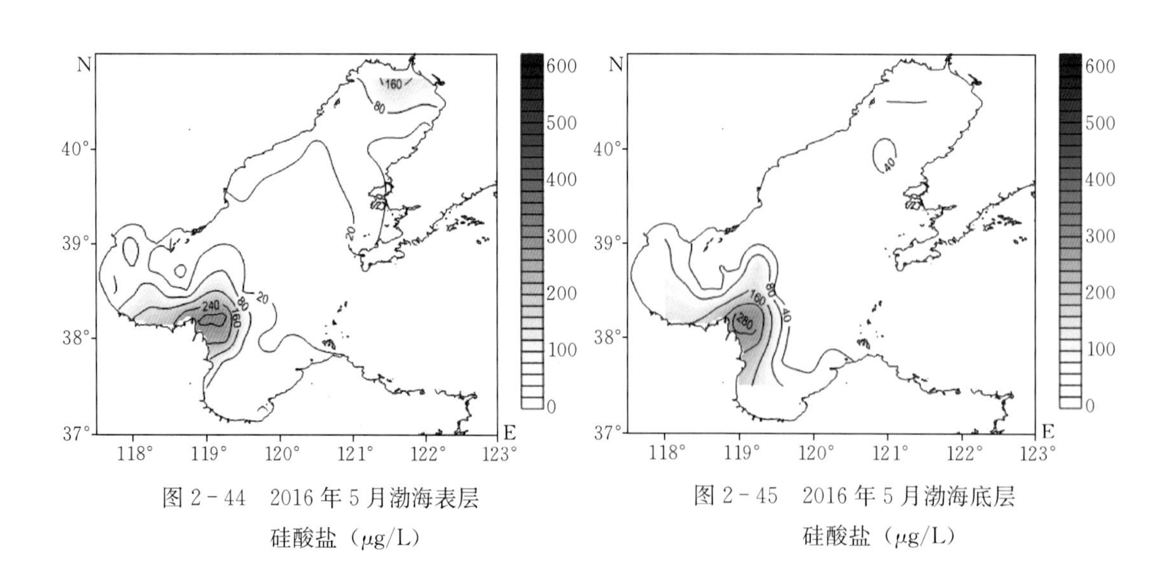

图 2 - 44　2016 年 5 月渤海表层硅酸盐（μg/L）

图 2 - 45　2016 年 5 月渤海底层硅酸盐（μg/L）

2015 年 8 月，渤海表层硅酸盐变化范围为 0.046～1.62 mg/L，平均值为 0.47 mg/L，在莱州湾南部沿岸海域出现明显高值区，低值区出现在渤海湾东部和辽东湾南部（图 2－46）；底层硅酸盐变化范围为 0.15～1.33 mg/L，平均值为 0.47 mg/L，其高值区出现在莱州湾，低值区出现在渤海湾西部和辽东湾（图 2－47）。2015 年 8 月渤海硅酸盐含量的平均值高于浮游植物生长所需的活性硅酸盐的最低阈值 0.056 mg/L。

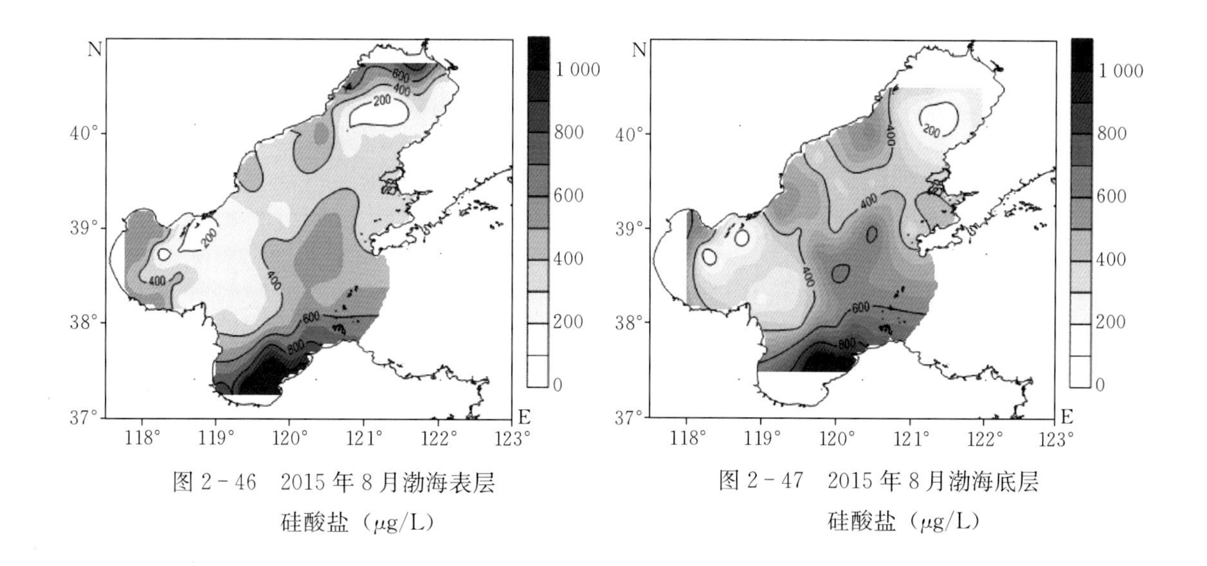

图 2－46　2015 年 8 月渤海表层硅酸盐（μg/L）

图 2－47　2015 年 8 月渤海底层硅酸盐（μg/L）

（李锋民）

第四节　基础生产力

一、浮游植物和叶绿素 a

浮游植物是鱼类及贝类等直接或间接的食物，与渔业生产有着十分密切的关系。研究海洋中浮游植物群落的种类组成和数量分布状况及变化规律，对于了解和掌握海洋生物资源现状、变动规律以及鱼类早期补充机制等方面均有重要作用。

渤海是典型的北方温带半封闭海区，沿岸众多河流所携带的营养物质促进并维持着该海域饵料生物的生长繁殖，使其成为许多经济鱼虾类的主要产卵场和索饵育肥场（康元德，1991）。但是近年来由于环境污染，由浮游植物暴发引发的赤潮频繁发生，对海洋动物造成严重威胁。了解渤海初级生产力及饵料基础状况，对于研究鱼类早期补充机制、掌握渔业资源变化趋势至关重要。

1. 叶绿素 a 浓度及分布特征

渤海表层叶绿素 a 浓度在 6 月、8 月平均值分别为 3.8μg/L 和 3.6 μg/L。6 月，整个渤海海域表层叶绿素 a 浓度的空间分布趋势是莱州湾西南部和辽东湾北部最高，渤海湾中部次之，渤海中部最低。8 月，表层叶绿素 a 浓度的分布趋势是辽东湾北部和莱州湾南部高于渤海湾和渤海中部（图 2－48）。

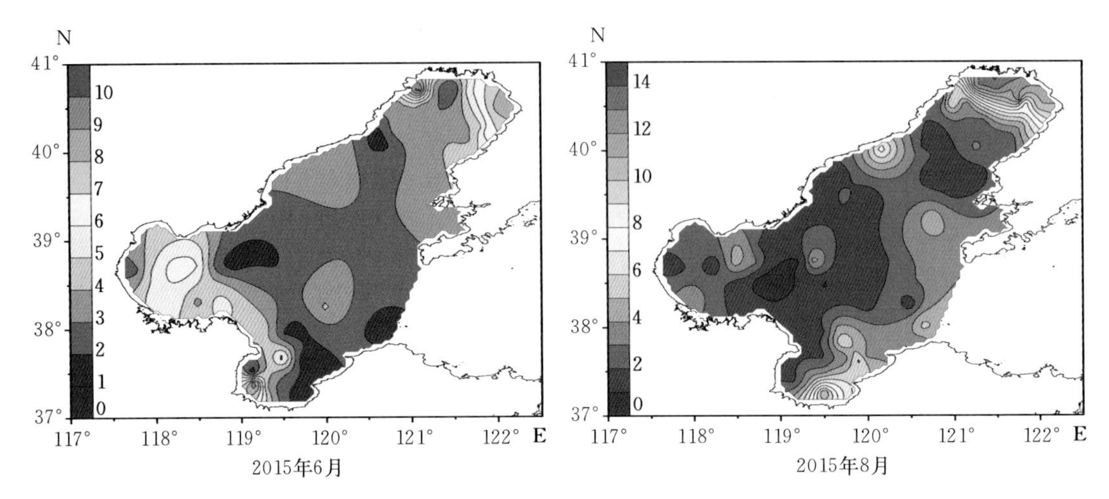

图 2-48 渤海表层叶绿素 a 分布特征（μg/L）

2. 种类组成和丰度

2015 年 6 月共采集到浮游植物 2 门 26 属 40 种，其中硅藻 24 属 36 种，甲藻 2 属 4 种。渤海浮游植物丰度为（1.1～782.9）$\times 10^4$个/m^3，平均为 45.6$\times 10^4$个/m^3。莱州湾西南部浮游植物丰度极高，主要由于该海域出现了丰度高达 774.1$\times 10^4$ 个/m^3 的短柄曲壳藻（*Achnanthes brevipes*），辽东湾东南沿岸是次高值区，丰度达 153.9$\times 10^4$ 个/m^3，而渤海其他海域浮游植物丰度均低于 100$\times 10^4$ 个/m^3（图 2-49）。各站位中硅藻占 31.8%～100%，平均为 87.1%，甲藻占浮游植物总丰度的 0～68.2%，平均为 12.9%。

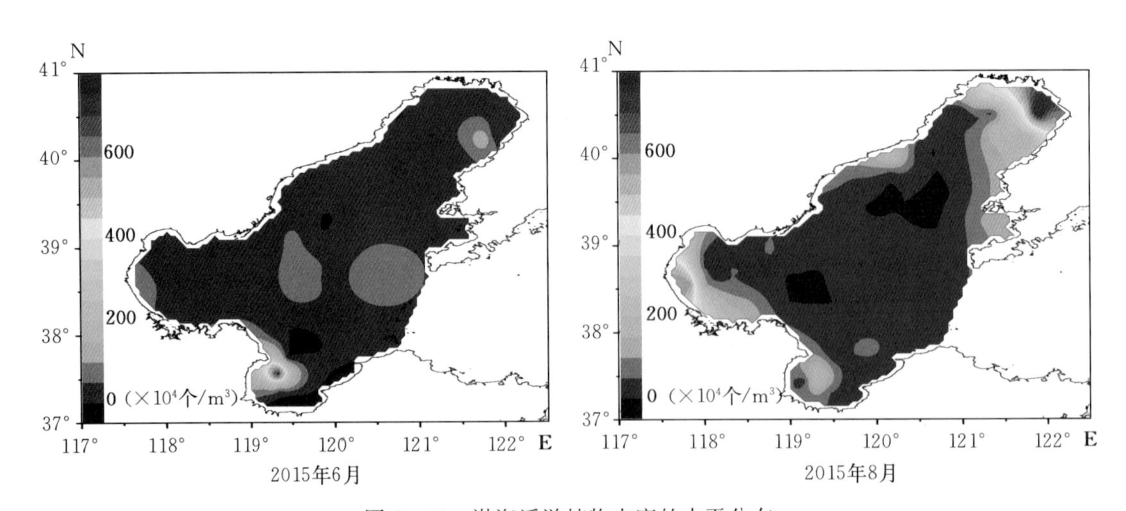

图 2-49 渤海浮游植物丰度的水平分布

2015 年 8 月共采集到浮游植物 3 门 41 属 89 种，其中硅藻 34 属 75 种，甲藻 6 属 13 种，定鞭藻仅 1 属 1 种，为小等刺硅鞭藻（*Dictyocha fibula*）。渤海浮游植物丰度为（1.2～

952.7)×10^4 个/m^3，平均为 86.9×10^4 个/m^3。8 月浮游植物丰度的分布整体上呈现出“三湾高、渤海中心低”的趋势，最高值（952.7×10^4 个/m^3）出现在辽东湾湾顶，其次是渤海湾湾顶（丰度可达 599.0×10^4 个/m^3），莱州湾和秦皇岛沿岸海域丰度也较高（分别可达 249.3×10^4 个/m^3 和 244.8×10^4 个/m^3）（图 2－49）。8 月各站位中硅藻占 5.0%～100%，平均为 72.5%，甲藻占到浮游植物的 0～95%，平均为 27.3%，相比于 6 月显著升高，定鞭藻仅出现在少数站位且丰度很低。

在莱州湾西南部黄河口附近存在一个相对稳定的浮游植物丰度高值区，在 6 月和 8 月其丰度均在 200×10^4 个/m^3 以上（图 2－50），而渤海中部浮游植物丰度相对较低且稳定。2015 年 6 月，黄河口附近浮游植物优势种为短柄曲壳藻（*Achnanthes brevipes*）、夜光藻（*Noctiluca scientillans*）、长菱形藻（*Nitzschia longissima*）；8 月，莱州湾浮游植物优势种为角毛藻（*Chaetoceros* sp.）、伏氏海线藻（*Thalassionema frauenfeldii*）、圆筛藻（*Coscinodiscus* sp.）。

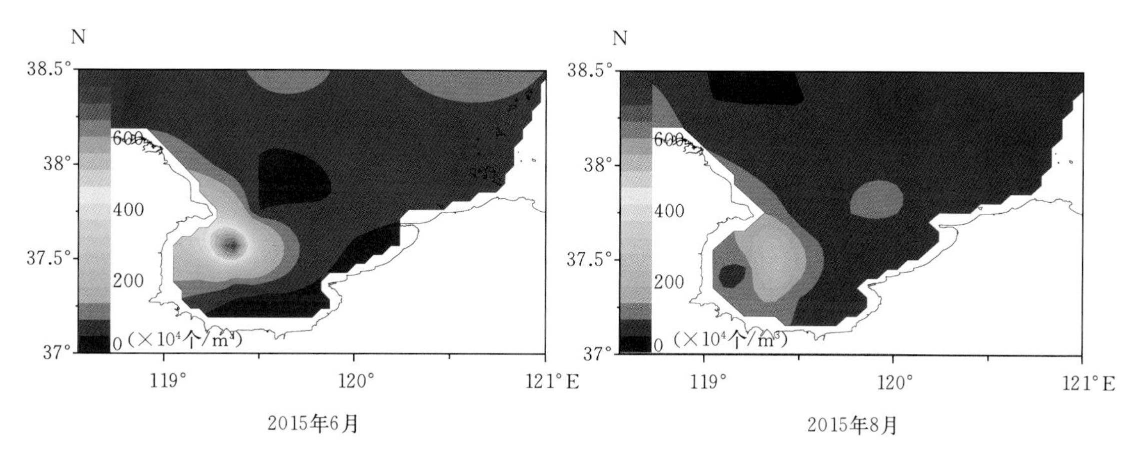

图 2－50　莱州湾浮游植物丰度的水平分布

3. 优势类群

渤海浮游植物优势种存在明显的演替（图 2－51，表 2－2）。6 月，短柄曲壳藻（*Achnanthes brevipes*）具有突出优势，其丰度高值区主要分布在辽东湾和莱州湾，与总的浮游植物分布趋势相似；底栖性种类具槽帕拉藻（*Paralia sulcata*）高值区位于渤海中部及渤海海峡附近；夜光藻（*Noctiluca scientillans*）丰度明显低于前两者，其高值区主要位于莱州湾顶、秦皇岛沿岸及渤海中部（图 2－51）。8 月，渤海浮游植物群落中尖刺伪菱形藻（*Pseudo-nitzschia pungens*）的优势最突出，其丰度高值区集中在辽东湾顶和渤海湾顶，最高丰度达 338.1×10^4 个/m^3；角毛藻（*Chaetoceros* sp.）主要分布在秦皇岛沿岸海域，辽东湾和莱州湾局部海域角毛藻丰度也较高；伏氏海线藻（*Thalassionema frauenfeldii*）和圆筛藻（*Coscinodiscus* sp.）的高值区相似，都位于辽东湾顶和渤海湾西南部。三角角藻（*Ceratium tripos*）主要集中分布在渤海湾南部。8 月优势物种空间分布的共同点是都集中分布于三湾内。

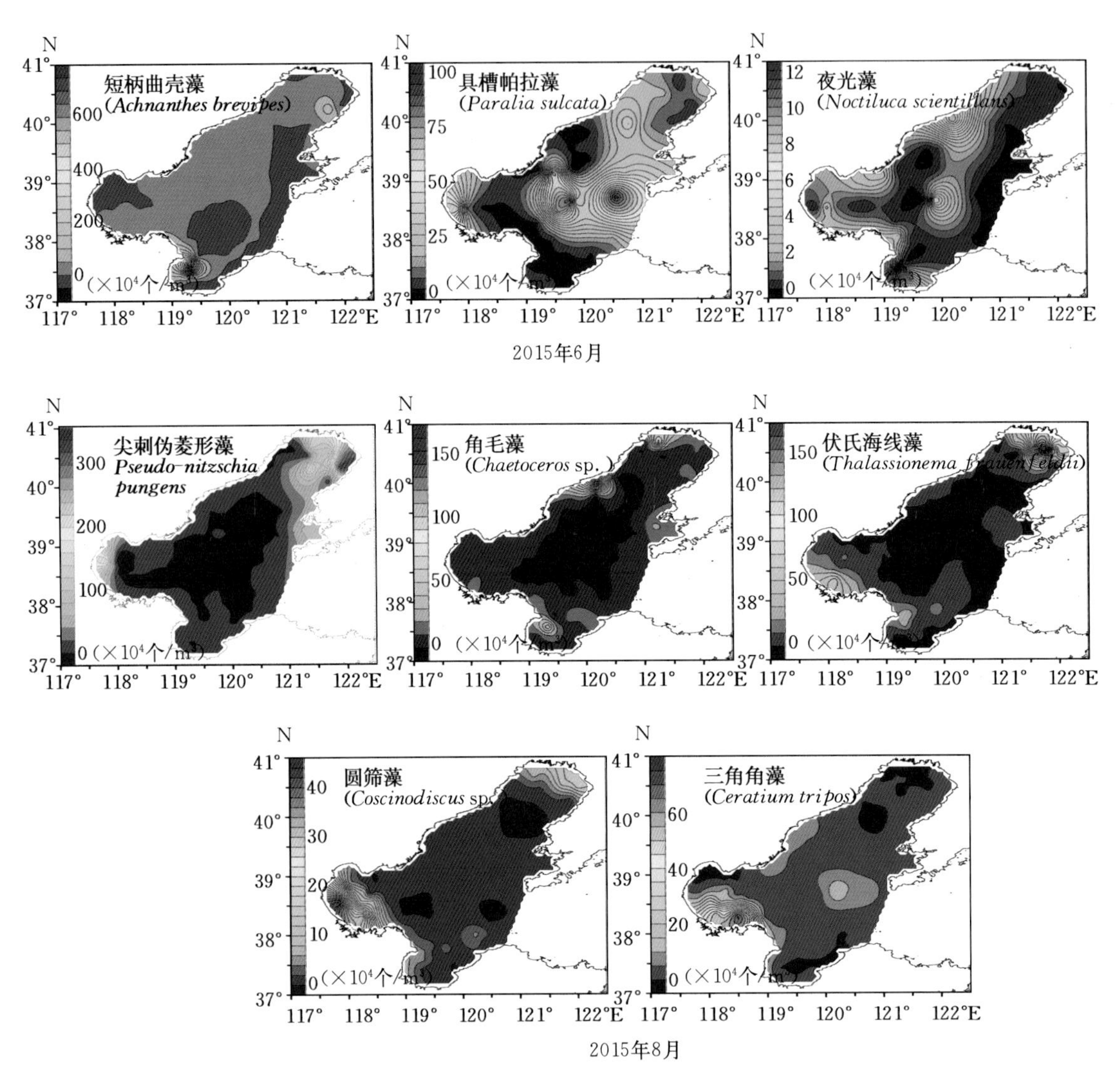

图 2-51 渤海浮游植物主要优势种丰度水平分布

表 2-2 渤海浮游植物优势种

海域	2015 年 6 月		2015 年 8 月	
	优势种	优势度	优势种	优势度
渤海	短柄曲壳藻	0.444	尖刺伪菱形藻	0.097
	具槽帕拉藻	0.160	角毛藻	0.062
	夜光藻	0.022	伏氏海线藻	0.059
			三角角藻	0.044
			圆筛藻	0.044
			菱形海线藻	0.027
			布氏双尾藻	0.026

（续）

海域	2015 年 6 月		2015 年 8 月	
	优势种	优势度	优势种	优势度
辽东湾	短柄曲壳藻	0.435	尖刺伪菱形藻	0.286
	具槽帕拉藻	0.272	菱形海线藻	0.165
	夜光藻	0.023	伏氏海线藻	0.077
	圆筛藻	0.022	刚毛根管藻	0.066
			布氏双尾藻	0.057
			角毛藻	0.045
			高齿状藻	0.034
渤海湾	具槽帕拉藻	0.279	三角角藻	0.156
	短柄曲壳藻	0.156	圆筛藻	0.111
	夜光藻	0.074	伏氏海线藻	0.086
	圆筛藻	0.040	尖刺伪菱形藻	0.060
			丹麦细柱藻	0.039
			辐射圆筛藻	0.024
			角毛藻	0.024
莱州湾	短柄曲壳藻	0.752	角毛藻	0.197
			伏氏海线藻	0.078
			丹麦细柱藻	0.070
			中华半管藻	0.058
			圆筛藻	0.028

4. 浮游植物分布与鱼卵、仔稚鱼分布的相关性

6 月渤海鱼卵的分布与浮游植物的分布有较强的相关性。鱼卵总丰度与浮游植物总丰度（$P=0.004$）和硅藻总丰度（$P=0.007$）都呈显著负相关关系，并且与浮游植物优势种短柄曲壳藻丰度呈显著负相关（$P=0.044$）（表 2-3）。鳀鱼卵丰度与浮游植物总丰度呈显著负相关（$P=0.048$）（表 2-3）。6 月渤海仔稚鱼的分布与水文环境的相关性更强。仔稚鱼总丰度与底层水温呈显著正相关（$P<0.001$），与水深（$P<0.001$）、底层盐度（$P=0.034$）呈显著负相关（表 2-3）。鲅仔稚鱼丰度与底层水温呈显著正相关（$P<0.001$），与水深（$P<0.001$）、表层盐度（$P=0.005$）、底层盐度（$P=0.002$）呈显著负相关（表 2-3）。

8 月渤海鱼卵的分布与水文环境和浮游植物分布的相关性较强。鱼卵总丰度与底层水温呈显著正相关（$P<0.001$），与水深（$P<0.001$）、底层盐度（$P<0.001$）呈显著负相关，并且与浮游植物优势种——角毛藻（*Chaetoceros* sp.）（$P=0.043$）、圆筛藻（*Coscinodiscus* sp.）（$P=0.001$）、伏氏海线藻（*Thalassionema frauenfeldii*）（$P=0.001$）的丰度呈显著正相关（表 2-4）。短吻红舌鳎鱼卵丰度与鱼卵总丰度趋势相似，与底层水温呈显著正相关（$P<0.001$），与水深（$P<0.001$）、底层盐度（$P<0.001$）呈显著负相关，并且与浮游植物总丰度（$P=0.002$）和硅藻总丰度（$P=0.001$）呈显著正相关，特别是与优势种——角毛藻（$P=0.005$）、圆筛藻（$P<0.001$）、伏氏海线藻（$P<0.001$）的丰度呈显著正相关

表 2-3 渤海 6 月鱼卵和仔、稚鱼与浮游植物饵料和水文条件的相关性

项目	水深	表层盐度	底层盐度	表层温度	底层温度	浮游植物	甲藻	硅藻	短柄曲壳藻	具槽帕拉藻	夜光藻
鳀鱼卵	0.112	0.075	0.102	−0.158	−0.281	−0.306*	−0.126	−0.272	−0.276	−0.116	−0.167
鱼卵合计	−0.158	0.100	0.106	0.131	0.005	−0.439**	−0.285	−0.411**	−0.312*	−0.283	−0.269
鲮仔、稚鱼	−0.561**	−0.423**	−0.458**	0.177	0.679**	−0.156	−0.199	−0.171	0.291	−0.370*	−0.073
仔、稚鱼合计	−0.516**	−0.263	−0.327*	0.163	0.644**	−0.095	−0.270	−0.114	0.264	−0.296	−0.142

注：* 代表 $P<0.05$ 范围内显著相关，**代表 $P<0.01$ 范围内显著相关。

表 2-4 渤海 8 月鱼卵和仔、稚鱼与浮游植物饵料和水文条件的相关性

项目	水深	表层盐度	底层盐度	表层温度	底层温度	浮游植物	硅藻	甲藻	定鞭藻	角毛藻	圆筛藻	布氏双尾藻	尖刺伪菱形藻	伏氏海线藻	菱形海线藻	三角角藻
短吻红舌鳎鱼卵	−0.611**	−0.140	−0.426**	−0.080	0.507**	0.325**	0.343**	0.091	−0.165	0.292**	0.461**	−0.006	0.138	0.460**	0.039	0.099
鱼卵合计	−0.494**	−0.137	−0.305**	−0.084	0.390**	0.131	0.179	0.005	−0.183	0.214*	0.331**	−0.125	0.022	0.336**	−0.096	0.065
沙氏下鱵仔、稚鱼	−0.339**	−0.201	−0.288**	0.185	0.334**	0.191	0.224*	−0.196	0.044	0.243*	0.158	0.221*	0.180	−0.015	0.228*	−0.230*
仔、稚鱼合计	−0.448**	−0.205	−0.355**	0.146	0.430**	0.303**	0.342**	−0.162	0.015	0.259*	0.306**	0.257*	0.309**	0.123	0.362**	−0.229*

注：* 代表 $P<0.05$ 范围内显著相关，**代表 $P<0.01$ 范围内显著相关。

（表 2-4）。8 月渤海仔稚鱼的分布与水文环境和浮游植物分布的相关性较强：仔稚鱼总丰度与底层水温呈显著正相关（$P<0.001$），与水深（$P<0.001$）、底层盐度（$P=0.001$）呈显著负相关；同时，仔稚鱼总丰度也与浮游植物总丰度（$P=0.004$）和硅藻总丰度（$P=0.001$）呈显著正相关，特别是与硅藻优势种——角毛藻（*Chaetoceros* sp.）（$P=0.014$）、圆筛藻（*Coscinodiscus* sp.）（$P=0.003$）、布氏双尾藻（*Ditylum brightwellii*）（$P=0.015$）、尖刺伪菱形藻（*Pseudonitzschia pungens*）（$P=0.003$）、菱形海线藻（*Thalassionema nitzschioides*）（$P<0.001$）的丰度呈显著正相关，而与甲藻优势种——三角角藻（*Ceratium tripos*）的丰度呈显著负相关（$P=0.030$）（表 2-4）。沙氏下鱵仔稚鱼丰度同样与底层水温呈显著正相关（$P=0.001$），与水深（$P=0.001$）和底层盐度（$P=0.006$）呈显著负相关，并且与硅藻总丰度（$P=0.034$）呈显著正相关，特别是与硅藻优势种——角毛藻（*Chaetoceros* sp.）（$P=0.021$）、布氏双尾藻（*Ditylum brightwellii*）（$P=0.037$）、菱形海线藻（*Thalassionema nitzschioides*）（$P=0.031$）的丰度呈显著正相关，而与甲藻优势种——三角角藻（*Ceratium tripos*）的丰度呈显著负相关（$P=0.029$）（表 2-4）。

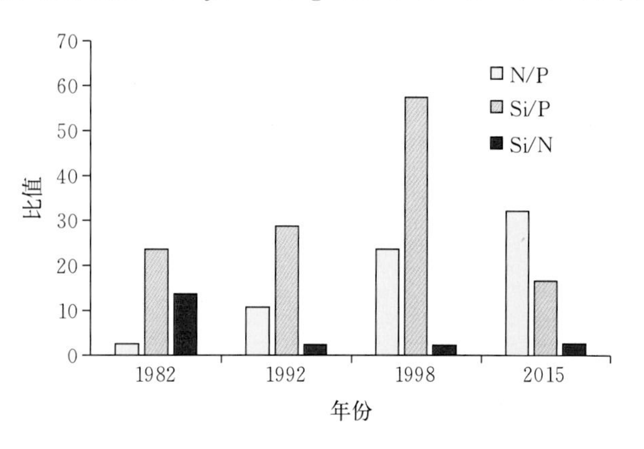

图 2-52　渤海营养盐结构变化比较

1982—1998 年营养盐数据来源于蒋红等（2005），为各年份 5 月、8 月、10 月渤海表、底层平均值；2015 年数据来源于本研究调查数据，为 2015 年 8 月渤海表、中、底层平均值

叶绿素 a 是估算浮游植物生物量的重要指标。本章节中渤海叶绿素 a 浓度与近年来报道的数值相当（张莹等，2016；周艳蕾等，2017），但较 20 世纪 80—90 年代有所上升（吕培顶等，1984；费尊乐等，1988；孙军等，2003）。该现象与营养盐的分布格局改变（图 2-52）有关，近些年来沿岸排污、海水养殖等造成的局部营养盐浓度改变是渤海浮游植物生物量升高、分布特征改变的重要原因之一（孙松，2012）。

2015 年夏季渤海浮游植物总丰度较 20 世纪 80 年代（康元德，1991）的数值偏低，但与 1992 年以来的历史数据（丰度偏高的年份除外）相比，差异不明显。笔者发现，2015 年夏季渤海莱州湾黄河口附近存在一个相对稳定的浮游植物丰度高值区。莱州湾内浮游植物丰度的周年变化与黄河径流量的变化密切相关，8 月是径流量高峰，黄河径流作为营养物质的输入源，对浮游植物的生长起到重要作用（马媛，2006）。就优势类群而言，2015 年渤海浮游植物同往年相比发生了一定的变化（表 2-5）。2015 年 6 月，角毛藻属和圆筛藻属丰度分别占浮游植物总丰度的 1.5%和 2.0%，优势较往年有所下降；具槽帕拉藻继续占优势；而在以往调查中优势不明显的短柄曲壳藻在 2015 年 6 月成为渤海第一优势物种。2015 年 8 月，角毛藻属、圆筛藻属以及角藻属甲藻（主要是三角角藻）继续占优势，尖刺伪菱形藻的优势较往年更为突出，成为 8 月渤海的第一优势种。此外，笔者观测到渤海甲藻的优势在夏季较为显著，尤其是在 8 月渤海中部和渤海湾口，共有 22 个站位的浮游植物群落中甲藻占比达 50%以上。这是由于近 30 年来，渤海溶解性无机氮和溶解性无机磷发生了很大变化，致使渤海浮游植物的生长由 20 世纪 80 年代早期的氮限制、20 世纪 80 年代末期的氮—磷共

同限制转变为 20 世纪 90 年代以来的磷限制，引起浮游植物生长和群落结构的改变（孙军等，2002）。

表 2-4 渤海网采浮游植物历史数据对比

时间	丰度 （×10⁴ 个/m³）	群落组成	优势种	数据来源
1982 年 6 月	78.0		圆筛藻属、角毛藻属、具槽直链藻	康元德，1991
1982 年 8 月	474.0		角毛藻属、圆筛藻属	
1992 年 8 月	66.0	21 属 52 种	浮动弯杆藻、角毛藻属	王俊等，1998
2000 年 8—9 月	118.6	35 属 64 种	偏心圆筛藻、三角角藻、浮动弯角藻、圆海链藻、梭状角藻、劳氏角毛藻	孙军等，2005
2005 年 8 月	1 083.4	48 属 114 种	中肋骨条藻、拟旋链角毛藻、菱形海线藻、旋链角毛藻、叉状角藻	孙萍等，2008
2011 年 6 月	24.2	19 属 28 种	夜光藻、具槽帕拉藻、圆筛藻、尖叶原甲藻	杨阳等，2016
2013 年 7 月	16.3	36 属 70 种	柔弱几内亚藻、斑点海链藻、翼根管藻印度变型、锥形原多甲藻、三角角藻	孙雪梅等，2016
2015 年 6 月	45.6	26 属 40 种	短柄曲壳藻、具槽帕拉藻、夜光藻	本研究
2015 年 8 月	86.9	41 属 89 种	尖刺伪菱形藻、角毛藻、三角角藻、圆筛藻、菱形海线藻、布氏双尾藻	本研究

由于近年来渤海硅浓度的降低和氮磷比的升高，渤海叶绿素 a 浓度的升高以及浮游植物群落中硅藻、甲藻相对组成的变化可能导致渤海渔业资源结构的改变。随着硅藻优势地位的降低和甲藻优势地位的升高，硅藻支撑的食物链被削弱，甲藻支撑的食物链被增强，进而导致渤海高营养级渔业资源结构的变化。据卞晓东等（2018）报道，近几年来（2015—2017 年）鲮成为春、夏季渤海仔稚鱼第一优势种。鲮幼鱼主要摄食浮游动物，当体长达 23 mm 以上时转以藻类和有机碎屑为食，其中以底栖硅藻为主。鲮对饵料的适应性很强，其对饵料的选择与环境中饵料的分布和数量密切相关，比较倾向于摄食环境中细胞丰度比例高的物种（吕末晓，2016），其广食性的特征可能是鲮适应近年来渤海浮游植物群落结构的变动，在渤海仔稚鱼种类中优势度上升的主要原因。

二、浮游动物

浮游动物是许多鱼类，尤其是许多经济鱼类仔稚鱼的重要饵料之一，浮游动物的分布特征和群落结构在很大程度上决定了鱼种的补充机制。浮游动物是海洋生态系统中重要的组成成分，浮游动物的组成分布及特征是间接反映海洋生态环境的重要指标之一。本章节介绍夏季浮游动物的群落组成和分布特征、时空变化规律及群落组成特点，为推动渤海生态环境保护和渔业资源的可持续利用提供科学依据。

1. 种类组成

2015 年夏季 3 个航次调查样品共鉴定浮游动物 82 种，浮游动物成体有 50 种，浮游幼体 32 种。分为 13 大类群，为原生动物（1 种）、桡足类（24 种）、枝角类（2 种）、糠虾类（1 种）、十足类（1 种）、被囊类（1 种）、端足类（2 种）、毛颚类（1 种）、水螅水母类（14

种)、栉水母（1种)、轮虫（1种)、翼足类（1种)、浮游幼虫（32种)。3个航次中6月浮游动物总种类数最多，浮游动物成体种类数最丰富，幼体种类数最少。而7月和8月的浮游动物种类数相似。

2015年6月浮游动物种类数为55种，分为10大类群（图2-53a)。浮游动物成体有37种，幼体有18种。其中桡足类有18种，占总种类数32.3%。7月浮游动物种类数为51种，分为10大类群（图2-53b)。浮游动物成体有26种，幼体有25种。其中桡足类有18种，占总种类数的35.3%。8月浮游动物种类数为52种，分为11大类群（图2-53c)。浮游动物成体有30种，幼体有22种。其中桡足类有19种，占总种类数的36.5%。3个月中，浮游动物成体中桡足类成为绝对优势类群。

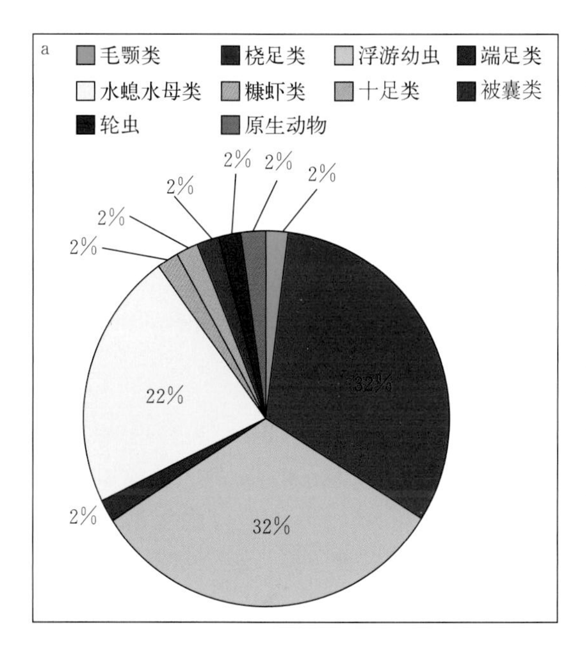

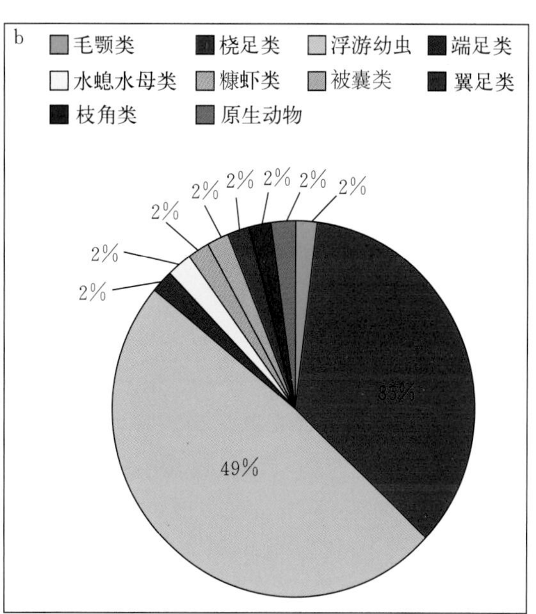

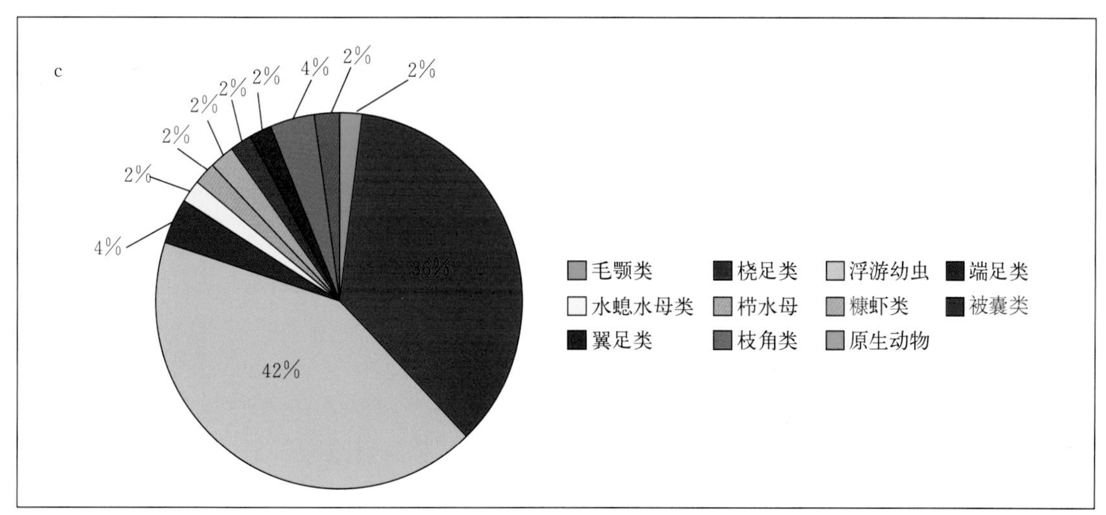

图2-53　渤海浮游动物种类组成

a. 6月　b. 7月　c. 8月

2. 优势种组成

2015年渤海夏季桡足类类群占据绝对优势。3个月中，共有的优势种有小拟哲水蚤、拟长腹剑水蚤。拟长腹剑水蚤在6月占优势，小拟哲水蚤在7月和8月占绝对优势（表2-5）。

表2-5 夏季渤海浮游动物优势种优势度

物　种	优势度		
	6月	7月	8月
克氏纺锤水蚤	0.319		
拟长腹剑水蚤	0.212	0.079	0.087
小拟哲水蚤	0.151	0.380	0.316
中华哲水蚤	0.040		
墨氏胸刺水蚤	0.025		
强额拟哲水蚤		0.092	0.041
双刺纺锤水蚤		0.054	0.044
近缘大眼剑水蚤		0.033	0.046
短角长腹剑水蚤			0.039
箭虫			0.039
中华哲水蚤无节幼体	0.068		0.016
贝幼体		0.209	0.223

6月的优势种有6种，为克氏纺锤水蚤（*Acartia clausi*）、拟长腹剑水蚤（*Oithona similis*）、小拟哲水蚤（*Paracalanus parvus*）、中华哲水蚤（*Calanus sinicus*）、墨氏胸刺水蚤（*Centropages abdominalis*）、中华哲水蚤无节幼体（*Calanus sinicus*），优势度依次为0.319、0.212、0.151、0.040、0.025、0.068。其中克氏纺锤水蚤、拟长腹剑水蚤的优势度非常高。

7月优势种有6种，为小拟哲水蚤、强额拟哲水蚤（*Paracalanus crassirostris*）、拟长腹剑水蚤、双刺纺锤水蚤（*Labidocera bipinnata*）、近缘大眼剑水蚤（*Corycaeus affinis*）、贝幼体。各优势种的优势度依次为0.380、0.092、0.079、0.054、0.033、0.209，可以看出7月小拟哲水蚤占绝对优势。

8月优势种有8种，为小拟哲水蚤、拟长腹剑水蚤、近源大眼剑水蚤、强额拟哲水蚤、双刺纺锤水蚤、短角长腹剑水蚤（*Oithona brevicornis*）、强壮箭虫（*Sagitta crassa*）、贝幼体，优势度依次为0.316、0.087、0.046、0.041、0.044、0.039、0.039、0.223。在8月，小拟哲水蚤的优势依然明显。

3. 夏季浮游动物的时空分布

（1）浮游动物丰度的时空分布　夏季浮游动物的平均丰度为24 120.1个/m^3，其中6月平均丰度为22 139.5个/m^3，7月平均丰度为24 497.5个/m^3，8月平均丰度为25 723.3个/m^3。

6月丰度范围在833.1～86 110.7个/m^3，最高值在黄河口水域，最低值在渤海湾北部沿岸水域。黄河口水域附近及沿岸水域丰度平均水平最高，其他3个海湾（渤海湾、莱州湾、辽东湾）及中部海域平均丰度偏低（图2-54a）。

7月丰度范围在426.5～203 043.4个/m^3，最高值在莱州湾口东部水域，最低值在渤海

湾口水域。渤海中东部和渤海海峡丰度较高，向外海逐渐降低（图 2-54b）。

8 月丰度范围在 1 907.9～98 330.97 个/m^3，最高值在渤海湾口北部水域，最低值在莱州湾底。8 月渤海丰度分布较为均匀，渤海湾东部和辽东湾北部和黄河口附近海域丰度较高（图 2-54c）。

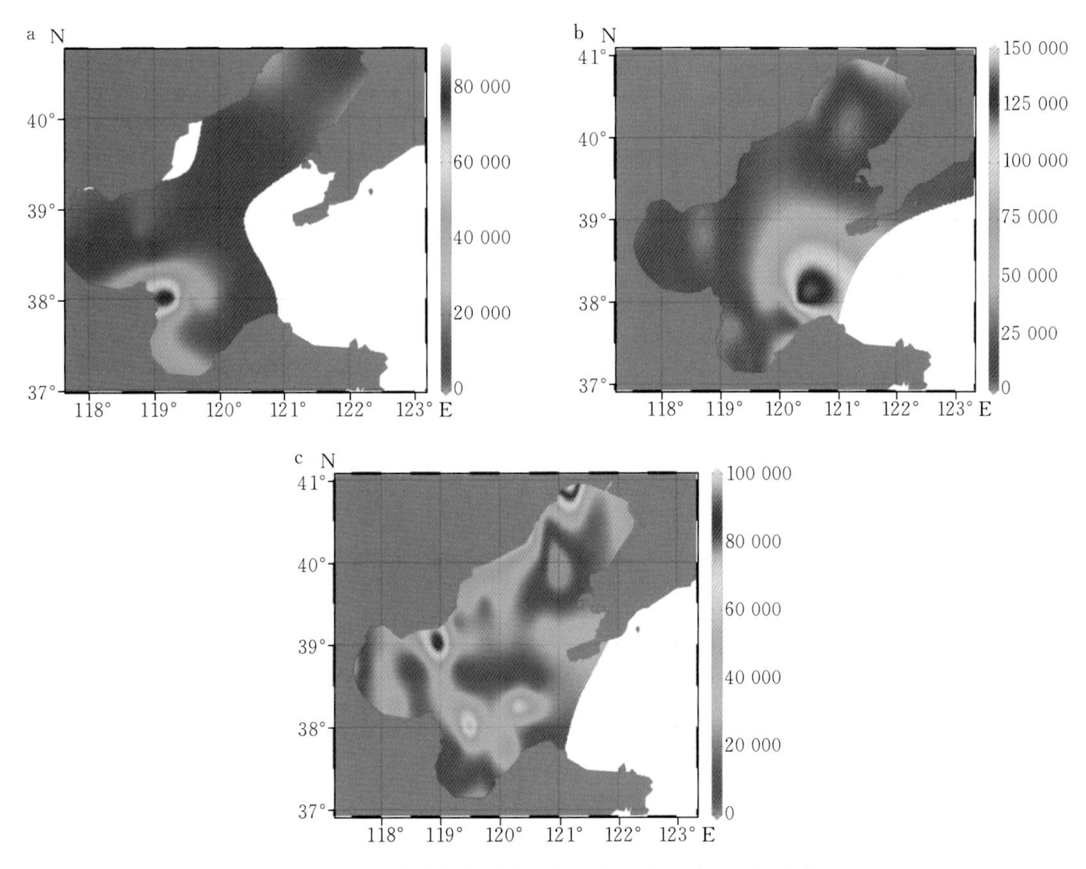

图 2-54 夏季渤海浮游动物丰度（个/m^3）空间分布

a. 6 月 b. 7 月 c. 8 月

6 月、7 月的浮游动物丰度分布不均匀，6 月主要集中在黄河口附近海域，7 月丰度的高值区转移到了渤海和北黄海交界处，而 8 月丰度的高值区在渤海湾东部和辽东湾北部，都位于沿岸区。

（2）*主要优势种丰度的时空分布* 夏季 3 个月中共有的优势种有小拟哲水蚤、拟长腹剑水蚤。小拟哲水蚤的 6 月、7 月、8 月丰度依次为 3 433.6 个/m^3、9 299.6 个/m^3 和 8 230.9 个/m^3。7 月和 8 月，其丰度优势明显体现出来。拟长腹剑水蚤的 6 月、7 月、8 月丰度依次为 4 690.1 个/m^3、2 188 个/m^3、8 个/m^3 和 2 846.9 个/m^3。拟长腹剑水蚤的丰度在 6 月是最高的，7 月和 8 月其数量呈下降趋势，与小拟哲水蚤的丰度变化趋势相反（图 2-55）。

6 月小拟哲水蚤的丰度最高值在黄河口水域，丰度为 28 764.0 个/m^3，最低值出现在辽东湾南部，丰度为 7.49 个/m^3，主要聚集在黄河口附近海域（图 2-56a）。

7 月小拟哲水蚤的丰度最高值在辽东湾南部水域，丰度为 65 365.9 个/m^3，最低值出现在莱州湾底西部，丰度为 21.4 个/m^3，高值区在渤海的东南部海域和渤海海峡附近海域（图 2-56b）。

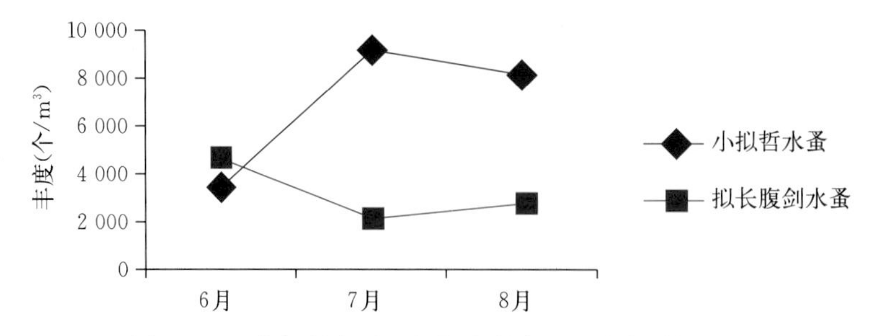

图 2-55　小拟哲水蚤和拟长腹剑水蚤的丰度时间变化

8 月小拟哲水蚤的丰度最高值在辽东湾底北部水域，丰度为 43 652.2 个/m^3，最低值出现在渤海湾北部沿岸水域，丰度为 64.1 个/m^3，在辽东湾北部丰度最高，在其他海域丰度较低，且分布较为均匀（图 2-56c）。

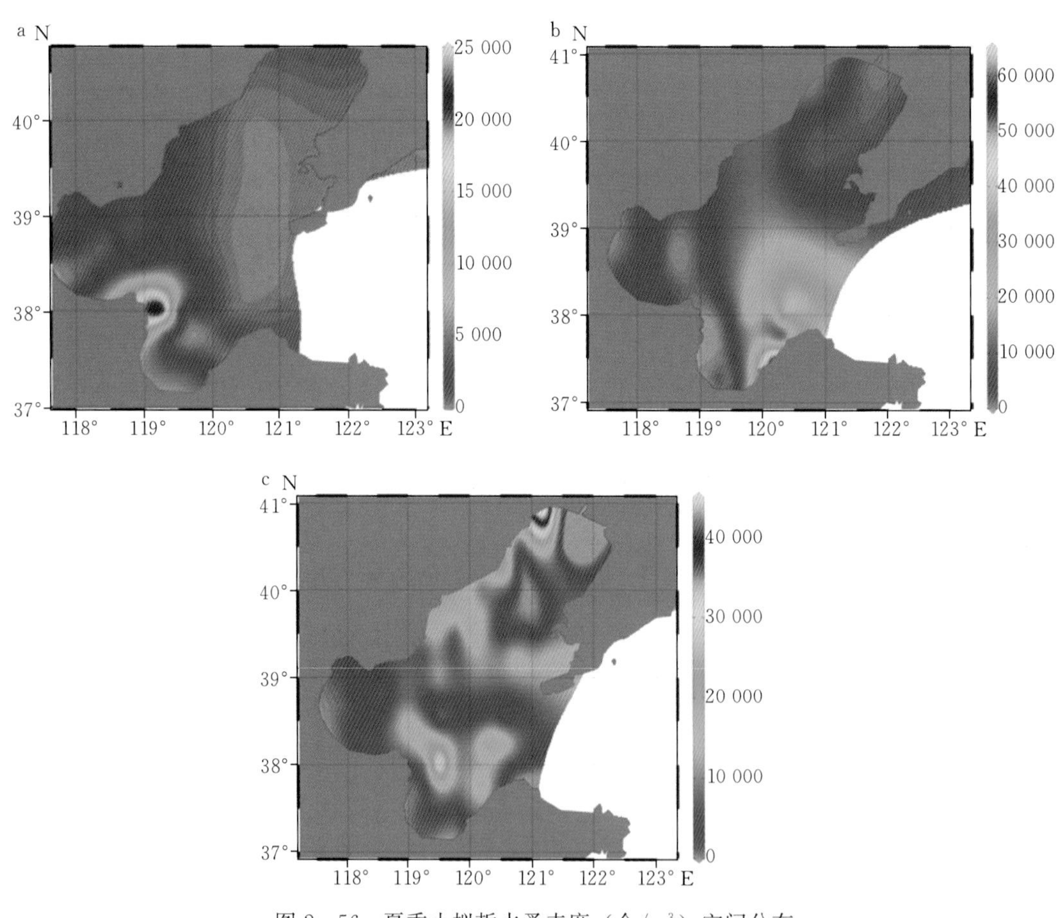

图 2-56　夏季小拟哲水蚤丰度（个/m^3）空间分布

a. 6 月　b. 7 月　c. 8 月

6 月拟长腹剑水蚤的丰度最高值在莱州湾口水域，丰度为 24 484.8 个/m^3，最低值出现在辽东湾底，丰度为 32.6 个/m^3，其分布较为均匀，在莱州湾北部海区丰度较高（图 2-57a）。

7 月拟长腹剑水蚤的丰度最高值在黄河口外部水域，丰度为 9 454.5 个/m^3，最低值出现在

辽东湾南部沿岸水域，丰度为7.49个/m³，主要聚集在渤海中部和渤海海峡附近（图2-57b）。

8月拟长腹剑水蚤的丰度最高值在黄河口外部水域，丰度为26 838.7个/m³，最低值出现在渤海中部水域，丰度为15.7个/m³，在黄河口流域附近和辽东湾北部有两个高峰区，其他海域较为均匀（图2-57c）。

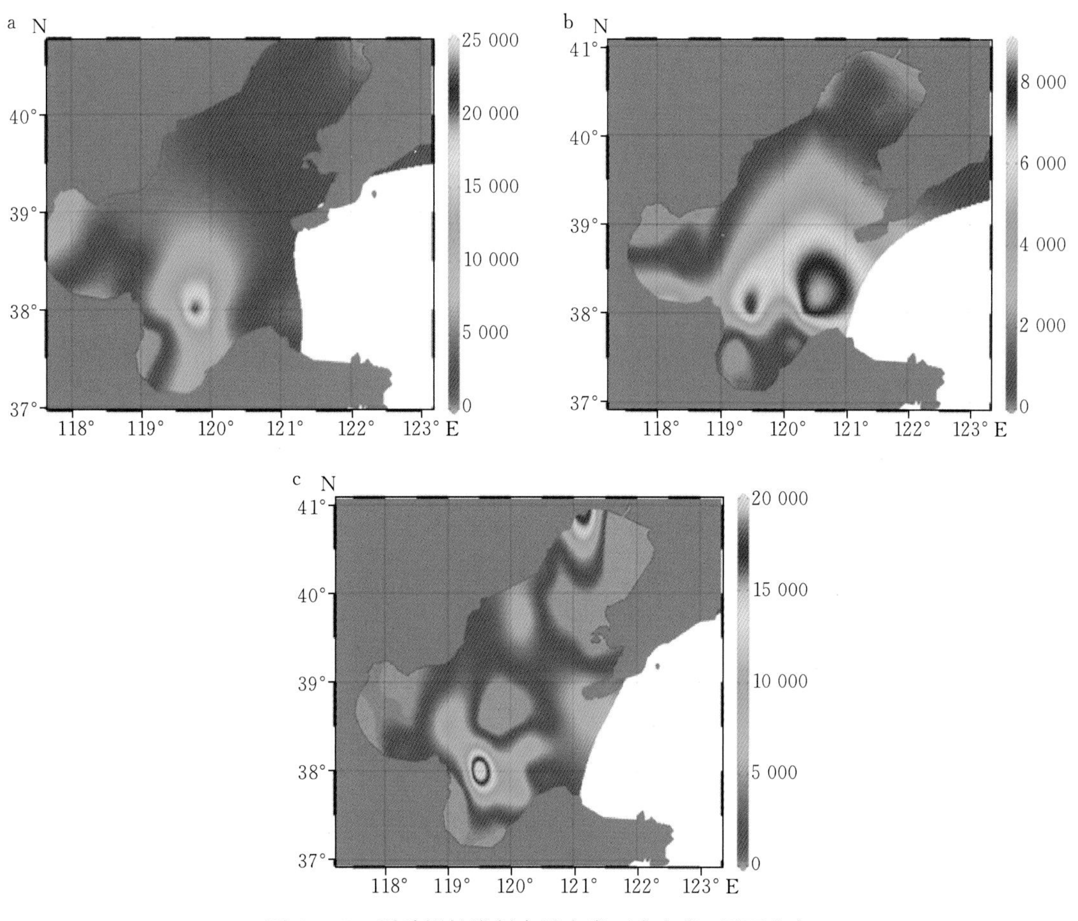

图2-57　夏季拟长腹剑水蚤丰度（个/m³）平面分布
a. 6月　b. 7月　c. 8月

4. 物种多样性的时空分布

（1）物种多样性的时间变化　夏季渤海浮游动物均匀度指数平均为0.52。渤海夏季6月、7月、8月浮游动物均匀度指数分别为0.50、0.50、0.55。夏季3个月均匀度指数差距不大。

夏季渤海浮游动物香农—威纳指数平均为2.32，6月、7月、8月分别为1.02、2.81、3.12，8月最高，6月最低，整个夏季呈上升趋势（图2-58）。

（2）物种多样性的空间分布　6月浮游动物均匀度指数范围在0.15～0.80，最高值出现在黄河口沿岸和莱州湾口西部水域，最低值在莱州湾口中部水域，在渤海湾和黄河口附近水域较高（图2-59a）。

7月浮游动物均匀度指数范围在0.13～0.79，最高值出现在莱州湾底，最低值在莱州湾西部沿岸水域，在辽东湾和莱州湾沿岸以及黄河口附近水域较高（图2-59b）。

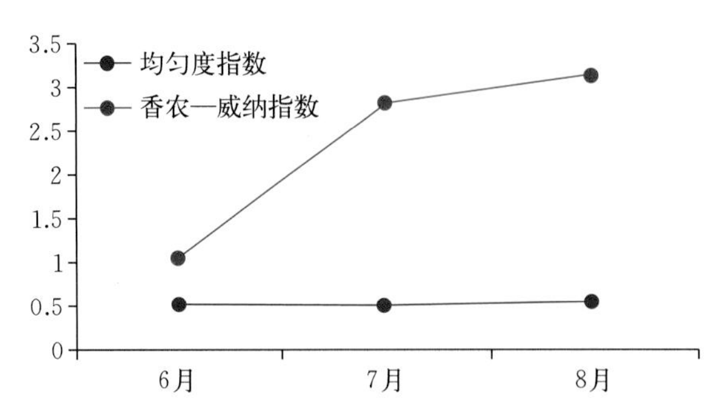

图 2-58　夏季渤海浮游动物均匀度指数和香农—威纳指数的时间变化

8 月浮游动物均匀度指数范围在 0.15～0.75，最高值出现在莱州湾口水域，最低值在辽东湾底，在渤海中部和辽东湾以及黄河口附近水域较高（图 2-59c）。

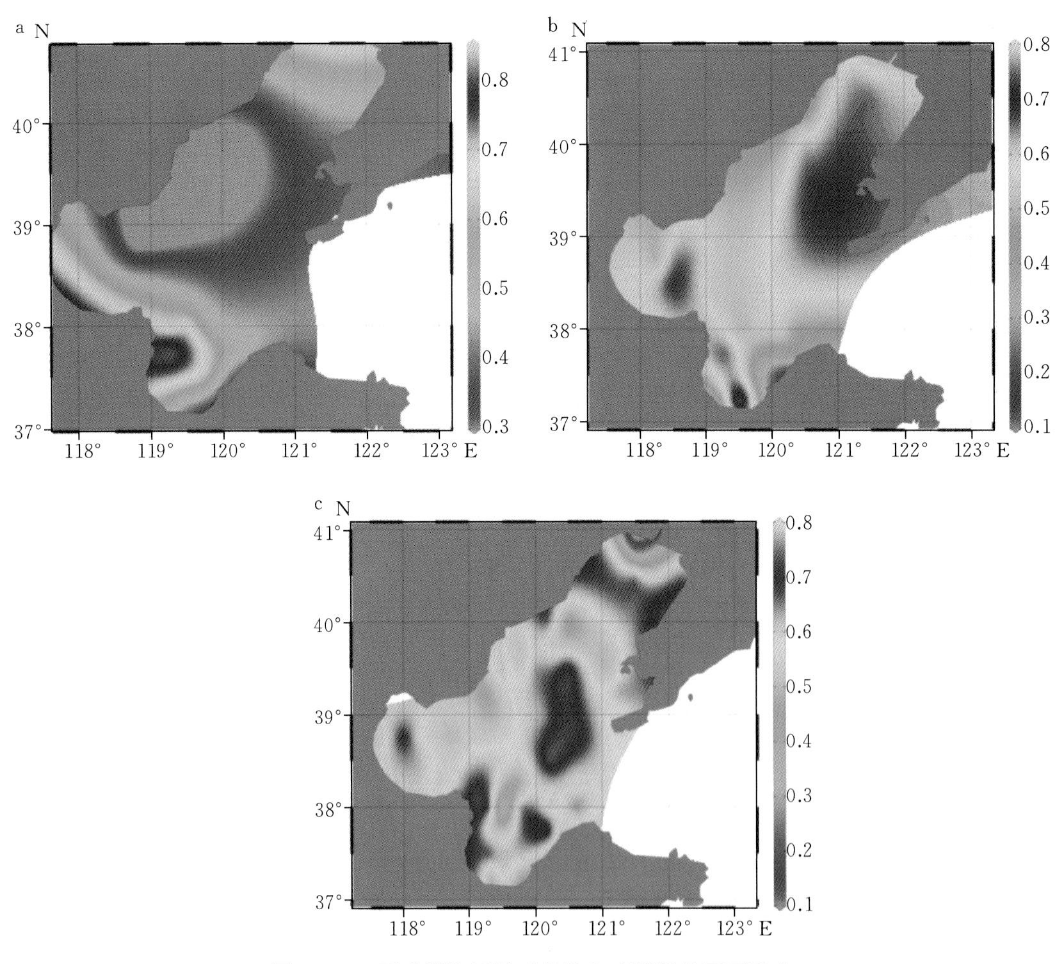

图 2-59　夏季渤海浮游动物均匀度指数的平面分布

a. 6 月　b. 7 月　c. 8 月

（3）香农—威纳指数的空间分布　6 月浮游动物香农—威纳指数范围在 0.54～2.79，最高值出现在辽东湾口水域，最低值在莱州湾南部沿岸水域，从西北部向外海海域递减（图 2-60a）。

7 月浮游动物香农—威纳指数范围在 0.50～3.22，最高值出现在渤海湾南部沿岸，最低值在莱州湾西部沿岸水域，在渤海湾和辽东湾东部和南部较高（图 2－60b）。

8 月浮游动物香农—威纳指数范围在 0.62～3.42，最高值出现在黄河口水域，最低值在渤海湾北部沿岸水域，在黄河流域口和渤海西北部较高（图 2－60c）。

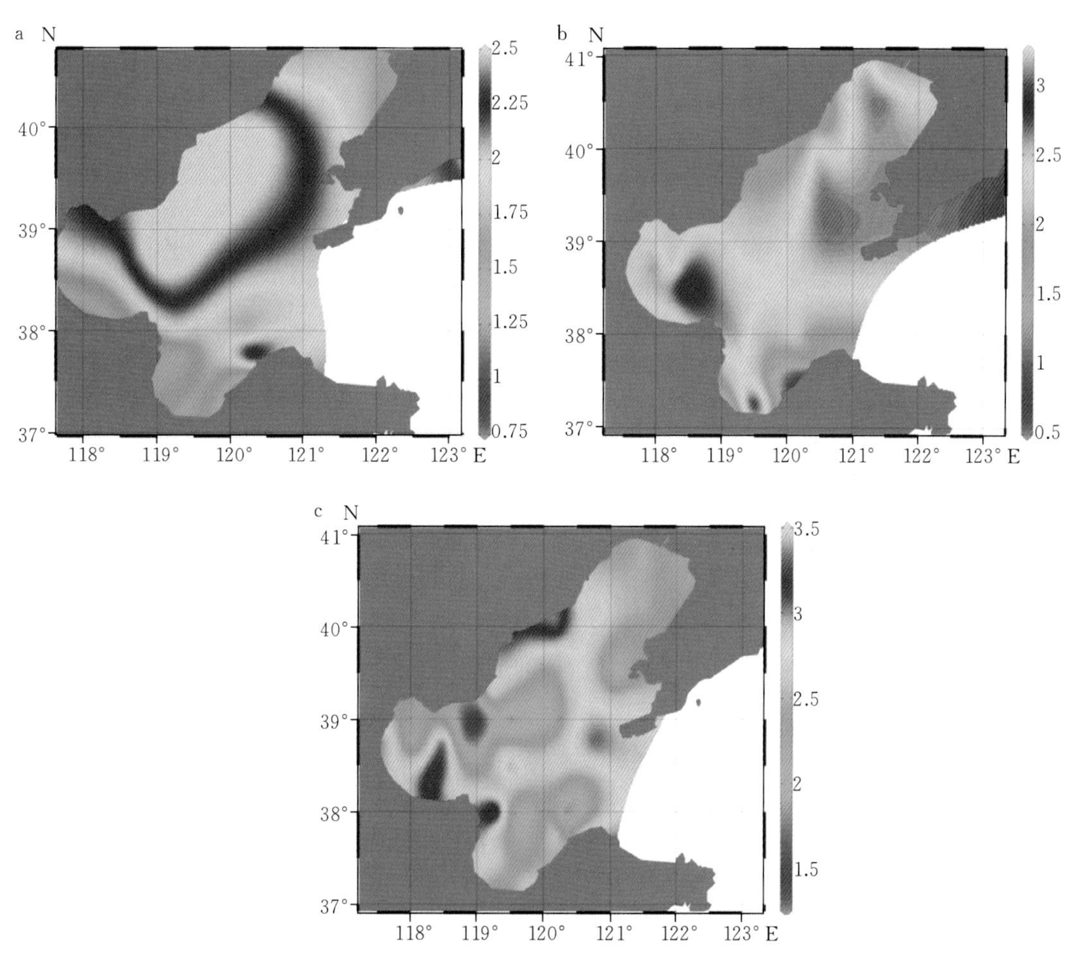

图 2－60 夏季渤海浮游动物香农—威纳指数平面分布
a. 6 月 b. 7 月 c. 8 月

（胡晓珂）

参考文献

卞晓东，万瑞景，金显仕，等，2018. 近 30 年渤海鱼类种群早期补充群体群聚特性和结构更替［J］. 渔业科学进展，39（2）：1－15.

陈江欣，侯方辉，李日辉，等，2018. 渤海海域中西部新构造运动特征［J］. 海洋地质与第四纪地质，38（4）：83－91.

陈义兰，吴永亭，刘晓瑜，等，2013. 渤海海底地形特征［J］. 海洋科学进展，31：75－82.

陈姗姗，陈晓辉，孟祥君，等，2016. 渤海辽东湾海域海底底形特征及控制因素［J］. 海洋地质前沿，32（5）：31－39.

方国洪，王凯，郭丰义，等，2002. 近30年渤海水文和气象状况的长期变化及其相互关系［J］. 海洋与湖沼，33（5）：515－525.
费尊乐，毛兴华，朱明远，等，1988. 渤海生产力研究——Ⅰ. 叶绿素a的分布特征与季节变化. 海洋学报，10（1）：99－106.
冯利，冯秀丽，宋湦，等，2017. 莱州湾表层沉积物粒度和粘土矿物分布特征与运移趋势分析［J］. 海洋科学，42（2）：1－9.
黄大吉，苏纪兰，2002. 黄河三角洲岸线变迁对莱州湾流场和对下早期栖息地的影响［J］. 海洋学报，24：104－111.
贾后磊，谢健，彭昆仑，2009. 人工鱼礁选址合理性分析［J］. 海洋开发与管理，26（4）：72－75.
江文胜，吴德星，高会旺，2002. 渤海夏季底层环流的观测与模拟［J］. 青岛海洋大学学报，32（4）：511－518.
蒋红，崔毅，陈碧鹃，等，2005. 渤海近20年来营养盐变化趋势研究. 渔业科学进展，26（6）：61－67.
姜胜辉，朱龙海，胡日军，等，2015. 围填海工程对莱州湾水动力条件的影响［J］. 中国海洋大学学报，45：74－80.
康元德，1991. 渤海浮游植物的数量变动和季节变化［J］. 海洋水产研究，12：31－44.
蓝先洪，李日辉，王忠波，等，2017. 渤海西部表层沉积物的地球化学记录［J］. 海洋地质与第四纪地质，37（3）：75－85.
李东，唐诚，邹涛，等，2017. 基于多波束声呐的人工鱼礁区地形特征分析［J］. 海洋科学，41（5）：127－133.
李文涛，张秀梅，2003. 关于人工鱼礁礁址选择的探讨［J］. 现代渔业信息，18（5）：3－6.
李亚宁，王倩，郭佩芳，等，2015. 近20年来渤海岸线演替及其开发利用策略［J］. 海洋湖沼通报，3：32－38.
李蒙蒙，王庆，张安定，等，2013. 最近50年来莱州湾西—南部淤泥质海岸地貌演变研究［J］. 海洋通报，32：141－151.
林军，章守宇，2006. 人工鱼礁物理稳定性及其生态效应的研究进展［J］. 海洋渔业，28（3）：257－262.
刘建国，李安春，陈木宏，等，2007. 全新世渤海泥质沉积物地球化学特征［J］. 地球化学，36（6）：633－637.
刘晓瑜，董立峰，陈义兰，等，2013. 渤海海底地貌特征和控制因素浅析［J］. 海洋科学进展，31（1）：105－114.
吕末晓，2016. 鲅、斑鰶幼鱼食物组成及其与环境浮游植物的关系研究［D］. 上海：上海海洋大学：1－51.
吕培顶，费尊乐，毛兴华，等，1984. 渤海水域叶绿素a的分布及初级生产力的估算［J］. 海洋学报，6（1）：90－98.
马晓红，韩宗珠，艾丽娜，等，2018. 中国渤黄河的沉积物物源及输运路径研究［J］. 中国海洋大学学报，48（6）：96－101.
马媛，2006. 黄河入海径流量变化对河口及邻近海域生态环境影响研究［D］. 青岛：中国海洋大学：1－91.
乔淑卿，石学法，王国庆，等，2010. 渤海海底沉积物粒度特征及输运趋势探讨［J］. 海洋学报，32（4）：139－147.
秦延文，张雷，郑丙辉，等，2012. 渤海湾岸线变化（2003—2011年）对近岸海域水质的影响［J］. 环境科学学报，32（9）：2149－2159.
秦蕴珊，赵一阳，赵松龄，等，1985. 渤海地质［M］. 北京：科学出版社：1－20.
孙军，刘东艳，杨世民，等，2002. 渤海中部和渤海海峡及邻近海域浮游植物群落结构的初步研究［J］. 海

洋与湖沼，33（5）：461－471.
孙军，刘东艳，柴心玉，等，2003.1998—1999 年春秋季渤海中部及其邻近海域叶绿素 a 浓度及初级生产力估算［J］. 生态学报，23（3）：517－526.
孙军，刘东艳，徐俊，等，2004.1999 年春季渤海中部及其邻近海域的网采浮游植物群落［J］. 生态学报，24（9）：2003－2016.
孙军，刘东艳，2005.2000 年秋季渤海的网采浮游植物群落［J］. 海洋学报，27（3）：124－132.
孙萍，李瑞香，李艳，等，2008.2005 年夏末渤海网采浮游植物群落结构［J］. 海洋科学进展，26（3）：354－363.
孙松，2012. 中国区域海洋学：生物海洋学［M］. 海洋出版社：1－488.
孙雪梅，徐东会，夏斌，等，2016. 渤海中部网采浮游植物种类组成和季节变化［J］. 渔业科学进展，37（4）：19－27.
王昆山，石学法，蔡善武，等，2010. 黄河口及莱州湾表层沉积物中重矿物分布与来源［J］. 海洋地质与第四纪地质，30：1－8.
王海龙，韩树宗，郭佩芳，等，2011. 潮流对黄河入海泥沙在渤海中输运的贡献［J］. 泥沙研究，2：51－59.
王俊，康元德，1998. 渤海浮游植物种群动态的研究［J］. 渔业科学进展，1：43－52.
王中波，李日辉，张志珣，等，2016. 渤海及邻近海区表层沉积物粒度组成及沉积分区［J］. 海洋地质与第四纪地质，36（6）：101－109.
徐东浩，李军，赵京涛，等，2012. 辽东湾表层沉积物粒度分布特征及其地质意义［J］. 海洋地质与第四纪地质，32（5）：35－42.
徐晓达，曹志敏，张志珣，等，2014. 渤海地貌类型及分布特征［J］. 海洋地质与第四纪地质，34（6）：171－179.
薛春汀，2009.7000 年来渤海西岸、南岸海岸线变迁［J］. 地理科学，29（2）：217－222.
杨阳，孙军，关翔宇，等，2016. 渤海网采浮游植物群集的季节变化［J］. 海洋通报，35（2）：121－131.
袁德奎，李广，王道生，等，2015. 围填海工程对渤海湾水交换能力影响的数值模拟［J］. 天津大学学报（自然科学与工程技术版），48（7）：605－612.
岳保静，栾锡武，张亮，等，2010. 近 20 年来渤海南部水深变化［J］. 海洋地质与第四纪地质，30（3）：15－21.
赵保仁，庄国文，曹德明，1995. 渤海的环流、潮余流及其对沉积物分布的影响［J］. 海洋与湖沼，26（5）：466－473.
赵鑫，孙群，魏皓，2013. 围填海工程对渤海湾风浪场的影响［J］. 海洋科学，37：7－16.
张剑，李日辉，王中波，等，2016. 渤海东部与黄海北部表层沉积物的力度特征及其沉积环境［J］. 海洋地质与第四纪地质，36（5）：1－12.
张云华，张安定，王庆，等，2011. 基于 RS 和 GIS 的近 30 年来人类活动影响下莱州湾东南岸海岸湿地演变［J］. 海洋通报，30：65－72.
张秋丰，靳玉丹，李希彬，等，2017. 围填海工程对近岸海域海洋环境影响的研究进展［J］. 海洋科学进展，35（4）：454－461.
张莹，王玉珏，王跃启，等，2016.2013 年夏季渤海环境因子与叶绿素 a 的空间分布特征及相关性分析［J］. 海洋通报，35（5）：571－578.
中国海湾志编纂委员会，1997. 中国海湾志（第二分册）［M］. 北京：海洋出版社：169－203.
中国海湾志编纂委员会，1997. 中国海湾志（第三分册）［M］. 北京：海洋出版社：1－134.
郑延璇，梁振林，关长涛，等，2014. 三种叠放形式的圆管型人工鱼礁流场效应数值模拟与 PIV 试验研究［J］. 海洋与湖沼，45（1）：1－19.

周艳蕾，张传松，石晓勇，等，2017. 黄渤海海水中叶绿素 a 的分布特征及其环境影响因素［J］. 中国环境科学，37（11）：4259-4265.

Bi N，Yang Z，Wang H，et al，2010. Sediment dispersion pattern off the present Huanghe（Yellow River）subdelta and its dynamic mechanism during normal river discharge period［J］. Estuarine，Coastal and Shelf Science，86：352-362.

Bian C，Jiang W，Greatbatch R，2013. An exploratory model study of sediment transport sources and deposits in the Bohai Sea，Yellow Sea，and East China Sea［J］. Journal of Geophysical Research：Oceans，118：5908-5923.

Deng J，Harff J，Li Y，et al，2016. Morphodynamics at the coastal zone in the Laizhou Bay，Bohai Sea［J］. Journal of Coastal Research，SI74：59-69.

Li D，Tang C，Xia C，et al，2017. Acoustic mapping and classification of benthic babitat using unsupervised learning in artificial reef water［J］. Estuarine，Coastal and Shelf Science，185：11-21.

Lu J，Qiao FL，Wang XH，Wang YG，et al，2011. A numerical study of transport dynamics and seasonal variability of the Yellow River sediment in the Bohai and Yellow seas［J］. Estuarine，Coastal and Shelf Science，95：39-51.

Margalef R，1958. Information theory in ecology［J］. General Systems，3：36-71.

Pielou EC，1966. The measurement of diversity in different types of biological collections［J］. Journal of Theoretical Biology，13（1）：131-144.

Shannon CE，Weaver W，1949. The mathematical theory of communication［M］. Urbana：University of Illinois Press：1-114.

Shi X，Liu Y，Chen Z，et al，2012. Origin，transport process and distribution pattern of modern sediments in the Yellow Sea［J］. Int Assoc Sedimentol Spec Publ，44：321-350.

Tang C，Li Y，Liu X，et al，2016. Risk of surface sediment erosion in the Bohai Sea，North Yellow Sea and its ication to tidal sand ridge occurrence［J］. Journal of coastal research，SI74：126-135.

Wang Q，Zhang M，Zhong S，et al，2009. Dynamic sedimentation and geomorphologic evolution of the Laizhou shoal，Bohai Sea，Northern China［J］. Journal of Asian Earth Sciences，36：196-208.

Wang H，Bi N，Saito Y，et al，2010. Recent changes in sediment delivery by the Huanghe（Yellow River）to the sea：Causes and environmental implications in its estuary［J］. Journal of Hydrology，391：302-313.

Yang Z，Ji Y，Bi N，et al，2011. Sediment transport off the Huanghe（Yellow River）delta and in the adjacent Bohai Sea in winter and seasonal comparison［J］. Estuarine，coastal and shelf Science，93：173-181.

Zhu Y，Chang R，2000. Preliminary study of the dynamic origin of the distribution pattern of bottom sediments on the continental shelves of the Bohai Sea，Yellow Sea and East China Sea［J］. Estuarine，Coastal and Shelf Science，51：663-680.

第三章

渤海岸线变化

第一节 渤海海岸线和围填海活动的时空变化规律

渤海是中国的半封闭性内海，包括辽东湾、渤海湾、莱州湾和黄河三角洲等，下垫面结构复杂，海岸线类型多样（图 3-1）。渤海有黄河、海河、滦河、辽河等河流注入，水体泥沙含量较高，平均水深 18 m，是我国重要的产卵场、育幼场和索饵场，同时也是黄渤海经济鱼、虾、蟹的集散地、越冬场（Zhang et al，2007；Fei et al，1990；Gao et al，2015）。

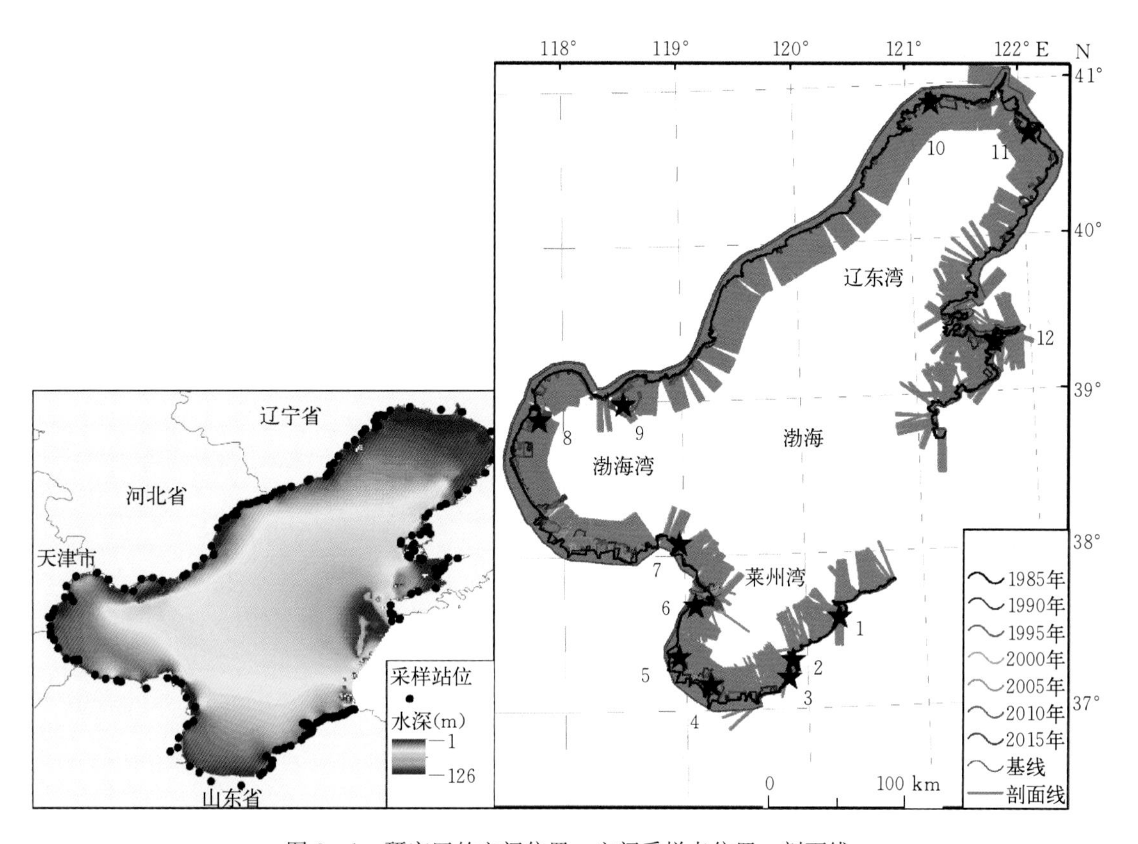

图 3-1 研究区的空间位置、空间采样点位置、剖面线

1. 龙口湾 2. 刁龙嘴区域 3. 青鳞铺水产养殖区域 4. 潍坊港 5. 淄脉河 6. 大咀沟区域 7. 黄河港 8. 滨港新城区域 9. 曹妃甸工业区域 10. 锦州港 11. 营口港 12. 普兰店湾

环渤海地区濒临辽宁省、河北省、天津市和山东省，社会经济活动较为频繁，海岸线利用和开发程度较强。受日益增长的人口数量和城市用地紧张压力的影响，围填海活动在滨海地区快速开展，海岸线类型由自然海岸线快速向人工岸线转化，原有的生态功能和结构快速丧失（Hou et al，2016；Zhang et al，2013；Zhang et al，2007；高文斌等，2009）。

一、数据来源和处理方法

1. 遥感数据

本章节使用的 Landsat 影像均来自美国地质调查局官方网站（http://glovis.usgs.gov/），

选取云量小于10%的影像，时间尺度为1985—2015年，时间间隔为5年，共计49幅遥感影像（表3-1）。

表3-1 Landsat影像的使用情况

序号	卫星影像	经纬度(E/N)	时间	序号	卫星影像	经纬度(E/N)	时间
1	Landsat TM	122°/33°	1985/05/08	26	Landsat TM	120°/34°	2005/09/22
2	Landsat TM	122°/33°	1990/09/11	27	Landsat TM	120°/34°	2010/05/15
3	Landsat TM	122°/33°	1995/08/08	28	Landsat OLI	120°/34°	2015/05/13
4	Landsat ETM+	122°/33°	2000/07/12	29	Landsat TM	120°/32°	1985/07/13
5	Landsat TM	122°/33°	2005/09/04	30	Landsat TM	120°/32°	1990/09/29
6	Landsat TM	122°/33°	2005/10/04	31	Landsat TM	120°/32°	1995/08/26
7	Landsat OLI	122°/33°	2015/06/12	32	Landsat ETM+	120°/32°	2000/06/12
8	Landsat TM	121°/33°	1985/11/25	33	Landsat TM	120°/32°	2005/09/22
9	Landsat TM	121°/33°	1990/08/19	34	Landsat TM	120°/32°	2010/10/06
10	Landsat TM	121°/33°	1995/09/18	35	Landsat OLI	120°/32°	2015/05/13
11	Landsat ETM+	121°/33°	2000/09/07	36	Landsat TM	120°/33°	1985/10/17
12	Landsat TM	121°/33°	2005/05/24	37	Landsat TM	120°/33°	1990/09/13
13	Landsat TM	121°/33°	2010/09/11	38	Landsat TM	120°/33°	1995/09/11
14	Landsat OLI	121°/33°	2015/09/25	39	Landsat ETM+	120°/33°	2000/09/16
15	Landsat TM	121°/34°	1985/03/14	40	Landsat TM	120°/33°	2005/09/06
16	Landsat TM	121°/34°	1990/06/16	41	Landsat TM	120°/33°	2010/08/03
17	Landsat TM	121°/34°	1995/09/18	42	Landsat OLI	120°/33°	2015/05/13
18	Landsat ETM+	121°/34°	2000/05/02	43	Landsat TM	121°/32°	1985/09/06
19	Landsat TM	121°/34°	2005/04/22	44	Landsat TM	121°/32°	1990/09/19
20	Landsat TM	121°/34°	2010/09/11	45	Landsat TM	121°/32°	1995/09/18
21	Landsat OLI	121°/34°	2015/06/05	46	Landsat ETM+	121°/32°	2000/09/07
22	Landsat TM	120°/34°	1985/11/18	47	Landsat TM	121°/32°	2005/05/24
23	Landsat TM	120°/34°	1990/05/08	48	Landsat TM	121°/32°	2010/09/27
24	Landsat TM	120°/34°	1995/08/10	49	Landsat OLI	121°/32°	2015/05/04
25	Landsat ETM+	120°/34°	2000/05/11				

原始的Landsat影像的预处理主要包括辐射矫正、几何校正、坐标转化，其中几何精校正误差控制在一个像元内。基于30 m空间分辨率的Landsat影像提取海岸线时，由于潮汐引起的解译误差普遍小于1个像元，因此不必进行潮差矫正（侯西勇等，2014）。在提取海岸线之前，将影像的比例尺固定为1∶20 000，将标准假彩色合成的影像作为专家目视解译的底图。人工海岸线提取时将围填海的外部边缘直接确定为岸线的边缘，自然岸线提取时将植被的外部痕迹线作为海岸线。采用Google Earth（GE）选取的控制点评价Landsat影像提取岸线的误差。利用EPR/NSM指标计算海岸线的时空变迁，利用海湾形状指数（The Shape Index of Bay，SIB）和海湾重心算法研究海湾几何形态和重心的变化。

2. 海岸线提取精度评价

根据地图制图学和遥感信息提取的要求（高山，2010；侯西勇等，2014），遥感影像地物信息提取的不确定性与空间分辨率的关系如下：

$$P=\frac{2\sqrt{2}}{3}\times R \tag{3-1}$$

其中，P 表示地物信息提取的不确定性，即理论误差，R 表示遥感影像的空间分辨率。根据上式计算，Landsat TM/ETM+/OLI 影像提取的海岸线信息的理论误差为 28.28 m。

3. 海岸线变迁速率指标

EPR 是指两个时期岸线之间距离的变化速率（Thieler et al，2009）。它的优势是可对两条海岸线直接进行统计分析，缺陷是多条海岸线统计分析时，一些局部信息会被忽略（如侵蚀速率、变化周期）。计算公式如下（Crowell et al，1991；Dolan et al，1991）：

$$E_{(i,j)}=\frac{d_j-d_i}{\Delta Y_{(j,i)}} \tag{3-2}$$

其中，i 表示最远年份海岸线与剖面线相交的点；j 表示最近年份海岸线与剖面线相交的点；E（i，j）表示自最远年份海岸线到最近年份海岸线的终点变化率，即 *EPR*；d_i 和 d_j 分别表示最远年份和最近年份的海岸线距离海岸线基线距离；$\Delta Y_{(j,i)}$ 表示最近年份与最远年份之间的时间间隔。

NSM 是指两条不同时期的海岸线在空间上的移动距离，它主要是通过剖面线计算两条岸线在空间上的净移动距离（Thieler et al，2009；Himmelstoss，2011；Thieler et al，2005；To et al，2008）。其计算公式如下：

$$NSM=D_{old}-D_{young} \tag{3-3}$$

其中，*NSM* 表示两条海岸线的变迁距离，D_{old} 表示剖面线到最早一期岸线的距离，D_{young} 表示剖面线到最近一期岸线的距离。

4. 海湾形状指数（Shape index of the bay，SIB）

受全球海平面上升和围填海的影响，海岸线迅速向海方向扩展，导致海湾的形态和重心发生很大的偏移。海湾几何形态的研究侧重于海湾的空间形状变化，主要通过 *SIB* 计算（侯西勇等，2014；Liu，2000）；海湾重心的研究侧重于重心空间位置移动的距离和方向（侯西勇等，2014）。海湾形态的计算公式如下：

$$SIB=\frac{P}{2\sqrt{\pi A}} \tag{3-4}$$

其中，*SIB* 表示海湾形状指数，P 表示海湾的周长，A 表示海湾的面积。*SIB* 值越小，表明海湾形态越接近圆形，海湾的几何形状越简单；反之，海湾形态越复杂。

海湾重心及其移动距离的计算公式如下：

$$x=\frac{\sum_{i=1}^{n}x_i}{n},\quad y=\frac{\sum_{i=1}^{n}y_i}{n} \tag{3-5}$$

$$L=\sqrt{(x_j-x_i)^2+(y_j-y_i)^2} \tag{3-6}$$

其中，（x，y）表示海湾的几何中心，L 表示两个重心的偏移距离。

5. 围填海工程信息提取

将 1985 年提取的海岸线作为围填海信息提取的陆地边界，根据不同土地利用类型的纹理和光谱特征，在标准假彩色合成的支持下，采用专家目视解译的方法提取不同时期的围填海活动时空分布特征。在此基础上，提取了 5 个时期（1985—1990 年，1990—1995 年，1995—2000 年，2000—2010 年和 2010—2015 年）渤海的未利用围垦用地、盐田用地、工业用地、港口用地和水产养殖用地的时空分布信息。

6. 海岸线提取的精度评价

为验证目视解译海岸线的准确度，本研究在高分辨率的 GE 影像上采集的坐标控制站点共计 220 个（图 3-1），确保控制站点分布覆盖所有岸线类型。研究结果表明（表 3-2）：本研究提取的海岸线精度处于在理论最大误差范围内。整体而言，海岸线精度误差平均为 18.65 m，标准偏差平均为 17.46 m，均方根误差平均为 18.45 m；海岸线精度误差在年份上存在由远及近精度提高的趋势，海岸线精度误差最大的年份是 1985 年（19.46 m），最小的年份是 2015 年（17.51 m）。

表 3-2 海岸线精度的评价

年份	取样点	均方根误差(m)	标准偏差(m)	海岸线精度误差(m)	理论最大误差(m)
1985	105	19.46	17.67	19.46	28.28
1990	113	19.72	17.95	19.72	28.28
1995	125	19.08	17.90	19.08	28.28
2000	129	18.77	17.38	18.77	28.28
2005	144	18.49	17.30	18.49	28.28
2010	157	17.51	17.01	17.51	28.28
2015	157	17.51	17.01	17.51	28.28

二、海岸线时空变化

近 30 年来，环渤海岸线整体上呈现增长的趋势（表 3-3，图 3-2），平均变化速率为 188.47 m/a，平均移动距离 3 554.27 m，岸线在区域内变异系数为 0.65，海岸线增长速率较快的地区集中在莱州湾南部的潍坊港，渤海湾东部的黄河港和北部的滨港新城、曹妃甸，辽东湾的锦州港、营口港和普兰店湾海湾。整体而言，海岸线变迁最大是渤海湾，其次是莱州湾，最小是辽东湾。

表 3-3 近 30 年环渤海不同区域间的海岸线变迁信息

区域	断面范围	断面数量	平均变化速率(m/a)	平均移动距离(m)	最大侵蚀速率(m/a)	最大移动距离(m)	最小侵蚀速率(m/a)	最小移动距离(m)	变异系数
渤海	1～1 587	1 587	188.47	3 554.27	976.67	29 300.23	−462.46	−16 421.84	0.65
莱州湾	1～375	375	134.78	4 043.47	781.37	29 300.23	−10.79	−1 604.56	0.83
渤海湾	376～770	394	128.2	6 546.04	753.37	22 615.84	−53.49	−323.74	1.09
辽东湾	771～1 587	807	61.69	1 850.72	482.33	28 006.99	−462.46	−16 421.84	0.42

注：速率和距离负值表示侵蚀。

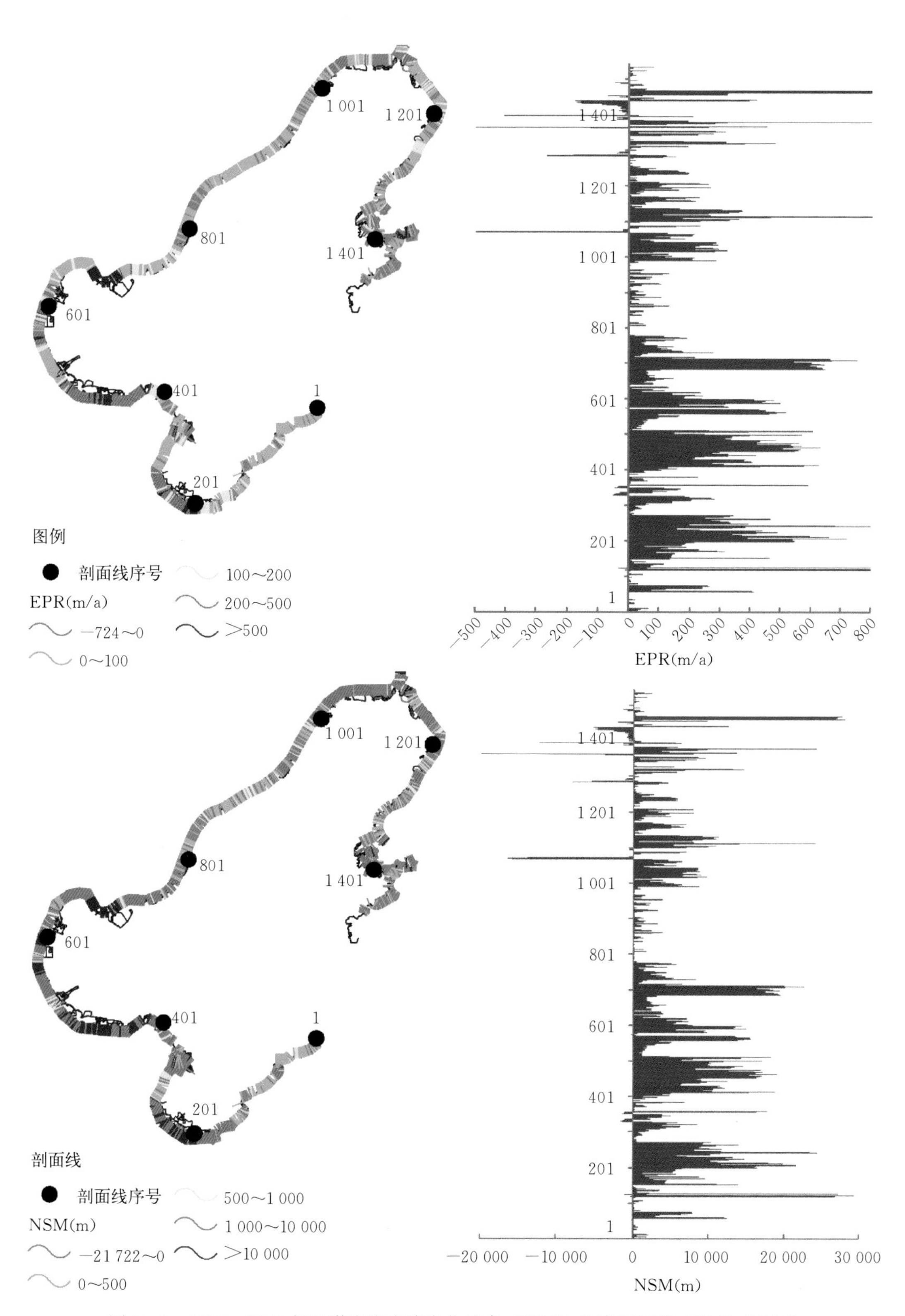

图 3-2　1985—2015 年环渤海海岸线变化速率（EPR）和净空间移动距离（NSM）

莱州湾海岸线呈现强烈的向海方向增长趋势，岸线平均变化最快（134.78 m/a），平均移动距离为4 043.47 m，区域内岸线速率最大为781.37 m/a，岸线移动距离最大为29 300.23 m，岸线侵蚀速率最大为－10.79 m/a，岸线侵蚀最大为1 604.56 m，区域内岸线的变异系数为0.83。

渤海海岸线呈现强烈的向海方向增长趋势，平均变化速率为128.2 m/a，平均移动距离为6 564.04 m，区域内岸线速率最大为753.37 m/a，岸线移动距离最大为22 615.84 m，岸线侵蚀速率最大为－53.49 m/a，岸线侵蚀最大为－323.74 m，区域内岸线的变异系数为1.09，区域内岸线变异性较大。

辽东湾海岸线呈现强烈的向海方向增长趋势，岸线内部的差异性在整个渤海中最小。岸线平均变化速率最小为61.69 m/a，平均移动距离为1 850.72 m，区域内岸线最大侵蚀速率为482.33 m/a，岸线最大移动距离是28 006.99 m，岸线最小侵蚀速率为－462.46 m/a，岸线侵蚀最大为16 421.84 m，辽东湾的海岸线增长速率和距离在渤海中最小，侵蚀速率和距离最大。区域内岸线的变异系数最小，为0.42，变异性最小。

为研究海岸线变迁速率在不同时期呈现的规律特征，本次研究设置了5年、10年、15年和30年4个时间梯度，比较不同周期海岸线变化呈现的特征和规律（图3－3）。整体而言，环渤海海岸线的变迁速率在空间整体上呈现较为显著的向海方向扩张的趋势，海岸线的变化速率呈现逐年加快的趋势。

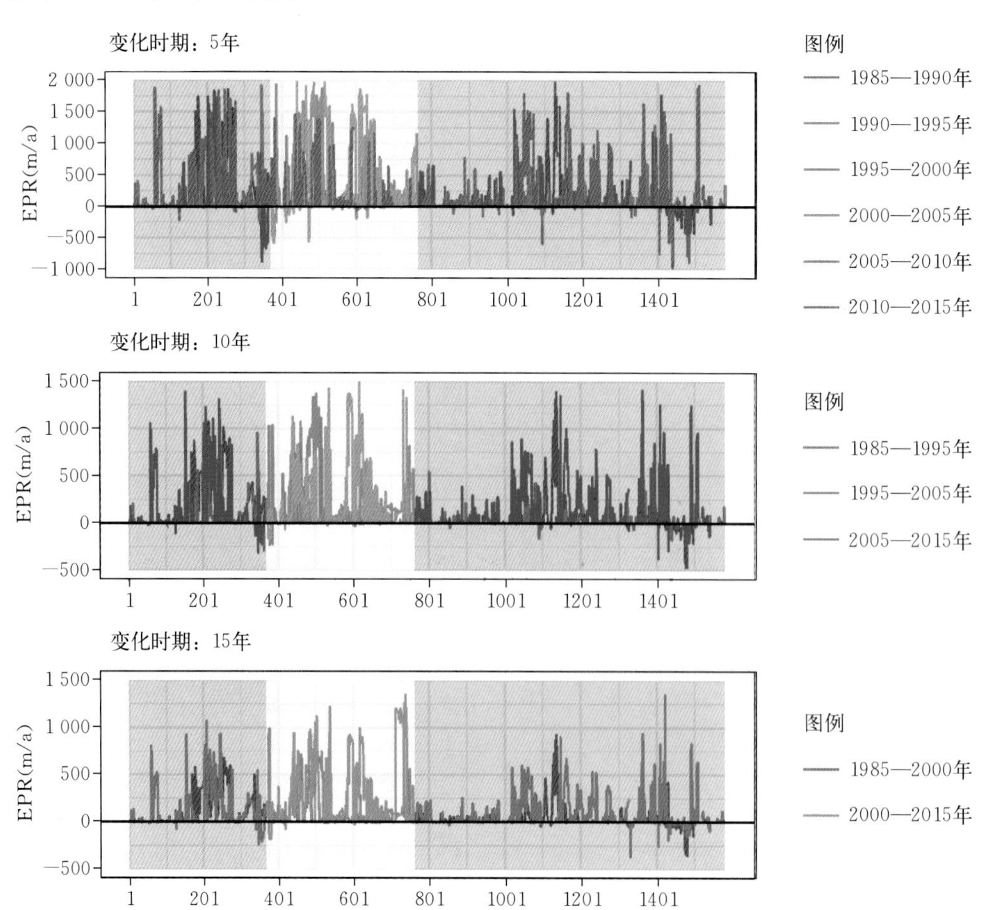

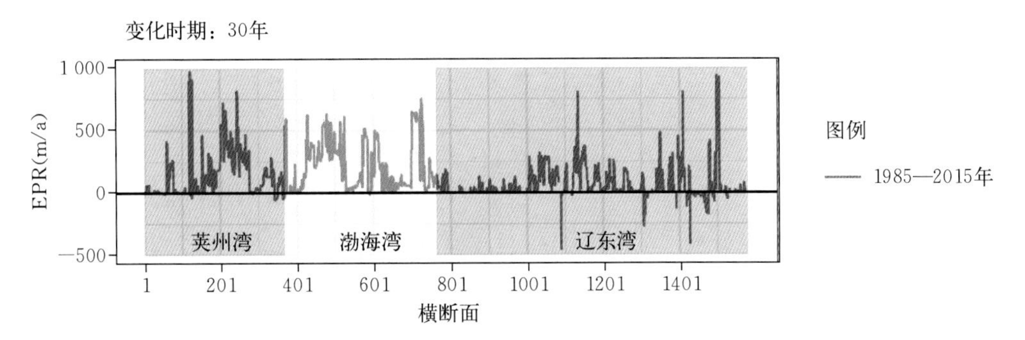

图 3－3　环渤海海岸线不同周期的时空变迁速率

近 30 年来渤海湾海岸线的变迁速率在整个环渤海区域内最快，除个别河口区域外，岸线呈现出较为稳定的向海方向扩张的特征；不同时期的岸线变化速率表明，渤海湾岸线内部变化的差异性呈现较为显著的下降趋势，即岸线向海方向扩张的特征越发稳定。

莱州湾海岸线的变迁速率表明岸线在空间上的集聚性较强，集中在莱州湾南部的淄脉河—刁龙咀段，该区域内潍坊港、新港、海庙港和青鳞铺是莱州湾海岸线人工岸线变化最为显著的区域；海岸线变化速率差异较为明显的区域主要集中在黄河口附近，岸线的变迁速率空间差异性较大，这与黄河的调水、调沙以及河口三角洲水动力环境有关。

辽东湾海岸线的变化速率在空间上总体呈现向海方向扩张增长的趋势，增长较为显著的区域集中在盘锦港—营口港以及普兰店湾区域，相对较为稳定的区域主要集中在盘锦港的西南端岸线；海岸线变化速率呈现逐年增长的趋势，在空间上变化的差异性呈现降低的趋势。

三、围填海时空变化

在提取各个时相影像中的围填海信息时，以 1985 年目视解译的海岸线为基准，将向海方向的区域确定为要提取围填海信息的区域（图 3－4）。在此基础上提取了环渤海海岸带 1985—1990 年、1990—1995 年、1995—2000 年、2000—2010 年和 2010—2015 年 5 个时期的围垦用地、盐田用地、工业用地、港口用地和水产养殖用地类型的围填海的信息，并统计了围填海的时空变化资料。

1985—1990 年渤海的围填海总面积约为 4.70×10^4 hm^2，水产养殖用地约占总面积的 61%，围垦用地约占总面积的 31%，围填海活动在空间上主要分布在莱州湾南部和渤海湾东南部地区，此外，辽东湾北部也有零星分布；1990—1995 年渤海的围填海总面积约为 7.51×10^4 hm^2，水产养殖用地约占总面积的 61%，围垦用地约占总面积的 27%，较上一阶段所占比例有所下降，盐田用地约占总面积的 11%，盐田面积迅速扩大，主要分布在莱州湾南部和渤海湾的东南和西部，辽东湾的北部、普兰店湾地区出现零星分布；1995—2000 年渤海的围填海总面积约为 9.42×10^4 hm^2，水产养殖用地约占总面积的 61%，围垦用地约占总面积的 26%，盐田用地约占总面积的 10%，围填海活动在空间上主要分布在渤海湾以及莱州湾南部地区，此外，辽东湾北部、普兰店湾地区呈现集中分布；2000—2005 年渤海的围填海总面积约为 1.56×10^5 hm^2，水产养殖用地约占总面积的 54%，围垦用地约占总面积的 22%，盐田用地约占总面积的 20%，围填海活动在空间上主要分布在渤海湾以及莱州湾南部和西南部地区，此外，辽东湾北部、普兰店湾地区呈现少量聚集分布；2005—2010

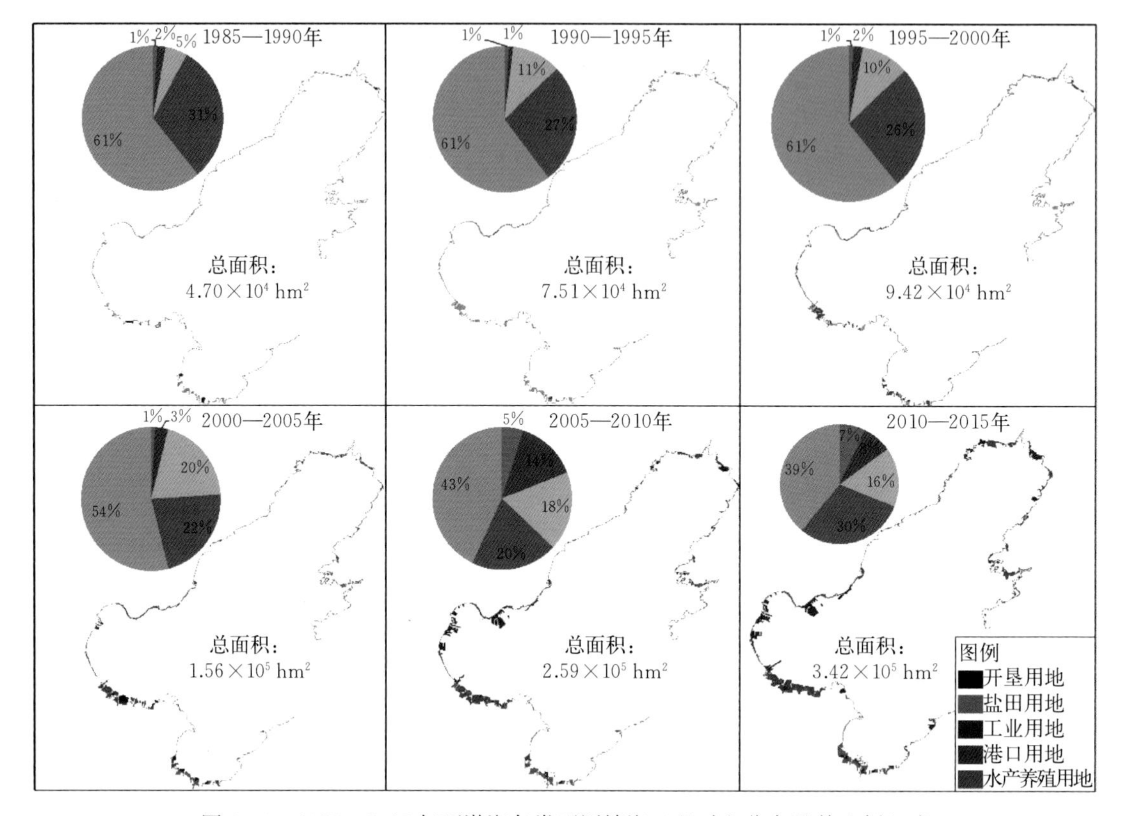

图 3-4　1985—2015 年环渤海各类型围填海工程时空分布及其比例组成

年渤海的围填海总面积约为 2.59×10^5 hm²，水产养殖用地约占总面积的 43%，围垦用地约占总面积的 20%，盐田用地约占总面积的 18%，工业用地面积迅速扩大，约占总面积的 14%，围填海活动在渤海湾与莱州湾南部和西南部地区呈现高密度分布，在辽东湾北部、普兰店湾地区呈现连片分布；2010—2015 年渤海的围填海总面积约为 3.42×10^5 hm²，水产养殖用地约占总面积的 39%，围垦用地约占总面积的 30%，盐田用地约占总面积的 10%，工业用地和港口码头用地面积迅速扩大，约占总面积的 15%，围填海活动基本覆盖整个渤海区域。

近 30 年来，环渤海区域围填海工程的规模迅速增加，2000 年以后围填海工程进入新的变化时期，各类工程面积规模较大，空间分布较为广泛。2000 年以前的围填海工程中水产养殖用地、围垦用地和盐田用地占到总面积的 90%以上，在空间上集中于莱州湾南部海湾和渤海湾的东南部海湾；2000 年以后盐田用地、工业用地和港口码头用地面积迅速增加，水产养殖用地和围垦用地总计占围填海面积的 60%以上，围填海工程在空间上的分布更为广泛，渤海湾的围填海活动最为剧烈，其次为莱州湾，最后为辽东湾。

四、海湾形态变化

受围填海活动的影响，环渤海海岸线迅速向海方向扩张，海湾几何形态呈现复杂化、面积迅速缩减，海岸线长度变长（图 3-5）。近 30 年来，环渤海海湾面积从 1985 年的 6.42×10^6 hm² 锐减到 2015 年的 6.03×10^6 hm²，海岸线长度从 1985 年的 2.30×10^3 km 迅速增加至 2015 年 3.16×10^3 km，海湾形态指数从 1985 年的 2.56 迅速增加至 2015 年的 3.63；莱州湾海湾面积从 1985 年的 1.07×10^6 hm^2 迅速缩减到 2015 年的 9.79×10^5 hm^2，海岸线长度从 1985 年的 452.66 km 迅速增加到 2015 年 592.34 km，海湾形态指数从 1985 年的 1.23 迅速增加到 2015 年的 1.69；渤海湾海湾面积从 1985 年的 1.93×10^6 hm^2 迅速缩减到 2015 年的 1.74×10^6 hm^2，海岸线长度从 1985 年的 567.11 km 迅速增加到 2015 年 960.60 km，海湾形态指数从 1985 年的 1.15 迅速增加到 2015 年的 2.05；辽东湾海湾面积从 1985 年的 3.42×10^6 hm^2 迅速缩减到 2015 年的 3.31×10^6 hm^2，海岸线长度从 1985 年的 1 279.95 km 迅速增加到 2015 年 1 607.45 km，海湾形态指数从 1985 年的 1.95 迅速增加到 2015 年的 2.50。

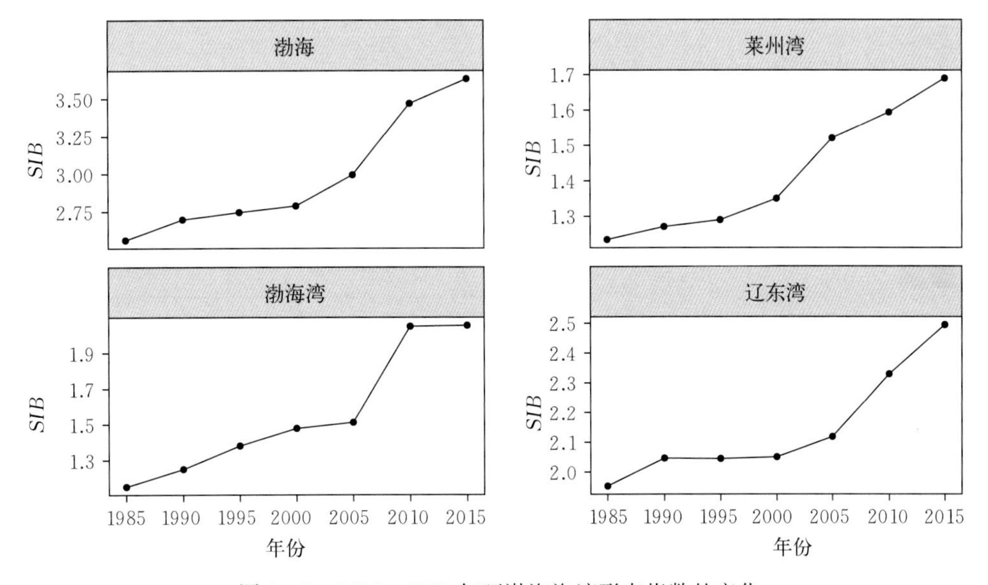

图 3-5　1985—2015 年环渤海海湾形态指数的变化

从较长时间尺度上看，海湾形态指数变化的分界点在 2000 年。2000 年以后环渤海海湾的几何形态的复杂性迅速增加，这从侧面上说明了人类活动在环渤海区域内的强度和密度迅速增加，围填海活动进入了一个新的阶段。

五、海湾几何中心变化

受海岸线变迁和围填海活动的影响，渤海的海湾重心发生了显著的变化（图 3-6）。环渤海海湾重心总体上呈现向东北方向偏移的趋势，2005 年后呈现向西南方向偏移，其中 2000—2005 年和 2005—2010 年两个时间段海湾重心空间偏移距离较大（分别为 883.96 m 和 920.61 m）；莱州湾海湾重心向东北方向偏移，其中 1985—1990 年海湾重心空间偏移距离最大（1 802.94 m）；渤海湾海湾重心总体上呈现向东北—东方向偏移趋势，2005 年后呈现较为显著的向东—东南方向偏移趋势，这与河北滨港新城和天津曹妃甸等区域的围填海活动密切相关，其中 2005—2005 年和 2005—2010 年两个时间段海湾重心空间偏移距离较大（分别为 1 140.42 m 和 1 731.54 m）；辽东湾海湾重心近 30 年来总体上呈现出向西南方向偏移的趋势，其中海湾重心在 1985—1990 年和 2010—2015 年两个时间段海湾重心空间偏移距离较大（分别为 869.64 m 和 897.71 m）。

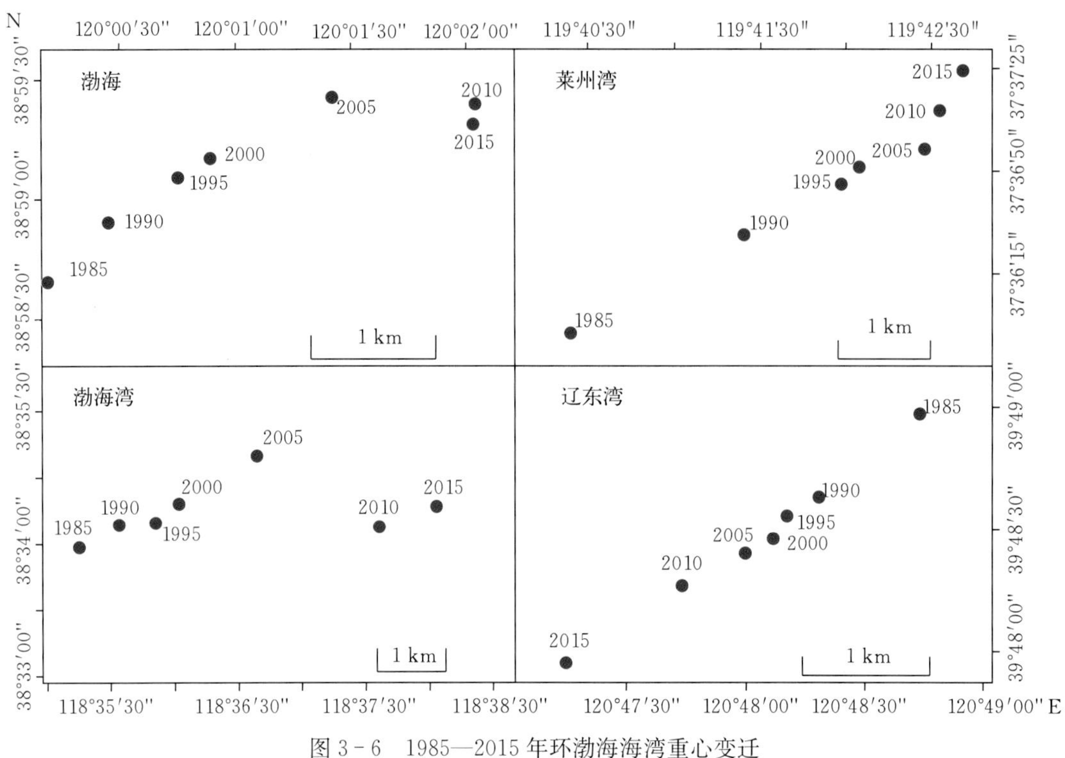

图 3-6　1985—2015 年环渤海海湾重心变迁

六、海岸线变化的影响因素

1. 海岸线变化与围填海关系

海岸线的变化受到自然和人类活动的双重影响。在人类活动较小的地区，海岸线的变化主要受自然因素的影响，如海平面上升、径流、河流悬浮物、河口水动力环境以及其他直接引起海岸线侵蚀和增生的因素等（Jin，2004；Nunn et al，2017）。在人类活动较为强烈的地区，沿海海岸线的变化直接受到沿海工程设施的影响，包括红树林种植、大坝保护和填海工程（Meng et al，2017；Azami et al，2013；Benzeev et al，2017）。受城市扩张和人口压力的影响，渤海沿岸地区一系列以填海活动为代表的沿海地区环境项目迅速启动（Peng et al，2013；Yan et al，2013）。填海工程不仅迅速改变了原海岸线的结构和功能，而且深刻地影响了沿海湿地的水动力环境（Meng et al，2017；Li et al，2017）。

研究表明，沿海地区发生显著变化的区域主要集中在围填海活动较为密集的区域。水产养殖用地、盐田用地和未利用的开垦用地是渤海沿海地区主要的围垦用地类型，港口土地和工业用地的分布集中在经济发展水平较高的地区（图 3-1，图 3-2）。

2. 影响海湾几何形状变化的因素

海湾几何形状的变化受自然和社会经济因素的共同影响。在社会经济活动较为密集的沿海地区，海湾形状的变化主要受到围填海活动的影响。在研究了我国海岸线的结构变化特征、开发利用后，Hou 等（2016）指出，我国海岸线变迁的主要因素是人类活动的影响，其中围填海活动是影响海岸线变迁方向的主要因素。

近 30 年来，海湾面积、海岸线长度、几何形状和重心在短时间内迅速变化（表 3-3，图 3-5，图 3-6）。海湾的面积迅速减少，海岸线长度的快速增加，几何形状复杂性的增加以及海湾重心向海洋的快速转移已成为渤海的围填海和海岸线的主要特征。从较长时间尺度来看，海岸线、围填海活动和 *SIB* 变化的转折点均发生在 2000 年。2000 年后渤海海岸线和围填海活动的变化迅速增加，海湾几何形状的复杂性也迅速增加（图 3－3，图 3－4，图 3－5）。因此，2000 年后，渤海人类活动的强度和密度迅速增加，开垦活动进入了一个新的阶段。

基于 1985—2015 年 7 个时期 49 幅 Landsat 影像研究了环渤海海岸线、围填海和海湾形态的时空变迁规律。研究结果表明，受滨海地区人类活动的影响，近 30 年来环渤海的海岸线呈现显著的增长趋势，并在 2000 年后呈现出迅猛的增长趋势；综合围填海活动的变化信息后发现，环渤海地区的围填海工程在 2000 年后呈现较为显著的增长趋势，其中，水产养殖用地、围垦用地和盐田用地总计超过围填海工程总面积的 60%以上，与此同时，港口码头、工业用地规模迅速扩大；在海岸线变迁和围填海活动的双重影响下，环渤海的海湾形态发生了较为显著的变化，就整体而言，环渤海海湾形态趋于复杂化，海湾重心向渤海中部迅速移动，其中辽东湾的海湾形态指数和海湾重心移动距离变化最为显著。

（1）由于人类活动对沿海地区的影响，渤海海岸线在过去 30 年中呈现出显著的增长趋势。不同时期的变化率表明，海岸线的内部变化呈现出明显的侵蚀趋势。

（2）根据围填海活动的变化，自 2000 年以来，渤海围填海工程呈现出显著的增长趋势，水产养殖用地、未利用地和盐地面积超过围填海总面积的 60%以上。与此同时，港口土地和工业用地面积迅速增加。

（3）在海岸线变化和复垦活动的双重影响下，渤海的形状变得更加复杂，海湾的几何重心迅速移动到渤海中部。

（丁小松、单秀娟、金显仕）

第二节　围填海活动对渤海滨海湿地景观格局破碎化的影响

渤海滨海湿地是黄渤海渔业资源早期补充重要水域，是重要的产卵场、育幼场和索饵场（Jin，2004；Zhang et al，2007），同时也是东亚—澳大利亚候鸟迁徙的重要栖息地（Yang et al，2011；Kirby et al，2008）。然而在社会经济驱动下，围填海活动在滨海地区快速扩张，深刻地改变着海岸带的土地利用/覆盖的格局，影响着滨海湿地生态系统的结构和生态服务功能。

基于渤海 1985—2015 年围填海工程的数据集，结合景观格局破碎化的理论和指标，本节深入地研究了围填海活动驱动下的滨海湿地景观格局的变化特点和规律。研究渤海围填海活动的时空变化特征及其对滨海湿地景观格局破碎化的影响，不仅能够为渔业资源早期补充环境的变化提供重要的科学数据理论支持，也能够为栖息地生态环境保护提供科学的建议和策略。

一、研究区概况和数据来源

1. 研究区概况

渤海北边和东北方向为辽东半岛，南部为山东半岛，其通过东南部的渤海海峡与黄海北部相通。受黄河、海河、滦河、辽河、浑河等多条河流注入的影响，渤海的水体中营养盐与有机碎屑物含量高，因此近海水域的浮游生物和底栖生物生物量大，海洋初级生产力较高。饵料生物的富集使得近海水域成为众多鱼、虾、蟹、贝等的重要产卵场与栖息地，同时也成为东亚—澳大利亚候鸟迁徙路线中重要的栖息地。

渤海沿海区域包括四个省级行政区和13个市级行政区，自北向南依次是辽宁省（大连市、营口市、盘锦市、锦州市），河北省（葫芦岛市、秦皇岛市、唐山市、沧州市），天津市和山东省（滨州市、东营市、潍坊市、烟台市）。滨海地区人口密度较高，社会经济活动密度较高，大型港口、水产养殖、旅游基础设施等围填海工程的空间密度较高（Wang et al，2014；Pelling et al，2013；Duan et al，2016）。

2. 数据来源与处理

本节研究使用的Landsat遥感数据来自USGS官方网站（https://earthexplorer.usgs.gov/）。时间分辨率为7个时期（1985年、1990年、1995年、2000年、2005年、2010年和2015年），每个时期7幅影像，共计49幅，不影响后续影像的目视解译精度。此外，涉及的数据还包括：中国行政区划图（1∶400万）、渤海地区地形图（1∶400万）、渤海地区自然保护区空间分布图、渤海地区区域经济统计年鉴等。

利用ENVI 5.2软件实现Landsat影像的预处理，利用ArcGIS 10.1软件结合人工目视解译实现了围填海工程数字化处理，利用SDMTools（Jeremy et al，2014）实现了围填海工程时空分布下的景观格局破碎化的指标计算，利用ggplot2（Hadley，2009）和sp（Pebesma et al，2005）等实现了数据的可视化处理。

3. 鱼卵、仔稚鱼数据

鱼卵、仔稚鱼的历史数据来自中国水产科学研究院黄海水产研究所。数据集包括：鱼卵种类数（Species Number of Fish Eggs，SNFE）、仔稚鱼种类数（Species Number of Fish Larvae，SNFL）、鱼卵的丰度指数（Abundance Index of Fish Eggs，AIFE）和仔稚鱼的丰度指数（Abundance Index of Fish Larvae，AIFL）。数据采集是在渤海使用水平拖曳浮游动物网（口径80 cm，长270 cm，网眼大小0.50 mm）。调查时间主要包括1982—1983年、1992—1993年、2013—2014年、2014—2015年、2015—2016年和2016—2017年。

4. 围填海工程的提取方法

原始的影像经过几何校正和坐标转换等预处理后，通过目视解译的方法提取1985年渤海海岸线的空间位置，在此基础上提取围填海工程的空间位置。围填海工程的空间信息的提取如下：以1985年海岸线为围填海信息提取的陆地边界，参考影像中地物信息的纹理、形状、颜色等的差别确定1990年的围填海工程的类别和空间位置，即为1985—1990年围填海工程的空间信息，利用此方法分别提取1985—1990年、1990—1995年、1995—2000年、2000—2005年、2005—2010年和2010—2015年6个时期的围填海工程的时空变化信息。为保证提取的围填海工程信息的准确性，将提取出来的数据叠加到Google Earth（GE）上进行对比判读。参考用地类型的几何纹理和光学特征，将围填海划分为水产养殖用地、港口用地、工业用地、盐田用地和未利用的围垦用地。

5. 围填海斑块的景观格局分析指标

为了定量地研究滨海地区不同类型围填海工程的时空变化规律及其对滨海湿地景观格局破碎化的影响，参考景观生态学中的6个指标对渤海围填海活动在滨海湿地生态景观产生的影响进行研究（Zhang et al，2013；McGarigal et al，2002；颜凤等，2017）。

（1）No. of Patches（NP） *NP*是指围填海斑块中各类型斑块在研究区中该时间段中出现的次数（单位：个），其可以描述研究区内土地利用类型的异质性和破碎性，所代表的意义为：*NP*越大，破碎性越强；反之，则越低。一般而言，$NP \geqslant 1$。

（2）Mean Patch Area（MPA）　MPA 是指围填海斑块中各类型斑块的面积占总斑块面积的平均值，其可以用来描述某一类围填海斑块在总体斑块中破碎化程度，所代表的意义为：MPA 越小，表示该类型斑块越破碎；反之则越完整。公式如下：

$$MPA = \frac{NP_i}{\sum_{i=1}^{n} NP_i} \tag{3-7}$$

其中，MPA 表示围填海平均斑块面积，斑块 i 表示研究区中某一类围填海斑块，n 表示研究区中所有的围填海斑块，NP_i 表示研究区中某一类型围填海斑块的总面积（hm^2），$\sum_{i=1}^{n} NP_i$ 表示研究区中所有围填海斑块的总面积（hm^2），$MPA>0$。

（3）Patch Density（PD）　PD 表示研究区中单位面积上的斑块个数，是衡量景观破碎化程度的重要指标之一。其代表的意义为：PD 越大，景观格局破碎化程度越高；反之则越低。公式如下：

$$PD = \frac{\sum_{i=1}^{n} NP_i}{\sum_{i=1}^{n} Area_i} \tag{3-8}$$

其中，PD 表示围填海斑块的密度，i 表示研究区中围填海斑块个数，n 表示研究区中所有的围填海斑块个数，$\sum_{i=1}^{n} NP_i$ 表示研究区中某一类围填海斑块的总个数，$\sum_{i=1}^{n} Area_i$ 表示研究区中所有围填海斑块的总面积（hm^2），$PD \geqslant 0$。

（4）Mean Shape Index（MSI）　MSI 表示研究区中某一类斑块形状的复杂程度。该指标以正方形为最理想的参考斑块形状，即所有的斑块形状为正方形时，$MSI=1$；当围填海斑块的形状增大时，表示该斑块的形状愈发呈现不规则趋势。公式如下：

$$MSI = \frac{\sum_{i=1}^{m} \sum_{j=1}^{n} \left(\frac{0.25 L_{ij}}{\sqrt{Area_{ij}}} \right)}{\sum_{i=1}^{m} \sum_{j=1}^{n} NP_{ij}} \tag{3-9}$$

其中，MSI 表示围填海斑块的平均形状指数，m 和 n 均表示围填海斑块类型总数，L_{ij} 表示第 i 个围填海斑块类型中第 j 个斑块的周长，$Area_{ij}$ 表示第 i 个围填海斑块类型中第 j 个斑块面积（hm^2），$\sum_{i=1}^{m} \sum_{j=1}^{n} NP_{ij}$ 表示围填海斑块的总数。$MSI \geqslant 1$。

（5）Mean Patch Fractal Dimension（MPFD）　$MPDF$ 表示研究区中围填海斑块的形状的复杂程度，能够反映出人类活动对围填海斑块的影响程度。当 $MPFD$ 越接近 1 时，表示斑块间的相似性程度较高，斑块在空间上的分布越有规律；反之，则表示斑块的几何形状越简单，即其受人类活动影响程度越大。公式如下：

$$MPDF = \frac{\sum_{i=1}^{m} \sum_{j=1}^{n} \left(\frac{2\ln 0.25 L_{ij}}{\ln Area_{ij}} \right)}{\sum_{i=1}^{m} \sum_{j=1}^{n} NP_{ij}} \tag{3-10}$$

其中，$MPDF$ 表示围填海斑块的平均斑块分形维数，m 和 n 均表示围填海斑块类型总数，L_{ij} 表示第 i 个围填海斑块类型中第 j 个斑块的周长，$Area_{ij}$ 表示第 i 个围填海斑块类型

中第 j 个斑块面积，$\sum_{i=1}^{m}\sum_{j=1}^{n} NP_{ij}$ 表示围填海斑块的总数。$1 \leqslant MPDF \leqslant 2$。

（6）Aggregation Index（AI） AI 表示研究区中围填海斑块中同类型斑块在空间上非随机性分布的聚集程度，能够反映围填海斑块在空间上组合与聚集情况。AI 越小，表示研究区中的斑块主要以小斑块组成，空间上的集聚性不强；反之则表示研究区中以大斑块组成为主，空间上的集聚性强。公式如下：

$$AI = 2\ln n + \sum_{i=1}^{m}\sum_{j=1}^{n} P_{ij} \times \ln P_i \times 100\% \tag{3-11}$$

其中，AI 表示研究区中围填海斑块的集聚性指标，m 和 n 均表示围填海斑块类型总数，P_{ij} 表示随机选择的两个相邻栅格属于 i 类型和 j 类型的概率。$0 < AI \leqslant 100$。

二、围填海斑块的时空变化

近 30 年来，受滨海地区城市扩张、人口密度急剧增加和滨海蓝色经济开发的影响，渤海滨海地区的围填海活动在城市建设、工业、农业、海洋运输等驱动力的影响下在空间上迅速向海洋方向拓展（图 3－7，图 3－8）。从围填海斑块类型层面来看，水产养殖斑块、工业用地斑块、港口用地斑块、围垦用地斑块和盐田用地斑块均呈现显著的增加趋势，其中围垦用地斑块和工业用地斑块增加幅度较大，水产养殖斑块增加幅度相对较小。

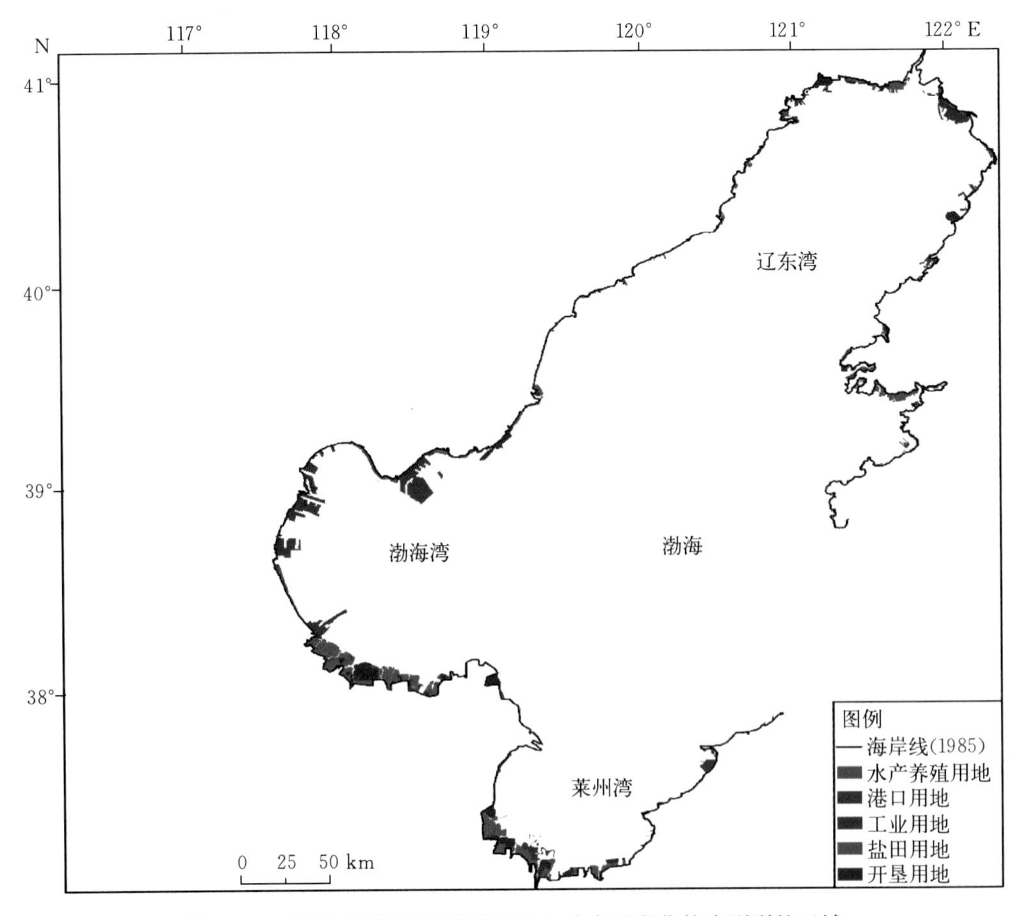

图 3－7 渤海地区围填海活动的时空分布及变化较为剧烈的区域

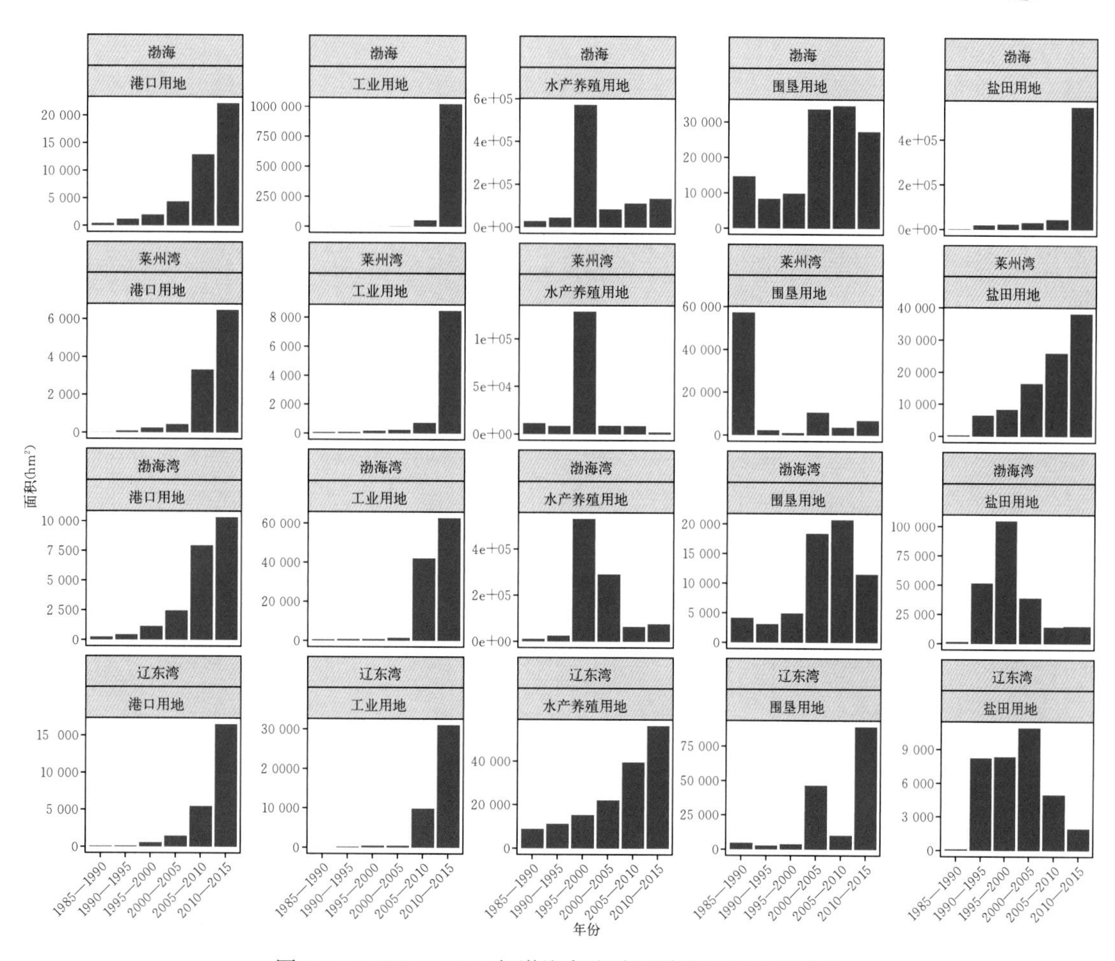

图 3－8　1985—2015 年渤海各海湾围填海工程面积变化

近 30 年来，渤海滨海湿地区域内的围填海斑块面积总体上呈现较为显著的增长趋势，不同的区域和不同的斑块类型呈现不同的特征（图 3－8）。渤海地区的水产养殖用地规模在 1995—2000 年间达到最高值，此后用地规模呈现稳定缓慢的增长；港口用地规模 2000—2005 年以后呈现出较为快速的增长趋势；工业用地规模在 2005—2010 年以后快速增加；盐田用地规模在 2010—2015 年增长较快，历史时期增长较为缓慢；未利用的围垦用地规模变化波动性较大。就整体而言，水产养殖用地规模在莱州湾和渤海湾增长较快，且都集中在 1995—2005 年的时间区间内，此后增长速度减缓；港口用地规模在 2000—2005 年后呈现较为显著的增长趋势，其中渤海湾增长速度最快、规模最大；工业用地规模 2005—2010 年以后快速增加，渤海湾的整体增长速度最快，规模最大，其次是莱州湾，最后是辽东湾；盐田用地规模在不同区域上差别较为显著，莱州湾地区盐田用地呈现增长的趋势，渤海湾的盐田用地规模在 2000—2005 年达到最高值，辽东湾的盐田用地规模在 1990—2005 年处于历史的峰值；未利用的围垦用地规模变化波动性较大，莱州湾未利用的围垦用地呈现减少的趋势，渤海湾未利用的围垦用地呈现显著的上升趋势，辽东湾未利用的围垦用地整体上呈现上升的趋势。

三、渤海滨海湿地景观格局破碎化的变化

围填海工程形成的围填海斑块对渤海滨海湿地景观格局的破碎化产生着深刻的影响

（图 3－9），景观格局破碎化呈现的主要特征为：斑块内部的聚集程度日趋增强，平均斑块面积日趋增加，平均斑块的分形维数呈现上升趋势，平均斑块形状的复杂性日趋增强，各类型斑块的数量呈现上升趋势，斑块的密度呈现下降趋势。然而，不同类型的围填海斑块呈现出不同的特征。

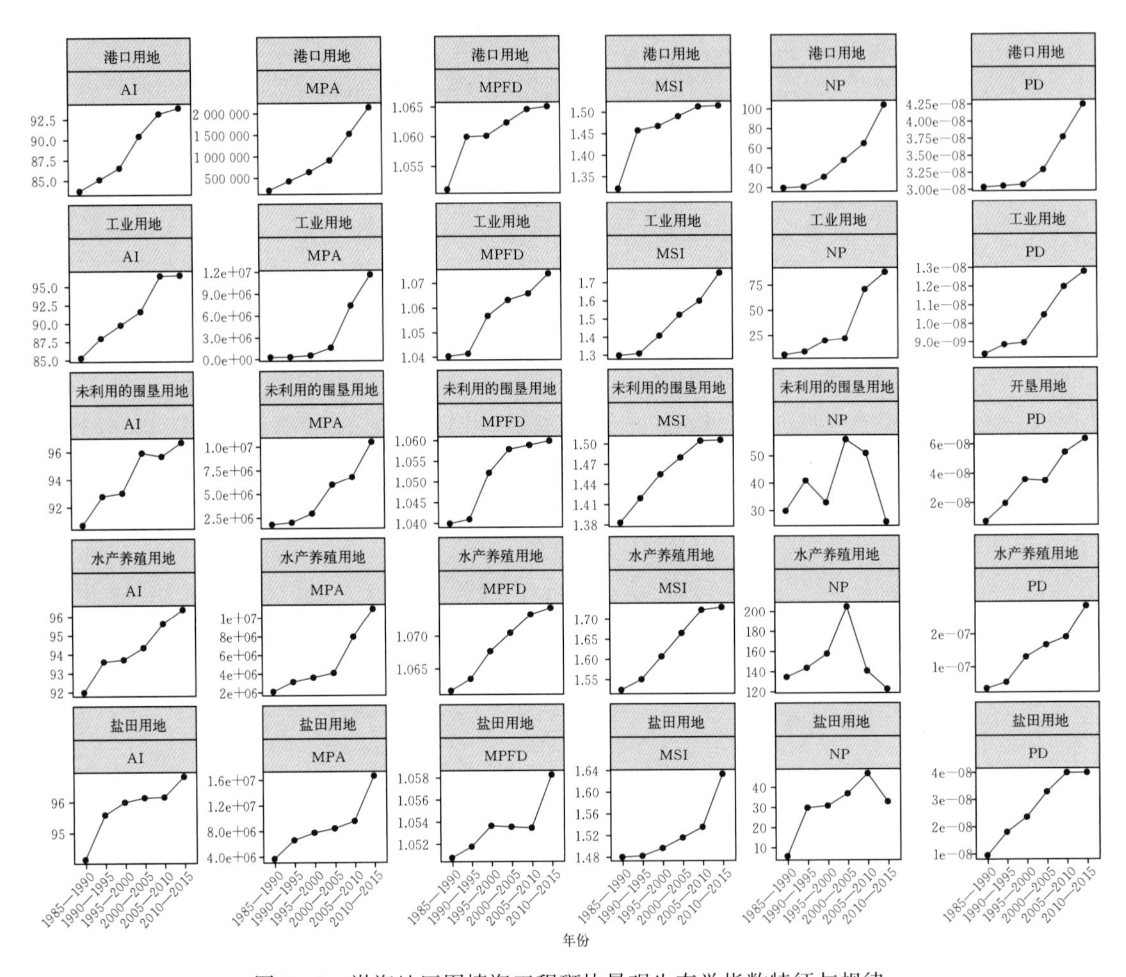

图 3－9　渤海地区围填海工程斑块景观生态学指数特征与规律

斑块的空间集聚性增长幅度最大是工业用地斑块（增幅单位：11.21），最小是盐田用地斑块（增幅单位：2.67）。平均斑块面积的增长幅度最大是盐田用地斑块（增幅单位：1.29×10^7），最小是未利用的围垦用地斑块（增幅单位：8.68×10^6）。平均斑块分形维的增长最大是工业用地斑块（增幅单位：0.03），最小是盐田用地斑块（增幅单位：0.01）。平均斑块形状指数的增长幅度最大是工业用地斑块（增幅单位：0.45），最小是未利用的围垦用地斑块（增幅单位：0.12）。斑块数量上总体上呈现显著的增长趋势，但水产养殖用地斑块和未利用的围垦用地斑块的数量在 2000 年以后出现了显著的下降趋势。斑块密度呈现出显著的上升趋势，这与斑块平均面积迅速增大密切相关。

研究表明，1985—2015 年，莱州湾、渤海湾和辽东湾滨海湿地景观格局破碎化程度日趋加深，不同区域不同斑块类型呈现出不同的特点（表 3－6）。莱州湾滨海湿地景观格局的各类地物斑块中，水产养殖用地斑块呈现出斑块数量上升，面积呈现小型化，空间上集聚性

下降，形状复杂性程度增加，斑块空间上的密度下降的特征。港口用地斑块呈现出斑块数量上升，面积呈现增大，空间集聚性增强，形状复杂性增加，斑块密度增强的特征。工业用地斑块呈现出斑块数量上升，面积增大，空间集聚性增强，形状复杂性增加，斑块密度增强的特征。盐田用地斑块呈现出斑块数量上升，面积增大，空间集聚性增强，形状复杂性增加，密度增加的特征。未利用的围垦用地斑块呈现出斑块面积增大，形状复杂性增强，空间聚集性增强，斑块数量和密度呈现双峰值的特征。

渤海湾滨海湿地景观格局的各类地物斑块中，水产养殖用地斑块的数量呈现显著的下降趋势，平均斑块面积呈现显著的增加趋势，斑块的空间集聚性程度显著增强，斑块的形状呈现复杂化，斑块的空间密度呈现下降趋势；港口用地斑块的数量呈现波动的上升趋势，平均斑块面积呈现显著的增加趋势，斑块的空间集聚性呈现出上升趋势，斑块的空间密度呈现下降趋势；工业用地斑块的数量和平均斑块面积呈现上升的趋势，斑块的形状呈现复杂化，斑块的空间集聚性呈现显著的上升趋势，斑块的空间密度呈现上升趋势；盐田用地斑块数量呈上升趋势，平均斑块面积和斑块空间集聚性在时间上的波动性较强，斑块的形状呈现波动的下降趋势，斑块的密度呈现显著的下降趋势；未利用的围垦用地斑块数量整体上呈现上升趋势，斑块的平均面积呈现显著的上升趋势，斑块的复杂性程度日趋加深，斑块的空间集聚性总体上呈现增强趋势，斑块的密度呈现显著的下降趋势。

辽东湾滨海湿地景观格局的各类地物斑块中，水产养殖用地斑块的数量呈现单峰变化趋势，斑块的平均面积呈现显著的增长趋势，斑块形状的复杂性呈现波动的上升趋势，斑块的空间集聚性呈现显著的上升趋势，斑块的密度呈现显著的下降趋势；港口用地斑块的数量和平均面积呈现显著的上升趋势，斑块形状的复杂性和空间集聚性呈现上升趋势，斑块的密度呈现单峰变化趋势；工业用地斑块的数量和平均面积呈现显著的上升趋势，斑块的复杂性和空间集聚性呈现显著的上升趋势，斑块密度呈现上升趋势；盐田用地斑块的数量呈现单峰变化趋势，斑块的平均面积呈现波动的上升趋势，斑块形状的复杂性和空间集聚性的波动性较大，斑块的密度呈现单峰的变化趋势；未利用的围垦用地斑块的数量波动性较大，斑块面积呈现出较为显著的上升趋势，斑块形状的复杂性和集聚性呈现波动状上升趋势，斑块密度呈现显著的上升趋势。

四、滨海湿地景观格局破碎化的趋势

渤海滨海湿地景观格局中围填海斑块的数量、面积较大斑块的数量呈现出较为快速的增加趋势，斑块形状呈现出较为复杂和规律性分布的变化特征，各类斑块在空间上呈现出愈发内聚的特征。滨海湿地景观格局在围填海活动的影响下破碎化程度愈发增强，景观的形状和生态功能被快速破坏。

通过一元二次函数拟合和滑动平均拟合两种数学方法分析滨海湿地围填海斑块的变化特征，1985—2015 年渤海滨海湿地景观格局呈现出鲜明的破碎化特征（图 3－10）。*AI* 指标呈现出快速的上升趋势，表明各类斑块在空间上的聚集程度越强，且形成了面积较大的斑块；*MPA* 指标呈现出快速的上升趋势，表明各类斑块的面积增大，面积较大斑块的数量呈现上升趋势；*MPFD* 指标集中分布于 1.05～1.065，表明斑块间的相似程度增强，斑块间几何形状的规律性增强；*MSI* 指标呈现快速的上升趋势，表明每个斑块的几何形状特征呈现偏离正方形的特征，且呈现总体复杂程度增强的趋势；*NP* 指标呈现快速上升趋势，表明研究区内围填海斑块的数量快速增加，滨海湿地景观格局呈现愈加明显的破碎化；*PD* 指标呈现快速下降趋势，表明滨海湿地景观格局中各类斑块呈现密度下降的趋势，这与面积较大斑块快速增加密切相关。

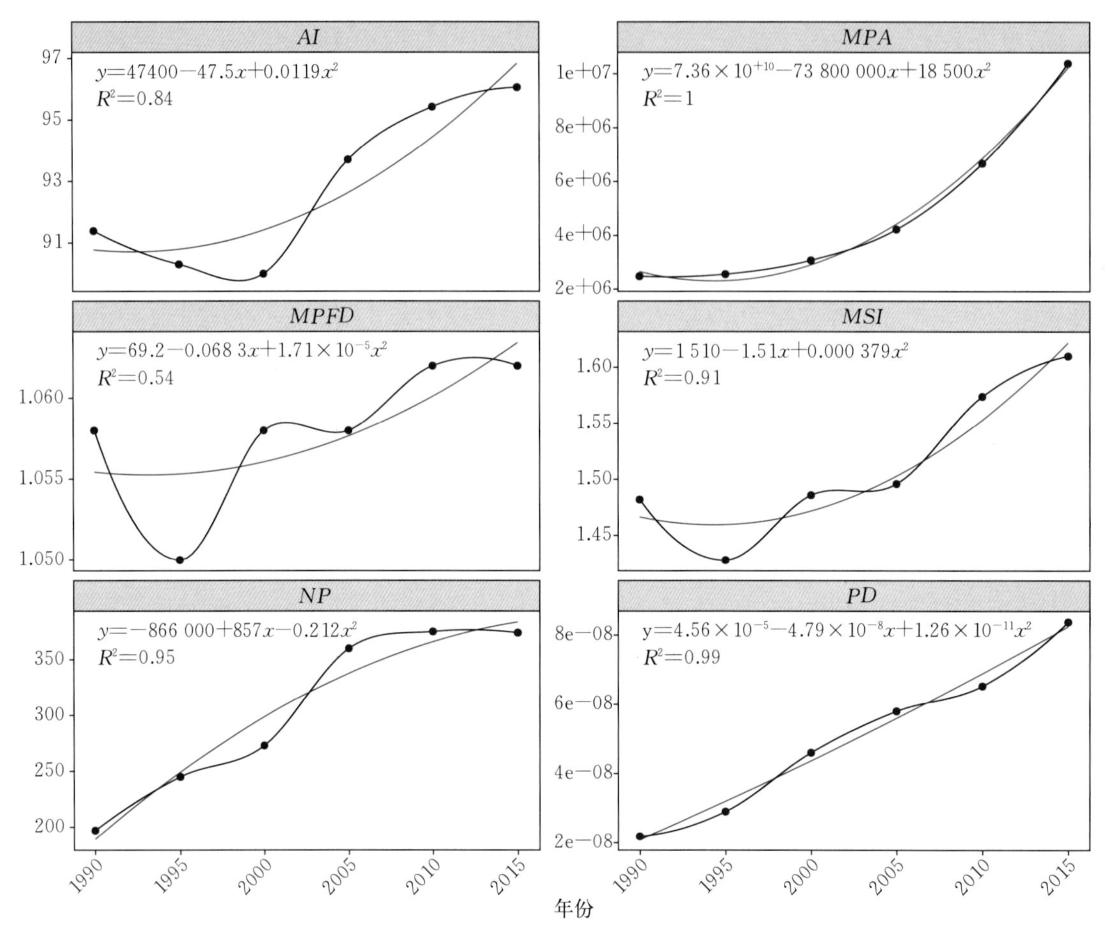

图 3-10　滨海湿地景观格局破碎化趋势

红线表示一元二次拟合，黑线表示滑动平均拟合

五、栖息地破碎化与渔业资源早期补充

使用 PCA 分析了每个不同区域的变量（图 3-11）。第一和第二主成分（First and Second Principal Components，FPC 和 SPC）的累积比例为 80%，FPC 解释了栖息地破碎化指标变异的 61%。

为了分析栖息地破碎化和鱼类早期生活史（ELHSF）之间的关系，用 FPC 代表栖息地破碎化（图 3-11），SNFE、SNFL、AIFE 和 AIFL 用于表示 ELHSF，并且研究了栖息地破碎化和 ELHSF 之间的关系（图 3-12）。在 1985—2015 年，FPC 呈现整体上升趋势，在 2000 年后变得更加显著。在 1982—2014 年，SNFE 和 SNPL 显示出明显的下降趋势；2014 年之后，它们呈现小幅上升趋势。AIFE 和 AIFL 在 1992—1993 年达到顶峰，并且在历史时期呈下降趋势。

受围填海活动的影响，滨海湿地区域环境呈现较强烈的破碎化变化趋势。在此基础上，渔业资源早期补充的产卵场和育幼场环境因子发生迅速的改变，并深刻影响着早期补充的生物量和多样性。

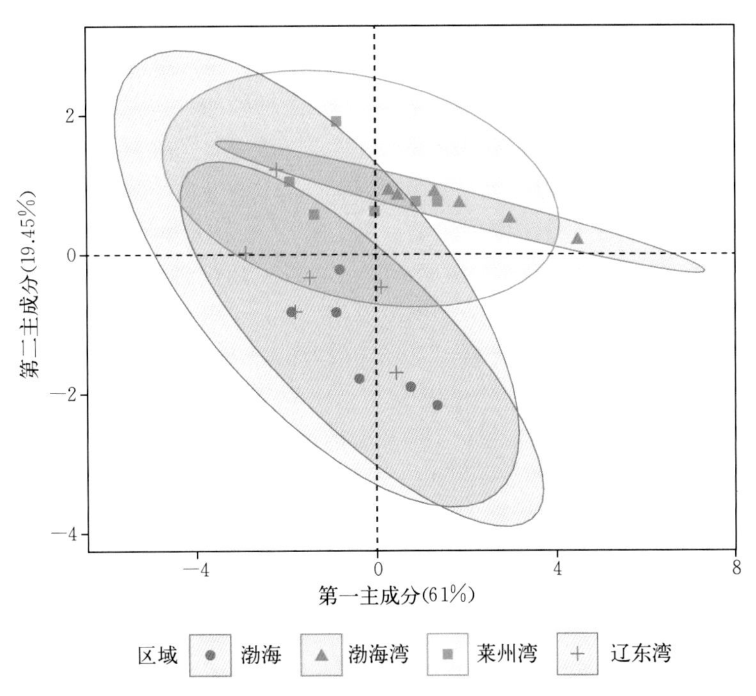

图 3-11　不同区域的景观格局破碎化指标的 PCA 分析

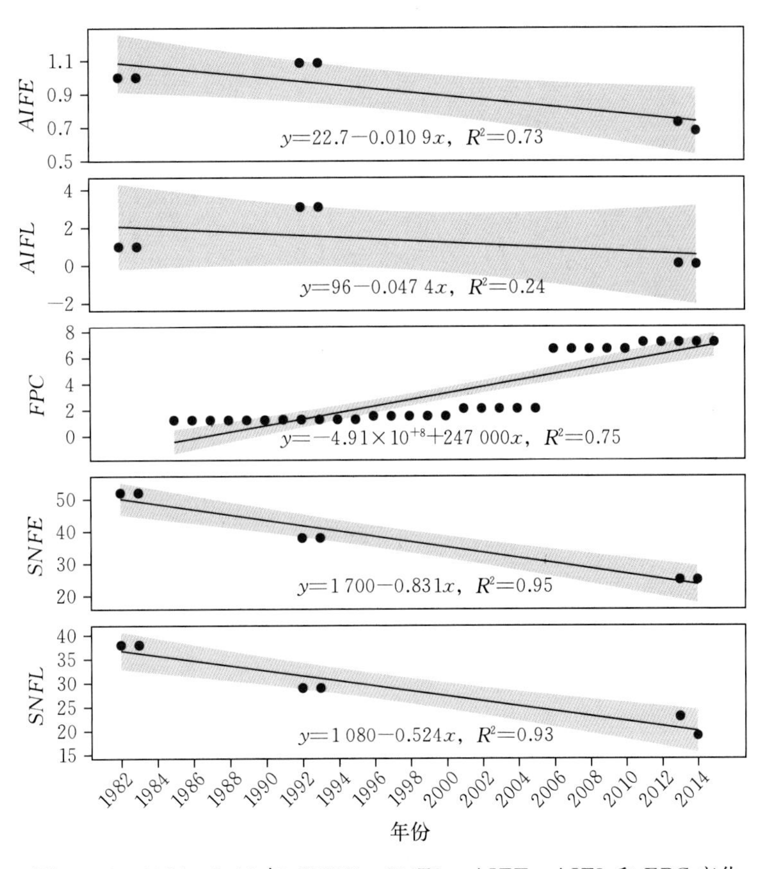

图 3-12　1982—2017 年 *SNFE*、*SNFL*、*AIFE*、*AIFL* 和 *FPC* 变化

六、围填海工程对滨海生态环境的影响

受沿海地区围填海工程从陆地向海洋方向扩张的影响，海岸带地区土地利用类型迅速发生转化。海岸带地区下垫面被人造自然景观快速固化和分割，原始海岸线的性质和特征发生了剧烈的变化（图 3-13）。Ford（2011）在研究 Majuro Atoll、Marshall Islands 的海岸线变迁时发现受滨海地区机场建设、堤坝建设、商业和工业围填海影响，该区域的面积向海洋方向增加了 22 hm^2。Chen 等（1998）指出，长江河口三角洲地区的围填海工程对维持海岸线和海岸带的内部生态环境的稳定性具有积极作用。以土石—混凝土为材料的减浪和消浪力学工程结构能够抵挡风暴潮等一系列恶劣海洋事件对海岸带内部的冲击，因此海岸线抗侵蚀

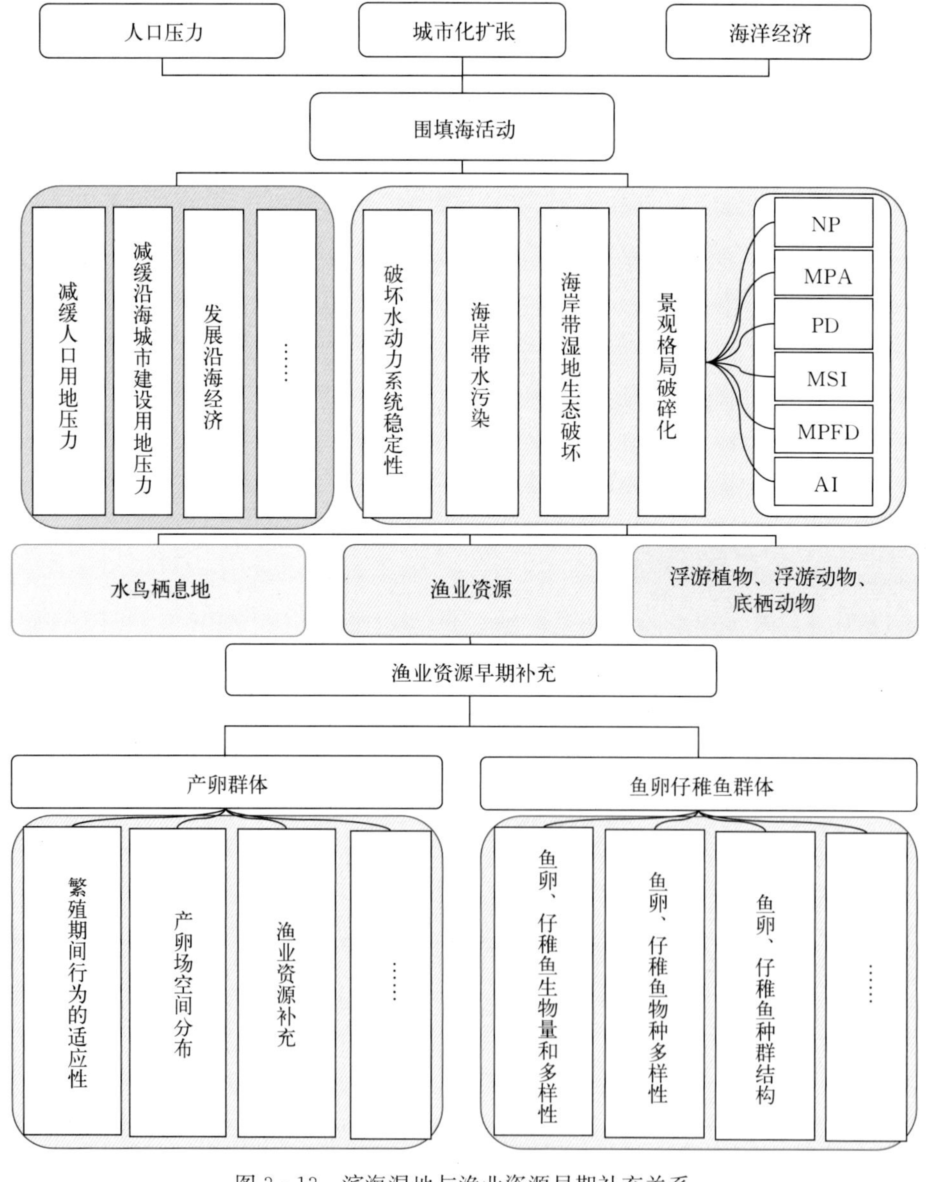

图 3-13 滨海湿地与渔业资源早期补充关系

的能力增加，这对维持围填海斑块内部生态系统的稳定性具有重要意义（Colten et al，2018；Siddiqui et al，2004）。

然而，在较短时间内由自然海岸线快速向人工海岸线的转化导致了很多环境问题。受人工海岸线向海洋方向扩展的影响，潮间带和潮上带的浅滩快速被混凝土硬化界面所代替，海岸带地区地表淡水和咸水的交界面向陆地方向移动（Guo et al，2007）。近岸的潮波系统的稳定性发生巨大变化，潮差增大（高潮位增加、低潮位降低，且高潮位变化幅度大于低潮位），潮波运动提前，涨落潮量减少（Wang et al，2014；Yang et al，2011；Gao et al，2014）。海水和淡水的交换能力下降，海水对污染物稀释能力大大降低，滨海湿地系统的自净能力变差。此外，填海造地加大了新增土地的盐渍化风险，加重了海岸侵蚀（Wang et al，2014；Gao et al，2014；Colten et al，2018）。受围填海工程的影响，海洋生态系统、滨海湿地生态系统和陆地生态系统物质能量交换的量和方式发生了较为显著的变化，即物质能量交换的频率降低，交换的量减少，交换作用方式被弱化（Shi et al，2010）。围填海造成河口、海湾的潮流动力减弱，引起了附近海区浮游植物、浮游动物生物多样性的普遍降低及优势种和群落结构的变化（Yang et al，2011；Li et al，2010）。海岸带地区生物栖息地生态环境的结构和功能被迅速破坏（Guo et al，2007；Siddiqui et al，2004）。

七、围填海对生物栖息地的影响

围填海工程对滨海湿地生物栖息地产生的消极影响主要包括栖息地景观格局破碎化和环境水体污染两个方面。作为不同于自然演替过程中形成的任何一种生物生境斑块，围填海工程在短时间内分割、占据和塑造不适用于海、淡水交错区域的湿地水生和陆生生物的生态孤岛（Duan et al，2016；颜凤等，2017），生态交错区域内生境的多样性和适宜性快速缩减和破坏（Guo et al，2007；Siddiqui et al，2004；Atwood et al，2015）。水中悬浮物、富营养化物质、微塑料等浓度升高，周边海域水环境变差，赤潮、水母等生态灾害频发，海洋生物多样性和生态系统健康遭受巨大威胁。裹挟在高浓度的悬浮物颗粒中的大量粒径较大的颗粒物质会阻碍水体的光线传播，降低水体的初级生产力的产量。此外，高污染、高重金属含量等有毒物质富集于贝类、鱼类当中，通过食物链富集，对人类的健康有很大的危害（Yang et al，2011；侯西勇等，2018；McLeod et al，2011）。

围填海活动通过覆盖作用显著改变湿地底质特征，生境的破坏导致湿地生物栖息地丧失，对底栖动物和鸟类的种群组成和时空分布具有显著的负面影响（Amano et al，2010），如围填海活动造成长江三角洲等地区的底栖动物群落的消失和滨海湿地的破坏，鸟类栖息地丧失（图3-13）。在迁徙期，水鸟需要在滨海湿地区域选择食物补充区域进行营养补充，在食物营养级别较高的区域，水鸟停歇的时间更长，获得的能量更多。而在营养级别较低的区域，水鸟不会作过久的停留，也不能获得足够的能量，有的甚至会直接飞往下一站点（Weber et al，1994）。在渤海湾地区，围垦导致滩涂大面积下降，在鸻鹬类春季迁徙期间，其生存空间被压缩，因此，在剩余栖息地上的鸻鹬类密度在3年内增加了4倍（Yang et al，2011），而这种密集分布对它们的生存是极为不利的（颜凤等，2017）。

八、景观格局破碎化和渔业资源早期补充的关系

渤海是重要的产卵场、育幼场和育肥场，也是鱼类生殖洄游和越冬洄游的必经区域（图

3－13)。滨海湿地区域水体较浅，水体物质—能量的交换频率较高。浮游生物生物量较为丰富，水体饵料生物较多。围填海工程对渔业资源的影响主要是通过改变滨海湿地区域土地利用方式进行的。研究发现，渤海的围填海斑块呈现出数量变多、面积变大、形状复杂化、聚集程度日趋增强等特征。湿地景观格局破碎化对渔业资源的影响表现在产卵场、育幼场和育肥场生境破碎化程度日趋加强。围填海活动从栖息地破碎化、海洋底质类型和海洋水体污染等方面深刻影响和改造着滨海湿地渔业资源早期补充的环境场，滨海湿地作为渔业资源早期补充的关键栖息地，其生态功能逐渐减弱，甚至消失（卞晓东等，2018；金显仕等，2015；Zhang et al，2012）。围填海活动会严重挤占鱼虾类的栖息地，使生物资源减少甚至消失。围填海在改变水体和底质的理化性质的同时，对鱼类群体正常的洄游、繁殖和种群补充等活动的正常进行产生了消极作用（Zhang et al，2012）。于杰等（2016）研究了珠江西岸围填海工程对鱼类的栖息地、产卵场和育幼场的影响后发现，鱼类的种类数、栖息密度和生物量下降的幅度均超过 70%。受大规模海水养殖、河流断流等的影响，对虾栖息地面积缩小，这可能影响了对虾早期发育和种群补充，从而导致了 20 世纪末期中国对虾资源的衰退（Huang et al，2002）。

（丁小松、单秀娟、金显仕）

参考文献

卞晓东，万瑞景，金显仕，等，2018. 近 30 年渤海鱼类种群早期补充群体群聚特性和结构更替［J］. 渔业科学进展，39（2）：1－15.

高文斌，刘修泽，段有洋，等，2009. 围填海工程对辽宁省近海渔业资源的影响及对策［J］. 大连水产学院学报，24（S1）：163－166.

高山，2010. 铁路工程地质遥感图像解译质量分析［J］. 铁道工程学报，27（8）：25－28，37.

侯西勇，毋亭，王远东，等，2014. 20 世纪 40 年代以来多时相中国大陆岸线提取方法及精度评估［J］. 海洋科学，38（11）：66－73.

侯西勇，张华，李东，等，2018. 渤海围填海发展趋势、环境与生态影响及政策建议［J］. 生态学报，38（9）：3311－3319.

金显仕，窦硕增，单秀娟，等，2015. 我国近海渔业资源可持续产出基础研究的热点问题［J］. 渔业科学进展，36（1）：124－131.

颜凤，李宁，杨文，等，2017. 围填海对湿地水鸟种群、行为和栖息地的影响［J］. 生态学杂志，36（7）：2045－2051.

Amano T，Székely T，Koyama K，et al，2010. A framework for monitoring the status of populations：an example from wader populations in the East Asian－Australasian Flyway［J］. Biological Conservation，143（9）：2238－2247.

Atwood TB，Connolly RM，Ritchie EG，et al，2015. Predators help protect carbon stocks in blue carbon ecosystems［J］. Nature Climate Change，5（12）：1038－1045.

Azami K，Fukuyama A，Asaeda T，et al，2013. Conditions of establishment for the Salix，community at lower－than－normal water levels along a dam reservoir shoreline［J］. Landscape & Ecological Engineering，9（2）：227－238.

Benzeev R，Hutchinson N，Friess DA，2017. Quantifying fisheries ecosystem services of mangroves and tropical artificial urban shorelines［J］. Hydrobiologia（40）：1－13.

Chen X，Zong Y，1998. Coastal erosion along the Changjiang deltaic shoreline，China：history and prospective [J]. Estuarine, Coastal and Shelf Science, 46 (5): 733 - 742.

Colten CE, Simms JRZ, Grismore AA, et al, 2018. Social justice and mobility in coastal Louisiana, USA [J]. Regional Environmental Change, 18 (2): 371 - 383.

Crowell M, Leatherman SP, Buckley MK, 1991. Historical shoreline change: error analysis and mapping accuracy [J]. Journal of coastal research: 839 - 852.

Dolan R, Fenster MS, Holme SJ, 1991. Temporal analysis of shoreline recession and accretion [J]. Journal of coastal research: 723 - 744.

Duan H, Zhang H, Huang Q, et al, 2016. Characterization and environmental impact analysis of sea land reclamation activities in China [J]. Ocean & Coastal Management, 130: 128 - 137.

Fei Z, Mao X, Zhu M, et al, 1990. The study of productivity in the Bohai Sea - Ⅱ. Primary productivity and estimation of potential fish catch [J]. Acta OceanologicaSinica, 9 (2): 303 - 313.

Ford M, 2011. Shoreline changes on an urban atoll in the central Pacific Ocean: Majuro Atoll, Marshall Islands [J]. Journal of Coastal Research, 28 (1): 11 - 22.

Gao X, Zhuang W, Chen CT, et al, 2015. Sediment Quality of the SW Coastal Laizhou Bay, Bohai Sea, China: A comprehensive assessment based on the analysis of heavy metals [J]. Plos One, 10 (3): e0122190.

Gao ZQ, Liu XY, Ning JC, et al, 2014. Analysis on changes in shoreline and reclamation area and its causes based on 30 - year satellite data in China [J]. Transactions of the Chinese Society of Agricultural Engineering, 30 (12): 140 - 147.

Guo H, Jiao JJ, 2007. Impact of coastal land reclamation on ground water level and the sea water interface [J]. Groundwater, 45 (3): 362 - 367.

Himmelstoss E, 2011. The digital shoreline analysis system (DSAS): a geospatial tool for evaluating shoreline change [J]. Techniques for Measuring Shoreline Change.

Hou XY, Wu T, Hou W, et al, 2016. Characteristics of coastline changes in mainland China since the early 1940s [J]. Science China Earth Sciences, 59: 1791 - 1802.

Huang DJ, Su JL, et al, 2002. The effects of the Huanghe River Delta on the circulation and transportation of larvae [J]. Acta Oceanologica Sinica, 24 (6): 104 - 111 (in Chinese).

Jin XS, 2004. Long - term changes in fish community structure in the Bohai Sea, China [J]. Estuarine, Coastal and Shelf Science, 59 (1): 163 - 171.

Kirby JS, Stattersfield AJ, Butchart SHM, et al, 2008. Key conservation issues for migratory land - and water bird species on the world's major flyways [J]. Bird Conservation International, 18 (S1): S49 - S73.

Li K, Liu X, Zhao X, et al, 2010. Effects of reclamation projects on marine ecological environment in Tianjin Harbor Industrial Zone [J]. Procedia Environmental Sciences, 2: 792 - 799.

Liu XL, 2000. Shape index and its ecological significance in salinized meadow landscape [J]. Pratacultural Science, 17 (2): 50 - 52, 56.

Li X, Kang Y, Wan S, et al, 2017. Effect of ridge planting on reclamation of coastal saline soil using drip - irrigation with saline water [J]. Catena, 150: 24 - 31.

Meng W, Hu B, He M, et al, 2017. Temporal - spatial variations and driving factors analysis of coastal reclamation in China [J]. Estuarine Coastal & Shelf Science, 191: 39 - 49.

Nunn PD, Kohler A, Kumar R, 2017. Identifying and assessing evidence for recent shoreline change attributable to uncommonly rapid sea - level rise in Pohnpei, Federated States of Micronesia, Northwest Pacific Ocean [J]. Journal of Coastal Conservation, 21 (6): 719 - 730.

Pelling HE, Uehara K, Green JAM, 2013. The impact of rapid coastline changes and sea level rise on the tides in the Bohai Sea, China [J]. Journal of Geophysical Research: Oceans, 118 (7): 3462-3472.

Peng S, Zhou R, Qin X, et al, 2013. Application of macrobenthos functional groups to estimate the ecosystem health in a semi-enclosed bay [J]. Marine Pollution Bulletin, 74 (1): 302-310.

Siddiqui MN, Maajid S, 2004. Monitoring of geomorphological changes for planning reclamation work in coastal area of Karachi, Pakistan [J]. Advances in Space Research, 33 (7): 1200-1205.

Shi H, Chertow M, Song Y, 2010. Developing country experience with eco-industrial parks: a case study of the Tianjin Economic-Technological Development Area in China [J]. Journal of Cleaner Production, 18 (3): 191-199.

Thieler ER, Himmelstoss EA, Zichichi JL, et al, 2005. The digital shoreline analysis system (DSAS) version 3.0, an ArcGIS extension for calculating historic shoreline cange [R]. Open-File Report.

Thieler ER, Himmelstoss EA, Zichichi JL, et al, 2009. The Digital Shoreline Analysis System (DSAS) Version 4.0-An ArcGIS Extension for Calculating Shoreline Change [R]. US Geological Survey.

To DV, Thao PTP, 2008. A shoreline analysis using DSAS in Nam Dinh coastal area [J]. International Journal of Geoinformatics, 4 (1): 37-42.

Wang Y, Hou X, Jia M, et al, 2014. Remote detection of shoreline changes in eastern bank of Laizhou Bay, North China [J]. Journal of the Indian Society of Remote Sensing, 42 (3): 621-631.

Mcleod E, Chmura GL, Bouillon S, et al, 2011. A blueprint for blue carbon: toward an improved understanding of the role of vegetated coastal habitats in sequestering CO_2 [J]. Frontiers in Ecology and the Environment, 9 (10): 552-560.

Weber TP, Houston AI, Ens BJ, 1994. Optimal departure fat loads and stopover site use in avian migration: An analytical model [J]. Biological Sciences, 258: 29-34.

Yan HK, Wang N, Yu TL, et al, 2013. Comparing effects of land reclamation techniques on water pollution and fishery loss for a large-scale offshore airport island in Jinzhou Bay, Bohai Sea, China [J]. Marine Pollution Bulletin, 71 (1-2): 29-40.

Yang HY, Chen B, Barter M, et al, 2011. Impacts of tidal land reclamation in Bohai Bay, China: ongoing losses of critical Yellow Sea water bird staging and wintering site [J]. Bird Conservation International, 21 (3): 241-259.

Zhang B, Tang Q, Jin X, 2007. Decadal-scale variations of trophic levels at high trophic levels in the Yellow Sea and the Bohai Sea ecosystem [J]. Journal of Marine Systems, 67 (3-4): 304-311.

Zhang HM, Cheng CP, Sou AN, et al, 2012. International advance of sea areas reclamation impact on marine environment [J]. Ecology and Environmental Sciences, 21 (8): 1509-1513.

Zhang TW, Song AH, Li QC, et al, 2013. Research Method in the Influence of Reclamation on Fishery Resources [J]. Advanced Materials Research.

第四章

渤海渔业资源动态

第一节　渔业资源早期补充

基于30余年渤海鱼卵、仔稚鱼历史调查资料的整理分析，并结合产卵场补充调查，以1982—1983年周年逐月调查资料为本底，采用多元统计学方法，分析30余年来渤海鱼类种群早期补充群体集群特性（物种多样性和关键种群）的季节变化和年代际变化，并掌握结构更替过程中优势种和重要种协同消长规律。分析结果表明，渤海各调查季节（冬季除外）鱼卵和仔稚鱼种类数和资源丰度指数呈先降后升的变动趋势。当前鱼卵种类数仅为20世纪80年代的60%左右，资源丰度不足彼时的1/6；仔稚鱼种类数和资源丰度仅为20世纪80年代的3/4左右，但冬季仔稚鱼种类和资源丰度指数呈现上升趋势。各调查时期相同季节鱼卵优势种变化不明显，但仔稚鱼优势种变化幅度超过鱼卵；底层重要经济种类早期补充群体优势度急剧下降。各调查时期鱼卵和仔稚鱼物种多样性水平在升温季节较高，而在降温季节较低，调查期内各季主要呈现先降后升的变动趋势。鱼类早期补充群体种类更替现象明显，近年来种类更替率呈现明显加快趋势。各调查时期相同季节各适温类型产卵亲体种类数均呈现先降后升的变动趋势，但各适温类型种类数和全年综合各适温类型种类数所占比例基本稳定。各调查时期相同季节各主要栖所类型产卵亲体种类数也均呈现先降后升的变动趋势，全年综合陆架浅水中上层鱼类种类数所占比例升高，中底层和底层鱼类所占比例有所下降。30余年来，在多重外来干扰的作用下，渤海鱼类早期补充过程各个关键环节已随其栖息地（产卵场）生境要素发生不可逆变化或变迁。渤海鱼类种群早期补充群体集群特性和结构演替是环境—捕捞胁迫下鱼类群落内多重生态位的交替失调和渔业资源结构性衰退的具体表现。

一、数据来源及处理方法

1. 数据来源

中国水产科学研究院黄海水产研究所（以下简称黄海所）于1982年4月至1983年5月进行了周年逐月渤海渔业资源增殖基础调查（姜言伟等，1988）。1992年8月、10月和1993年2月、5月下旬至6月上旬又进行了4个航次渔业资源监测调查（万瑞景等，1998）。近年来黄海所所执行的多项科研项目又分别于2013—2014年、2014—2015年、2015—2016年、2016—2017年、2017—2018年及2018—2019年进行了多轮周年、季度、月渔业资源监测调查。鱼卵、仔稚鱼调查是渔业资源监测调查主要内容之一，其与资源底拖网调查和渔场环境调查同步进行。不同调查时期渤海鱼卵、仔稚鱼采样站位及时间详见表4-1和图4-1。

表4-1　不同调查时期渤海鱼卵、仔稚鱼采样时间、区域和站位数

海区	年份	季节									
		春季		春夏季		夏季		秋季		冬季	
		调查时间	调查站位数	调查时间	调查站位数	调查时间	调查站位数	调查时间	调查站位数	调查时间	调查站位数
渤海	1982—2019	5月6日至月19日	67	6月7日至6月17日	71	8月5日至8月25日	78	10月7日至10月25日	74	1月28日至2月5日	32
渤海	1992—2019	—	—	5月25日至6月7日	57	8月8日至8月18日	55	10月7日至10月21日	59	2月15日至2月21日	30

（续）

海区	年份	春季		春夏季		夏季		秋季		冬季	
		调查时间	调查站位数	调查时间	调查站位数	调查时间	调查站位数	调查时间	调查站位数	调查时间	调查站位数
渤海	2013—2014	5月17日至5月26日	56	6月18日至6月26日	52	8月10日至8月20日	49	10月13日至10月31日	50	2月23日至3月5日	51
渤海	2014—2015	5月17日至5月26日	52	6月15日至6月24日	52	8月13日至8月22日	49	10月9日至10月24日	50	1月9日至1月20日	45
渤海	2015—2016	5月17日至5月30日	98	6月13日至6月25日	98	8月5日至8月17日	98	—	—	1月9日至2月8日	41
渤海	2016—2017	5月16日至5月26日	98	6月18日至6月28日	98	8月2日至8月12日	98	10月13日至10月26日	90	12月15日至12月24日	55
渤海	2017—2018	5月16日至5月30日	117	6月10日至6月19日	136	8月10日至8月18日	60	10月19日至10月28日	60	3月21日至3月29日	53
渤海	2018—2019	5月17日至5月31日	106	6月14日至6月23日	108	8月2日至8月11日	60	10月19日至10月28日	60	—	—

注：“—”表示空值。

鱼卵、仔稚鱼样品采集用口径80 cm、长270 cm、36 GG* 筛绢制成的大型浮游生物网，采用水平拖网，每站表层拖网10 min，拖曳速度2 n mile/h。标本用5%海水福尔马林溶液固定。在实验室内从大型浮游生物网采集样品中挑出鱼卵和仔稚鱼。样品全样本分析，体视显微镜下经形态学鉴定并反复核实，确认至物种单元，并按种类及其发育阶段分别记录个体数。发育阶段包括卵（分裂期、原肠期、胚胎期、孵化期、死卵）和仔稚幼鱼（前期仔鱼、后期仔鱼、稚鱼和幼鱼）。

2. 鱼卵、仔稚鱼生态密度和种类数

所用生态密度为个体数生态密度（Ecological Density of Number）。不同调查时期鱼卵生态密度取黄渤海区主要产卵季节5—8月数据来计算；仔稚鱼生态密度则取周年调查各月数据来计算。在数据整理过程中，由于水平拖网速度难以严格控制，为便于同质比较和数据质量控制，样品定量分析时以每站、每网的实际鱼卵、仔稚鱼（粒、尾）作为指标进行比较（姜言伟等，1988；万瑞景等，1998）。因不同时期各月份调查站位和数量不同，以1982—1983年调查结果作为本底（效应值为1），采用*R*中的GLM模型（Generalized Linear Model），考虑捕捞努力量的空间分布（渔区）和数据尺度特征（季节），分别对鱼卵或仔稚鱼生态密度进行标准化，以构建资源丰度指数（Abundance Index）指示鱼卵、仔稚鱼生态密度（官文江，2015）。鱼卵或仔稚鱼种类数则为考察期出现的鱼卵或仔稚鱼物种类数。

3. 不同调查时期各季节鱼卵、仔稚鱼优势种类和重要种类

运用Pinkas相对重要性指数［Index of Relative Importance，*IRI*，公式（4－1）］（Pinkas et al，1971）对每航次调查过程中出现鱼卵和仔稚鱼种类组成分别进行分析，以确定鱼卵或仔稚鱼优势种类（Dominant Species）、重要种类（Important Species）和主要种类（Main Species）。

---

* GG表示网目。——编者注

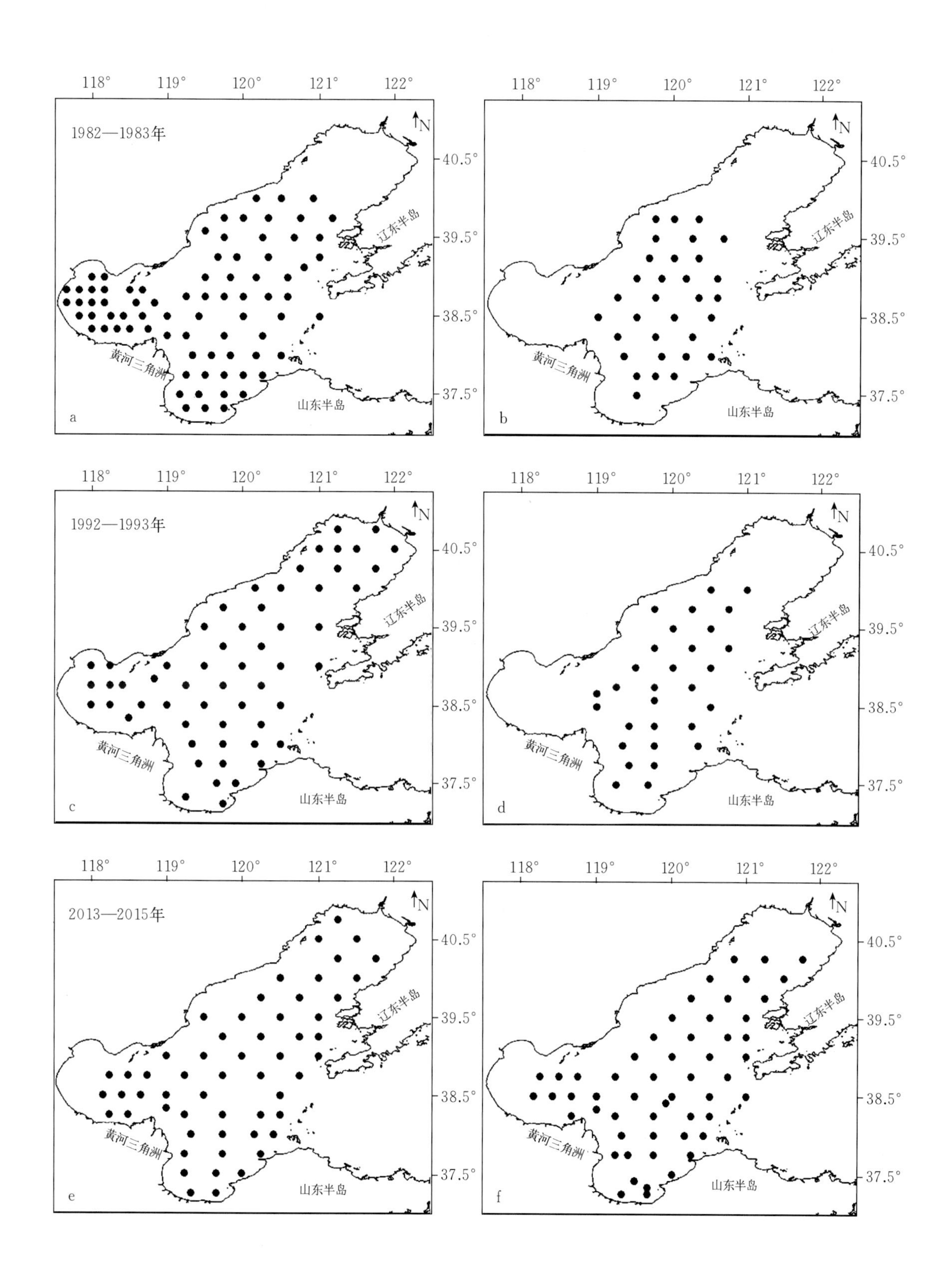
1982—1983年
1992—1993年
2013—2015年
辽东半岛
黄河三角洲
山东半岛
118°
119°
120°
121°
122°
40.5°
39.5°
38.5°
37.5°
N
a
b
c
d
e
f

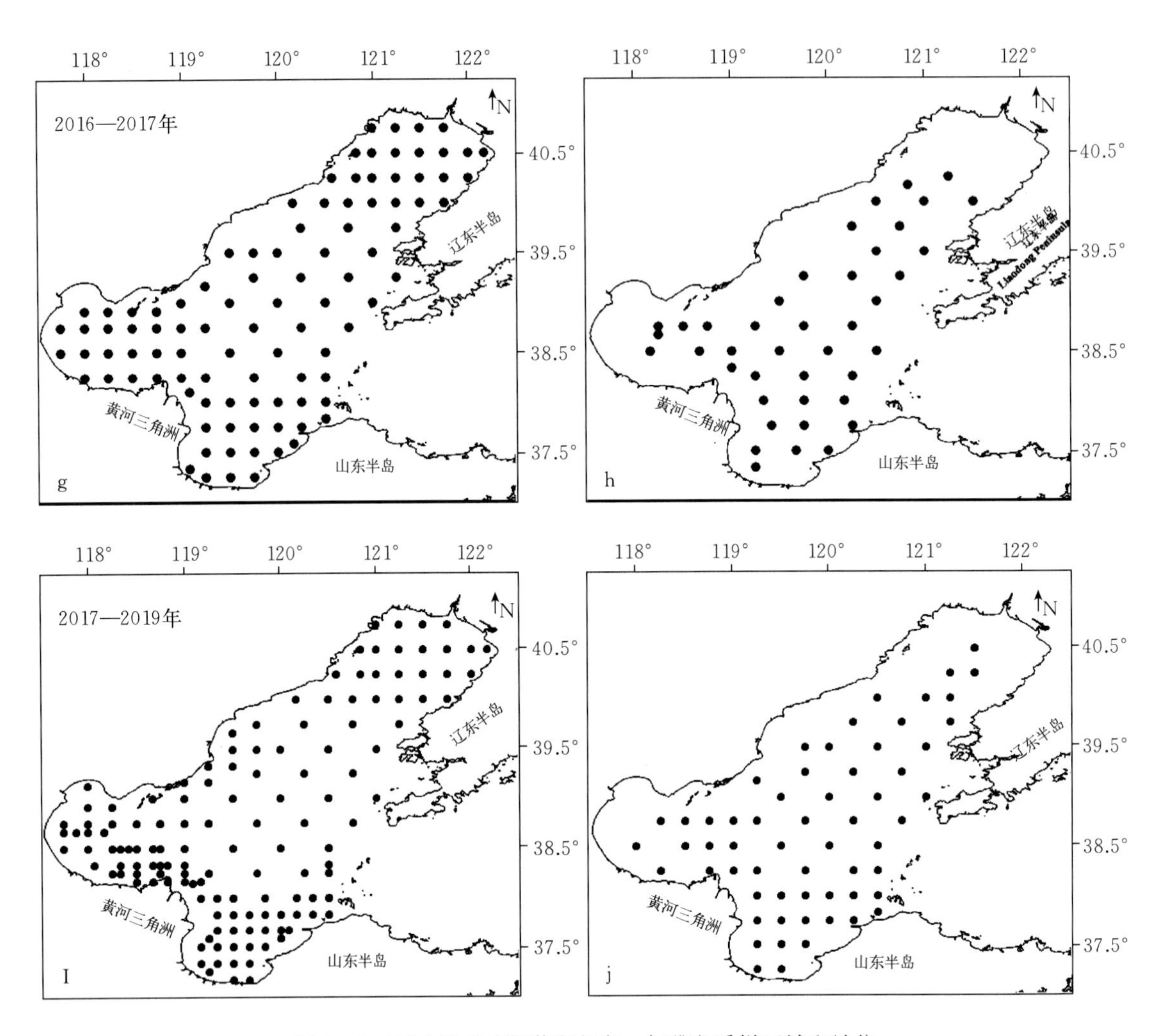

图 4-1　不同调查时期渤海鱼卵、仔稚鱼采样区域和站位

a，b. 1982—1983 年站位（a. 1982 年 5 月、6 月、8 月、10 月；b. 1983 年 1—2 月）　c，d. 1992—1993 年站位（c. 1992 年 8 月、10 月，1993 年 5—6 月；d. 1993 年 2 月）　e，f. 2013—2015 年站位（e. 2013 年 5 月、6 月、8 月、10 月和 2014 年 5 月、6 月、8 月、10 月；f. 2014 年 2—3 月，2015 年 2 月）　g，h. 2015—2017 年站位（g. 2015 年 5 月、6 月、8 月和 2016 年 5 月、6 月、8 月、10 月；f. 2016 年 1，12 月）　i，j. 2017—2019 年站位（i. 2017 年 5 月、6 月和 2018 年 5 月、6 月；j. 2017 年 3 月、8 月、10 月和 2018 年 8 月）

$$IRI=(N+W)\cdot F \tag{4-1}$$

$$IRI=N\cdot F \tag{4-2}$$

公式（4-1）中 N 为每航次调查过程中某种鱼卵或仔稚鱼个体数量占鱼卵或仔稚鱼总量比例（%）；W 为每航次调查过程中某种鱼卵或仔稚鱼生物量比例（%）。由于鱼卵和仔稚幼鱼个体都很小，因此不考虑生物量，只考虑个体数量这一因素，IRI 的计算公式可以简化为公式（4-2）（卞晓东等，2010）。取 IRI 值大于 1 000 的种类定义为鱼卵或仔稚鱼优势种；鱼卵重要种类 IRI 值为 500～1 000，仔稚鱼重要种类 IRI 值为 350～1 000。

4. 不同调查时期各季节鱼卵、仔稚鱼物种多样性水平及其种类更替

采用 α 多样性测度方法——香农—威纳指数［Shannon-Wiener Index，H'公式（4-3）］

和辛普森多样性指数［Simpson's Diversity Index，D_S，公式（4－4）］研究渤海不同调查时期各季节鱼卵和仔稚鱼多样性；采用β多样性测度方法——Jaccard群落种类组成相似性指数［Coefficient of Community，CC，公式（4－5）］比较各年间鱼类早期补充群体（鱼卵和仔稚鱼种类数合并计数）种类相似程度（Whittaker，1972）。公式（4－3）和（4－4）中S为不同调查时期各季节鱼类早期补充群落中出现的鱼卵或仔稚鱼种类数，P_i为群落中第i种鱼卵或仔稚鱼所占鱼卵或仔稚鱼总量的比例。公式（4－5）中S_s为两个比较年份间鱼类早期补充群体共有种类数，S_j和S_k为两个比较年份各自拥有种类数。当CC为0～0.25时，群落间极不相似；当CC为0.25～0.50时，群落间中等不相似；当CC为0.50～0.75时，群落间中等相似；当CC为0.75～1.00时，群落间极相似。

$$H' = -\sum_{i=1}^{S} P_i \ln P_i \tag{4-3}$$

$$D_S = 1 - \sum_{i=1}^{S} P_i^2 \tag{4-4}$$

$$CC = S_s/(S_j + S_k - S_s) \tag{4-5}$$

5. 产卵亲体适温类型和栖所类型分析

根据有关鱼类区系分类的有关文献索引（田明诚等，1993），将产卵亲体的适温类型划分为暖温种（Warm Temperate Species，WT）、暖水种（Warm Water Species，WW）和冷温种（Cold Temperate Species，CT）。根据刘静等（2011）将渤海产卵亲体栖所类型划分为大陆架浅水底层鱼类（Continental Shelf Demersal Fish，CD）、大陆架岩礁性鱼类（Continental Shelf Reef-associated Fish，CRA）、大陆架浅水中上层鱼类（Continental Shelf Pelagi-neritic Fish，CPN）、大陆架浅水中底层鱼类（Continental Shelf Benthopelagic Fish，CBD）、大陆架大洋洄游性中上层鱼类（Oceanic Pelagic Fish，OEP）和大洋深水底层鱼类（Oceanic Bathydemersal Fish，OMP）。

二、渤海鱼卵、仔稚鱼种类数和生态密度

近30年来，渤海各调查季节鱼卵种类数（冬季除外）和资源生态密度与1982—1983年相比均呈现不同程度下降，在春季和春夏季均呈现先降后升格局（图4－2a、b）。渤海主要产卵季节（5月、6月和8月）鱼卵种类数由1982—1983年38种，逐渐下降到2015—2016年的18种（不足1982—1983年的半数），在2016—2017年调查中鱼卵种类数小幅回调至26种，近年来维持在25种（2017年）和24种（2018年）低位水平（图4－3a）。1982—1983年鱼卵资源丰度指数为1，1992—1993年跃升为3.09，2010年以后，鱼卵资源丰度指数急剧下跌，2016—2017年为最低0.067，自2017年起鱼卵丰度指数明显回调（图4－3a），至2018—2019年为0.142，当前鱼卵资源丰度不足1982—1983年的1/6。

仔稚鱼种类数和资源生态密度在春季、春夏季和秋季均呈现先降后升格局；而在冬季则均呈现明显的增加趋势（图4－2c、d）。渤海仔稚鱼种类数则由1982—1983年的52种（其中虾虎鱼类3种），下降到2014—2015年的25种（种类数不足1982—1983年的半数），随后上升至2016—2017年的40种（其中虾虎鱼类9种；图4－3b），近年来保持在35种左右。仔稚鱼资源丰度指数1982—1983年为1，1992—1993年指数上升为1.087，此后仔稚鱼资源丰度指数急剧下跌，2013—2014年最低为0.69，近年来（除2017—2018年0.99外）则维持在低位（0.726～0.749；图4－3b），当前仔稚鱼资源丰度不足1982—1983年的3/4。

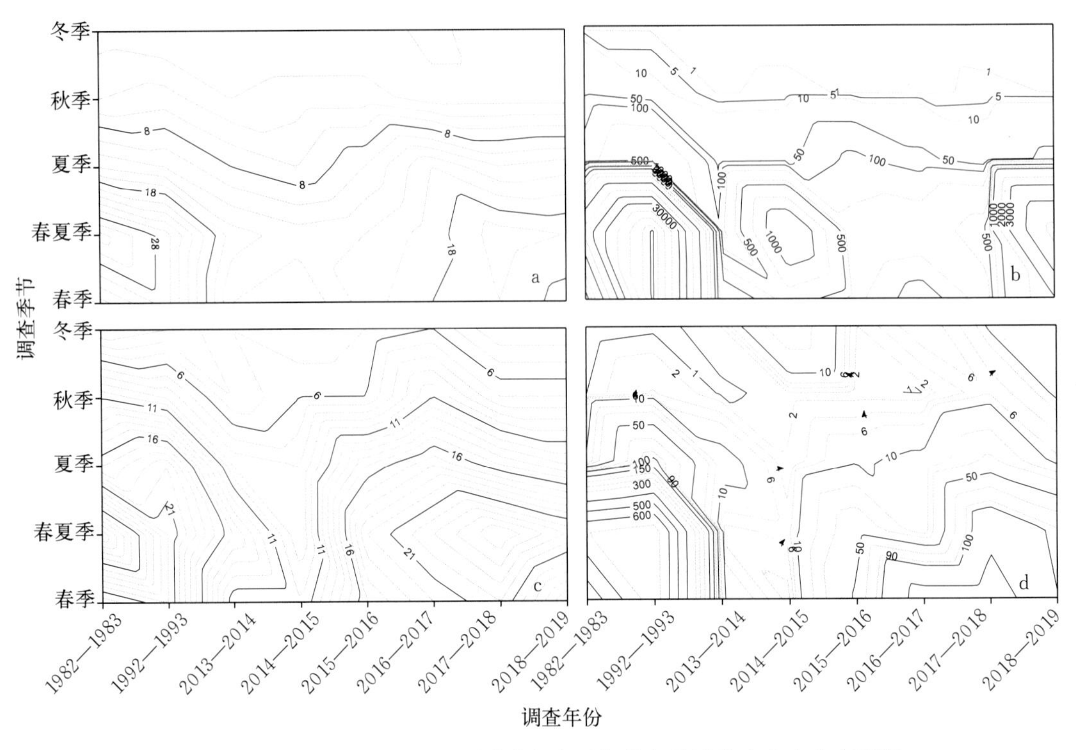

图 4-2 渤海各调查时期不同季节鱼卵及仔稚鱼种类数和生态密度概况

a. 鱼卵种类 b. 鱼卵生态密度 c. 仔稚鱼种类 d. 仔稚鱼生态密度

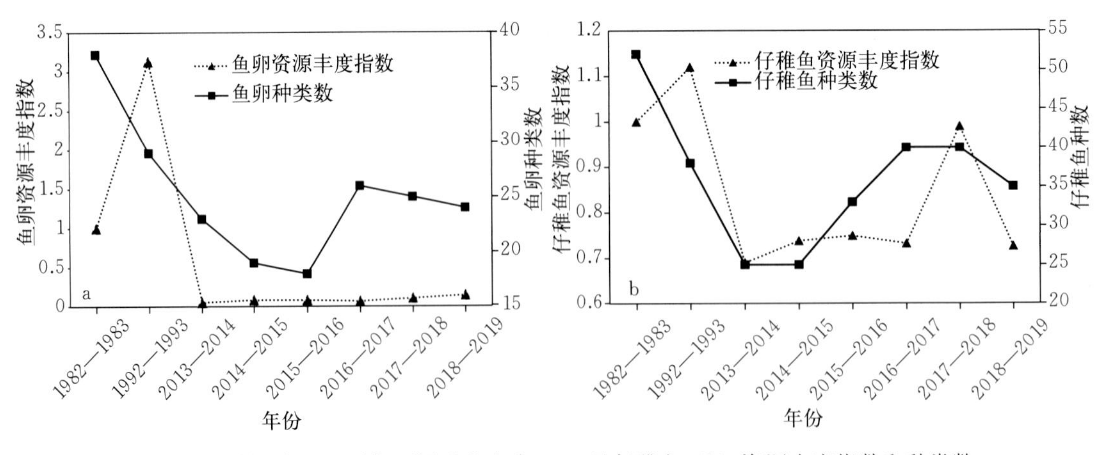

图 4-3 渤海各调查时期不同季节鱼卵（a）及仔稚鱼（b）资源丰度指数和种类数

三、渤海鱼卵、仔稚鱼优势和重要种类

各调查季节鱼卵优势种变化不明显，在增温季节（5 月、6 月）优势种类为暖温性 CPN 鱼类，1982—1983 年为青鳞小沙丁鱼（*Sardinella zunasi*）、斑鰶（*Konosirus punctatus*）和鳀（*Engraulis japonicas*）3 种，1992—1993 年鳀大暴发年份，鳀优势度显著提高，成为

唯一优势种类；进入 21 世纪，仍然以鳀为优势种类（2013—2015 年），2015—2017 年 CD 和 CBD 鱼类如叫姑鱼（*Johnius grypotus*）、鲬（*Platycephalus indicus*）和短吻红舌鳎（*Cynoglossus joyneri*）优势度均显著提高，与鳀共同成为优势种类，2017—2018 年来 CPN 鱼类蓝点马鲛（*Scomberomorus niphonius*）优势度显著提升，与斑鰶和鳀共同组成优势种类（表 4－2）。夏季 8 月，表层水温最高，水平温差小，优势种类为暖温性和暖水性 CD 鱼类，1982—1983 年为短吻红舌鳎和少鳞鱚（*Sillago japonica*），1992—1993 年鳀大暴发年份，鳀是唯一优势种类；进入 21 世纪，过渡为以鳀和短吻红舌鳎（2013—2015 年）为主，近年来（2015—2019 年）短吻红舌鳎成为单一优势种类（表 4－2）。在降温季节（10 月），优势种类为 CRA 鱼类，如 1982—1983 年为花鲈（*Lateolabrax maculatus*），随后在 1992—1993 年鳀大暴发年份，鳀优势度上升，与花鲈同为优势种，近年来又恢复至以花鲈为单一优势种类（表 4－2）。

表 4－2　渤海鱼卵优势（*IRI*＞1 000）和重要（*IRI*＞500）种类及其亲体适温和栖所类型

月份	年份	鱼卵优势重要种类	N(%)	F(%)	IRI	适温类型	栖所类型
5 月	1982—1983	青鳞小沙丁鱼（*Sardinella zunasi*）	49.20	45.82	2 254.65	WT	CPN
		斑鰶（*Konosirus punctatus*）	42.86	24.29	1 041.07	WT	CPN
	1992—1993	鳀（*Engraulis japonicus*）	38.09	14.61	556.49	WT	CPN
	2013—2014	鳀（*Engraulis japonicus*）	23.21	96.34	2 236.39	WT	CPN
	2014—2015	鳀（*Engraulis japonicus*）	91.60	46.15	4 227.48	WT	CPN
	2015—2016	鳀（*Engraulis japonicus*）	45.06	45.56	2052.55	WT	CPN
		鲬（*Platycephalus indicus*）	21.80	35.56	775.27	WW	CRA
	2016—2017	鳀（*Engraulis japonicus*）	47.74	27.84	1 328.81	WT	CPN
	2017—2018	斑鰶（*Konosirus punctatus*）	46.06	40.17	1 850.35	WT	CPN
		鲬（*Platycephalus indicus*）	15.71	50.43	792.44	WT	CD
		蓝点马鲛（*Scomberomorus niphonius*）	12.56	59.83	751.58	WT	CPN
	2018—2019	鳀（*Engraulis japonicus*）	89.20	31.13	2 777.1	WT	CPN
6 月	1982—1983	鳀（*Engraulis japonicus*）	92.82	69.01	6 406.11	WT	CPN
	1992—1993	鳀（*Engraulis japonicus*）	1.00	96.7	9 670.67	WT	CPN
	2013—2014	鳀（*Engraulis japonicus*）	86.93	30.77	2 674.63	WT	CPN
	2014—2015	鳀（*Engraulis japonicus*）	98.01	47.06	4 612.43	WT	CPN
	2015—2016	鳀（*Engraulis japonicus*）	32.99	74.99	2 473.99	WT	CPN
	2016—2017	叫姑鱼（*Johnius grypotus*）	18.57	38.38	712.69	WW	CBD
		短吻红舌鳎（*Cynoglossus joyneri*）	14.42	47.47	684.8	WT	CD
		鳀（*Engraulis japonicus*）	27.07	19.19	519.57	WT	CPN
	2017—2018	赤鼻棱鳀（*Thrissa kammalensis*）	33.08	39.11	1 293.98	WW	CPN
		鳀（*Engraulis japonicus*）	22.06	27.27	601.56	WT	CPN
	2018—2019	鳀（*Engraulis japonicus*）	93.97	49.07	4 611.27	WT	CPN

（续）

月份	年份	鱼卵优势重要种类	*N*(%)	*F*(%)	*IRI*	适温类型	栖所类型
8月	1982—1983	短吻红舌鳎（*Cynoglossus joyneri*）	57.51	43.48	2 500.29	WT	CD
		少鳞鱚（*Sillago japonica*）	27.19	50.72	1 379.03	WW	CD
	1992—1993	鳀（*Engraulis japonicus*）	34.55	92.43	3 193.21	WT	CPN
	2013—2014	鳀（*Engraulis japonicus*）	56.78	22.92	1 301.32	WT	CPN
		短吻红舌鳎（*Cynoglossus joyneri*）	38.63	33.33	1 287.69	WT	CPN
	2014—2015	鳀（*Engraulis japonicus*）	56.78	25	1 419.62	WT	CPN
		短吻红舌鳎（*Cynoglossus joyneri*）	38.63	33.33	1 287.69	WT	CD
	2015—2016	短吻红舌鳎（*Cynoglossus joyneri*）	68.40	46.94	3 210.49	WT	CD
	2016—2017	短吻红舌鳎（*Cynoglossus joyneri*）	9.86	43.43	827.42	WT	CD
	2017—2018	短吻红舌鳎（*Cynoglossus joyneri*）	38.33	70.25	2 692.92	WT	CD
	2018—2019	短吻红舌鳎（*Cynoglossus joyneri*）	78.17	51.67	4 038.55	WT	CD
10月	1982—1983	花鲈（*Lateolabrax maculatus*）	64.38	97.81	6 297.46	WT	CRA
	1992—1993	花鲈（*Lateolabrax maculatus*）	56.99	44.07	2 511.45	WT	CRA
		鳀（*Engraulis japonicus*）	41.11	20.34	836.21	WT	CPN
	2013—2014	花鲈（*Lateolabrax maculatus*）	91.43	14.00	1 280.00	WT	CRA
	2014—2015	花鲈（*Lateolabrax maculatus*）	22.0	87.21	1918.60	WT	CRA
	2016—2017	花鲈（*Lateolabrax maculatus*）	100	10	1 000	WT	CRA
	2017—2018	花鲈（*Lateolabrax maculatus*）	100	30	3 000	WT	CRA
	2018—2019	花鲈（*Lateolabrax maculatus*）	100	23.33	2 333.33	WT	CRA

各调查季节仔稚鱼优势种变化幅度超过鱼卵，在增温季节（5月、6月）优势种以暖温性CPN鱼类为主，1982—1983年和1992—1993年为鳀、斑鰶和青鳞小沙丁鱼，近年来暖温性CPN鱼类鲹（*Liza haematocheila*）、CD鱼类矛尾虾虎鱼（*Chaeturichthys stigmatias*）和冷温性CD鱼类许氏平鲉（*Sebastes schlegeli*）优势度迅速上升，在某些年份成为优势种类（表4-3）。夏季8月，优势种类由暖温性OEP鱼类尖嘴扁颌针鱼（*Strongylura anastomella*）变为1992—1993年的鳀和斑鰶，近年来暖水性CPN鱼类白氏银汉鱼（*Allanetta bleekeri*）、暖温性CPN鱼类沙氏下鱵（*Hyporhamphus sajori*）和青鳞小沙丁鱼优势度显著提高，逐渐变成优势种类（表4-3）。降温季节（10月），在强厄尔尼诺年1982—1983（Wu et al，2016）年优势种为暖水性CD鱼类少鳞鱚，1992—1993年后优势种变为鳀和CRA鱼类花鲈，2018—2019年变为大银鱼（表4-3）。冬季（1—3月）渤海表层水温最低，在强厄尔尼诺年1982—1983年冬季（暖冬；Wu et al，2016）优势种类为暖温性CRA鱼类花鲈；其余年份冷温性CD鱼类大泷六线鱼（*Hexagrammos otakii*）和方氏云鳚（*Enedrias fangi*）成为优势种类（表4-3）。

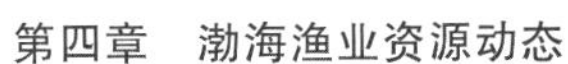

表 4-3　渤海仔稚鱼优势（*IRI*>1 000）和重要（*IRI*>350）种类及其亲体适温和栖所类型

月份	年份	仔稚鱼优势和重要种	*N*%	*F*%	*IRI*	适温类型	栖所类型
5月	1982—1983	鳀（*Engraulis japonicus*）	4.76	86.87	413.65*	WT	CPN
	2013—2014	鮻（*Liza haematocheila*）	4.76	86.87	413.65*	WT	CPN
	2014—2015	鮻（*Liza haematocheila*）	81.57	19.23	1 568.63	WT	CPN
	2015—2016	鮻（*Liza haematocheila*）	27.78	12.86	357.31*	WT	CPN
	2016—2017	鮻（*Liza haematocheila*）	97.85	41.24	4 035.22	WT	CPN
	2017—2018	鮻（*Liza haematocheila*）	69.83	52.14	3 640.63	WT	CPN
		斑鰶（*Konosirus punctatus*）	21.75	23.08	501.92	WT	CPN
	2018—2019	鮻（*Liza haematocheila*）	84.31	46.23	3 897.28	WT	CPN
6月	1982—1983	青鳞小沙丁鱼（*Sardinella zunasi*）	40.88	28.17	1 151.46	WT	CPN
	1992—1993	斑鰶（*Konosirus punctatus*）	41.00	21.13	866.29	WT	CPN
	2013—2014	斑鰶（*Konosirus punctatus*）	17.54	51.11	896.59	WT	CPN
	2014—2015	青鳞小沙丁鱼（*Sardinella zunasi*）	17.54	42.15	739.50	WT	CPN
	2015—2016	矛尾虾虎鱼（*Chaeturichthys stigmatias*）	18.82	21.15	398.16*	WT	CD
	2016—2017	许氏平鲉（*Sebastes schlegeli*）	53.33	35.29	1 882.35	CT	CD
	2017—2018	沙氏下鱵（*Hyporhamphus sajori*）	21.18	27.45	581.31	WT	CPN
		鮻（*Liza haematocheila*）	48.45	23.79	1 152.74	WT	CPN
		鮻（*Liza haematocheila*）	13.64	28.28	385.79*	WT	CPN
	2018—2019	青鳞小沙丁鱼（*Sardinella zunasi*）	43.54	16.91	736.35	WT	CPN
		斑鰶（*Konosirus punctatus*）	24.72	25	618.02	WT	CPN
		斑鰶（*Konosirus punctatus*）	89.43	21.29	1 904.55	WT	CPN
8月	1982—1983	尖嘴扁颌针鱼（*Strongylura anastomella*）	12.92	39.13	505.37	WT	OEP
	1992—1993	鳀（*Engraulis japonicus*）	38.18	37.81	1 443.73	WT	CPN
	2013—2014	斑鰶（*Konosirus punctatus*）	21.82	43.61	951.51	WT	CPN
	2014—2015	白氏银汉鱼（*Allanetta bleekeri*）	72.84	33.33	2 427.92	WW	CPN
	2015—2016	沙氏下鱵（*Hyporhamphus sajori*）	16.84	56.25	947.46	WT	CPN
	2016—2017	白氏银汉鱼（*Allanetta bleekeri*）	72.84	33.33	2 427.92	WW	CPN
	2017—2018	沙氏下鱵（*Hyporhamphus sajori*）	16.84	56.25	947.46	WT	CPN
	2018—2019	沙氏下鱵（*Hyporhamphus sajori*）	29.80	50	1 490.17	WT	CPN
		沙氏下鱵（*Hyporhamphus sajori*）	12.78	42.42	542.21	WT	CPN
		青鳞小沙丁鱼（*Sardinella zunasi*）	13.33	73.90	985.38	WT	CPN
		沙氏下鱵（*Hyporhamphus sajori*）	21.98	33.33	732.51	WT	CPN
		鳀（*Engraulis japonicus*）	46.67	13.33	622.22	WT	CPN

（续）

月份	年份	仔稚鱼优势和重要种	N%	F%	IRI	适温类型	栖所类型
10月	1982—1983	少鳞鱚（*Sillago japonica*）	16.44	56.00	920.55	WW	CD
	1992—1993	鳀（*Engraulis japonicus*）	79.53	25.42	2 021.89	WT	CPN
	2013—2014	鳀（*Engraulis japonicus*）	85.37	8.00	682.93	WT	CPN
	2014—2015	花鲈（*Lateolabrax maculatus*）	16.00	23.08	369.23*	WT	CRA
	2016—2017	鳀（*Engraulis japonicus*）	33.77	14.44	487.73*	WT	CPN
	2017—2018	鳀（*Engraulis japonicus*）	95	20	1 900	WT	CPN
	2018—2019	大银鱼（*Protosalanx hyalocranius*）	62.07	8.33	517.24	WT	CD
2月	1982—1983	花鲈（*Lateolabrax maculatus*）	6.25	66.67	416.67*	WT	CRA
	1992—1993	大泷六线鱼（*Hexagrammos otakii*）	58.82	26.67	1 568.63	CT	CD
	2013—2014	方氏云鳚（*Enedrias fangi*）	62.50	25.49	1 593.14	CT	CD
	2014—2015	方氏云鳚（*Enedrias fangi*）	96.34	56.82	5 474.05	CT	CD
	2015—2016	方氏云鳚（*Enedrias fangi*）	82.19	26.83	2 205.15	CT	CD
	2016—2017	大泷六线鱼（*Hexagrammos otakii*）	44.42	30.91	1 372.99	CT	CD
		方氏云鳚（*Enedrias fangi*）	35.89	18.18	652.48	CT	CD
	2017—2018	大泷六线鱼（*Hexagrammos otakii*）	48	15.09	724.53	CT	CD

注：* 表示 *IRI* 值均未超过 500，取最大值。

四、渤海鱼卵、仔稚鱼物种多样性水平和种类更替

多轮周年调查结果显示，鱼卵物种多样性水平（H'和D_S）季节变化特征为升温季节春夏季较高，在降温季节秋冬季较低，冬季（1—2 月）最低；H'和D_S呈“双峰分布”，分别在春季（5 月）和夏季（8 月）达到峰值，春夏季（6 月）物种多样性水平略低（图 4-4a、c）。各调查时期，春季鱼卵H'范围为 0.20～1.95，波动幅度较大，峰值为 1982—1983 年的 1.95，1992—1993 急剧下降至 0.22，并在 2013—2014 年至谷值 0.20；自 2014—2015 年始呈现上升趋势，在 2017—2018 年升至 1.66 左右，而在 2018—2019 年急剧下降至 0.47。春夏季鱼卵H'范围为 0.13～1.84，其中 1982—1983 年为 0.42，1992—1993 年降至 0.22，并在 2014—2015 年至谷值 0.12；自 2015—2016 年始呈现快速上升趋势，2016—2017 年至峰值 1.84，近年来也处在剧烈波动中，波动范围为 0.32～1.74。夏季H'范围为 0.38～1.34，其中除 1982—1983 年为 1.21、1992—1993 急剧下降至谷值 0.38 外，随时间逐渐上升，于 2018—2019 年达峰值 1.34。秋季H'范围为 0～0.78，物种多样性水平较低，其中 1982—1983 年为 0.12，峰值出现在 1992—1993 年，谷值则出现在 2016—2019 年。冬季调查除 2016—2017 年外，其余调查时间均未采集到鱼卵（图 4-4a）。

仔稚鱼H'和D_S在升温季节（5—8 月）逐渐升高，降温季节（10 月至翌年 2 月）逐渐降低，其呈“单峰分布”，夏季达到全年峰值，谷值在春季（图 4-4b、d）。各调查时期，春季H'范围为 0.15～1.06，其变化趋势与浮性卵相反，其中 1982—1983 年为次谷值 0.57，峰值为 1992—1993 年的 1.00，此后在 2013—2016 年间均维持在 0.95 以上，而 2016—2017 年H'仅为 0.15，自 2017 年始H'明显呈现上升趋势。春夏季H'范围为 0.53～1.33，物种

多样性水平均较高，其中1982—1983年为峰值1.33，谷值为2018—2019年的0.53，近年来（2013—2017年）由于虾虎鱼科（Gobiidae）鱼类被鉴定种类大幅增加（至2016—2017年被鉴定种类为9种），H'出现较大幅度上升，并在2016—2017年升至峰值1.81。夏季仔稚鱼H'范围也均较高，在0.89～2.59，其中峰值出现在1982—1983年的2.59，1992—1993年降至1.24，并在2013—2014年跌至谷值0.89，近年来（2014—2017年）出现增长趋势，2016—2017年H'上升至1.65左右，维持在1.0以上。秋季仔稚鱼H'均较高，在0.54～1.69，其中1982—1983年为1.48，1992—1993年降至0.70，并在2013—2014年回落至谷值0.54，近年来又呈现回调趋势，并在2016—2017年升至峰值1.69。冬季H'范围为0.15～1.06，年间变异比较大，1982—1983年为0.80，峰值为2016—2017年的1.27，谷值为2014—2015年的0.16（图4-4b）。

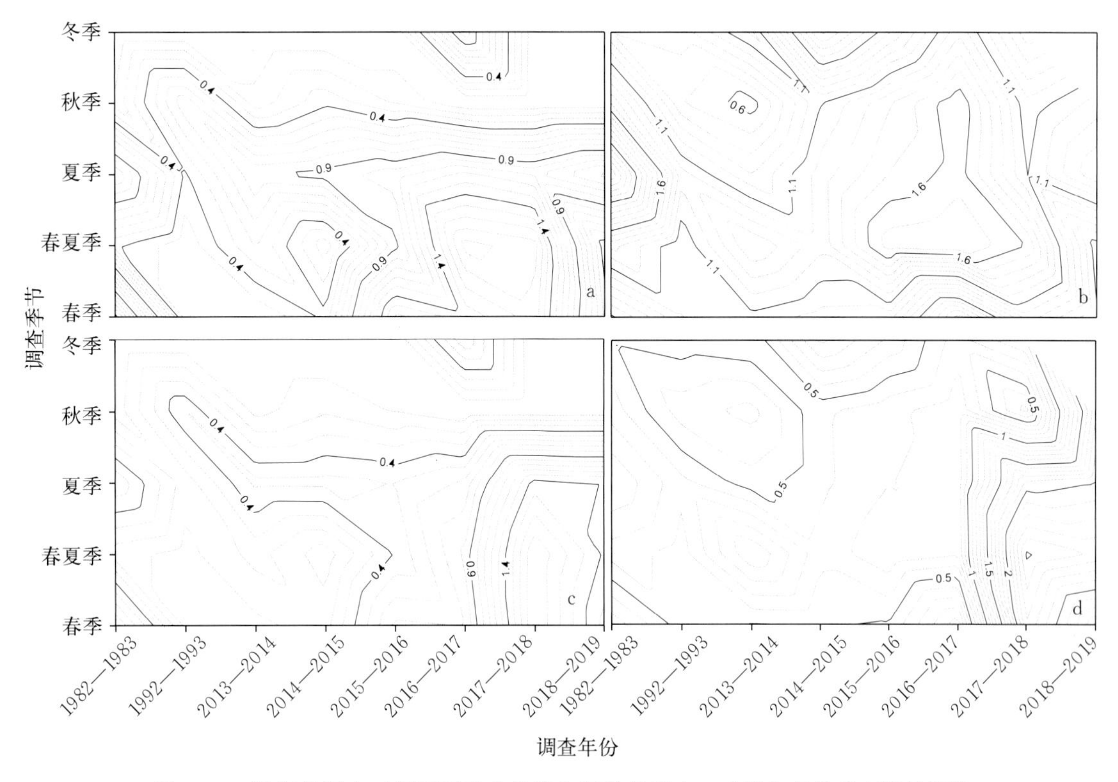

图4-4 渤海各调查时期不同季节鱼卵和仔稚鱼香农—威纳和辛普森多样性指数

a. 鱼卵香农—威纳指数 b. 仔稚鱼香农—威纳指数 c. 鱼卵辛普森多样性指数 d. 仔稚鱼辛普森多样性指数

渤海各调查时期鱼类种群早期补充群体种类更替现象明显。1982—1983年和1992—1993年其CC值位于0.50～0.75，群落间中等相似；其与2013—2017年各年间CC值均位于0.25～0.50，群落间中等不相似；其与2017—2019年CC值位于0.50～0.75，群落间中等相似（表4-4）。1992—1993年与1982—1983年、2013—2014年和2014—2015年各年间CC值位于0.50～0.75，群落间中等相似；而与2015—2017年和2018—2019年CC值均位于0.25～0.50，群落间中等不相似。值得关注的是，1992—1993年（强厄尔尼诺年）与2017—2018年（强厄尔尼诺年）CC值均为0.57，群落间中等相似。近年来种类更替率呈现明显加快趋势，鱼类早期补充群体CC值2013—2014年与2015—2016年位于0.25～0.50，群落间中等不相似（表 4－4）。渤海鱼类种群早期补充群体种类组成年间 β 相似性指数聚类分析见表 4－4。

表 4－4　渤海各调查时期鱼类种群早期补充群体种类组成年间 β 相似性指数矩阵

年　份	1982—1983	1992—1993	2013—2014	2014—2015	2015—2016	2016—2017	2017—2018	2018—2019
1982—1983		0.62	0.46	0.48	0.45	0.48	0.57	0.56
1992—1993	0.62		0.57	0.54	0.46	0.49	0.57	0.30
2013—2014	0.46	0.57		0.64	0.47	0.51	0.71	0.59
2014—2015	0.48	0.54	0.64		0.59	0.58	0.76	0.71
2015—2016	0.45	0.46	0.47	0.59		0.63	0.70	0.59
2016—2017	0.48	0.49	0.51	0.58	0.63		0.71	0.77
2017—2018	0.57	0.57	0.71	0.76	0.70	0.71		0.70
2018—2019	0.56	0.30	0.59	0.71	0.59	0.77	0.70	

五、渤海产卵亲体栖所类型和适温类型种类数

不同调查时期渤海鱼类早期补充群体对应亲体各栖所类型均以 CD 种类数最多，其次为 CPN、CBD、CRA 和 OEP，而 OMP 种类年间波动较大（图 4－5）。自 1982—1983 年起至

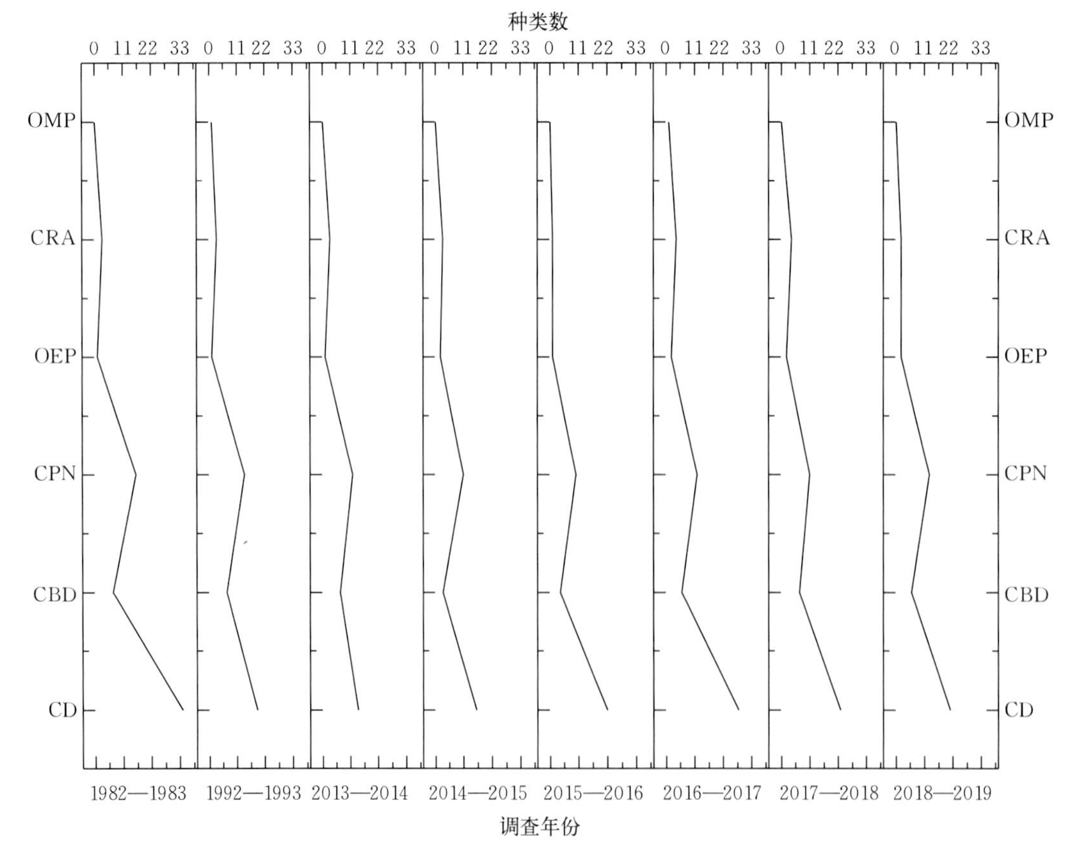

图 4－5　渤海鱼类种群早期补充群体对应亲体各栖所类型年间种类数比较

2014—2015年CD和CBD鱼类种类数由41种急剧下降至19种，占总种类数百分比也由1982—1983年的最高67.21%，下降至2014—2015年的54.28%；2016—2017年种类数又上升至34种，所占比例恢复至64.15%；2017—2019年总种类数有所下降但所占比例与2016—2017年结果基本持平（图4-5）。CPN种类数由1982—1983年16种，逐渐下降至2014—2015年的11种，占总种类数百分比却呈现上升趋势，由1982—1983年的26.23%上升至2014—2015年的31.43%；2016—2017年CPN种类数小幅上升至12种，占总种类数百分比则下降至22.64%；2017—2018年和2018—2019年CPN种类数小幅下降，但其所占比例持续上升，2018—2019年所占比例上升至29.55%。自1982—1983年起CRA种类数基本保持稳定（2015—2016年除外），占总种类数百分比呈现上升趋势。OEP（尖嘴扁颌针鱼）和OMP种类［黄鮟鱇（*Lophius litulon*）］年间波动较大。不同调查时期渤海鱼类早期补充群体对应亲体各适温类型均以暖温性种类数最高，暖水性种类次之，冷温性种类最低，没有出现冷水性鱼类（图4-6）。不同调查时期各适温类型鱼类年间占总种类数百分比波动不大。暖温性鱼类占总种类数百分比在各调查时期均超过50%，其中2018—2019年为66%，2016—2017年最低为50.94%，且在厄尔尼诺事件较明显的年份1992—1993年、2017—2018年和2018—2019年暖温性鱼类占比有明显的增高趋势（图4-6）。暖水性鱼类占总种类数百分比在2015—2016年最低，为23.68%。2010年后冷温性鱼类占总种类数百分比则呈上升趋势，由1982—1983年的11.48%，上升至2016—2017年的20.75%；近年来（2018—2019年）又呈现下降趋势（图4-6）。

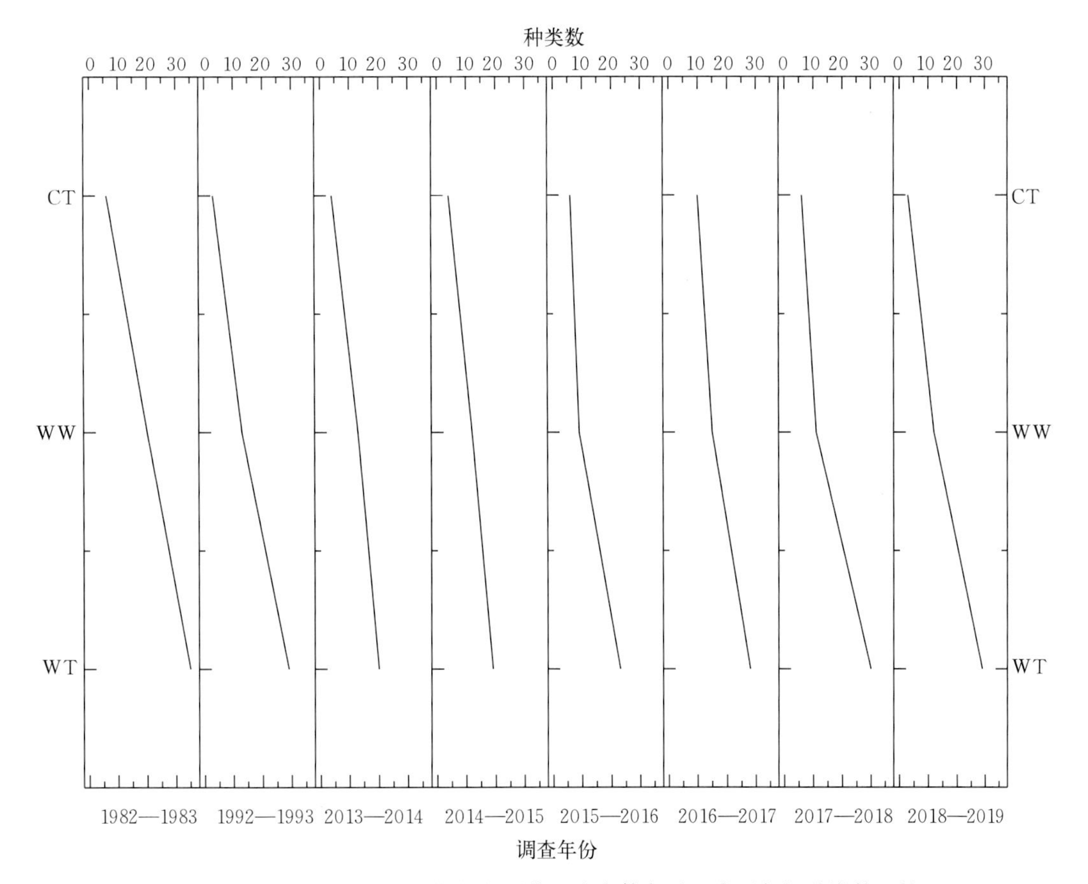

图4-6　渤海鱼类种群早期补充群体对应亲体各适温类型年间种类数比较

六、综合分析

自20世纪90年代以来，我国乃至全球范围内，渔业资源普遍衰退，资源结构发生了很大的变化，这在渤海表现尤为突出，表现为渔获物小型化和低质化，种类交替明显，重要渔业资源已不能形成渔汛，对黄渤海渔业的支持功能日益衰退（Tang et al，2003；Shan et al，2016；李忠义等，2017）。渔业种群的变动主要由补充量变化驱动，过度捕捞和早期补充不足是渔业资源衰退的两个重要原因。作为渔业资源的早期补充资源，与1982—1983年调查相比，当前各季节（冬季除外）鱼卵、仔稚鱼种类数和资源丰度指数均已呈现较大程度下降。当前鱼卵种类数仅为20世纪80年代的60%左右，资源丰度最低时不足彼时1/10；2017年来随着最严伏季休渔制度实施，资源状况有所改善，但仍然不乐观，当前鱼卵资源丰度不足1982—1983年的1/6；仔稚鱼种类数和资源丰度仅为20世纪80年代的3/4左右。各调查时期相同季节鱼卵优势种变化不明显，春季和春夏季优势种类由小型CPN鱼类如青鳞小沙丁鱼、斑鰶和鳀变为当前的鳀（近年来小型CD和CBD鱼类如叫姑鱼和短吻红舌鳎以及具有较高经济价值的CPN鱼类蓝点马鲛等优势度在春夏季显著提高，与鳀共同成为优势种类）；夏季由暖温性和暖水性的小型CD鱼类如吻红舌鳎和少鳞鱚变为当前的短吻红舌鳎；秋季优势种无明显变化。仔稚鱼优势种变化幅度超过鱼卵，春季和春夏季由小型CPN鱼类斑鰶、青鳞小沙丁鱼和鳀变为CD鱼类鮻；夏季由OEP鱼类尖嘴扁颌针鱼变为小型CPN鱼类沙氏下鱵；秋季由小型CD鱼类少鳞鱚变为小型CPN鱼类鳀；冬季由CRA鱼类花鲈变为CD鱼类大泷六线鱼和方氏云鳚。底层重要经济种类早期补充群体优势度急剧下降。鱼类早期补充群体种类更替现象明显，近年来种类更替率呈现明显加快趋势。各调查时期相同季节鱼卵和仔稚鱼物种多样性水平、各适温类型产卵亲体种类数、各主要栖所类型产卵亲体种类数均呈现先降后升的变动趋势。全年综合陆架浅水中上层鱼类种类数所占比例升高，中底层和底层鱼类所占比例有所下降。

1. 环境变化对渤海鱼类种群早期补充群体集群特性和结构更替影响的认识

近海环境变化对渔业生物种群补充过程的影响及其资源效应是海洋渔业科学前沿领域的基础科学问题。挪威著名鱼类学家Hjort（1914）提出了渔业资源评估最早的三个学说之一——“波动论”，指出鱼类早期生活阶段的仔稚鱼的成活率取决于鱼类初次摄食时开口饵料的丰度和栖息地海流、水温、盐度等非生物因素，环境条件是形成鱼类世代变动的主要原因。Cushing（1975，1990）将Hjort（1914）理论进行了扩展，提出了“匹配与不匹配”假说（“Match-Mismatch” Hypothesis），指出鱼类仔稚鱼及其饵料生物在时间和空间上的一致性是决定补充强度的关键因素。鱼类在繁殖期间对环境要求较为严格，需选择最适于其生殖活动并对卵子和仔稚鱼存活最为有利环境栖息，并在长期演化过程中形成不同的生活史策略来提高其早期补充幼体与饵料生物的时空匹配性，从而达到快速生长，以提高幼体成活率（Peck et al，2012）。黄渤海鱼类区系主要品种具低盐河口近岸海区产卵特性（朱鑫华等，1994）。黄渤海近岸海况变化复杂，主要存在低盐和高盐性质两种水系（Chen，2009），这两种水系锋带（即盐度水平梯度大的混合区）在适温条件下往往成为多数鱼群最密集产卵中心，亦即鱼卵、仔稚鱼密集区，且鱼群集散程度在很大程度上取决于盐度水平梯度的大小，亦即水系锋带是否显著；因适宜环境在锋带区范围很小，因而造成鱼群（或鱼卵、仔鱼）高度集中并随着锋区而移动（邱道立等，1965；Wei et al，

2003；万瑞景等，2008，2014）。

在捕捞强度基本保持不变前提下，全球变化下ENSO（El Niño/La Niña-Southern Oscillation）等气候事件会通过影响主要水系的水动力条件（如温盐场、流场）和营养基础等，造成东西太平洋两侧海域主要经济鱼类资源量剧烈变动（金显仕等，2015）。这种影响在渤海表现也比较明显，如仅在20世纪60年代至20世纪末（1960—1997年）的近40年内，渤海表层盐度升高了2.82，气温升高了0.92℃，表层水温上升了0.41℃（方国洪等，2002）；且受气候因素、时空变异和人类活动影响，海区内鱼类赖以产卵繁殖的黄河入海径流量自20世纪80年代至2002年一直呈现负增长，并在1997—2002年间维持在历史低位，2002年后入海径流量呈现一定程度回升，但是自1978年以来入海径流量显著线性降低趋势仍未改变（Fan et al，2008；Ren et al，2015）。从生物物候学角度，作为初级生产者和鱼类早期补充群体饵料的硅藻类，春季水华发生时间及其季节性周期多数保持固定时间节点，其主要由白昼时长和光照度决定而并非由水温调节（Eilertsen et al，1995；Mcquoid et al，2010）。鱼类早期补充群体（季节性浮游生物）发生和生命周期时间节点则主要受温度调节的生理反应控制（Edwards et al，2004），随着近年来海水温度的不断上升，其生理周期（胚胎发育、仔鱼孵化和开口摄食等）将提前，在变暖趋势不变情况下其将会持续下去（Edwards et al，2004）。这可能造成鱼类早期补充群体与饵料生物的错配，从而导致早期补充能力下降，进而出现渔业种群的衰退，即上行控制（Bottom-up Control）。此外，自20世纪50年代始，特别是近20年来渤海区不断出现的暖冬现象（Wu et al，2016）使得近年来冬季产卵繁殖鱼类仔稚鱼种类和资源丰度指数呈现上升趋势（因冬季产卵鱼类主要为产沉性卵或卵胎生，采用传统鱼卵、仔稚鱼调查取样方法无法获取，从而使得冬季仔稚鱼优势种变化幅度超过鱼卵）。尽管多数鱼类早期浮游幼体对全球气候变化有响应，但不同鱼种响应程度不同，为准确评估近海环境变化对渔业种群补充过程的影响，应当进一步了解气候变化驱动的非生物（海水温度）和生物因素（饵料生物的匹配与不匹配）对特定鱼种早期生活史的影响，并厘清其在不同类群以及相同类群不同栖息地间的影响程度（Peck et al，2012）。

2. 捕捞对渤海鱼类种群早期补充群体集群特性和结构更替影响的认识

捕捞主要通过对目标鱼种的开发利用以及栖息地底质扰动，导致渔业生物资源量、群落结构和群体生物学特征改变，其对各鱼种影响程度则主要取决于相应种类生活史特征、营养关系及其栖息地环境受损程度（Bianchi et al，2000）。自20世纪00年代以来补充型过度捕捞导致生殖群体资源量降低（Zhao et al，2003），小型化、低龄化和性成熟提前（Tang et al，2007）及其亲体效应（后代成活率降低；Wan et al，2012）等成为渔业种群早期补充不足和整个渔业种群衰退的主要原因。在高强度捕捞压力下（渤海内捕捞强度自20世纪50年代来增长了近40倍；Shan et al，2013）渤海鱼类资源的早期补充能力较20世纪80年代已急剧下降，伴随着鱼类早期补充群落结构的变化，年间和季节间种类数密度也随之降低，优势种优势度以及个体生态密度降低，特别是底层重要经济种类早期补充群体优势度呈现急剧下降趋势，如银鲳（*Pampus argenteus*）、真鲷（*Pagrosomus major*）、褐牙鲆（*Paralichthys olivaceus*）、半滑舌鳎（*Cynoglossus semilaevis*）、棘头梅童鱼（*Collichthys lucidus*）、小黄鱼（*Larimichthys polyactis*）等，有些种类则因产卵群体过度捕捞或栖息地丧失在近年调查中绝迹，如鳓（*Ilisha elongata*）等。同在渔业资源衰退背景下，仔稚鱼优势种变化

幅度超过鱼卵，究其原因可能是捕捞（捕捞结构和捕捞强度的时空差异）等人类活动影响下具有特殊繁殖生物学特性的鱼类，如卵具卵膜丝的鱼类（虾虎鱼科矛尾虾虎鱼、颌针鱼科沙氏下鱵、银汉鱼科白氏银汉鱼）和卵胎生鱼类（鲉科的许氏平鲉）等仔稚鱼，自 2010 年以来在特定调查季节成为优势种类。而此类鱼类鱼卵由于其特殊繁殖生物学特性，采用传统调查取样方法无法获取，从而不能反映在鱼卵种类的优势度组成上。而物种多样性指数的改变则主要是因物种均匀度和丰富度改变，在较高捕捞压力下，群落物种多样性指数反而有时会呈现上升现象（Bianchi et al，2000）。这在渤海春、夏季鱼卵、仔稚鱼物种多样性水平变化趋势中表现也较明显，其峰值均出现在高捕捞压力、资源严重衰退的 2016—2017 年。而在某些情境下多样性指数改变主要是由于调查方法的改进和物种鉴定方法提升而引起（Bianchi et al，2000），如自 2010 年以来因海区内鉴定的虾虎鱼类仔稚鱼种类数增加也使得仔稚鱼物种多样性水平计算结果的准确性有所提高。

全球范围内中上层小型鱼类是海洋生态系统的主要组成部分，支撑了重要的渔业（Maynou，2014），这在渤海也不例外。鳀、斑鰶、青鳞小沙丁鱼、沙氏下鱵和白氏银汉鱼等中上层小型鱼类鱼卵或仔稚鱼也是各调查年份鱼类早期补充群体主体成分。以鳀为例，鳀主要摄食浮游动物，如中华哲水蚤（*Calanus sinicus*）、太平洋磷虾（*Euphausia pacifica*）等，又是 40 多种高营养层次重要经济鱼类，如蓝点马鲛（*Scomberomorus niphonius*）、小黄鱼、带鱼（*Trichiurus lepturus*）等主要饵料（Wei and Jiang，1992），在食物网中是将浮游动物转化为高营养级鱼类重要的中间环节，对海洋生态系统的能量流动和转换有着重大的作用，是海洋生态系统中的关键种。在黄渤海自 20 世纪 90 年代以来开始兴起的鳀大规模开发利用，使得该种群遭受的捕捞压力急剧增加，其资源出现了严重的衰退现象，其繁殖生物学特性对种群长期承受巨大的捕捞压力产生适应性响应，表现为卵子卵径明显变小，自然死亡卵子所占比例呈现较大幅度的上升等（Wan et al，2012）。同时整个渤海生态系统中由于对顶级捕食者的高强度持续过度捕捞，食物网变得越来越简单，低营养级的物种成为控制渔业生态系统能量流动的主要种类，优势种群更替和饵料生物更替而产生的下行控制作用（Top-down Control）影响整个生态系统生物资源的可持续产出（Tang et al，2003）。随着下行控制影响时间的推移，以次级生产力（浮游动物）作为主控因子的“蜂腰控制”（Wasp-waste Control）持续影响生态系统的可持续产出，并最终导致各营养层级产出年际变化呈现出不稳定和无序（Tang et al，2003），这可能是不同调查时期生态习性和食性各异的鱼类早期补充群体的种类更替明显并且近年来呈现加快趋势的原因。

30 余年调查结果显示，鱼卵和仔稚鱼种类数和资源丰度指数、物种多样性水平等均在 2013—2015 年间跌至谷值。经分析，除捕捞和气候变化因素外，发生于 2011 年 6 月蓬莱 19－3 油田的两起严重溢油事故（周利，2014；李忠义等，2017）对海域海洋生态环境的持续影响或许是主要原因之一。且自 2017 年始，随着史上最严伏季休渔制度出台（渤海海区自 2017 年 5 月 1 日至 9 月 1 日），渤海鱼卵、仔稚鱼种类数和资源密度均呈现一定程度上升趋势，管理策略对渤海鱼类早期补充量影响也比较显著。渔业种群早期补充群体的时序分布规律既决定于生物本身生理发育阶段间行为适应因素，又受制于水域温盐度场势季节消长趋势等环境要素，这种生物的行为特征与生态环境变化的适应性调节，直接影响到渔业种群早期补充群体空间分布的可塑性动态格局；任何一种控制机制如“上行控制”“下行控制”或“蜂腰

控制”均不足以直接或清楚地解释其长期变化规律，其时序变化特征则是对人类活动和环境变化的综合反映。

（卞晓东）

第二节 饵料生物变化对渔业资源动态的影响

浮游植物作为海洋生态系统的初级生产者，是浮游动物和鱼类早期的重要饵料基础。近年来，渤海围填海、陆源污染物排放、海水养殖等活动，导致某些赤潮种类浮游植物暴发形成赤潮、物种多样性降低、饵料基础及其结构失衡，鱼类产卵场、索饵场和育幼场的自然生境不断退化，洄游通道破坏严重，对渔业种群的早期补充过程构成威胁。

自1959年以来，渤海浮游植物群落结构出现了明显的年代际演变，总丰度变化在（8.33～472）$\times10^4$ 个/m^3，平均为 116×10^4 个/m^3，最高值和最低值分别出现在1982年夏季和2000年夏季。均值在20世纪60年代、80年代、90年代、2000—2009年和2010—2015年分别为 168×10^4 个/m^3、216×10^4 个/m^3、101×10^4 个/m^3、28.0×10^4 个/m^3 和 68.7×10^4 个/m^3，总丰度在20世纪末降低到最低值，较20世纪80年代最大降幅87.0%，进入21世纪后逐步回升，增加1.5倍。从类群结构来看，硅藻50多年平均丰度为 111×10^4 个/m^3，平均占到了浮游植物总丰度的92.5%（65.3%～99.8%），冬季硅藻所占丰度比例最高，达到平均99.0%的水平，2014年秋季占比最低。甲藻50多年平均丰度只有 4.84×10^4 个/m^3，其在渤海的地位明显不如硅藻，甲藻的丰度高值主要出现在夏、秋季，比如在2014年夏季、1982年夏季和1959年秋季分别达到了 20.7×10^4 个/m^3、15.8×10^4 个/m^3 和 10.7×10^4 个/m^3 的丰度水平。从甲藻和硅藻比来看，在20世纪60年代、80年代、90年代、2000—2009年和2010—2015年平均水平分别为0.34、0.16、0.97、1.52和1.24，21世纪甲藻和硅藻比的平均水平较20世纪有了2.82倍的提升。从季节来看，渤海甲藻和硅藻比在春、夏、秋、冬季分别为0.88、1.90、0.48和0.02，可见夏季是渤海甲藻旺发的主要时段，比如2000年夏季甲藻和硅藻比为4.65（辽东湾高达10.6），夜光藻（*Noctiluca scintillans*）丰度平均为 1.67×10^4 个/m^3（辽东湾高达 3.93×10^4 个/m^3）；2014年夏季为2.27（渤海中部高达4.98），牟氏角藻（*Tripos muelleri*）、叉状角藻（*T. furca*）和梭形角藻（*T. fusus*）的丰度分别达到了 13.3×10^4 个/m^3、3.14×10^4 个/m^3 和 2.40×10^4 个/m^3 的平均水平。

近60多年来，渤海浮游植物优势种组成亦出现明显的年代际变化格局，从在20世纪形成绝对优势的柔弱角毛藻（*Chaetoceros debilis*）、拟垂缘角毛藻（*C. pseudocrinitus*）、琼氏圆拱形藻（*Coscinodiscopsis jonesiana*）、辐射圆筛藻（*Coscinodiscus radiatus*）、菱软几内亚藻（*Guinardia flaccida*）、中国半管藻（*Hemiaulus chinensis*）和中肋骨条藻（*Skeletonema costatum*），转换为在21世纪形成绝对优势的窄隙角毛藻（*C. affinis*）、旋链角毛藻（*C. curvisetus*）、威氏圆筛藻（*C. wailesii*）、舟形藻（*Navicula*）、具槽帕拉藻（*Paralia sulcata*）、伏氏海线藻（*Thalassionema frauenfeldii*）、夜光藻和梭形角藻。总体来看，渤海浮游植物群落在20世纪以角毛藻和圆筛藻等较大的中心目硅藻为主，进入21世纪后，海线藻、舟形藻等羽纹目硅藻以及底栖性的具槽帕拉藻逐渐成为优势种，甲藻在21世纪亦开始成为优势种，比如夜光藻和角藻。从生态类型来看，渤海浮游植物主要为温带近岸性种，60多年来，黄河口邻近海域的变化较为明显，广温种所占比例波动较小，平均为70.1%；

温带种所占比例20世纪90年代后降低了40.7%；暖温种比例在20世纪90年代达到高峰，较60—80年代增加了1.2倍；大洋种生态类型在21世纪开始出现，且占到了5.6%的比例，比如洛氏角毛藻（*C. lorenzianus*）、太阳漂流藻（*Planktoniella sol*）、掌状冠盖藻（*Stephanopyxis palmeriana*）、中国三桨座舰藻（*Trieres chinensis*）和印度鼻状藻（*Proboscia indica*）。从多样性来看，渤海浮游植物的物种丰富度Margalef指数，由20世纪60年代到20世纪末逐渐降低，最大降幅为46.7%，进入21世纪后开始逐渐回升，较90年代有1.28倍的升高。物种多样性香农—威纳指数，在20世纪下降幅度为32.0%，21世纪以来有15.0%的回升。物种均匀度Pielou指数，20世纪一直保持在0.69±0.06的稳定水平，但是2010年后（平均在0.53±0.09）出现了23.0%的下降。

近60多年来，区域气候的自然变化与人类活动事件，特别是黄河断流、强厄尔尼诺、调水调沙、曹妃甸围填海等事件，对渤海浮游植物群落的长期变动和格局转换产生了较为明显的影响。渤海浮游植物各属种在渤海各地理区域皆出现了明显变化，在记录的77属170种中，仅18属种的差异贡献率就已经达到了90%之多。角毛藻对群落结构差异的贡献最大，达到了21.9%，以莱州湾的变化最为明显（高达26.9%），角毛藻在莱州湾的丰度平均水平在21世纪较20世纪下降程度高达87.2%，在渤海的平均丰度下降了76.6%，浮游植物丰度在莱州湾呈逐年下降的趋势。圆筛藻对群落结构的差异贡献率达到了14.5%，以渤海湾—黄河口—莱州湾一线的变化最为显著，平均差异贡献率18.5%。渤海湾海域浮游植物群落结构的年代际变化由圆筛藻丰度的下降所主导，其对群落结构的差异贡献高达19.8%，尽管渤海圆筛藻平均丰度在21世纪降低了81.2%，其在浮游植物群落中还是能形成一定的优势，比如星脐圆筛藻（*C. asteromphalus*）的优势度在21世纪有了1.48倍的增加，并且星脐圆筛藻在渤海全年都能作为优势种出现。渤海甲藻中主要是角藻和夜光藻对群落差异的贡献较大，特别是在渤海中部和辽东湾海域，差异贡献率分别高达11.7%和9.6%。辽东湾海域甲藻的年代际变化明显，夜光藻丰度平均水平在21世纪有了3.04倍的增加，这一点也印证了辽东湾是渤海夜光藻赤潮的高发海域。渤海中部海域具槽帕拉藻的变化最为明显，对群落结构的差异贡献高达17.0%，其在渤海年代际平均丰度于2000—2009年降至最低，2010年后升至5.13×10^4个/m^3。此外，在渤海中部甲藻中角藻的年代际变化亦较为显著，其丰度在21世纪出现了75.0%的增加。黄河口海域的浮游植物长期变动主要集中在角毛藻和圆筛藻两个硅藻属种上，其平均丰度在21世纪分别下降了78.1%和76.2%，在浮游植物群落中的优势地位呈现下降趋势。

自20世纪60年代至20世纪末，渤海水温有一定程度的增加，盐度呈现大幅上升的趋势，这与人类活动和气候变化导致的黄河在1972—1999年间的长期断流不无关系。温盐的升高有利于耐高温、耐盐的浮游植物类群在群落中形成优势，比如角藻、圆筛藻等，而这也进一步解释了角藻在渤海增加的原因。20世纪黄河断流引起的陆源营养盐输入的减少，是造成20世纪渤海浮游植物丰度和多样性持续降低的主要原因，但是进入21世纪后开展的黄河调水调沙等活动，则显著改善了渤海的浮游植物格局，浮游植物丰度和物种多样性水平逐步恢复，底栖性的物种如具槽帕拉藻开始形成绝对优势。渤海无机氮含量的上升和磷酸盐含量的下降直接导致海水氮磷比在20世纪的长期上升趋势，特别是在渤海南部海域，氮磷比已经远高于浮游植物元素吸收的Redfield比值（约16），并导致渤海浮游植物由氮限制逐渐向磷限制转变，群落结构也由硅藻主导演变到硅藻、甲藻共同控制。进入21世纪，渤海的氮磷比水

平仍在持续升高，比如莱州湾海域在2009年的氮磷比高达199。氮磷比的升高会引起浮游植物演替转向甲藻或者非硅藻主导的群落结构，硅藻在高氮磷比的环境条件中不占优势。渤海营养盐结构改变的直接后果，就是引起了浮游植物群落结构的变化，这一点从渤海甲藻和硅藻比的长期变化趋势得到验证，自20世纪90年代以来，渤海的甲藻和硅藻比升高了3.97倍。

浮游植物群落结构的年代际变动决定了渤海初级生产过程和渔业生物饵料基础的格局转换，影响到关键资源生物的早期补充过程，但是这种丰度和结构的改变给渤海主要渔业种群的补充带来何种影响尚无定论。在渤海，毛虾的主要饵料为圆筛藻和具槽帕拉藻，合计占到食物组成的约80%；对虾幼体主要以原多甲藻为食，仔虾则主要摄食舟形藻、斜纹藻（*Pleurosigma*）和圆筛藻。渤海鲅和斑鰶幼鱼的食物组成以海链藻（*Thalassiosira*）、圆筛藻、裸甲藻（*Gymnodinium*）和原甲藻（*Prorocentrum*）等为主。角毛藻在渤海浮游植物群落的长期变化中已不占优势，而圆筛藻物种却能够继续保持其优势地位，特别是近10年来，具槽帕拉藻形成了绝对优势，这表明尽管渤海浮游植物丰度存在年代际的波动，但是主要饵料种的优势能够保持且有一定程度的提升。从群落结构变动来看，渤海甲藻和硅藻比的持续升高已经成为事实，渤海的浮游植物群落也正在由硅藻控制转向硅藻、甲藻共同控制，但是甲藻丰度的增加对海洋生态系统的影响并不一定是消极的，除局地的有害水华和赤潮以外，部分甲藻物种优势度的提升或许能够对渔业生物的早期补充产生积极的影响。比如：自然海域斑块分布的甲藻为仔鳀的开口摄食及其早期生活史阶段提供重要的营养支撑；血红阿卡藻（*Akashiwo sanguinea*）一旦被仔鳀发现就会引发它们的停留摄食；绝大多数的仔鳀开口仅摄食甲藻，而不摄食硅藻和小的鞭毛藻；血红阿卡藻是仔鳀孵化后10 d内的重要的营养来源，投喂血红阿卡藻和微型浮游动物的仔鳀，比仅投喂微型浮游动物的个体生长快；而投喂多边舌甲藻（*Lingulodinium polyedra*）之后，比起仅投喂微型浮游动物，仔鳀的存活率显著提高。

浮游植物饵料基础的变动与渤海渔业生物的早期摄食、存活和补充之间有着复杂的过程和机制。尽管近年来渤海硅藻饵料种的优势地位能够保持，甲藻的丰度水平有所提升，但是，要搞清饵料变化对关键资源种群补充动力学及渔业资源动态的影响，还需要更多的学科交叉研究和基础调查工作来补充和完善。

（栾青杉）

第三节　渔业资源种类、优势种

一、种类组成

1. 渔业资源种类组成

2014—2017年利用底拖网于渤海进行了8个航次（季节）的渔业资源调查，共捕获游泳动物133种，其中鱼类79种（中上层鱼类19种、底层鱼类60种）、甲壳类49种（虾类24种、蟹类24种、虾蛄1种）、头足类5种。从季节分布上看，渔获种类最多的季节为秋季，2014年秋季和2017年秋季分别捕获62种和74种；其次为夏季，2014年夏季和2016年夏季分别捕获56种和73种；冬季渔获种类最少，2015年冬季和2017年冬季分别捕获44种和60种（图4-7）。

按栖息水层，鱼类包括中上层鱼类和底层鱼类。其中，中上层鱼类共19种，占鱼类总种类数的24.05%，包括鳀、赤鼻棱鳀、中颌棱鳀、黄鲫、青鳞小沙丁鱼、凤鲚、刀鲚、斑鰶、银鲳、蓝点马鲛、鲐、日本鱵、颚针鱼、鮻、鲻、太平洋鲱、鳓、燕鳐、竹筴鱼；底层

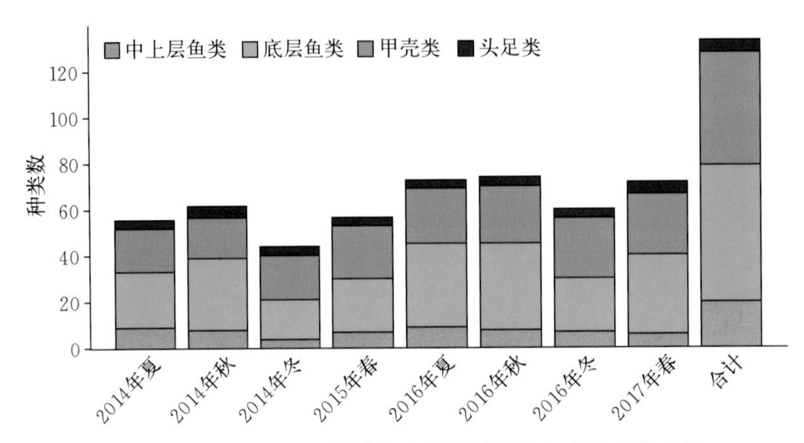

图 4-7　2014—2017 年渤海渔业资源种类组成的季节变化

鱼类共 60 种，占鱼类总种类数的 75.95%，包括小黄鱼、叫姑鱼、白姑鱼、棘头梅童鱼、黑鲷、带鱼、小带鱼、方氏云鳚、细纹狮子鱼、大银鱼、有明银鱼、鲬、许氏平鲉、小杜父鱼、绿鳍鱼、冠海马、尖海龙、绯鲔、短吻红舌鳎、长吻红舌鳎、半滑舌鳎、玉筋鱼、黄鮟鱇、黄鳍东方鲀、红鳍东方鲀、假睛东方鲀、黄鳍马面鲀、绿鳍马面鲀、虫纹东方鲀、多鳞鱚、细条天竺鱼、长蛇鲻、中华栉孔虾虎鱼、钟馗虾虎鱼、丝虾虎鱼、普氏吻虾虎鱼、矛尾虾虎鱼、矛尾复虾虎鱼、六丝矛尾虾虎鱼、裸项栉虾虎鱼、红狼牙虾虎鱼、褐牙鲆、褐菖鲉、孔鳐、大泷六线鱼、大菱鲆、黄盖鲽、石鲽等。根据从越冬场到产卵场或索饵场洄游移动距离的长短，可划分洄游性和地方性两大类型，洄游性种类一般是指在黄海中南部或东海越冬，洄游至渤海近岸产卵或索饵的种类；地方性种类是指其越冬场、产卵场或索饵场均在渤海，或从越冬场到产卵场或索饵场移动距离比较短的种类。由于渤海水温随季节变化剧烈，几乎所有中上层鱼类均为洄游性种类。此外，小黄鱼、叫姑鱼、白姑鱼、棘头梅童鱼、黑鲷、带鱼、小带鱼、大银鱼、有明银鱼、绿鳍鱼、冠海马、尖海龙、玉筋鱼、黄鳍东方鲀、红鳍东方鲀、假睛东方鲀、黄鳍马面鲀、绿鳍马面鲀、虫纹东方鲀、多鳞鱚、长蛇鲻等底层鱼类也是洄游性种类；其他底层鱼类多为地方性种类，主要包括各种鲆鲽类、舌鳎类、虾虎鱼类等移动能力较弱的种类，以及许氏平鲉、大泷六线鱼等岩礁鱼类。

甲壳类包括虾类、蟹类和虾蛄类。其中，虾类共 24 种，占甲壳类总种类数的 48.98%，包括脊腹褐虾、单肢虾、葛氏长臂虾、脊尾白虾、巨指长臂虾、鞭腕虾、中国对虾、日本囊对虾、中国毛虾、粗糙鹰爪虾、戴氏赤虾、周氏新对虾、中华安乐虾、海蜇虾、细螯虾、蝼蛄虾、哈氏美人虾、日本鼓虾、鲜明鼓虾、疣背宽额虾等；蟹类共 24 种，占甲壳类总种类数的 48.98%，包括三疣梭子蟹、日本蟳、双斑蟳、豆蟹、磁蟹、豆形拳蟹、红线黎明蟹、霍氏三强蟹、蓝氏三强蟹、四齿矶蟹、大寄居蟹、艾氏活额寄居蟹、枯瘦突眼蟹、十一刺栗壳蟹、七刺栗壳蟹、隆背黄道蟹、隆线强蟹、泥脚隆背蟹、日本关公蟹、颗粒关公蟹、中华绒螯蟹、肉球近方蟹等；虾蛄 1 种，即口虾蛄，占甲壳类总种类数的 2.04%；

头足类共 5 种，包括短蛸、长蛸、日本枪乌贼、火枪乌贼和双喙耳乌贼。

2. 甲壳类种类组成的年间变化

根据 2009—2015 年夏季（8 月）的底拖网调查结果，渤海夏季甲壳类共 33 种，隶属于 2 目 21 科 29 属，其中虾类 16 种，蟹类 16 种，虾蛄 1 种。按年份，2009 年和 2012 年捕获

甲壳类物种数最多，均为25种；2013年捕获甲壳类物种数最少，仅为16种。按类别，虾类物种数以2009年最多，为14种，以2013年最少，仅为8种；蟹类物种数以2012年最多，为13种，以2013年最少，仅为7种；口虾蛄在各调查年份均有捕获（表4-5）。

表4-5　2009—2015年夏季渤海甲壳类种类组成的年间变化

年份	目	科	属	种	虾类	蟹类	虾蛄
2009	2	16	21	25	14	10	1
2010	2	18	22	24	12	11	1
2012	2	20	24	25	11	13	1
2013	2	14	16	16	8	7	1
2014	2	14	18	20	11	8	1
2015	2	15	20	22	11	10	1

二、优势种

利用相对重要性指数（Index of Relative Importance，IRI）确定渔业资源生态优势种，该指数综合了生物量、个体数和出现频率三方面的信息，反映了该物种在生态系统种的重要性。

1. 渔业资源优势种

根据2014—2017年8个航次（季节）的底拖网调查，渤海全年的优势种（$IRI>500$）依次为口虾蛄、日本鼓虾、脊腹褐虾、鳀、六丝矛尾虾虎鱼、矛尾虾虎鱼、黄鲫、葛氏长臂虾和枪乌贼（含火枪乌贼和日本枪乌贼）。其中，春季优势度前五位的种类依次为口虾蛄、脊腹褐虾、葛氏长臂虾、日本鼓虾和赤鼻棱鳀；夏季优势度前五位的种类依次为鳀、口虾蛄、枪乌贼、黄鲫和矛尾虾虎鱼；秋季优势度前五位的种类依次为口虾蛄、六丝矛尾虾虎鱼、鳀、日本鼓虾和矛尾虾虎鱼；冬季优势度前5位的种类依次为日本鼓虾、脊腹褐虾、矛尾虾虎鱼、葛氏长臂虾和短吻红舌鳎。各优势种统计数据列于表4-6。

表4-6　渤海渔业资源优势种及各季节前五位优势种

种类	四季	春季	夏季	秋季	冬季
口虾蛄	3 157	6 357	2 028	4 087	
日本鼓虾	2 313	754		1 291	7 193
脊腹褐虾	1 292	2 778			1 896
鳀	1 178		3 122	1 581	
六丝矛尾虾虎鱼	902		1 010	1 764	
矛尾虾虎鱼	694			658	1 136
黄鲫			1 121		
葛氏长臂虾	561	820			1 050
枪乌贼	550		1 288		
短吻红舌鳎					883
赤鼻棱鳀		586			

2. 甲壳类优势种的年间变化

夏季渤海甲壳类的优势种（*IRI*>500）随年份变化（表4-7）。2009年优势种为口虾蛄（*Oratosquilla oratoria*）和日本蟳（*Charybdis japonica*），2010年为口虾蛄、葛氏长臂虾（*Palaemon gravieri*）、三疣梭子蟹（*Portunus trituberculatus*）、日本蟳、中国对虾（*Fenneropenaeus chinensis*）和脊腹褐虾（*Crangon affinis*），2012年为口虾蛄、日本蟳和中国对虾，2013年为口虾蛄、海蜇虾（*Latreutes anoplonyx*）和日本蟳，2014年为口虾蛄、泥脚隆背蟹（*Carcinoplax vestitus*）和海蜇虾，2015年为口虾蛄、葛氏长臂虾和脊腹褐虾。其中，口虾蛄在6个年份均为绝对优势种（4 768<*IRI*<13 713），其生物量百分比（29.27%～79.39%）与出现频率（68.63%～89.13%）在所有物种中均稳居第一，其数量百分比也在5个年份居第一（仅2015年第2）；其次，日本蟳在4个年份为优势种，中国对虾、葛氏长臂虾、脊腹褐虾和海蜇虾在2个年份为优势种，泥脚隆背蟹在1个年份为优势种。

表4-7　2009—2015年渤海夏季甲壳类优势种的年间变化

年　份	物　　种	*W*（%）	*N*（%）	*F*（%）	*IRI*
2009	口虾蛄（*Oratosquilla oratoria*）	79.39	74.46	89.13	13 713
	日本蟳（*Charybdis japonica*）	9.84	5.65	54.35	842
2010	口虾蛄（*Oratosquilla oratoria*）	27.59	34.66	76.60	4 768
	葛氏长臂虾（*Palaemon gravieri*）	8.90	25.73	29.17	1 011
	三疣梭子蟹（*Portunus trituberculatus*）	14.56	4.85	50.00	973
	日本蟳（*Charybdis japonica*）	18.30	3.42	36.17	786
	中国对虾（*Fenneropenaeus chinensis*）	15.06	2.46	36.17	634
	脊腹褐虾（*Crangon affinis*）	5.30	8.76	36.17	508
2012	口虾蛄（*Oratosquilla oratoria*）	48.86	48.95	68.63	6 713
	日本蟳（*Charybdis japonica*）	8.81	5.36	41.18	583
	中国对虾（*Fenneropenaeus chinensis*）	13.61	8.58	25.49	566
2013	口虾蛄（*Charybdis japonica*）	43.66	33.12	77.55	5 955
	海蜇虾（*Latreutes anoplonyx*）	0.57	20.40	42.86	899
	日本蟳（*Charybdis japonica*）	21.41	4.82	28.57	749
2014	口虾蛄（*Charybdis japonica*）	51.05	70.79	81.25	9 899
	泥脚隆背蟹（*Carcinoplax vestitus*）	27.80	0.19	25.00	700
	海蜇虾（*Latreutes anoplonyx*）	0.86	7.42	60.42	500
2015	口虾蛄（*Charybdis japonica*）	78.71	29.27	88.10	9 513
	葛氏长臂虾（*Palaemon gravieri*）	9.41	51.15	66.67	4 037
	脊腹褐虾（*Crangon affinis*）	1.96	12.50	47.62	688

（吴强、关丽莎、杨涛、戴芳群）

第四节　渔业资源密度与种群分布

一、渔业资源密度分布

2014—2015 年渤海渔业资源密度呈现明显季节变化。2014 年 10 月（秋季）相对资源密度（即单位时间渔获量）最高，为 10.22 kg/h；其次是 2014 年 8 月（夏季），相对资源密度为 7.52 kg/h；再次为 2015 年 1 月（冬季），相对资源密度为 1.61 kg/h；2015 年 5 月（春季）相对资源密度最低，仅为 1.56 kg/h。2014—2015 年渤海的渔业资源分布随季节变化。2014 年 8 月以渤海湾口、莱州湾西南部和河北近海渔业资源密度较高，莱州湾中东部、辽东湾、和渤海中东部资源密度较低；2014 年 10 月以黄河口附近海域和莱州湾东北部资源密度较高，辽东湾和渤海中部资源密度较低；2015 年 1 月整个渤海渔业资源密度均较低，仅莱州湾东部和渤海湾中部相对较高；2015 年 5 月整个渤海渔业资源密度均较低，仅黄河口附近海域相对较高（图 4-8）。

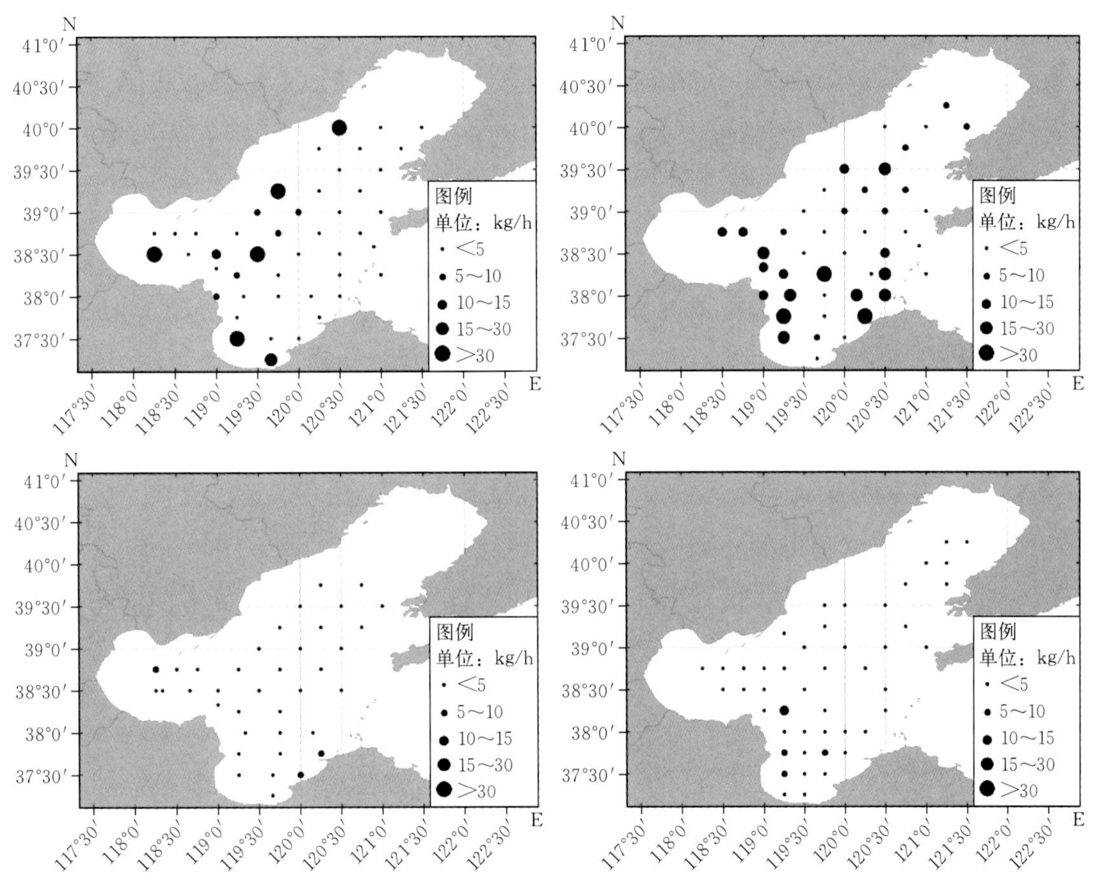

图 4-8　2014—2015 年渤海渔业资源密度分布的季节变化

左上：2014 年 8 月　右上：2014 年 10 月　左下：2015 年 1 月　右下：2015 年 5 月

2016—2017 年渤海渔业资源密度随季节变化。2016 年 8 月相对资源密度（即单位时间渔获量）最高，为 40.04 kg/h；其次是 2017 年 5 月，相对资源密度为 29.77 kg/h；再次为 2016 年 10 月，相对资源密度为 13.94 kg/h；2017 年 1 月相对资源密度最低，仅为 3.01 kg/h。

需要指出的是，2017 年为黄渤海禁渔期延长的第 1 年（禁渔期由原来的 6 月 1 日至 9 月 1 日延长为 5 月 1 日至 9 月 1 日）。由于禁渔期的提前，许多经济种类得以顺利从黄海洄游至渤海近岸繁殖，进而引起渤海渔业资源的密度由 2015 年 5 月的 1.56 kg/h 大幅提升至 2017 年 5 月的 29.77 kg/h。2016—2017 年，渤海的渔业资源分布随季节变化。2016 年 8 月渤海渔业资源密度整体较高且比较均匀，仅渤海中部渔业资源密度相对较低；2016 年 10 月以黄河口附近海域、渤海湾和河北近海水域渔业资源密度较高，辽东湾南部、渤海中东部和莱州湾东南部资源密度较低；2017 年 1 月整个渤海渔业资源密度均较低，仅辽东湾西南部相对较高；2017 年 5 月以渤海中部和莱州湾东南部渔业资源密度较高，辽东湾渔业资源密度相对较低（图 4 - 9）。

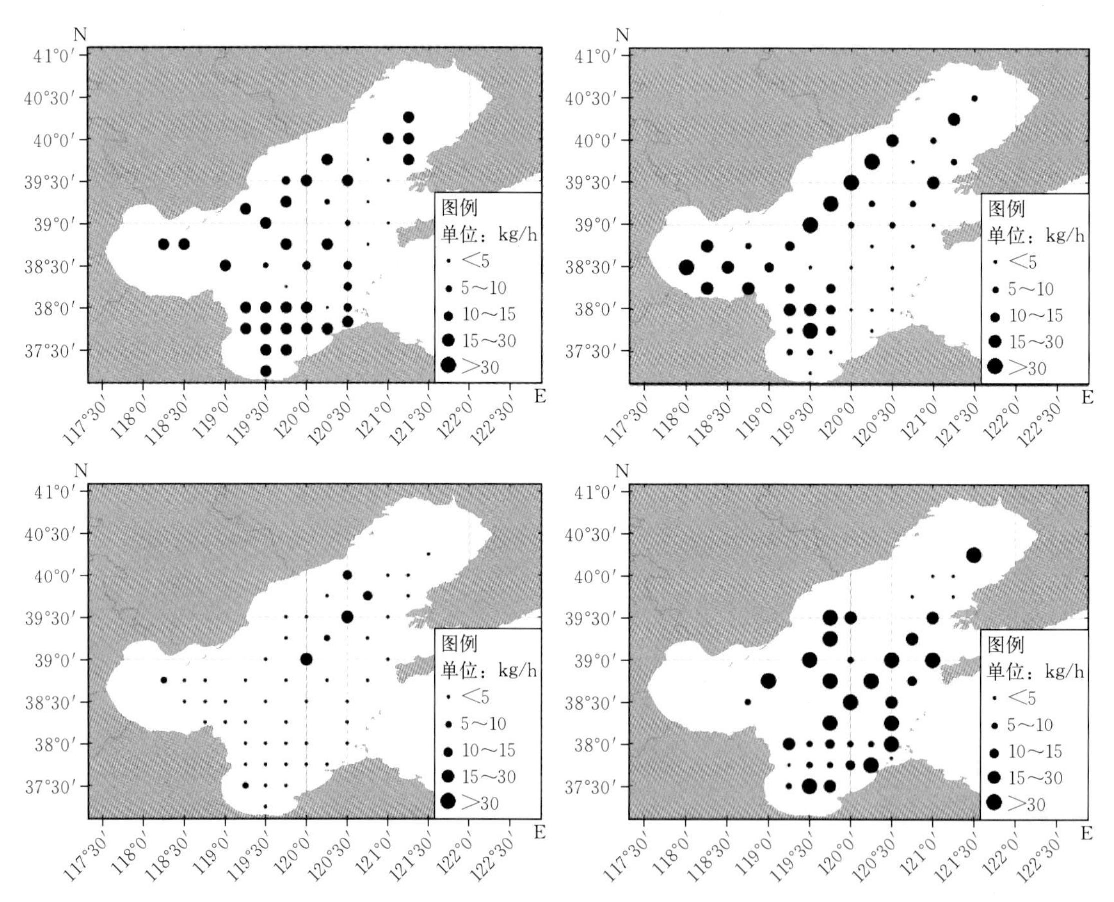

图 4 - 9　2016—2017 年渤海渔业资源密度分布的季节变化

左上：2016 年 8 月　右上：2016 年 10 月　左下：2017 年 1 月　右下：2017 年 5 月

二、主要种群密度分布

1. 小黄鱼

2014 年 8 月在渤海未捕捞到小黄鱼。2014 年 10 月小黄鱼在渤海的出现频率为 9.3%，平均资源密度为 0.01 kg/h，平均尾数密度为 0.2 尾/h，资源密度的范围为 0～0.28 kg/h，主要分布在辽东湾口和莱州湾东北部（图 4 - 10）。2015 年 1 月和 2015 年 5 月在渤海均未捕捞到小黄鱼。

2016 年 8 月小黄鱼在渤海的出现频率为 13.64%，平均密度为 0.14 kg/h，平均尾数密度

为 10.4 尾/h，资源密度的范围为 0～2.48 kg/h，集中分布在辽东湾（图 4-11）。2016 年 10 月小黄鱼在渤海的出现频率为 10.64%，平均密度为 0.05 kg/h，平均尾数密度为 0.74 尾/h，资源密度的范围为 0～1.05 kg/h，集中分布在滦河口外海（图 4-12）。2017 年 1 月在渤海未捕捞到小黄鱼。2017 年 5 月小黄鱼在渤海的出现频率为 17.96%，平均密度为 0.03 kg/h，平均尾数密度为 0.7 尾/h，资源密度的范围为 0～0.42 kg/h，主要分布在辽东湾东南部和渤海中部（图 4-13）。

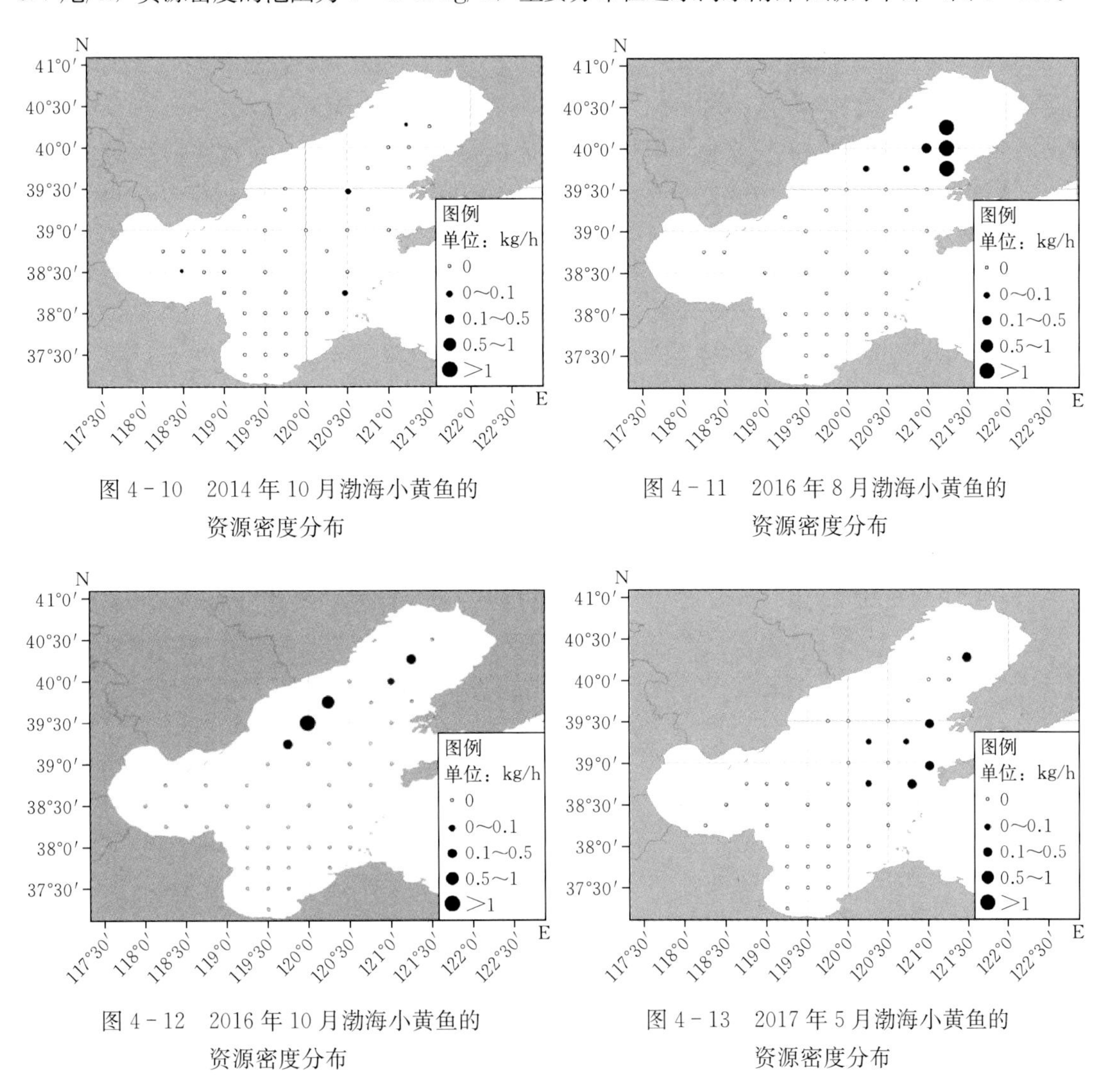

图 4-10　2014 年 10 月渤海小黄鱼的资源密度分布

图 4-11　2016 年 8 月渤海小黄鱼的资源密度分布

图 4-12　2016 年 10 月渤海小黄鱼的资源密度分布

图 4-13　2017 年 5 月渤海小黄鱼的资源密度分布

2. 鳀

2014 年 8 月鳀在渤海的出现频率为 56.25%，平均生物量密度为 2.35 kg/h，平均尾数密度为 1 351 尾/h，资源密度范围为 0～59.77 kg/h，主要分布于渤海中西部和辽东湾南部（图 4-14）；10 月出现频率为 69.77%，平均生物量密度为 1.69 kg/h，平均尾数密度为 647 尾/h，资源密度范围为 0～30.00 kg/h，主要分布于黄河口北部、莱州湾东北部和辽东湾南部（图 4-15）。2015 年 1 月在渤海未捕捞到鳀，5 月鳀在渤海的出现频率为 8.51%，平均生物量密度为 0.001 kg/h，平均尾数密度为 0.09 尾/h，资源密度范围为 0～0.02 kg/h，集中分布于莱州湾（图 4-16）。

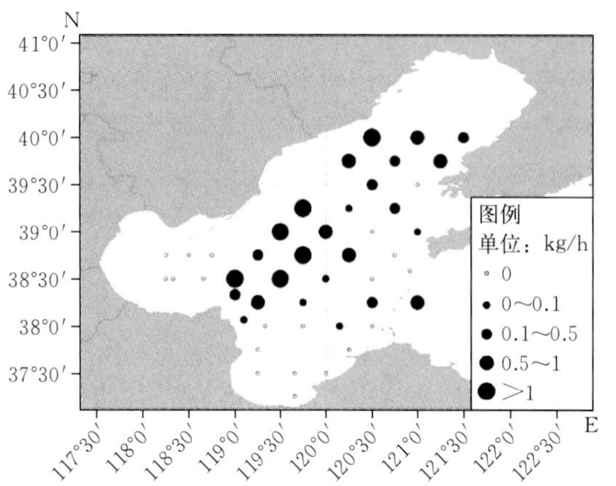

图 4-14 2014 年 8 月渤海鳀的资源密度分布

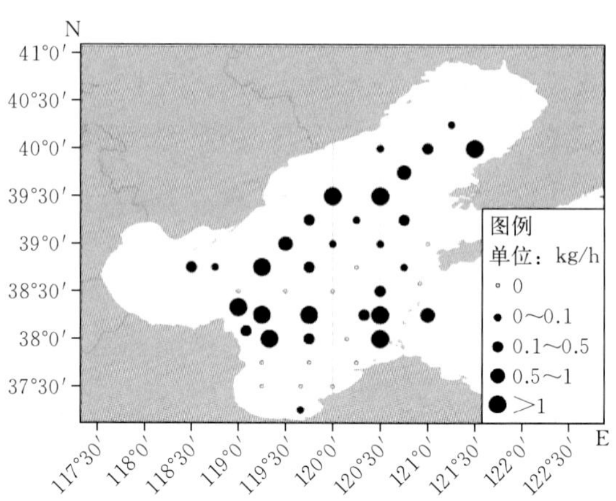

图 4-15 2014 年 10 月渤海鳀的资源密度分布

2016 年 8 月出现频率为 52.27%，平均生物量密度为 3.80 kg/h，平均尾数密度为 1 392 尾/h，资源密度范围为 0～50.00 kg/h，主要分布于辽东湾南部和渤海中西部（图 4-17）；10 月出现频率为 36.17%，平均生物量密度为 0.32 kg/h，平均尾数密度为 85.4 尾/h，资源密度范围为 0～10.00 kg/h，主要分布于辽东湾东南部和渤海中北部（图 4-18）。2017 年 1 月出现频率为 10%，平均生物量密度为 0.001 kg/h，平均尾数密度为 0.16 尾/h，资源密度范围为 0～0.02 kg/h，主要分布于渤海中部和渤海湾（图 4-19）；5 月鳀在渤海的出现频率为 12.82%，平均生物量密度为 0.01 kg/h，平均尾数密度为 0.45 尾/h，资源密度范围为 0～0.06 kg/h（图 4-20）。

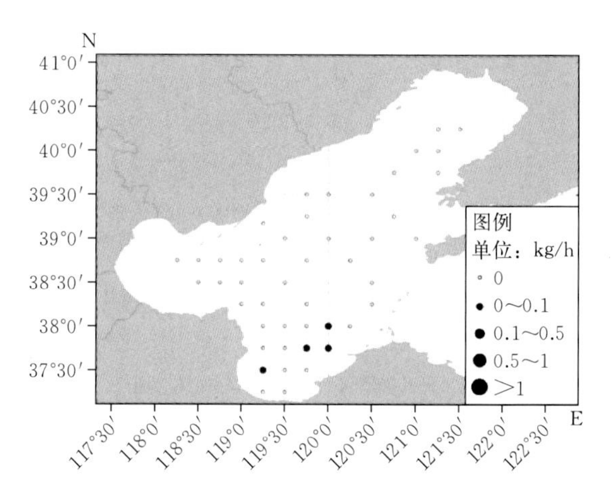

图 4-16 2015 年 5 月渤海鳀的资源密度分布

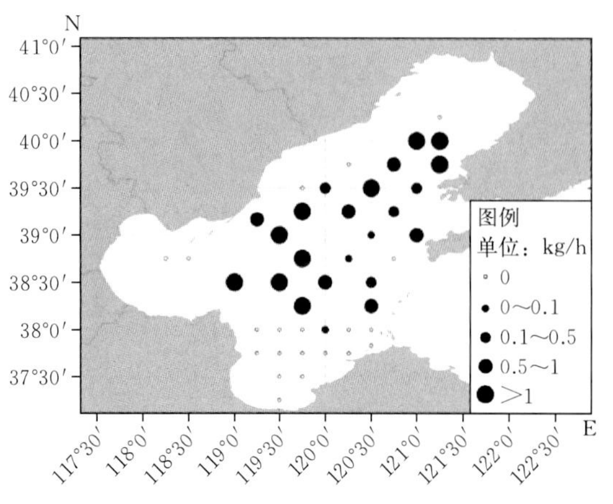

图 4-17 2016 年 8 月渤海鳀的资源密度分布

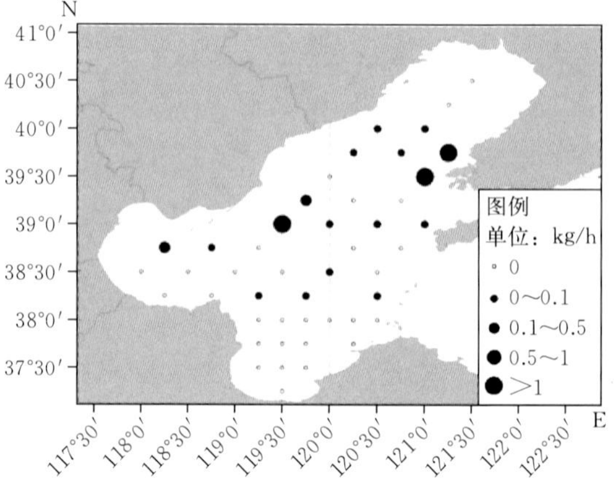

图 4-18 2016 年 10 月渤海鳀的资源密度分布

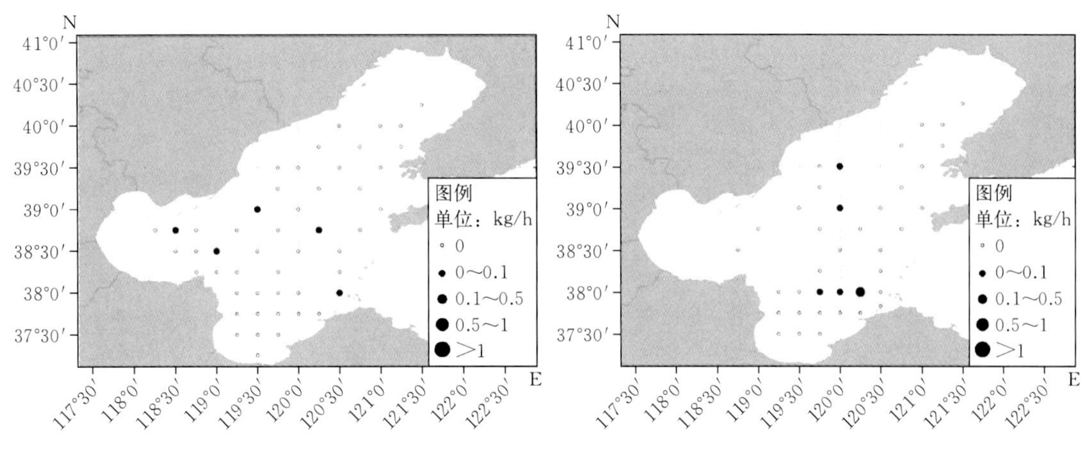

图 4-19 2017 年 1 月渤海鳀的资源密度分布　　图 4-20 2017 年 5 月渤海鳀的资源密度分布

3. 许氏平鲉

2014 年 8 月许氏平鲉在渤海的出现频率为 3.17%，平均生物量密度为 0.001 kg/h，平均尾数密度为 0.07 尾/h，资源密度的范围为 0～0.02 kg/h，主要分布于渤海中部（图 4-21）；10 月许氏平鲉在渤海的出现频率为 34.88%，平均生物量密度为 0.01 kg/h，平均尾数密度为 0.7 尾/h，资源密度的范围为 0～0.24 kg/h，主要分布于渤海中部和辽东湾（图 4-22）。2015 年 1 月出现频率为 13.16%，平均生物量密度为 0.02 kg/h，平均尾数密度为 0.16 尾/h，资源密度的范围为 0～0.34 kg/h，主要分布于渤海湾和黄河口（图 4-23）；5 月出现频率为 4.26%，平均生物量密度为 0.01 kg/h，平均尾数密度为 0.07 尾/h，资源密度的范围为 0～0.21 kg/h，主要分布于黄河口北部（图 4-24）。

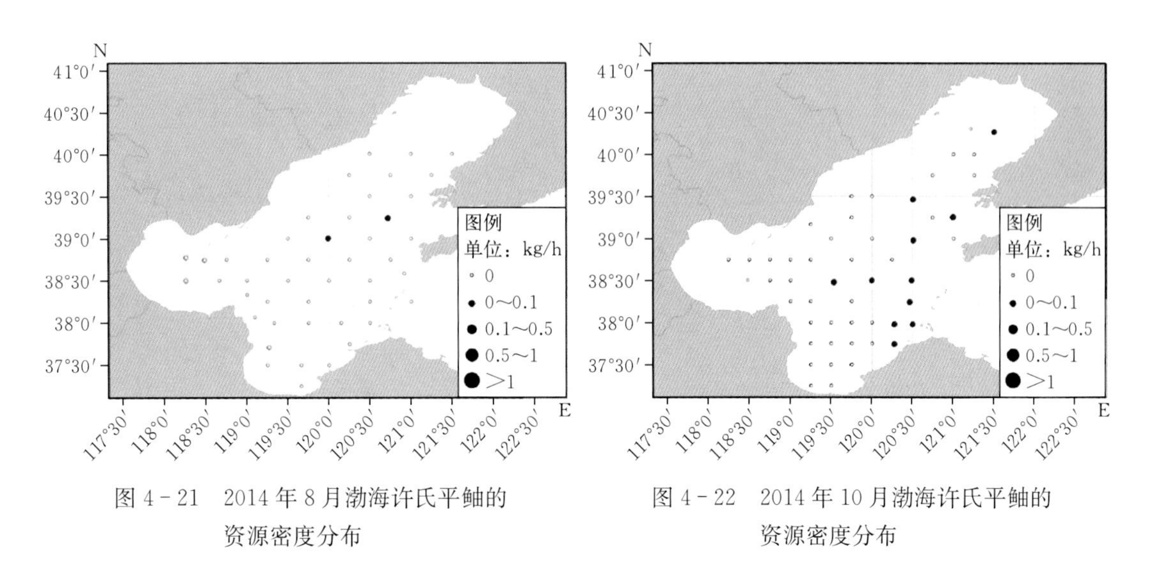

图 4-21 2014 年 8 月渤海许氏平鲉的资源密度分布　　图 4-22 2014 年 10 月渤海许氏平鲉的资源密度分布

2016 年 8 月出现频率为 38.64%，平均生物量密度为 0.16 kg/h，平均尾数密度为 13.67 尾/h，资源密度的范围为 0～3.29 kg/h，主要分布于渤海中部和辽东湾口（图 4-25）；10 月出现频率为 31.91%，平均生物量密度为 0.08 kg/h，平均尾数密度为 1.92 尾/h，资源

密度的范围为 0～1.90 kg/h，主要分布于渤海中东部（图 4－26）。2017 年 1 月出现频率为 8%，平均生物量密度为 0.005 kg/h，平均尾数密度为 0.14 尾/h，资源密度的范围为0～0.10 kg/h，主要分布于辽东湾东南部和大连近海（图 4－27）；5 月出现频率为 20.51%，平均生物量密度为 1.50 kg/h，平均尾数密度为 4.21 尾/h，资源密度的范围为 0～40.10 kg/h，主要分布于渤海湾口和渤海中北部（图 4－28）。

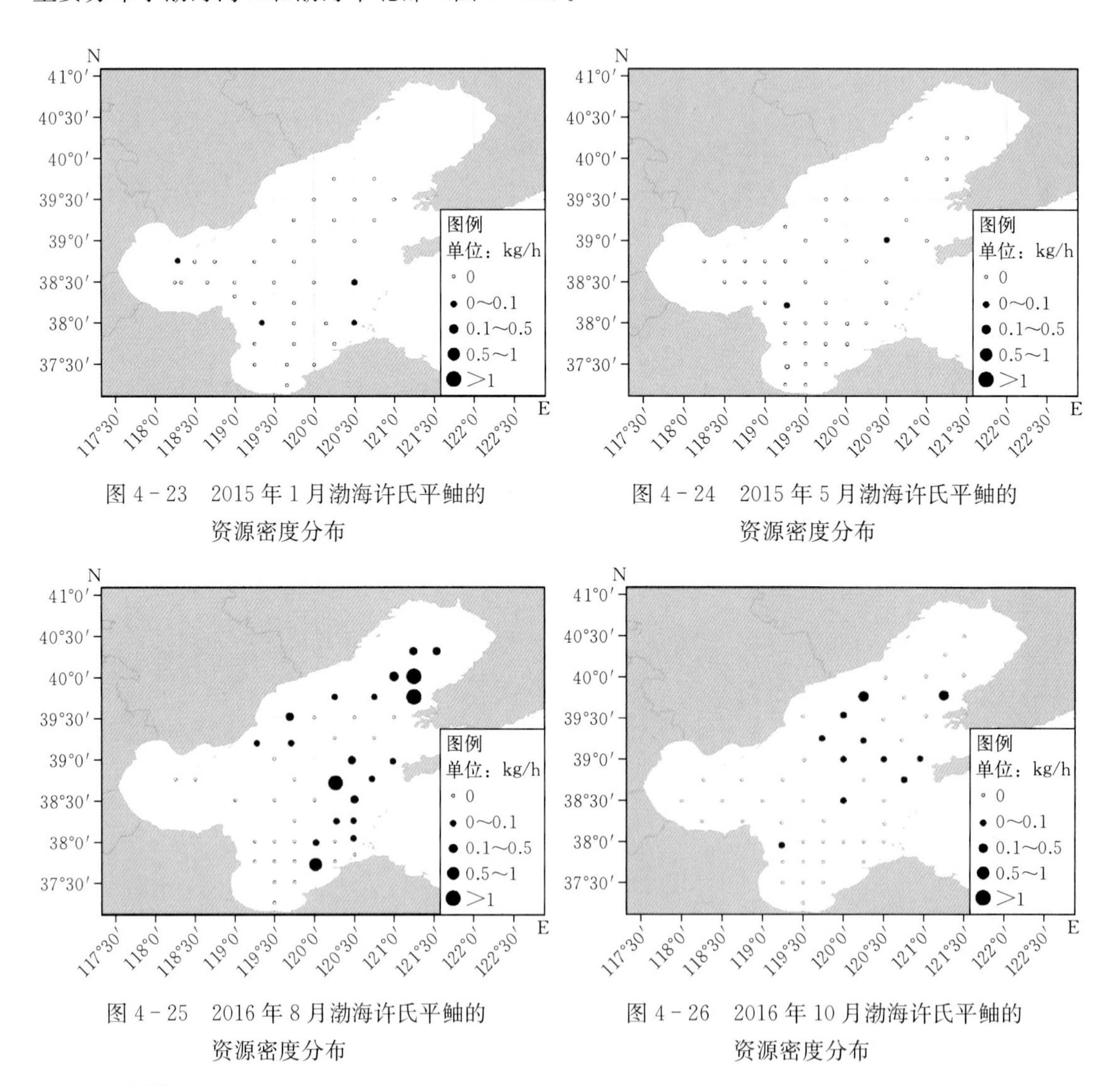

图 4－23　2015 年 1 月渤海许氏平鲉的资源密度分布

图 4－24　2015 年 5 月渤海许氏平鲉的资源密度分布

图 4－25　2016 年 8 月渤海许氏平鲉的资源密度分布

图 4－26　2016 年 10 月渤海许氏平鲉的资源密度分布

4. 黄鲫

2014 年 8 月黄鲫在渤海的出现频率为 35.42%，平均生物量密度为 0.97 kg/h，平均尾数密度为 231.37 尾/h，资源密度的范围为 0～39.27 kg/h，主要分布于渤海湾和黄河口北部海域（图 4－29）；10 月出现频率为 73.42%，平均生物量密度为 0.76 kg/h，平均尾数密度为 61.06 尾/h，资源密度的范围为 0～10.80 kg/h，主要分布于黄河口北部及莱州湾东北部（图 4－30）。2015 年 1 月在渤海未捕捞到黄鲫，5 月在渤海的出现频率为 51.06%，平均生物量密度为 0.05 kg/h，平均尾数密度为 4 尾/h，资源密度的范围为 0～0.36 kg/h，主要分布于莱州湾西部、辽东湾和渤海中部（图 4－31）。

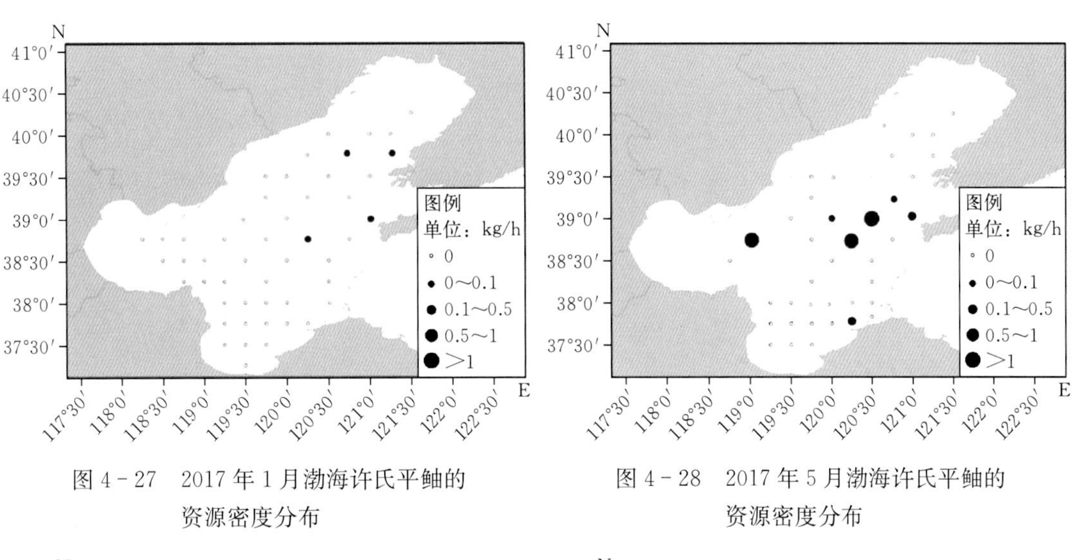

图 4－27　2017 年 1 月渤海许氏平鲉的资源密度分布

图 4－28　2017 年 5 月渤海许氏平鲉的资源密度分布

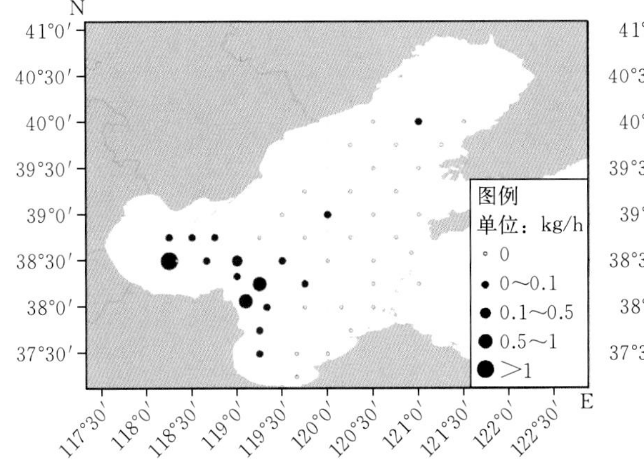

图 4－29　2014 年 8 月渤海黄鲫的资源密度分布

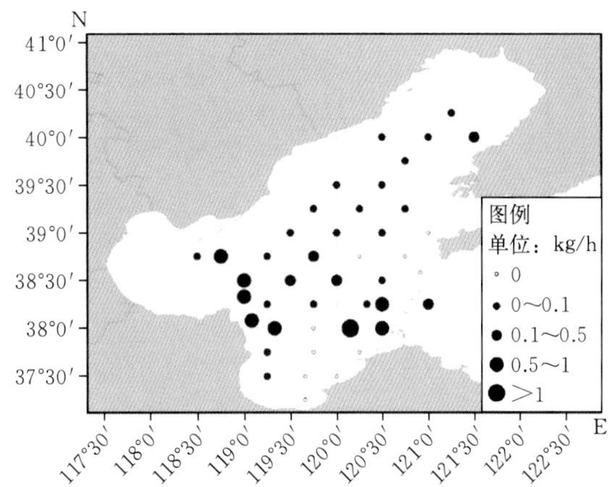

图 4－30　2014 年 10 月渤海黄鲫的资源密度分布

2016 年 8 月出现频率为 52.27%，平均生物量密度为 4.97 kg/h，平均尾数密度为 923 尾/h，资源密度的范围为 0～80.00 kg/h，主要分布于辽东湾、渤海湾和莱州湾西南部（图 4－32）；10 月出现频率为 68.09%，平均生物量密度为 0.26 kg/h，平均尾数密度为 51 尾/h，资源密度的范围为 0～2.33 kg/h，主要分布于辽东湾和渤海中北部（图 4－33）。2017 年 1 月出现频率为 42%，平均生物量密度为 0.01 kg/h，平均尾数密度为 3.1 尾/h。资源密度的范围为 0～0.15 kg/h，主要分

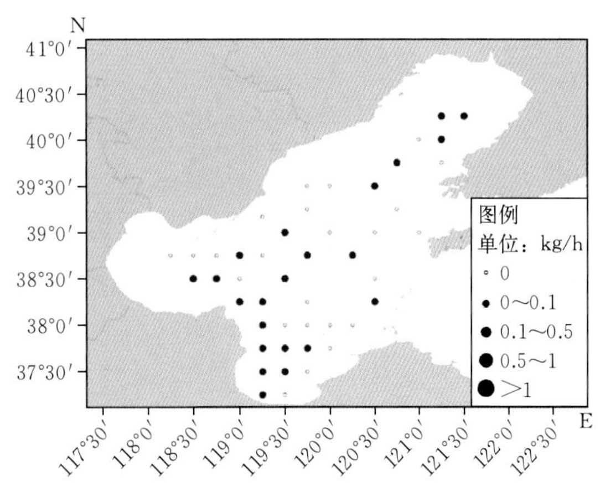

图 4－31　2015 年 5 月渤海黄鲫的资源密度分布

布于渤海中部（图 4－34）；5 月出现频率为 84.6%，平均生物量密度为 1.29 kg/h，平均尾数密度为 43.9 尾/h，资源密度的范围为 0～32.00 kg/h，主要分布于渤海中部和辽东湾东南部（图 4－35）。

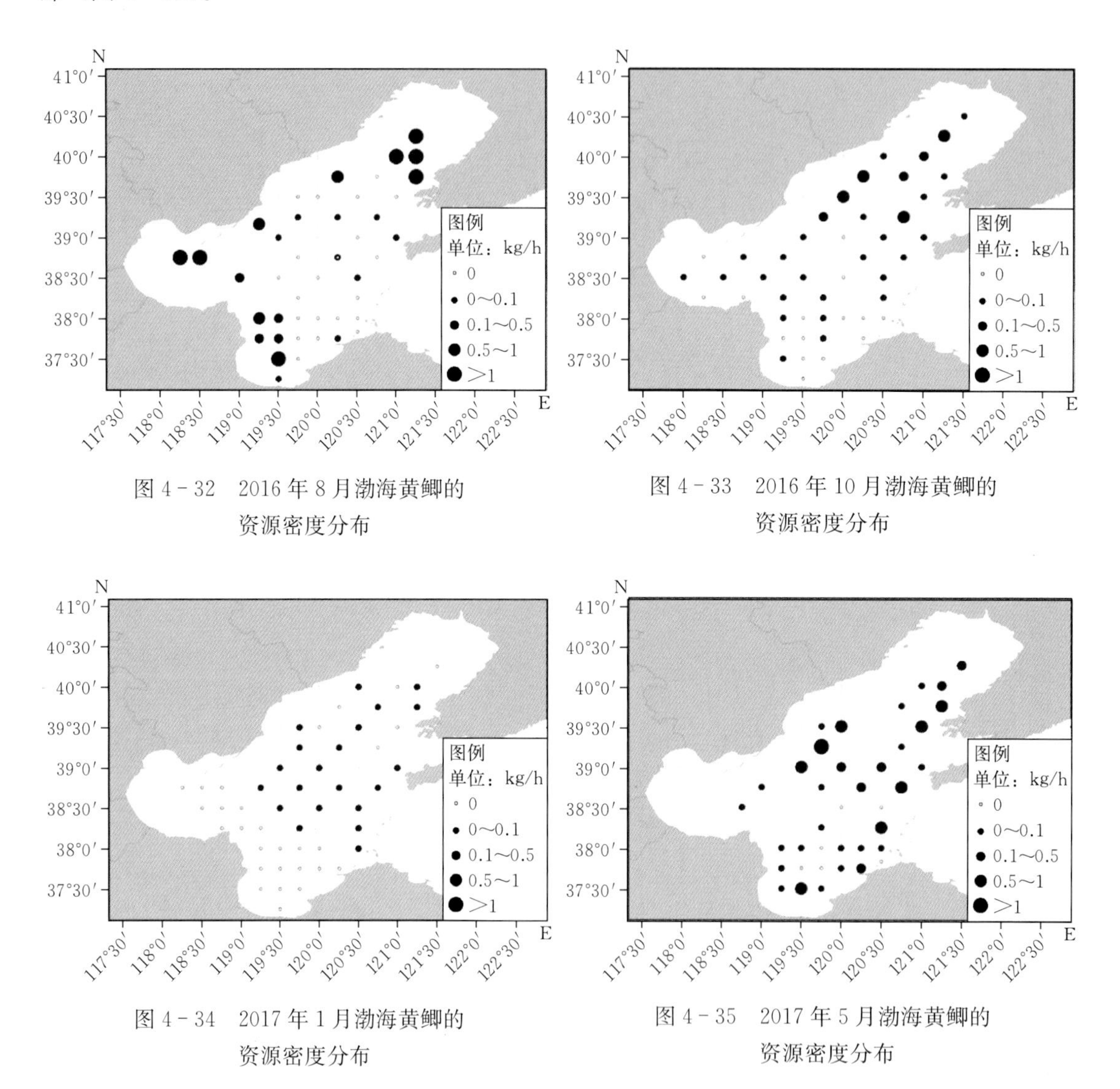

图 4－32　2016 年 8 月渤海黄鲫的资源密度分布

图 4－33　2016 年 10 月渤海黄鲫的资源密度分布

图 4－34　2017 年 1 月渤海黄鲫的资源密度分布

图 4－35　2017 年 5 月渤海黄鲫的资源密度分布

5. 六丝矛尾虾虎鱼

2014 年 8 月六丝矛尾虾虎鱼在渤海的出现频率为 81.25%，平均生物量密度为 0.39 kg/h，平均尾数密度为 100 尾/h，资源密度的范围为 0～12.68 kg/h，主要分布于渤海湾（图 4－36）；10 月出现频率为 62.79%，平均生物量密度为 0.83 kg/h，平均尾数密度为 259.7 尾/h，资源密度的范围为 0～12.00 kg/h，主要分布于莱州湾（图 4－37）。2015 年 1 月出现频率为 34.21%，平均生物量密度为 0.02 kg/h，平均尾数密度为 3.44 尾/h，资源密度的范围为0～0.25 kg/h，主要分布于渤海湾口北部（图 4－38）；5 月出现频率为 55.32%，平均生物量密度为 0.03 kg/h，平均尾数密度为 7.2 尾/h，资源密度的范围为 0～0.57 kg/h，主要分布于滦河口和莱州湾西部（图 4－39）。

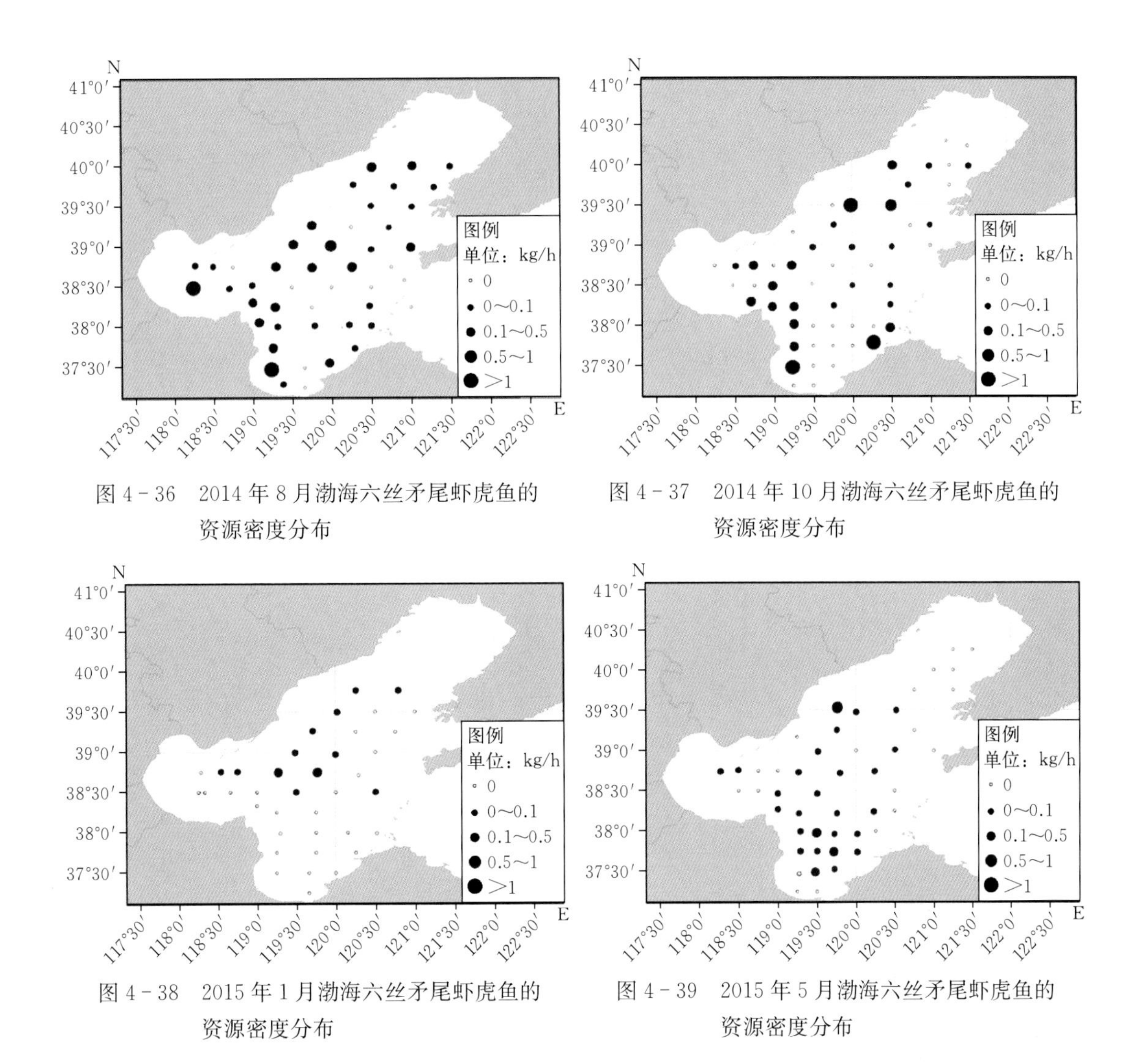

图 4－36　2014 年 8 月渤海六丝矛尾虾虎鱼的资源密度分布

图 4－37　2014 年 10 月渤海六丝矛尾虾虎鱼的资源密度分布

图 4－38　2015 年 1 月渤海六丝矛尾虾虎鱼的资源密度分布

图 4－39　2015 年 5 月渤海六丝矛尾虾虎鱼的资源密度分布

2016 年 8 月出现频率为 36.36%，平均生物量密度为 0.34 kg/h，平均尾数密度为 280.1 尾/h，资源密度的范围为 0～9.00 kg/h，主要分布于莱州湾东部和渤海湾（图 4－40）；10 月出现频率为 42.55%，平均生物量密度为 2.28 kg/h，平均尾数密度为 829.6 尾/h，资源密度的范围为 0～30.72 kg/h，主要分布于滦河口外海（图 4－41）。2017 年 1 月出现频率为 76%，平均生物量密度为 0.20 kg/h，平均尾数密度为 43.9 尾/h，资源密度的范围为 0～3.39 kg/h，主要分布于渤海中北部（图 4－42）；5 月出现频率为 69.23%，平均生物量密度为 0.47 kg/h，平均尾数密度为 579.7 尾/h，资源密度的范围为 0～5.00 kg/h，主要分布于莱州湾中部（图 4－43）。

6. 口虾蛄

2014 年 8 月口虾蛄在渤海的出现频率为 81.25%，平均生物量密度为 1.30 kg/h，平均尾数密度为 454 尾/h，资源密度的范围为 0～24.39 kg/h，主要分布于渤海湾中部和莱州湾西南部（图 4－44）；10 月出现频率为 81.4%，平均生物量密度为 2.09 kg/h，平均尾数密度为 215.8 尾/h，资源密度的范围为 0～13.60 kg/h，主要分布于莱州湾东北部和黄河口附近海域（图 4－45）。2015 年 1 月出现频率为 47.37%，平均生物量密度为 0.04 kg/h，平均尾数密度为 2.6 尾/h，资源密度的范围为 0～0.80 kg/h，主要分布于渤海湾、莱州湾和渤海中西部（图 4－46）；5 月出现频率为 91.49%，平均生物量密度为 0.64 kg/h，平均尾数密度为 68.7 尾/h，资源密度的范围为 0～12.00 kg/h，主要分布于莱州湾（图 4－47）。

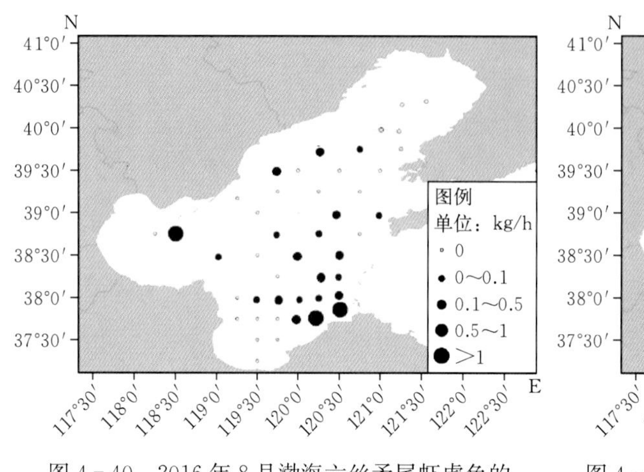

图 4－40　2016 年 8 月渤海六丝矛尾虾虎鱼的资源密度分布

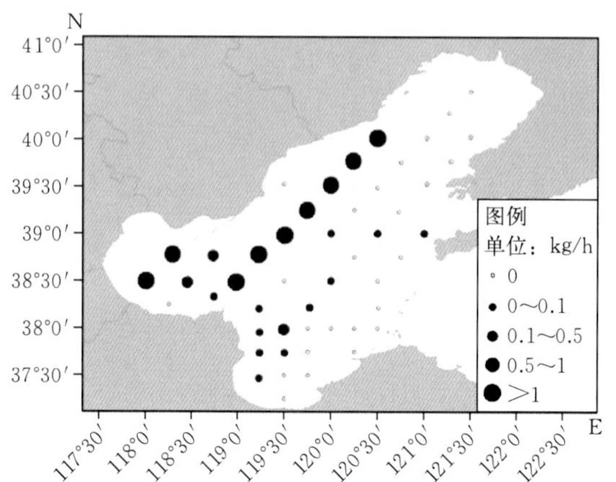

图 4－41　2016 年 10 月渤海六丝矛尾虾虎鱼的资源密度分布

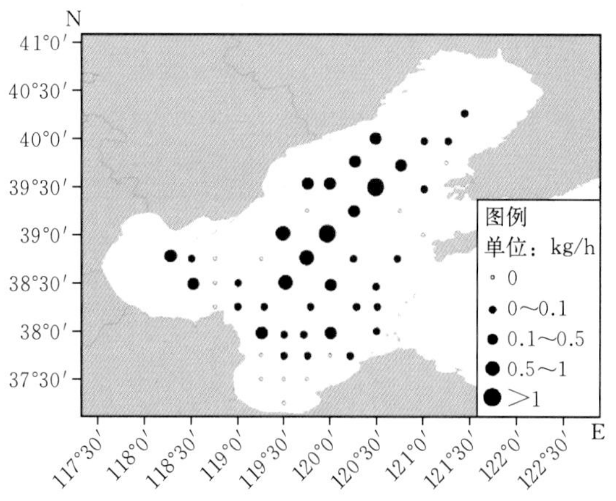

图 4－42　2017 年 1 月渤海六丝矛尾虾虎鱼的资源密度分布

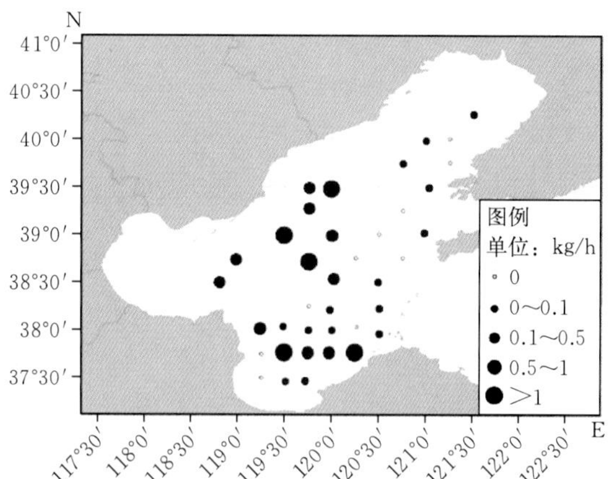

图 4－43　2017 年 5 月渤海六丝矛尾虾虎鱼的资源密度分布

2016 年 8 月出现频率为 86.36%，平均生物量密度为 12.34 kg/h，平均尾数密度为 754 尾/h，资源密度的范围为 0～90.91 kg/h，主要分布于莱州湾和渤海中部（图 4－48）；10 月出现频率为 82.98%，平均生物量密度为 6.02 kg/h，平均尾数密度为 367.7 尾/h，资源密度的范围为 0～36.00 kg/h，主要分布于渤海湾、莱州湾西部和河北近海（图 4－49）。2017 年 1 月出现频率为 90%，平均生物量密度为 0.15 kg/h，平均尾数密度为 11.4 尾/h，资源密度的范围为 0～0.75 kg/h，在渤海分布比较均匀（图 4－50）；5 月出现频率为 97.44%，平均生物量密度为 15.37 kg/h，平均尾数密度为 1 307.3 尾/h，资源密度的范围为 0～80.00 kg/h，主要分布于渤海中部和莱州湾（图 4－51）。

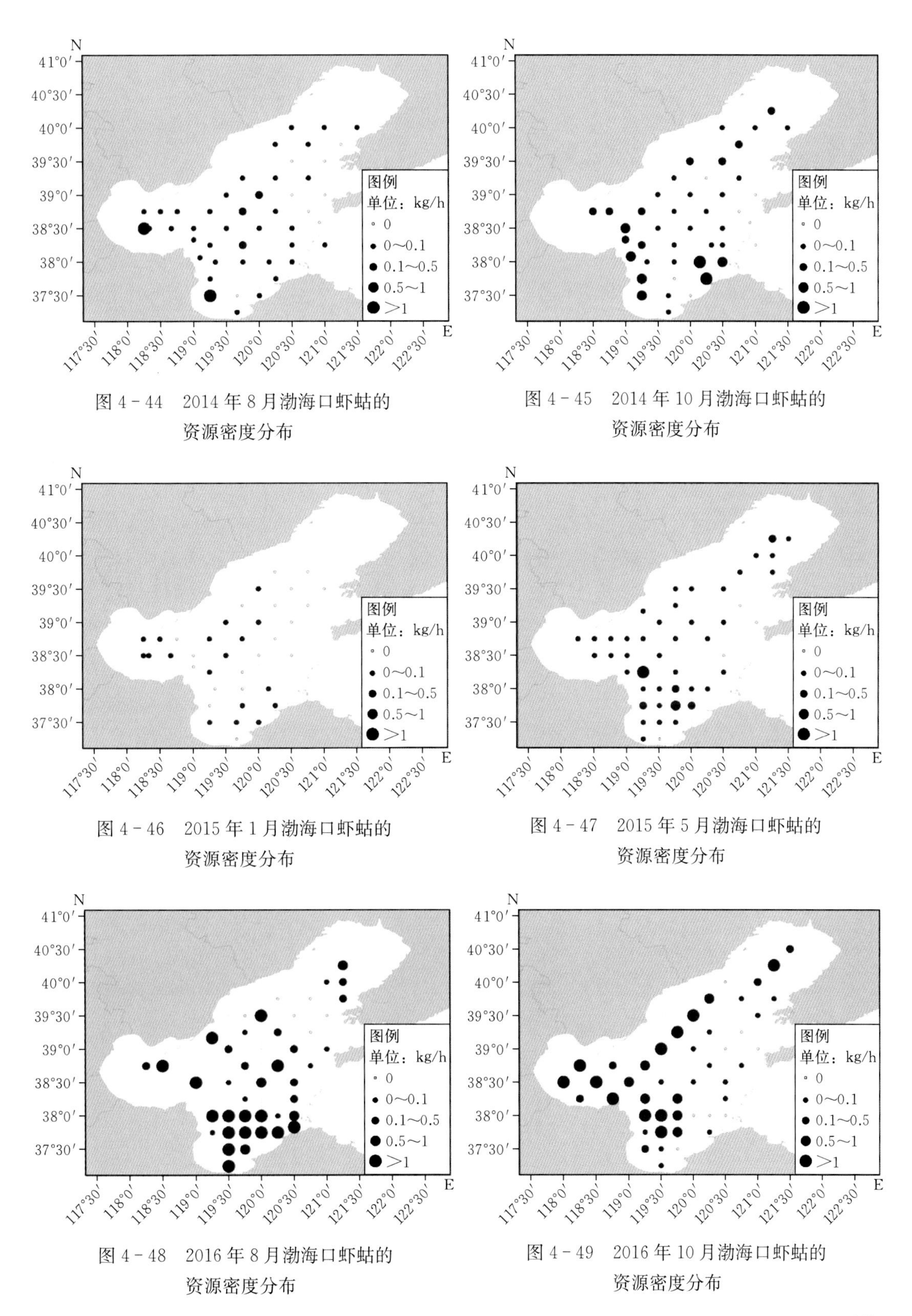

图 4-44　2014 年 8 月渤海口虾蛄的资源密度分布

图 4-45　2014 年 10 月渤海口虾蛄的资源密度分布

图 4-46　2015 年 1 月渤海口虾蛄的资源密度分布

图 4-47　2015 年 5 月渤海口虾蛄的资源密度分布

图 4-48　2016 年 8 月渤海口虾蛄的资源密度分布

图 4-49　2016 年 10 月渤海口虾蛄的资源密度分布

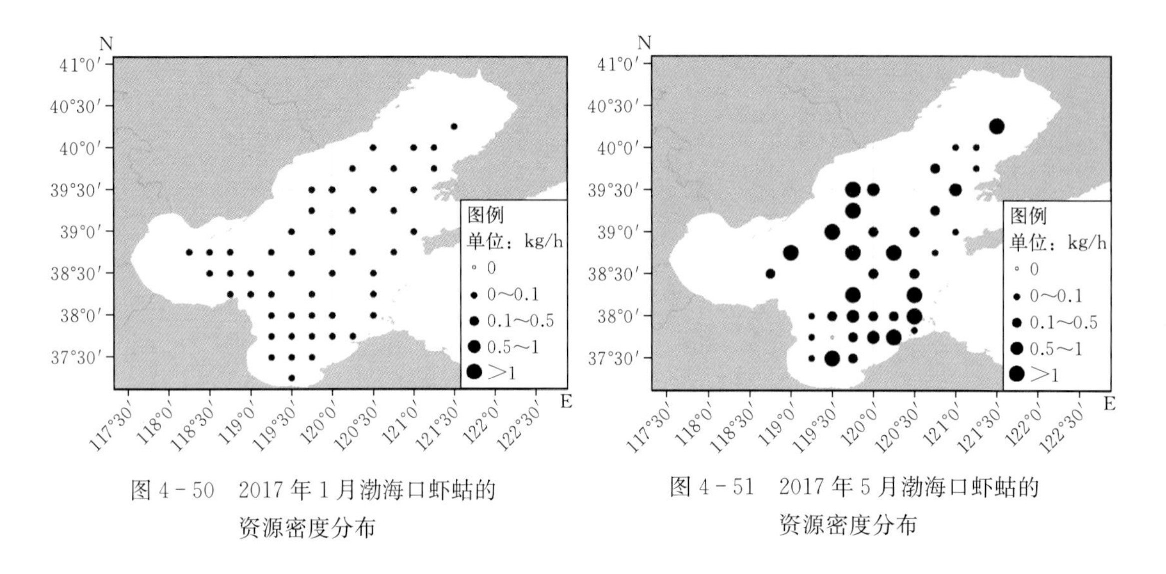

图 4-50　2017 年 1 月渤海口虾蛄的资源密度分布

图 4-51　2017 年 5 月渤海口虾蛄的资源密度分布

7. 中国对虾

2014 年 8 月中国对虾在渤海的出现频率为 8.3%，平均生物量密度为 0.02 kg/h，平均尾数密度为 0.53 尾/h，资源密度的范围为 0～0.74 kg/h，主要分布于渤海湾和莱州湾西部（图 4-52）；10 月出现频率为 30.23%，平均生物量密度为 0.03 kg/h，平均尾数密度为 0.48 尾/h，资源密度的范围为 0～0.23 kg/h，主要分布于莱州湾口和渤海中北部（图 4-53）；2015 年 1 月和 5 月均未在渤海捕捞到中国对虾。

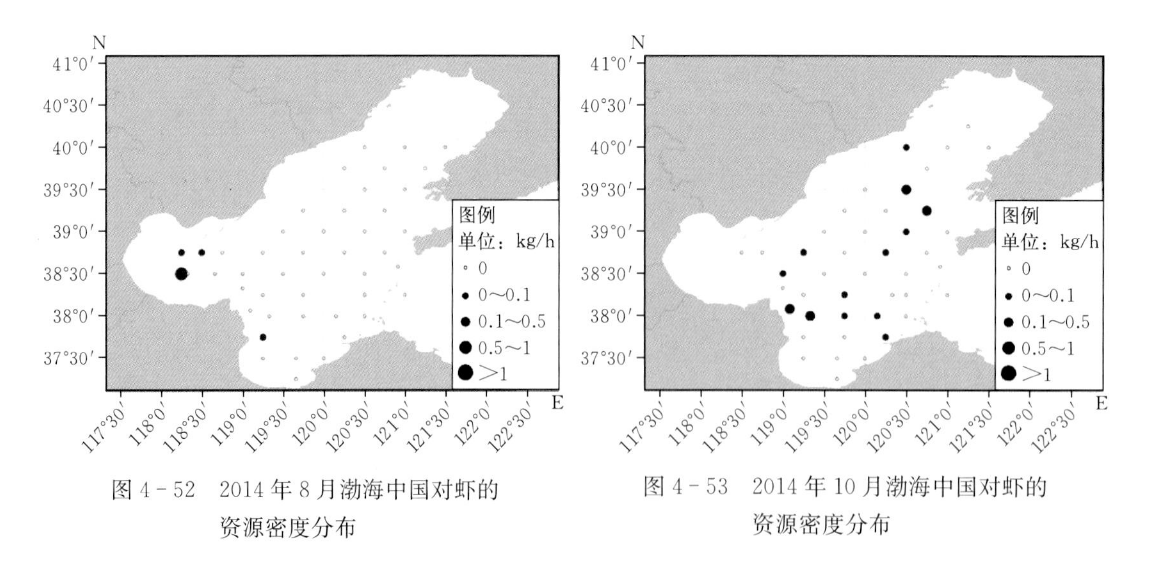

图 4-52　2014 年 8 月渤海中国对虾的资源密度分布

图 4-53　2014 年 10 月渤海中国对虾的资源密度分布

2016 年 8 月中国对虾在渤海的出现频率为 61.36%，平均生物量密度为 1.21 kg/h，平均尾数密度为 47.3 尾/h，资源密度的范围为 0～10.04 kg/h，主要分布于莱州湾和渤海湾（图 4-54）；10 月出现频率为 17.02%，平均生物量密度为 0.02 kg/h，平均尾数密度为 0.35 尾/h，资源密度的范围为 0～0.23 kg/h，主要分布于莱州湾口和渤海中部（图 4-55）。2017 年 1 月和 5 月在渤海均未捕捞到中国对虾。

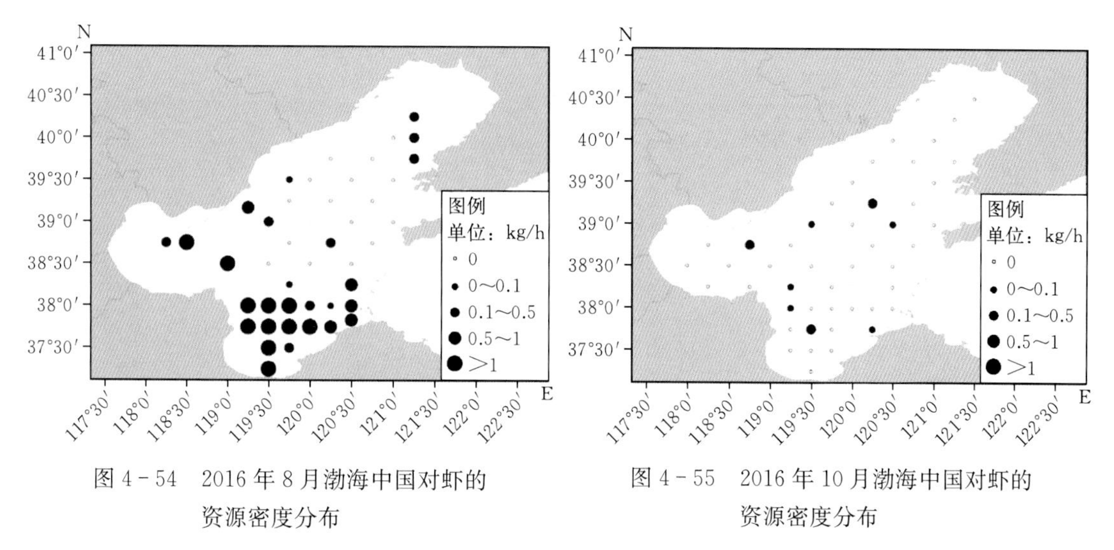

图 4-54　2016 年 8 月渤海中国对虾的资源密度分布

图 4-55　2016 年 10 月渤海中国对虾的资源密度分布

8. 枪乌贼

2014 年 8 月枪乌贼在渤海的出现频率为 75%，平均生物量密度为 0.11 kg/h，平均尾数密度为 34.6 尾/h，资源密度的范围为 0～1.28 kg/h，主要分布于渤海中部和渤海湾（图 4-56）；10 月出现频率为 93%，平均生物量密度为 0.52 kg/h，平均尾数密度为 156 尾/h，资源密度的范围为 0～5.67 kg/h，主要分布于渤海中北部和黄河口北部（图 4-57）。2015 年 1 月出现频率为 15.8%，平均生物量密度为 0.001 kg/h，平均尾数密度为 0.35 尾/h，主要分布于渤海中东部（图 4-58）；5 月出现频率为 55.3%，平均生物量密度为 0.03 kg/h，平均尾数密度为 6 尾/h，资源密度的范围为 0～0.33 kg/h，主要分布于莱州湾（图 4-59）。

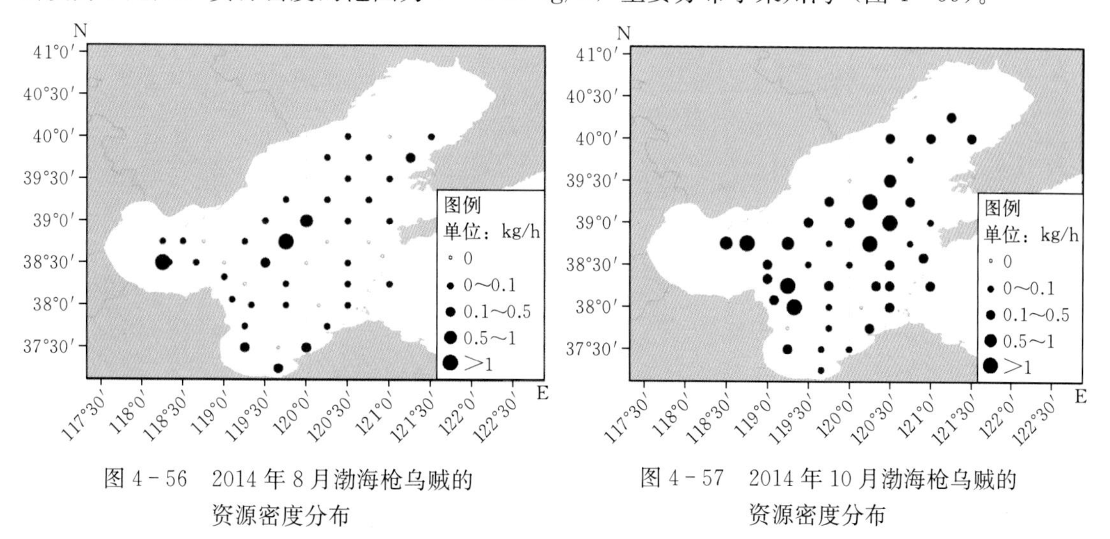

图 4-56　2014 年 8 月渤海枪乌贼的资源密度分布

图 4-57　2014 年 10 月渤海枪乌贼的资源密度分布

2016 年 8 月出现频率为 88.6%，平均生物量密度为 6.29 kg/h，平均尾数密度为 686 尾/h，资源密度的范围为 0～15.00 kg/h，主要分布于莱州湾和渤海中部（图 4-60）；10 月出现频率为 95.7%，平均生物量密度为 0.45 kg/h，平均尾数密度为 100.6 尾/h，资源密度的范围为 0～3.76 kg/h，主要分布于渤海中北部和莱州湾（图 4-61）。2017 年 1 月出现频率为 68%，平均生物量密度为 0.05 kg/h，平均尾数密度为 11.3 尾/h，资源密度的范围为 0～0.51 kg/h，主要分布于渤海中部（图 4-62）；5 月出现频率为 69.23%，平均生物量密度为 0.25 kg/h，平

均尾数密度为 64.5 尾/h，资源密度的范围为 0～3.40 kg/h，主要分布于莱州湾（图 4 - 63）。

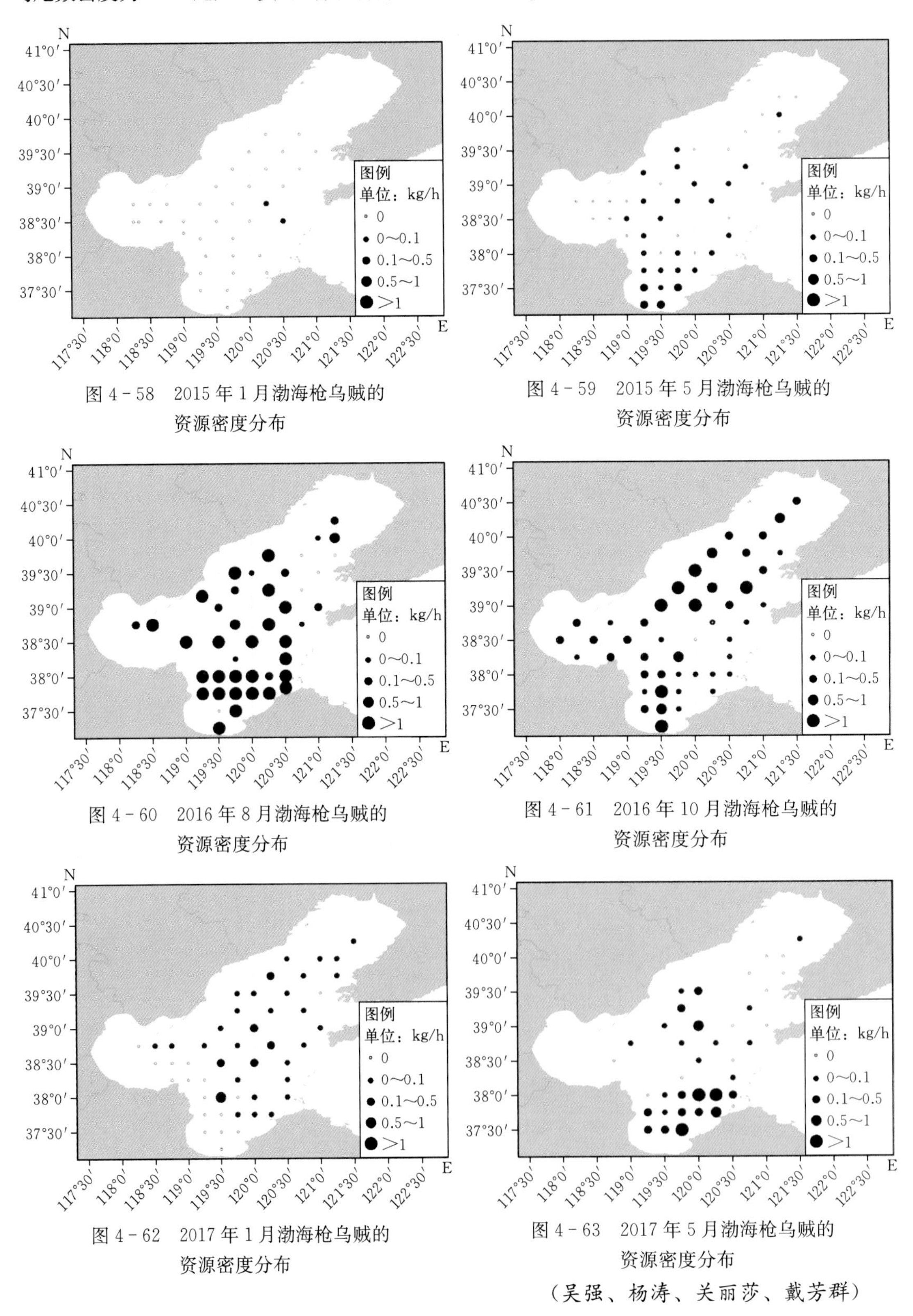

图 4 - 58　2015 年 1 月渤海枪乌贼的资源密度分布

图 4 - 59　2015 年 5 月渤海枪乌贼的资源密度分布

图 4 - 60　2016 年 8 月渤海枪乌贼的资源密度分布

图 4 - 61　2016 年 10 月渤海枪乌贼的资源密度分布

图 4 - 62　2017 年 1 月渤海枪乌贼的资源密度分布

图 4 - 63　2017 年 5 月渤海枪乌贼的资源密度分布

（吴强、杨涛、关丽莎、戴芳群）

第五节　渔业资源结构

一、渔业资源结构的季节变化

根据2014—2017年8个航次（季节）的底拖网调查，渤海游泳动物各类群组成亦呈现明显的季节变化（图4-64）。春季，渤海游泳动物以甲壳类为主，其生物量百分比为51.28%；其次为底层鱼类和中上层鱼类，生物量百分比分别为25.96%和19.56%；头足类生物量百分比最低，仅为3.2%。夏季，中上层鱼类生物量比例最高，为60.98%；其次是甲壳类和头足类，生物量百分比分别为18.03%和13.65%；底层鱼类生物量百分比最低，仅为7.34%。秋季，渤海游泳动物以甲壳类和中上层鱼类为主，其生物量百分比分别为33.79%和31.93%；其次为底层鱼类，生物量百分比为23.01%；头足类生物量百分比最低，仅为11.27%。冬季，底层鱼类生物量百分比最高，为53.79%；其次为甲壳类和头足类，生物量百分比分别为34.17%和10.86%；中上层鱼类生物量百分比最低，仅为1.18%。

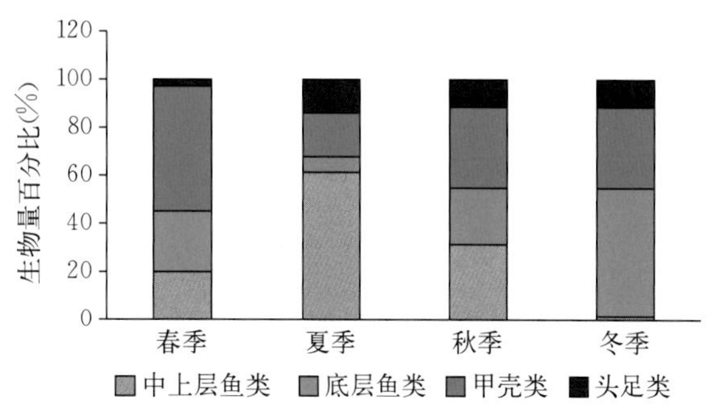

图4-64　渤海渔业资源结构的季节变化

二、甲壳类群落结构的年间变化

2009—2015年夏季，渤海甲壳类的平均网获生物量为5.87 kg/h；其中以2009年最高（16.88 kg/h），2013年最低（0.64 kg/h）。按类别，虾类的平均网获生物量为0.71 kg/h，其中以2015年最高（1.77 kg/h），2013年最低（仅0.09 kg/h）；蟹类的平均网获生物量为0.97 kg/h，其中以2009年最高（2.34 kg/h），2013年最低（0.28 kg/h）；口虾蛄的平均网获生物量为4.19 kg/h，其中以2009年最高（13.40 kg/h），2013年最低（0.28 kg/h）。2009—2015年夏季，渤海甲壳类的平均尾数密度为622.49尾/h；其中，以2015年最高（694.71尾/h）、2013年最低（56.01尾/h）。按类别，虾类的平均尾数密度为369.01尾/h，以2015年最高（1 169.87尾/h）、2013年最低（27.97尾/h）；蟹类的平均尾数密度为37.81尾/h，以2015年最高（68.41尾/h）、2013年最低（9.49尾/h）；口虾蛄的平均尾数密度为307.95尾/h，以2009年最高（695.11尾/h）、2013年最低（18.55尾/h）（图4-65）。

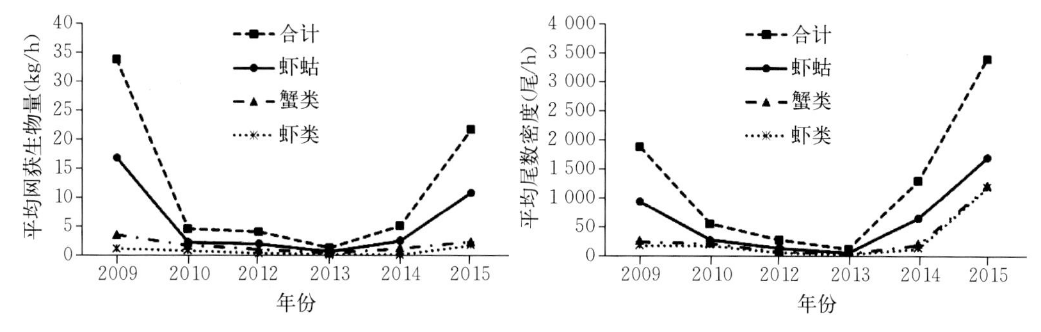

图4-65　2009—2015年夏季渤海甲壳类生物量与个体数组成的年间变化

根据2009—2015年8月渤海甲壳类个体数矩阵，通过聚类（Cluster）和非度量多维标度（MDS）分析，6个年份在70%相似性水平上被区分为4个群组。2010年、2014年和2015年分别独立为一个群组，2009年、2012年和2013年划为同一个群组（简称为群组2009）。其中，以2010年与其他年份的群落结构相似性指数最低，仅为49%～57%，平均值为51%；以2013年与其他年份的群落结构相似性指数最高，为57%～77%，平均值为66%。MDS胁迫系数（Stress）为0，说明二维点图对群落结构排序具有很好的代表性（图4-66）。ANOSIM分析显示，不同群组的群落结构均呈显著性差异（$P<0.05$）。SIMPER分析表明，口虾蛄对区分群组2009与群组2014、群组2010与群组2014的贡献率分别达67.41%和32.95%；葛氏长臂虾在区分群组2009与群组2015、群组2010与群组2015以及群组2014与群组2015的贡献率分别达到54.44%、44.97%和67.07%；海蜇虾、鹰爪虾和口虾蛄对区分群组2009与群组2010的累积贡献率达71.87%。

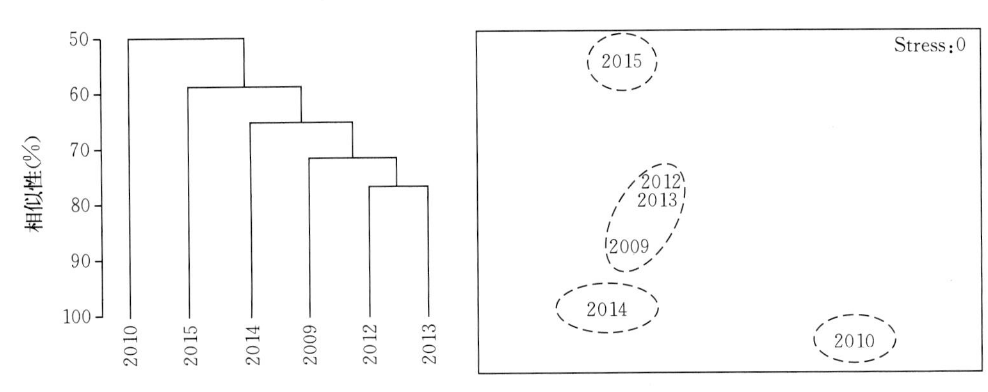

图4-66 渤海甲壳类个体数密度的时间聚类及MDS分析

根据相关参数（表4-8）计算各年份渤海甲壳类群落更替指数与迁移指数，进而分析甲壳类群落稳定性的变化趋势。2012年、2010年和2015年渤海甲壳类群落的稳定性较好，其更替指数AI均在100以下；2014年渤海甲壳类群落的稳定性较差，其更替指数AI为112.5；2013年甲壳类群落稳定性最差，其更替指数高达300。2010年和2012年渤海甲壳类群落基本处于动态平衡，迁入和迁出物种数大体相当；2014年和2015年渤海甲壳类迁入物种数远大于迁出物种数；2013年甲壳类迁出物种数远大于迁入物种数（图4-67）。综合更替指数和迁移指数，渤海甲壳类群落的稳定性以2010年和2012年最好、2013年最差。

表4-8 群落更替指数和迁移指数的参数

调查时间（年.月）	物种数	迁入物种数	迁出物种数	公共物种数目
2009.8	25		5	13
2010.8	24	4	5	13
2012.8	25	3	2	13
2013.8	16	0	9	13
2014.8	20	7	2	13
2015.8	22	5	3	13

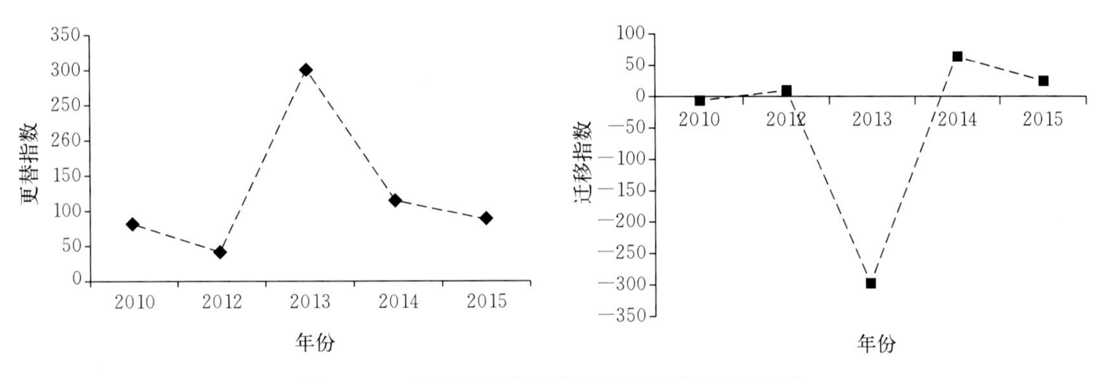

图 4-67　渤海甲壳类群落的更替指数和迁移指数

（吴强、关丽莎、杨涛、戴芳群）

参考文献

卞晓东，张秀梅，高天翔，等，2010.2007 年春、夏季黄河口海域鱼卵、仔稚鱼种类组成与数量分布［J］．中国水产科学，17（4）：815－827.

方国洪，王凯，郭丰毅，等，2002. 近 30 年渤海水文和气象状况的长期变化及其相互关系［J］．海洋与湖沼，33：515－525.

姜言伟，万瑞景，陈瑞盛，1988. 渤海硬骨鱼类鱼卵、仔稚鱼调查研究［J］．海洋水产研究，9：121－149.

金显仕，唐启升，1998. 渤海渔业资源结构、数量分布及其变化［J］．中国水产科学，5（3）：18－24.

金显仕，窦硕增，单秀娟，等，2015. 我国近海渔业资源可持续产出基础研究的热点问题［J］．渔业科学进展，36（1）：124－131.

官文江，2015. R 语言在海洋渔业中的应用［M］．北京：海洋出版社：224－229.

刘静，宁平，2011. 黄海鱼类组成、区系特征及历史变迁［J］．生物多样性，19（6）：764－769.

李忠义，吴强，单秀娟，等，2017. 渤海鱼类群落结构的年际变化［J］．中国水产科学，24（2）：403－413.

马伟伟，万修全，万凯，2016. 渤海冬季风生环流的年际变化特征及机制分析［J］．海洋与湖沼，47（2）：295－302.

邱道立，刘效舜，王遵孝，1965. 渤、黄海小黄鱼的洄游与水文环境的关系［C］//海洋渔业资源论文选集续集（1962 年海洋渔业资源学术会议论文编审委员会）．北京：农业出版社：43－55.

唐启升，苏纪兰，孙松，等，2005. 中国近海生态系统动力学研究进展［J］．地球科学进展，20：1288－1299.

唐启升，方建光，张继红，等，2013. 多重压力胁迫下近海生态系统与多营养层次综合养殖［J］．渔业科学进展，34（1）：1－11.

田明诚，孙宝龄，杨纪明，1993. 渤海鱼类区系分析［J］．海洋科学集刊，34：157－167.

万瑞景，姜言伟，1998. 渤海硬骨鱼类鱼卵和仔稚鱼分布及其动态变化［J］．中国水产科学，5（1）：43－50.

万瑞景，魏皓，孙珊，等，2008. 山东半岛南部产卵场鳀鱼的产卵生态Ⅰ．鳀鱼鱼卵和仔、稚幼鱼的数量与分布特征［J］．动物学报，54（5）：785－797.

万瑞景，曾定勇，卞晓东，等，2014. 东海生态系统中鱼卵、仔稚鱼种类组成、数量分布及其与环境因素的关系［J］．水产学报，38（9）：1375－1398.

韦晟，姜卫民，1992. 黄海鱼类食物网的研究［J］．海洋与湖沼，23（2）：182－192.

周利，2014. 海洋浮游植物对溢油的生态响应研究［D］．北京：中国科学院研究生院：1－83.

朱鑫华，唐启升，2002. 渤海鱼类群落优势种结构及其种间更替［J］．海洋科学集刊，44：159－168.

朱鑫华，吴鹤洲，徐凤山，等，1994. 黄、渤海沿岸水域游泳动物群落结构时空格局异质性研究［J］．动物学报，40（3）：241－252.

Bianchi G, Gislason H, Graham K, et al, 2000. Impact of fishing on size composition and diversity of demersal fish communities [J]. ICES Journal of Marine Science, 57 (3): 558 - 571.

Chen CTA, 2009. Chemical and physical fronts in the Bohai, Yellow and East China seas [J]. Journal of Marine Systems, 78: 394 - 410.

Cushing DH, 1975. Marine Ecology and Fisheries [M]. Cambridge, UK: Cambridge University Press.

Cushing DH, 1990. Plankton production and year class strength in fish populations: an update of the match/mismatch hypothesis [J]. Advances in Marine Biology, 26: 249 - 293.

Edwards M, Richardson AJ, 2004. Impact of climate change on marine pelagic phenology and trophic mismatch [J]. Nature, 430 (7002): 881 - 884.

Eilertsen HC, Sandberg S, Tellefsen H, 1995. Photoperiodic control of diatom spore growth; a theory to explain the onset of phytoplankton blooms [J]. Marine Ecology Progress Series, 116: 303 - 307.

Fan H, Huang H, 2008. Response of coastal marine eco-environment to river fluxes into the sea: a case study of the Huanghe (Yellow) River mouth and adjacent waters [J]. Marine Environmental Research, 65 (5): 378 - 387.

Hjort J, 1914. Fluctuations in the great fisheries of northern Europe, viewed in the light of biological research [J]. Rapports et Procès - Verbaux des Réunions du Conseil Permanent International Pour L' Exploration de la Mer, 20: 1 - 228.

Houde ED, 1987. Fish early life dynamics and recruitment variability [J]. American Fisheries Society Symposium, 2: 17 - 29.

Maynou F, Sabatés A, Salat J, 2014. Clues from the recent past to assess recruitment of Mediterranean small pelagic fishes under sea warming scenarios [J]. Climatic Change, 126: 175 - 188.

Mcquoid MR, Hobson LA, 2010. Diatom resting stages [J]. Journal of Phycology, 32 (6): 889 - 902.

Peck MA, Huebert KB, Llopiz JK, 2012. Intrinsic and extrinsic factors driving match-mismatch dynamics during the early life history of marine fishes [J]. Advances in Ecological Research, 47: 177 - 302.

Pinkas L, Oliphant MS, Iverson ILK, 1971. Food habits of albacore, bluefin tuna, and bonito in California waters [J]. California Department of Fish and Game Fish Bulletin, 152: 1 - 105.

Ren H, Li G, Cui L, et al, 2015. Multi - scale variability of water discharge and sediment load into the Bohai Sea from 1950 to 2011 [J]. Journal of Geographical Sciences, 25 (1): 85 - 100.

Shan X, Jin X, Dai F, et al, 2016. Population dynamics of fish species in a marine ecosystem: a case study in the Bohai Sea, China [J]. Marine & Coastal Fisheries Dynamics Management & Ecosystem Science, 8 (1): 100 - 117.

Shan X, Sun P, Jin X, et al, 2013. Long - term changes in fish assemblage structure in the Yellow River Estuary ecosystem, China [J]. Marine & Coastal Fisheries, 5 (1): 65 - 78.

Tang Q, Jin X, Wang J, et al, 2003. Decadal - scale variations of ecosystem productivity and control mechanisms in the Bohai Sea [J]. Fisheries Oceanography, 12 (4 - 5): 223 - 233.

Tang Q, Guo XW, Sun Y, et al, 2007. Ecological conversion efficiency and its influencers in twelve species of fish in the Yellow Sea Ecosystem [J]. Journal of Marine Systems, 67: 282 - 291.

Wan R, Bian X, 2012. Size variability and natural mortality dynamics of anchovy *Engraulis japonicus* eggs under high fishing pressure [J]. Marine Ecology Progress Series, 465: 243 - 251.

Wei H, Su J, Wan RJ, et al, 2003. Tidal front and the convergence of anchovy (*Engraulis japonicus*) eggs in the Yellow Sea [J]. Fisheries Oceanography, 12: 434 - 442.

Wu R, Li C, Lin J, 2016. Enhanced winter warming in the Eastern China Coastal Waters and its relationship with ENSO [J]. Atmospheric Science Letters, 18: 11 - 18.

Whittaker RH, 1972. Evolution and measurement of species diversity [J]. Taxon, 21 (2 - 3): 213 - 251.

Zhao X, Hamre J, Li F, et al, 2003. Recruitment, sustainable yield and possible ecological consequences of the sharp decline of the anchovy (*Engraulis japonicus*) stock in the Yellow Sea in the 1990 s [J]. Fisheries Oceanography, 12: 495 - 501.

第五章

渤海食物网营养动力学

渤海作为我国的内海，是黄渤海主要渔业种类的产卵场和索饵场，也是我国重要的渔场。我国从 20 世纪 50 年代以来长期在渤海进行渔业资源与环境调查、监测，开展了大量的科学研究，对渤海鱼类种类组成、资源结构和数量分布的变动特征和规律有了比较全面系统的了解（邓景耀等，1988a；金显仕等，1998；金显仕 2001；Tang et al，2003；单秀娟等，2012；李忠义等，2017）。对渤海鱼类的食物关系也开展了较多研究，邓景耀等（1986，1997）对 20 世纪 80 年代和 90 年代渤海鱼类食物关系进行了研究；李军（1990）对渤海重要食物主线——蓝点马鲛食物链结构进行了研究；张波等（2012）对渤海鱼类群落的营养功能群进行了研究；Zhang 等（2007）、许思思等（2014）和林群等（2016）的研究均发现渤海渔获物的营养级呈下降趋势。

近年来，在我国乃至全球范围内，渔业资源普遍衰退，资源结构发生了很大的变化，渔业生物多样性正经受着前所未有的胁迫和影响（金显仕等，2009）。如何有效地减缓生物多样性的丧失速率，维持群落结构的稳定性，成为生态学家十分关心的问题。关键种理论是开展生物多样性保护的基础，将关键种作为群落优先保护和养护的目标，是一种最大程度解决生物多样性保护问题的方法（Hixon et al，1983；Soulé et al，1986；Burkey，1989）。关键种（Keystone Species）是指当群落中单个种发生变化时，会引起群落结构振荡，甚至导致生态功能紊乱乃至整个系统崩溃的种类。因此，关键种对整个生态系统结构和功能发挥着重要作用。关键种可以是濒危种、土著种、外来种，甚至是广布种（Mills et al，1993；Libralato et al，2006；Modlmetera et al，2015），并且随着区域、时间、生态系统的变化而不同，环境条件的改变也会导致其更替（Jordán et al，2002；Gili，2001），而关键种决定了水域生态系统食物网结构变化的方向，了解生态关键种的长期变化有助于解析整个生态系统的演替过程（Pauly et al，2001）。如何筛选和识别关键种就变得尤为关键，也成为近年来渔业生态学的国际研究热点（Libralato et al，2006；Jordán，2009；Coll et al，2012；Eddy et al，2014；Modlmeiera et al，2015；Valls et al，2015；Torres et al，2017）。

本章拟通过分析渤海鱼类的食物组成、食性类型、饵料的生境宽度和营养级，了解当前渤海鱼类的食物关系及其变化，并基于渤海全程食物网的研究基础，以莱州湾水域为例，开展食物网关键种构成的食物产出主线研究，基于鱼类摄食关系构建莱州湾鱼类群落食物网拓扑结构，定量描述莱州湾水域鱼类群落食物网各种群间的关系，为进一步构建渤海生态系统模型，探讨环境变化对渔业种群动态的耦合关系及其资源效应提供基础资料。

第一节　食物关系及营养级

一、样品的分析与处理

2010—2011 年用双拖渔船对渤海进行了 5 次大面综合调查，调查网具网口高度 6 m，网口宽度 22.6 m，网目周长 1 740 目，网目 63 mm，囊网网目 20 mm。定点站位拖网 1 h，拖速为 3.0 kn，共收集了 27 种鱼类 10 156 个胃含物样品（表 5 - 1）。取样个体经生物学测定后，取出消化道立即速冻保存。胃含物分析时，将其解冻用吸水纸吸去水分后，再在双筒解剖镜下鉴定饵料生物的种类并分别计数和称重，食物重量精确到 0.001 g，并尽量鉴定到最低分类单元。

表 5－1　渤海鱼类的胃含物样品

鱼　　种	长度范围 (mm)	样品个数	鱼　　种	长度范围 (mm)	样品个数
青鳞小沙丁鱼（*Sardinella zunasi*）	38～96	241	蓝点马鲛（*Scomberomorus niphonius*）	166～400	405
斑鰶（*Clupanodon punctatus*）	68～206	1 167	矛尾虾虎鱼（*Chaeturichthys stigmatias*）	35～181	851
赤鼻棱鳀（*Thrissa kammalensis*）	40～200	424	六丝矛尾虾虎鱼（*Chaeturichthys hexanema*）	41～202	389
黄鲫（*Setipinnataty*）	53～192	1 334	许氏平鲉（*Sebastodes fuscescens*）	53～290	225
长蛇鲻（*Saurida elongate*）	112～318	55	褐菖鲉（*Sebastiscus marmoratus*）	48～170	205
油魣（*Sphyraena pinguis*）	161～195	14	绿鳍鱼（*Chelidonichthys kumu*）	128～222	17
花鲈（*Lateolabrax maculatus*）	161～295	10	大泷六线鱼（*Hexagrammosotakii*）	75～219	134
皮氏叫姑鱼（*Johnius belangerii*）	52～132	66	鲬（*Platycephalus indicus*）	85～387	268
白姑鱼（*Argyrosomus argentatus*）	49～211	64	绒杜父鱼（*Hemitripterus villosus*）	110～240	11
小黄鱼（*Pseudosciaena polyactis*）	38～218	2 981	细纹狮子鱼（*Liparis tanakae*）	89～261	77
方氏云鳚（*Enedrias fangi*）	122～163	146	长吻红舌鳎（*Cynoglossus lighti*）	68～231	482
长绵鳚（*Enchelyopus elongatus*）	112～276	25	短吻红舌鳎（*Cynoglossus joyneri*）	93～202	178
绯鲔（*Callionymus beniteguri*）	54～112	76	黄鮟鱇（*Lophius litulon*）	72～334	146
小带鱼（*Trichiurus muticus*）	40～145	165			

根据胃含物分析结果，综合饵料生物的重量百分比（W,%）、个数百分比（N,%）和出现频率（F,%）来评价摄食的各种饵料种类的重要性。采用营养级来评价各鱼种在渤海生态系统的营养生态位，采用 Shannon－Wiener 多样性指数来评价各鱼种的饵料生境宽度。为了使各种鱼的 Shannon－Wiener 多样性指数具有可比性，将各种鱼的食物组成归为以下饵料类群：浮游植物、桡足类、磷虾类、毛虾类、糠虾类、蛾类、甲壳类幼体、底层虾类、蟹类、口足类、涟虫类、蛇尾类、腹足类、瓣鳃类、多毛类、端足类、头足类和鱼类。由于各鱼种摄食的饵料生物个体差异较大，本章选用饵料的出现频率百分比组成 $FO_i\%$来计算各鱼种的营养级（TL）和 Shannon－Wiener 多样性指数（H'）。

$$FO_i\% = \frac{F_i}{\sum_{i=1}^{n} F_i} \times 100 \quad (5-1)$$

$$TL = 1 + \sum_{i=1}^{n} FO_i\, TL_i \quad (5-2)$$

$$H' = -\sum FO_i \ln FO_i \quad (5-3)$$

式中，$FO_i\%$为各饵料的出现频率百分比组成；F_i 为各饵料的出现频率；TL_i 为各饵料的营养级。饵料类群的营养级参考张波等（2004）和程济生等（1997）。根据邓景耀等（1986，1997）将鱼类按营养级划分为低营养级鱼类（营养级≤3.8）、中营养级鱼类（营养级 3.9～4.4）和高营养级鱼类（营养级≥4.5）。

二、鱼类的食物组成

表 5－2 胃含物分析结果表明：青鳞小沙丁鱼和斑鰶摄食植物性和动物性饵料，均属杂

食性鱼类。摄食的植物性饵料以圆筛藻为主；摄食的动物性饵料，青鳞小沙丁鱼以桡足类为主，斑鰶以瓣鳃类和腹足类为主。赤鼻棱鳀、黄鲫和小带鱼均以摄食浮游动物饵料为主，兼食一定比例的底层虾类。其中赤鼻棱鳀共摄食 12 类饵料，浮游动物饵料以桡足类和磷虾类为主；黄鲫以毛虾类、糠虾类、磷虾类和甲壳类幼体为主；小带鱼以磷虾类、甲壳类幼体和毛虾类为主。方氏云鳚则兼食浮游动物、底栖动物和底层虾类饵料。这 6 种鱼所摄食的主要饵料种类有太平洋磷虾、中国毛虾、小拟哲水蚤、中华哲水蚤和细螯虾。

表 5－3 胃含物分析结果表明：表中 6 种鱼均主要以底栖动物为食，长绵鳚主要摄食瓣鳃类和端足类，其次是虾蟹类；绯䲗主要摄食端足类，其次是多毛类、瓣鳃类和腹足类；矛尾虾虎鱼摄食的食物范围较广，共 12 类饵料；六丝矛尾虾虎鱼主要摄食底层虾类、瓣鳃类和端足类；长吻红舌鳎和短吻红舌鳎均主要摄食端足类和瓣鳃类，其次是多毛类和底层虾类。饵料中日本鼓虾和细螯虾是主要的底层虾类饵料。

表 5－4 胃含物分析结果表明：表中 3 种石首鱼类中小黄鱼摄食的食物范围较广，共 9 类饵料，以桡足类、糠虾类、底层虾类和鱼类为主；白姑鱼以底层虾类和鱼类为主，其次是口足类和头足类；皮氏叫姑鱼则以底层虾类为主，其次是多毛类和鱼类。细纹狮子鱼以底层虾类为主，其次是鱼类。大泷六线鱼摄食的食物范围较广，共 9 类饵料，其中多毛类、底层虾类和口足类是其主要的饵料。绒杜父鱼主要摄食鱼类。饵料中日本鼓虾、葛氏长臂虾、脊腹褐虾和细螯虾是主要的底层虾类饵料，六丝矛尾虾虎鱼和矛尾虾虎鱼是主要的鱼类饵料。

表 5－5 胃含物分析结果表明：这 3 种鱼均以底层虾类和鱼类为主要饵料，其中褐菖鲉摄食的食物范围较广，共 10 类饵料。饵料中日本鼓虾和葛氏长臂虾是主要的底层虾类饵料，六丝矛尾虾虎鱼、矛尾虾虎鱼、皮氏叫姑鱼和小黄鱼是主要的鱼类饵料。

表 5－6 胃含物分析结果表明：这 6 种鱼除鲬主要摄食底层虾类、口足类和鱼类外，其余 5 种均主要摄食鱼类，而其中油魣还摄食较多头足类，蓝点马鲛还摄食较多毛虾类和口足类。饵料中六丝矛尾虾虎鱼、矛尾虾虎鱼、小黄鱼、皮氏叫姑鱼和黄鲫是主要的鱼类饵料。

三、鱼类的营养级和饵料生境宽度

本章渤海的 27 种鱼类的平均营养级为 3.88，包括了 12 种低营养级鱼类，12 种中营养级鱼类和 3 种高营养级鱼类（表 5－7）。其中 12 种低营养级鱼类平均营养级为 3.36，包括杂食性鱼类（斑鰶、青鳞小沙丁鱼）、主要摄食浮游动物的鱼类（包括赤鼻棱鳀、黄鲫和小带鱼）、主要摄食底栖动物的鱼类（包括绯䲗、短吻红舌鳎、长吻红舌鳎、长绵鳚、矛尾虾虎鱼和六丝矛尾虾虎鱼）和主要兼食浮游动物及底栖动物的鱼类（方氏云鳚）。12 种中营养级鱼类平均营养级为 4.25，其中的 8 种（包括白姑鱼、皮氏叫姑鱼、细纹狮子鱼、绒杜父鱼、花鲈、鲬、许氏平鲉、绿鳍鱼）主要兼食底栖动物（以底层虾类为主）和鱼类饵料，4 种（包括小黄鱼、大泷六线鱼、褐菖鲉和蓝点马鲛）主要兼食浮游动物、底栖动物和鱼类饵料。3 种高营养级鱼类（长蛇鲻、黄鮟鱇和油魣）平均营养级为 4.51，主要摄食鱼类饵料。从饵料生境宽度看，高营养级鱼类、中营养级鱼类和低营养级鱼类的平均饵料生境宽度值分别为 0.34、1.16 和 1.47。3 种高营养级鱼类的饵料生境宽度值均很低，属于狭食性鱼类；中营养级的小黄鱼和低营养级的矛尾虾虎鱼是渤海饵料生境宽度最大的 2 种鱼。

表 5－2　青鳞小沙丁鱼、斑鰶、赤鼻棱鳀、黄鲫、小带鱼和方氏云鳚的食物组成

饵料种类	青鳞小沙丁鱼		斑鰶		赤鼻棱鳀			黄鲫			小带鱼			方氏云鳚		
	N(%)	F(%)	N(%)	F(%)	W(%)	N(%)	F(%)	W(%)	N(%)	F(%)	W(%)	N(%)	F(%)	W(%)	N(%)	F(%)
浮游植物	22.91	96.15	28.70	92.26	—	—	—	—	—	—	—	—	—	—	—	—
圆筛藻	22.90	94.23	28.64	91.46	—	—	—	—	—	—	—	—	—	—	—	—
桡足类	68.84	132.69	1.82	38.18	11.74	74.22	54.27	—	—	—	—	—	—	16.71	41.20	38.30
小拟哲水蚤	34.99	28.85	0.01	1.20	—	—	—	—	—	—	—	—	—	—	—	—
真刺唇角水蚤	13.37	19.23	—	—	1.23	8.04	4.27	—	—	—	—	—	—	—	—	—
墨氏胸刺水蚤	3.87	11.54	—	—	—	—	—	—	—	—	—	—	—	—	—	—
中华哲水蚤	7.33	24.04	—	—	5.56	34.73	32.93	—	—	—	—	—	—	2.06	3.80	14.89
小星猛水蚤	0.01	1.44	1.78	34.05	—	—	—	—	—	—	—	—	—	—	—	—
介形类	—	—	2.26	21.63	0.07	0.09	0.61	—	—	—	—	—	—	—	—	—
甲壳类幼体	1.89	13.94	—	—	0.93	0.46	1.22	13.80	6.65	8.59	7.17	21.88	26.67	—	—	—
磷虾类（太平洋磷虾）	—	—	—	—	48.50	15.63	40.85	7.91	21.99	14.45	29.36	53.13	26.67	—	—	—
蛾类（细长脚蛾）	3.21	8.17	—	—	1.07	2.01	4.27	—	—	—	0.59	3.13	6.67	—	—	—
糠虾类	—	—	—	—	5.91	1.01	4.27	13.64	27.69	15.63	—	—	—	23.85	2.20	14.89
毛虾类（中国毛虾）	—	—	—	—	—	—	—	44.94	19.30	30.86	34.41	3.13	6.67	—	—	—
涟虫类	—	—	—	—	0.71	0.27	0.61	0.29	1.11	0.78	—	—	—	0.86	0.80	6.38
多毛类	—	—	0.05	1.07	0.09	0.09	0.61	—	—	—	—	—	—	5.42	0.40	2.13
端足类	—	—	0.01	0.67	0.33	0.64	1.83	0.06	0.47	0.39	—	—	—	5.39	3.20	12.77
瓣鳃类	3.13	24.52	56.19	111.75	0.09	0.18	0.61	—	—	—	—	—	—	23.66	49.20	34.04
腹足类	—	—	10.19	66.49	—	—	—	—	—	—	—	—	—	1.23	2.60	4.26
底层虾类	—	—	—	—	24.39	3.56	15.85	18.74	22.15	30.47	28.48	18.75	40.00	22.87	0.40	4.26
细螯虾	—	—	—	—	9.26	0.55	2.44	9.63	8.86	12.11	20.28	4.69	13.33	—	—	—
脊腹褐虾	—	—	—	—	—	—	—	—	—	—	—	—	—	22.24	0.20	2.13
中华安乐虾	—	—	—	—	—	—	—	1.00	1.90	2.34	5.64	6.25	20.00	—	—	—
口足类（口虾蛄）	—	—	—	—	4.86	0.46	2.44	—	—	—	—	—	—	—	—	—

表 5-3　长绵鳚、绯䲗、矛尾虾虎鱼、六丝矛尾虾虎鱼、长吻红舌鳎和短吻红舌鳎的食物组成

饵料种类	长绵鳚			绯䲗			矛尾虾虎鱼			六丝矛尾虾虎鱼			长吻红舌鳎			短吻红舌鳎		
	W(%)	N(%)	F(%)	W(%)	N(%)	F(%)	W(%)	N(%)	F(%)	W(%)	N(%)	F(%)	W(%)	N(%)	F(%)	W(%)	N(%)	F(%)
介形类	—	—	—	—	—	—	—	—	—	—	—	—	0.70	0.66	0.81	—	—	—
甲壳类幼体	—	—	—	—	—	—	2.72	11.74	17.78	—	—	—	—	—	—	—	—	—
端足类	3.53	14.74	65.00	47.29	85.58	77.42	1.42	23.26	23.70	2.56	37.50	29.09	11.99	38.36	44.35	20.99	55.00	33.65
涟虫类	—	—	—	—	—	—	—	—	—	—	—	—	7.05	3.61	4.03	—	—	—
蛇尾类	13.34	0.09	5.00	—	—	—	1.74	3.60	5.93	—	—	—	1.70	0.33	0.81	3.17	0.83	0.96
多毛类	—	—	—	15.77	1.92	6.45	6.13	8.72	4.81	3.63	5.77	9.09	18.80	6.89	10.48	57.50	5.56	15.38
等足类	—	—	—	—	—	—	0.04	0.47	0.74	—	—	—	0.48	0.98	1.61	—	—	—
瓣鳃类	19.70	84.22	25.00	4.31	2.88	6.45	4.79	40.00	16.67	16.32	33.65	16.36	26.63	34.75	29.84	13.79	33.89	50.00
腹足类	—	—	—	6.69	8.65	6.45	0.04	0.47	0.37	—	—	—	2.40	1.64	1.61	—	—	—
底层虾类	34.21	0.76	25.00	—	—	—	41.17	6.28	16.67	63.55	19.23	32.73	24.61	4.92	8.87	4.55	4.72	5.77
细螯虾	3.49	0.19	5.00	—	—	—	4.85	2.09	4.07	26.31	6.73	12.73	—	—	—	—	—	—
日本鼓虾	1.89	0.28	10.00	—	—	—	26.28	2.79	8.89	31.63	6.73	12.73	—	—	—	—	—	—
伍氏蝼蛄虾	23.71	0.09	5.00	—	—	—	—	—	—	—	—	—	—	—	—	—	—	—
葛氏长臂虾	—	—	—	—	—	—	4.40	0.35	0.74	—	—	—	—	—	—	—	—	—
脊腹褐虾	—	—	—	—	—	—	0.54	0.23	0.74	—	—	—	14.85	0.98	2.42	—	—	—
中华安乐虾	—	—	—	—	—	—	1.81	0.35	0.74	—	—	—	—	—	—	—	—	—
蟹类	26.13	0.09	5.00	—	—	—	13.23	1.74	4.81	—	—	—	5.63	7.87	4.84	—	—	—
双斑蟳	26.13	0.09	5.00	—	—	—	3.60	0.70	1.85	—	—	—	—	—	—	—	—	—
口足类（口虾蛄）	—	—	—	—	—	—	12.55	1.74	5.56	0.95	0.96	1.82	—	—	—	—	—	—
头足类	3.08	0.09	5.00	—	—	—	0.71	0.12	0.37	—	—	—	—	—	—	—	—	—
枪乌贼	—	—	—	—	—	—	0.71	0.12	0.37	—	—	—	—	—	—	—	—	—
双喙耳乌贼	3.08	0.09	5.00	—	—	—	—	—	—	—	—	—	—	—	—	—	—	—
鱼类	—	—	—	25.94	0.96	3.23	15.41	1.63	4.81	13.00	2.88	5.45	—	—	—	—	—	—

表 5-4　小黄鱼、白姑鱼、皮氏叫姑鱼、细纹狮子鱼、大泷六线鱼和绒杜父鱼的食物组成

饵料种类	小黄鱼			白姑鱼			皮氏叫姑鱼			细纹狮子鱼			大泷六线鱼			绒杜父鱼		
	W(%)	N(%)	F(%)	W(%)	N(%)	F(%)	W(%)	N(%)	F(%)	W(%)	N(%)	F(%)	W(%)	N(%)	F(%)	W(%)	N(%)	F(%)
桡足类	0.14	27.92	12.63	—	—	—	—	—	—	—	—	—	—	—	—	—	—	—
磷虾类（太平洋磷虾）	0.58	10.45	5.03	—	—	—	—	—	—	—	—	—	0.03	0.37	0.99	—	—	—
毛虾类（中国毛虾）	0.83	1.55	2.69	—	—	—	—	—	—	—	—	—	—	—	—	—	—	—
糠虾类	2.11	19.13	11.11	—	—	—	—	—	—	—	—	—	0.95	1.86	2.97	—	—	—
甲壳类幼体	—	—	—	—	—	—	—	—	—	—	—	—	0.58	14.13	4.95	—	—	—
端足类	0.10	3.52	1.99	—	—	—	0.18	12.82	6.25	0.01	1.02	1.89	0.05	2.97	2.97	—	—	—
多毛类	0.32	0.78	0.94	—	—	—	36.39	12.82	15.63	—	—	—	17.17	45.72	16.83	—	—	—
腹足类	—	—	—	—	—	—	—	—	—	—	—	—	—	—	—	0.97	7.14	10.00
底层虾类	29.23	20.17	37.31	30.98	61.54	60.87	44.36	64.10	65.63	59.22	74.49	77.36	48.44	21.93	42.57	—	—	—
日本鼓虾	11.60	3.67	8.30	19.40	15.38	17.39	2.46	2.56	3.13	19.27	13.27	16.98	22.14	4.46	9.90	—	—	—
葛氏长臂虾	3.67	1.76	3.63	4.76	11.54	8.70	—	—	—	0.41	1.02	1.89	14.54	4.46	9.90	—	—	—
脊腹褐虾	3.59	1.55	3.51	—	—	—	1.81	7.69	9.38	31.95	24.49	35.85	1.38	1.12	2.97	—	—	—
细螯虾	1.45	2.59	4.21	3.31	11.54	8.70	18.94	15.38	15.63	1.16	4.08	3.77	0.35	1.12	1.98	—	—	—
鲜明鼓虾	—	—	—	—	—	—	14.15	2.56	3.13	—	—	—	5.46	0.37	0.99	—	—	—
口足类（口虾蛄）	2.48	2.07	4.09	16.45	3.85	4.35	—	—	—	3.96	4.08	5.66	20.71	11.15	24.75	—	—	—
头足类	—	—	—	15.74	7.69	8.70	—	—	—	—	—	—	0.73	0.37	0.99	—	—	—
鱼类	63.53	12.41	26.67	36.83	26.92	26.09	19.07	10.26	12.50	36.75	17.35	28.30	11.34	1.49	3.96	99.03	92.86	100.00
六丝矛尾虾虎鱼	16.60	3.10	6.67	36.45	23.08	21.74	—	—	—	—	—	—	—	—	—	—	—	—
矛尾虾虎鱼	8.96	2.33	5.15	—	—	—	—	—	—	26.69	11.22	16.98	—	—	—	3.63	7.14	10.00
皮氏叫姑鱼	6.09	0.83	1.87	—	—	—	—	—	—	—	—	—	4.14	0.37	0.99	—	—	—
小黄鱼	5.00	0.78	1.75	—	—	—	—	—	—	—	—	—	4.17	0.37	0.99	—	—	—
长绵鳚	3.28	0.57	1.29	—	—	—	—	—	—	—	—	—	—	—	—	22.26	7.14	10.00
方氏云鳚	1.93	0.47	1.05	0.38	3.85	4.35	—	—	—	2.93	1.02	1.89	—	—	—	40.75	71.43	70.00
鳀	1.44	0.31	0.70	—	—	—	—	—	—	—	—	—	—	—	—	—	—	—

表 5-5　许氏平鲉、褐菖鲉和绿鳍鱼的食物组成

饵料种类	许氏平鲉			褐菖鲉			绿鳍鱼		
	W (%)	N (%)	F (%)	W (%)	N (%)	F (%)	W (%)	N (%)	F (%)
桡足类（中华哲水蚤）	—	—	—	0.04	14.50	5.71	—	—	—
毛虾类（中国毛虾）	—	—	—	0.31	1.00	1.43	—	—	—
糠虾类（长额刺糠虾）	—	—	—	0.38	10.00	5.71	—	—	—
甲壳类幼体	—	—	—	0.13	5.00	4.29	—	—	—
端足类	0.42	17.95	3.16	—	—	—	—	—	—
多毛类	2.77	53.44	7.37	0.03	2.00	1.43	—	—	—
底层虾类	24.73	17.12	47.37	13.00	19.50	47.14	7.37	33.33	37.50
日本鼓虾	12.19	2.71	12.63	5.38	3.50	8.57	—	—	—
疣背宽额虾	4.70	7.72	14.74	—	—	—	—	—	—
葛氏长臂虾	4.29	1.88	5.26	2.82	3.00	8.57	4.55	11.11	12.50
海蜇虾	1.83	2.92	7.37	0.11	1.00	1.43	—	—	—
细螯虾	0.36	0.84	2.11	—	—	—	1.35	11.11	12.50
中华安乐虾	—	—	—	0.53	1.50	4.29	1.47	11.11	12.50
蟹类	3.40	2.30	9.47	2.53	32.00	17.14	—	—	—
口足类（口虾蛄）	1.01	0.42	2.11	0.44	2.00	4.29	—	—	—
头足类	19.88	2.09	10.53	3.86	1.00	2.86	—	—	—
枪乌贼	19.76	1.88	9.47	3.86	1.00	2.86	—	—	—
鱼类	47.78	6.68	30.53	79.29	12.50	30.00	92.63	66.67	75.00
六丝矛尾虾虎鱼	4.96	1.25	4.21	7.57	2.50	7.14	—	—	—
矛尾虾虎鱼	9.01	1.88	9.47	3.71	0.50	1.43	—	—	—
皮氏叫姑鱼	4.00	0.21	1.05	23.65	2.00	1.43	—	—	—
小黄鱼	27.16	2.71	12.63	37.35	5.00	12.86	—	—	—
方氏云鳚	—	—	—	2.61	1.00	2.86	—	—	—
高眼鲽	—	—	—	—	—	—	42.39	22.22	25.00

表 5-6　长蛇鲻、花鲈、黄鮟鱇、油魣、蓝点马鲛和鲬的食物组成

饵料种类	长蛇鲻			花鲈			黄鮟鱇			油魣			蓝点马鲛			鲬		
	W(%)	N(%)	F(%)	W(%)	N(%)	F(%)	W(%)	N(%)	F(%)	W(%)	N(%)	F(%)	W(%)	N(%)	F(%)	W(%)	N(%)	F(%)
毛虾类（中国毛虾）	—	—	—	—	—	—	—	—	—	—	—	—	23.50	67.26	40.00	0.14	3.11	1.48
底层虾类	0.26	1.67	2.50	0.20	21.43	22.22	0.68	2.68	3.85	—	—	—	0.33	1.12	3.27	32.06	36.65	37.04
日本鼓虾	0.26	1.67	2.50	0.20	21.43	22.22	—	—	—	—	—	—	—	—	—	17.11	12.42	14.81
鲜明鼓虾	—	—	—	—	—	—	—	—	—	—	—	—	—	—	—	5.71	1.86	2.22
脊腹褐虾	—	—	—	—	—	—	0.68	2.68	3.85	—	—	—	—	—	—	2.58	7.45	5.93
蟹类	—	—	—	0.03	7.14	11.11	—	—	—	—	—	—	0.09	0.09	0.41	0.83	4.97	2.96
口足类（口虾蛄）	—	—	—	—	—	—	0.20	0.89	1.28	—	—	—	6.68	18.84	11.02	17.39	31.68	35.56
头足类	2.74	1.67	2.50	—	—	—	2.84	3.57	5.13	22.34	14.29	14.29	2.47	0.84	3.27	7.17	2.48	2.96
鱼类	96.99	96.67	100.00	99.78	71.43	77.78	96.28	92.86	105.13	77.66	85.71	85.71	66.91	11.38	45.31	42.32	17.39	19.26
矛尾虾虎鱼	33.39	30.00	35.00	—	—	—	25.85	30.36	35.90	—	—	—	1.20	0.28	1.22	5.44	1.86	2.22
六丝矛尾虾虎鱼	18.02	38.33	25.00	3.48	21.43	11.11	1.29	6.25	8.97	—	—	—	—	—	—	10.66	4.97	5.19
青鳞小沙丁鱼	13.59	3.33	5.00	—	—	—	—	—	—	—	—	—	2.50	0.19	0.82	—	—	—
许氏平鲉	9.47	1.67	2.50	—	—	—	—	—	—	—	—	—	—	—	—	—	—	—
多鳞鱚	6.95	5.00	7.50	—	—	—	—	—	—	—	—	—	—	—	—	—	—	—
鲬	6.87	6.67	10.00	3.71	7.14	11.11	22.71	5.36	7.69	—	—	—	—	—	—	—	—	—
小杜父鱼	4.15	5.00	5.00	—	—	—	—	—	—	—	—	—	—	—	—	—	—	—
黄鲫	2.83	3.33	5.00	—	—	—	—	—	—	23.15	14.29	14.29	2.24	0.47	2.05	0.25	0.62	0.74
细纹狮子鱼	—	—	—	73.06	7.14	11.11	—	—	—	—	—	—	—	—	—	—	—	—
皮氏叫姑鱼	0.54	1.67	2.50	—	—	—	5.82	3.57	5.13	16.55	14.29	14.29	3.22	0.37	1.22	0.68	0.62	0.74
小黄鱼	—	—	—	18.46	14.29	22.22	26.70	29.46	37.18	—	—	—	29.02	3.26	13.06	0.54	0.62	0.74
赤鼻棱鳀	—	—	—	—	—	—	10.08	6.25	1.28	—	—	—	1.96	1.03	3.67	—	—	—
鳀	—	—	—	—	—	—	1.15	0.89	1.28	—	—	—	10.51	2.52	11.02	5.16	0.62	0.74
斑鰶	—	—	—	—	—	—	—	—	—	—	—	—	3.59	0.19	0.82	7.55	0.62	0.74
方氏云鳚	—	—	—	—	—	—	0.66	2.68	2.56	—	—	—	3.02	1.21	4.08	3.13	1.24	1.48

表 5－7　渤海各鱼种的营养级和饵料生境宽度

	鱼种	TL	H'	鱼种	TL	H'	鱼种	TL	H'
低营养级鱼类	斑鰶	2.85	1.58	绯䲗	3.32	0.84	长绵鳚	3.58	1.36
	青鳞小沙丁鱼	3.04	1.20	短吻红舌鳎	3.32	1.20	矛尾虾虎鱼	3.59	2.08
	方氏云鳚	3.19	1.70	长吻红舌鳎	3.40	1.62	小带鱼	3.60	1.41
	赤鼻棱鳀	3.29	1.54	黄鲫	3.49	1.61	六丝矛尾虾虎鱼	3.70	1.51
中营养级鱼类	蓝点马鲛	3.94	1.23	褐菖鲉	4.18	1.76	绒杜父鱼	4.38	0.30
	小黄鱼	3.96	1.80	许氏平鲉	4.33	1.51	白姑鱼	4.41	1.00
	大泷六线鱼	4.06	1.58	细纹狮子鱼	4.35	0.89	绿鳍鱼	4.44	0.64
	皮氏叫姑鱼	4.13	1.00	鲬	4.35	1.43	花鲈	4.45	0.80
高营养级鱼类	长蛇鲻	4.50	0.22	黄鮟鱇	4.50	0.39	油魣	4.53	0.41

（张波）

第二节　渤海鱼类食物关系的变化

食物联系是海洋生态系统结构与功能的基本表达形式，能量通过食物链—食物网转化为各营养层次生物生产力，形成生态系统生物资源产量，并对生态系统的服务和产出及其动态产生影响（唐启升，1999）。海洋生态系统对物理、化学过程的响应常常表现为食物网的变化，而且海洋食物网又直接与生态系统的多样性、脆弱性和生产力密切相关。当前，在人类活动（富营养化、资源的过度开发利用等）与气候变化（全球变暖、海洋酸化等）相互叠加产生的多重压力下，近海生态系统发生了显著的变化，并严重影响了近海生态系统的食物产出功能。因此对海洋生态系统的食物联系进行长期、系统的监测和研究是非常必要和有意义的。近 20 年来，随着我国海洋生态系统动力学研究的启动，先后开展了国家自然科学基金重大项目“渤海生态系统动力学与生物资源持续利用”，以及国家重点基础研究发展计划（“973”项目）“东、黄海生态系统动力学与生物资源可持续利用”“我国近海生态系统食物产出的关键过程及其可持续机理”和“多重压力下近海生态系统可持续产出与适应性管理的科学基础”等项目，均将海洋食物网研究作为开展海洋可持续生态系统整合研究的重要切入口，在全程食物网研究中进一步突出以食物网关键种构成的食物产出主线，如“硅藻类群—中华哲水蚤—鳀—蓝点马鲛”，并在各营养层次的层面上展开研究（唐启升等，2005）。

个体水平上鱼类摄食生态的研究是食物网研究的基础，评价一种饵料生物重要性的常用指标，如饵料的重量百分比、个数百分比、出现频率、出现频率百分比组成、相对重要性指标和相对重要性百分比都有一定的局限性（窦硕增，1996；薛莹等，2003），不同的研究者选用了不同指标开展分析研究。张其永等（1983）研究二长棘鲷的摄食习性时，认为由于其饵料生物个体大小差异悬殊，饵料的个数百分比不适合；个数百分比适用于摄食的饵料生物个体差异不大的鱼类食性研究。郭斌等（2010）在分别以饵料的重量百分比、个数百分比、出现频率百分比组成和相对重要性百分比为指标进行聚类分析来研究小黄鱼幼鱼摄食习性随体长的变化时，发现使用个数百分比和出现频率百分比组成进行聚类分析能够更加准确地描述小黄鱼摄食习性的转变特点；而使用重量百分比和相对重要性百分比则会掩盖以数量多、质量小为特点的饵料生物对于小黄鱼幼鱼食物组成的重要性。由于各鱼种摄食的饵料生物个体差异较大，因此本章综合饵料生物的重量百分比、个数百分比和出现频率来评价各鱼种的摄食习性，在计算各鱼种的营养级和 Shannon - Wiener 多样性指数时选用了饵料的出现频率百分比组成这一指标。

营养级分析结果表明，渤海的 27 种鱼类有 12 种低营养级鱼类、12 种中营养级鱼类和 3 种高营养级鱼类；总体来看，营养级越高，饵料生境宽度越小。3 种高营养级鱼类均为鱼食性鱼类，饵料生境宽度值很低，属于狭食性鱼类。矛尾虾虎鱼和小黄鱼是当前渤海生态系统食物网中最重要的 2 种饵料种类，同时也是摄食饵料生境宽度最大的两种鱼，均摄食浮游动物、底栖生物和游泳动物 3 大类饵料，食物网中重要环节的广食性有利于食物网各营养层次的物质、能量流动。Zhang 等（2007）的研究表明，种类组成的变化，个体的小型化，以及摄食食物种类的变化是导致海洋生态系统营养级波动的主要原因。针对渤海而言，采用不同的研究方法均发现渤海渔获物的平均营养级呈下降趋势（Zhang 等，2007；许思思等，2014；林群等，2016），从各鱼种营养级分析，渤海在 1992—1993 年，高营养级鱼类的营养

级较 1982—1983 年有所下降（邓景耀等，1997），而本章研究表明当前渤海各鱼种营养级较 1992—1993 年变化不大。可见，种类组成的变化是渤海当前生态系统营养级波动的主要原因。

对各鱼种饵料组成分析表明，渤海的 27 种鱼类有杂食性鱼类、浮游动物食性鱼类、底栖动物食性鱼类、混合动物食性鱼类和鱼食性鱼类；主要饵料种类有浮游动物的太平洋磷虾、中国毛虾、小拟哲水蚤、中华哲水蚤；底栖动物的多毛类、瓣鳃类和腹足类；底层虾类的口虾蛄、日本鼓虾、葛氏长臂虾、脊腹褐虾和细螯虾；鱼类的六丝矛尾虾虎鱼、矛尾虾虎鱼、小黄鱼、皮氏叫姑鱼和黄鲫。1982—1983 年渤海鱼类食物网中的几个主要环节是浮游动物、鼓虾、矛尾虾虎鱼、六丝矛尾虾虎鱼、鳀、短尾类和软体动物，其中鼓虾是鳎类、鳐类和石首鱼类摄食竞争对象，但因其资源量大，所以对这些鱼类的摄食限制作用并不大（邓景耀等，1986）。1992—1993 年渤海食物网与 1982—1983 年相比，小黄鱼、白姑鱼摄食鳀的比例增加；长蛇鲻摄食的鳀取代了青鳞小沙丁鱼；花鲈摄食的石首鱼科鱼类取代了青鳞小沙丁鱼；蓝点马鲛摄食的毛虾和口虾蛄取代了鳀和小型虾虎鱼。蓝点马鲛、小黄鱼、油魣和长蛇鲻之间的饵料重叠系数较高，与共同捕食鳀有关。其中数量占优势的鳀处于渤海鱼类食物网的重要环节，它是多种大型经济鱼类如蓝点马鲛、长蛇鲻、油魣、鲬，以及小黄鱼和黄姑鱼为代表的石首科鱼类及枪乌贼的重要饵料。与 1982—1983 年相比，1992—1993 年渤海主要中高级肉食性鱼类摄食鳀的比例增加，这主要是由鳀资源量增加所致。渤海鱼类饵料重叠的主要对象已由 1982—1983 年的鼓虾类和虾虎鱼类发展为鳀（邓景耀等，1997）。而本章中渤海鱼类摄食的头足类饵料减少，如小黄鱼、大泷六线鱼、细纹狮子鱼等；27 种鱼中仅小黄鱼、黄鮟鱇、蓝点马鲛和鲬摄食少量的鳀，小黄鱼、白姑鱼和长蛇鲻摄食的虾虎鱼类又取代了鳀；蓝点马鲛除了摄食较多的毛虾和口虾蛄以外，还摄食较多的小黄鱼。

20 世纪 80 年代渤海鱼类群落占主要地位的有黄鲫、黑鳃梅童鱼、鳀、孔鳐、小黄鱼、花鲈、长绵鳚、蓝点马鲛、焦氏舌鳎和黄盖鲽（邓景耀等，1988）。邓景耀等（1986）将渤海鱼类分为 5 个捕食类群：①以黄盖鲽为代表，主食腔肠动物、多毛类和棘皮动物；②以鳎类为代表，主食鼓虾和短尾类；③以鳐类、石首鱼类为代表，主食鼓虾和虾虎鱼；④以鳀为代表，主食浮游动物；⑤以牙鲆为代表，主食鱼类。此时渤海食物网的主要食物链为“植物、有机碎屑→鼓虾→鱼类”“小型底栖动物→虾虎鱼→大型经济鱼类”和“浮游动物→鳀→大型肉食性鱼类”。20 世纪 90 年代鳀资源密度迅速增加，成为渤海鱼类资源最丰富的种类（金显仕等，1998），渤海食物网中主要食物链转变为“浮游动物→鳀→大型肉食性鱼类”（邓景耀等，1997）。渤海的鳀资源密度在 1992—1993 达到最高峰后迅速下降，2010 年春季调查未发现鳀，夏季也仅 0.13 kg/h（金显仕，2014），当前渤海食物网“浮游动物→鳀→大型肉食性鱼类”的食物链基本被破坏。同时 20 世纪 80 年代时渤海鱼类 5 个捕食类群的代表种资源量衰退，当前渤海食物网主要食物链转变为“植物、有机碎屑→鼓虾→鱼类”和“底栖动物→虾虎鱼、小黄鱼→大型经济鱼类”。浮游食物链的削弱不仅不利于渤海生态系统的有效固碳，还不利于食物网的物质、能量流动，从而影响生态系统的生产力（张波等，2015）。因此，当前渤海全程食物网以及突出以食物网关键种构成的食物产出主线的研究也应做出相应的改变。同时，进一步的研究需要应用如海洋食物网拓扑学（朱江峰等，2016）等新方法，定量描述食物网各成员间关系，以及各成员对整个食物网的作用。

（张波）

第三节　莱州湾鱼类群落关键种的组成及其长期变化

一、关键种筛选

本节基于1959年、1982年、1993年、2003年、2011年和2015年莱州湾春季（5月）底拖网渔业资源调查数据，其中1959—2003年数据参考金显仕等（1998，2000，2001，2005）、邓景耀等（2000）、Jin（2004）、Jin等（2013）和李显森等（2008），2015年数据来源于中国水产科学研究院黄海水产研究所“973”项目莱州湾调查，调查站位延续中国水产科学研究院黄海水产研究所历史调查站位设计方案（图5-1）。食性数据参考邓景耀等（1988a，1988b）、唐启升等（1990）、金显仕等（1999，2005）及调查取样实测的胃含物分析。

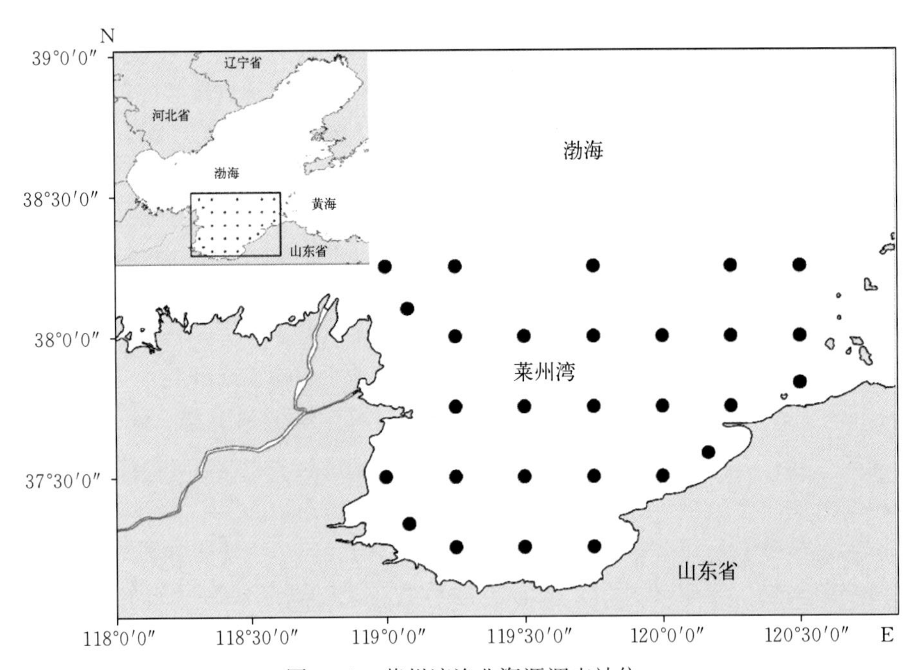

图5-1　莱州湾渔业资源调查站位

采用Pianka（1971）提出的相对重要性指数（IRI）作为鱼类优势度的指标：

$$IRI=(N+W)\times F \tag{5-4}$$

式中，N为某种鱼类占捕获鱼类个体总数的百分比（%），W为某种鱼类占捕获鱼类总重量的百分比（%），F为某种鱼类在调查中的出现频率（%）。IRI值>500为优势种，100～500为常见种，10～100为一般种（程济生，2000）。

本章中所用指数：点度（D），描述与物种存在摄食关系的物种数量，包括入度（D_{in}）和出度（D_{out}），即被捕食者种类数量和捕食者种类数量（Freeman，1978）；中间中心性（BC），定量分析物种对群落内信息交换的控制能力，BC越大，物种对群落内信息交换的控制能力越强，对维持群落结构的稳定就越关键（Freeman，1978）；接近中心性（CC），定量测量物种传递信息的优势程度，CC越大，物种在群落的信息传递中越具有优势，能够将群落信息以最快速度传到其他物种（Freeman，1978；Okamoto et al，2008）；信息中心性

（IC），定量测量物种对任意两个相连物种之间信息传递能力，IC 越大，物种对任意两个相连物种之间信息传递的捕捉能力越强，越容易对群落中其他物种间的信息交流产生影响（Stephenson et al，1989；Estrada et al，2010）；胡贝尔影响指数（H），包括输入影响力（H_{out}）和输出影响力（H_{in}），即物种对其他种类的影响程度和物种受到其他种类的影响程度，其中 H_{out} 越大，物种对群落的影响力就越大，H_{in} 越大，物种受群落的影响力越大（Hubbell，1965）；拓扑重要性指数（TI），定量描述物种信息的扩散能力，TI 越大，物种信息扩散能力越大；关键性指数（K），定量描述物种在食物网中的重要性，包括上行关键指数（K_b）和下行关键指数（K_t），即上行控制效应和下行控制效应（Jordán et al，1999）；KPP 运算（Key Player Problem），定量测量物种对群落结构的影响，包括两个运算法则，即 KPP－1［优先选择在删除一定数量的种类后能够使群落结构的离散程度最大，包含离散度（F）和距离权重离散度（^{D}F）两个参数，其中 F 和 ^{D}F 越大说明当被筛选出的种群从群落中消失时，群落结构受影响程度越大］和 KPP－2［优先选择一定数量的种类能够将某些信息最大范围的传递到其他种类，其参数为距离权重可达度即 ^{D}R，^{D}R 越大说明被筛选出的种群能够将信息最大范围地传递到群落的其他种群（Breiger et al，2003）］。主要计算公式如下：

$$D_i = D_{in,i} + D_{out,i} \tag{5-5}$$

式中，D_i 为点 i 的点度中心度，即物种 i 的捕食者及猎物种类的总数；$D_{in,i}$ 为点入度，即物种 i 的猎物种类数量；$D_{out,i}$ 为点出度，即物种 i 的捕食者种类数量。

$$BC_i = \frac{2 \times \sum_{j<k} \frac{g_{jk}(i)}{g_{jk}}}{(N-1)(N-2)} \tag{5-6}$$

$$CC_i = \frac{N-1}{\sum_{j=1}^{N} d_{ij}} \tag{5-7}$$

$$IC_i = \left[\frac{1}{n}\sum_{j}\frac{1}{I_{ij}}\right]^{-1} \tag{5-8}$$

式中，N 为调查中出现的种类数，$i \neq k$，$i \neq j$ 且 $j < k$，g_{jk} 表示物种 j 和物种 k 之间存在的最短路径的数量，$g_{jk}(i)$ 表示物种 j 和物种 k 之间存在的经过第三个物种 i 的捷径数目，d_{ij} 为点 i 和 j 之间的捷径距离，$I_{ij} = 1/d_{ij}$。

$$TI_i^n = \frac{\sum_{m=1}^{n} \sigma_{m,i}}{n} = \frac{\sum_{m=1}^{n}\sum_{j=1}^{N} a_{m,ji}}{n} \tag{5-9}$$

式中，$a_{m,ji}$ 为物种 i 能经过 m 步到达物种 j 时，物种 i 对物种 j 的影响；TI_i^n 为物种 i 经过 n 步时对鱼类群落拓扑结构影响的重要性指数。

$$K_b(i) = \frac{1+K_b(j)}{m(i)(j)} \tag{5-10}$$

式中，$K_b(i)$ 为物种 i 的上行关键指数；$K_b(j)$ 为物种 j 的上行关键指数；物种 j 为物种 i 的直接捕食者；$m(i)(j)$ 为物种 j 的直接被捕食者种类数量。

$$K_t(i) = \frac{1+K_t(j)}{n(i)(j)} \tag{5-11}$$

式中，$K_t(i)$ 为物种 i 的下行关键性指数；$K_t(j)$ 为物种 j 的下行关键性指数；$n(i)(j)$ 为物种 j 的直接捕食者种类数量。

$$K(i)=K_b(i)+K_t(i) \tag{5-12}$$

式中，$K(i)$ 为物种 i 的关键性指数。

Borgatti（2003）开发了一款可以计算多种指数的软件——Key Player 1.44，包含 KPP-1 和 KPP-2 两个运算法则。其中两个运算法则的理论依据有所不同，KPP-1：优先选择在删除一定数量的种类后能够使群落结构的离散程度最大。KPP-2：优先选择一定数量的种类能够将某些信息以最快速度传递到其他所有物种。

KPP-1：

$$F=1-\frac{\sum_i s_i(s_i-1)}{N(N-1)} \tag{5-13}$$

式中，F 为群落离散度，取值（0～1），F 越接近于 1，离散度就越大；s_i 为物种 i 在第 i 次离散群体中的种数。

$${}^DF=1-\frac{2\sum_{i>j}\frac{1}{d_{ij}}}{N(N-1)} \tag{5-14}$$

式中，${}^DF$ 为群落的距离加权离散度，取值（0～1），${}^DF$ 越接近于 1，群落的距离加权离散度就越大；d_{ij} 为点 i 与点 j 之间的距离。

KPP-2：

$${}^DR=\frac{\sum_j\frac{1}{d_{Mj}}}{N} \tag{5-15}$$

式中，${}^DR$ 为距离加权可达度，取值（0～1），${}^DR$ 越接近于 1，群落的距离加权可达度就越大；d_{Mj} 为一系列点 M 到任何一个点 j 的距离。

鱼类群落食物网拓扑结构密度（Density，D_d）、种间关联度（Connectance，C）参照 Dunne 等（2002），具体如下：

节点密度 D_d：

$$D_d=S/L \tag{5-16}$$

种间关联度指数 C：

$$C=L/(S)^2 \tag{5-17}$$

式中，S 为鱼类群落中种类数量；L 为群落内各种间存在的摄食关系的数量，L 值越大，说明群落内存在的摄食关系越多；D 为节点密度，D 值越大，群落内物种的摄食关系的平均值就越大；C 为种间关联度，C 值越大，两个物种间存在捕食—被捕食关系的概率就越大。

采用群落离散变量（Fragmentation Differences，$\Delta F'$）和距离权重离散变量（Distance-weighted Fragmentation Differences，Δ^DF'）（Borgatti，2013）评估鱼类群落中某些种类的消失对群落结构离散程度的影响，其中，$\Delta>0$，则群落离散程度增大；$\Delta=0$，则离散度不变；$\Delta<0$，则离散度降低。

二、食物网拓扑结构构建及关键种的筛选

1. 摄食关系

本次调查出现的丝虾虎鱼（*Cryptocentrus filifer*）、纹缟虾虎鱼（*Tridentiger trigono-*

cephalus)、银鲳（*Pampus argenteus*)、中颔棱鳀（*Thryssa mystax*）和钟馗虾虎鱼（*Tridentiger barbatus*）与其他鱼类无直接摄食关系。因此，上述种类在研究种间相互作用关系网中不作为研究对象，实际分析中仅包含了 24 种主要鱼类（图 5－2)。

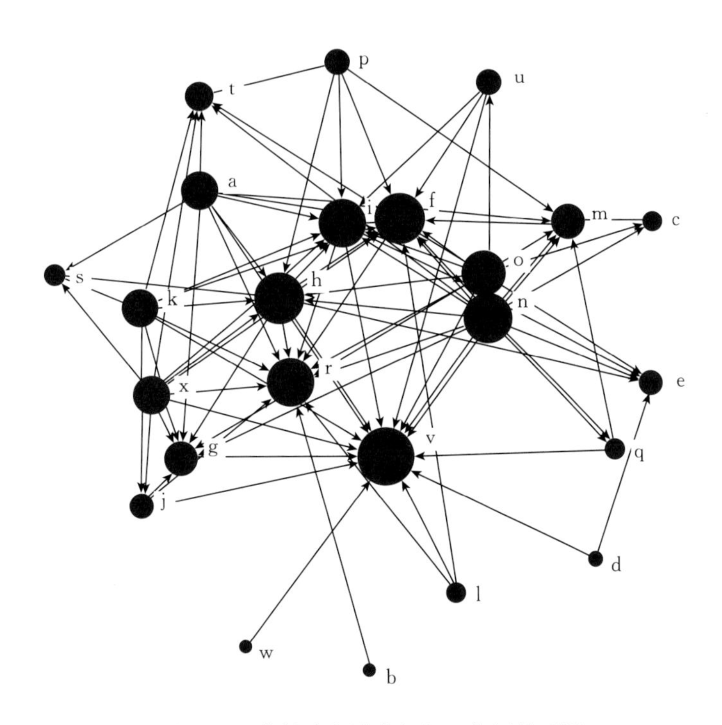

图 5－2　莱州湾鱼类种间相互作用关系网

a. 黄鲫　b. 斑鰶　c. 大银鱼　d. 尖海龙　e. 许氏平鲉　f. 鲬　g. 大泷六线鱼
h. 叫姑鱼　i. 小黄鱼　j. 长绵鳚　k. 方氏云鳚　l. 绯䲗　m. 矛尾复虾虎鱼
n. 六丝矛尾虾虎鱼　o. 矛尾虾虎鱼　p. 中华栉孔虾虎鱼　q. 红狼牙虾虎鱼　r. 褐牙鲆
s. 石鲽　t. 黄盖鲽　u. 短吻红舌鳎　v. 细纹狮子鱼　w. 小杜父鱼　x. 玉筋鱼

鱼类群落种间摄食关系如表 5－8，其中 D 反映了与物种存在摄食关系的物种数量，D_{in} 和 D_{out} 分别是与物种有关的被捕食者种类和捕食者种类数量。通过分析可知，细纹狮子鱼（*Lipari stanakae*)、褐牙鲆（*Paralichthys olivaceus*)、黄盖鲽（*Pseudopleuronectes yokohamae*)、许氏平鲉（*Sebastes schlegelii*）和石鲽（*Kareius bicoloratus*）在群落中属于顶级捕食者；黄鲫（*Setipinna taty*)、斑鰶（*Konosirus punctatus*)、方氏云鳚、绯䲗、六丝矛尾虾虎鱼（*Amblychaeturichthys hexanema*)、中华栉孔虾虎鱼（*Ctenotrypauchen chinensis*)、尖海龙（*Syngnathus acus*)、小杜父鱼（*Cottiusculus gonez*）和玉筋鱼（*Ammodytes personatus*）位于食物链的基层，作为饵料鱼被其他种类捕食。细纹狮子鱼可摄食的鱼类高达 15 种，占总数的 62.5%，在群落中处于最高水平；褐牙鲆、鲬（*Platycephalus indicus*)、小黄鱼（*Larimichthys polyactis*)、大泷六线鱼（*Hexagrammos otakii*)、叫姑鱼（*Johnius belengerii*)、矛尾复虾虎鱼和黄盖鲽可摄食 5 种以上的鱼类。六丝矛尾虾虎鱼被 13 种鱼类捕食，占被捕食种类的 68.4%，矛尾虾虎鱼、黄鲫、玉筋鱼、方氏云鳚和叫姑鱼等可被 7 种以上的鱼类捕食。

表 5-8　莱州湾鱼类群落结构重要性的网络指数

D		D_{out}		D_{in}		BC		CC		IC		H_{out}		H_{in}		K		K_b		K_t		TI^1		TI^7	
v	15	**n**	13	**v**	15	**v**	23.05	**v**	71.88	**v**	3.21	**n**	22.8	**v**	22.17	**v**	8.81	**n**	7.91	**v**	8.81	**v**	3.39	**v**	2.22
f	13	**o**	10	**r**	12	**r**	12.73	**h**	69.7	**h**	3.08	**o**	12.22	**r**	20.39	**n**	7.91	**o**	2.06	**r**	6.48	**r**	2.47	**n**	1.78
h	13	**a**	9	**f**	11	**n**	9.43	**n**	69.7	**f**	3.08	**a**	11	**i**	12.59	**r**	6.48	**k**	1.97	**i**	3.45	**n**	1.88	**f**	1.77
n	13	**k**	9	**i**	9	**h**	7.46	**i**	67.65	**n**	3.08	**k**	10.94	**e**	11.17	**i**	3.8	**x**	1.97	**f**	3.44	**f**	1.85	**h**	1.74
i	12	**x**	9	**g**	7	**f**	7.16	**f**	65.71	**i**	3.03	**x**	10.94	**f**	10.94	**f**	3.68	**a**	1.51	**e**	2.41	**h**	1.59	**r**	1.74
r	12	**h**	7	**h**	6	**o**	5.82	**o**	65.71	**r**	3.01	**p**	8.75	**g**	6.88	**e**	2.41	**h**	1.01	**m**	2.04	**i**	1.41	**i**	1.61
o	11	**p**	5	**m**	6	**i**	4.57	**r**	63.89	**o**	2.95	**h**	6.38	**m**	5.13	**m**	2.22	**p**	0.96	**g**	1.17	**o**	1.41	**o**	1.49
a	9	**u**	4	**t**	6	**a**	3.54	**a**	62.16	**a**	2.79	**u**	4.63	**s**	4.63	**o**	2.14	**u**	0.41	**h**	0.72	**m**	1.21	**k**	1.21
k	9	**i**	3	**e**	5	**k**	3.31	**k**	60.53	**k**	2.78	**q**	4.31	**h**	4.25	**k**	1.97	**q**	0.38	**t**	0.72	**k**	1.13	**x**	1.21
x	9	**j**	3	**s**	4	**x**	3.31	**x**	60.53	**x**	2.78	**l**	3.38	**t**	4.25	**x**	1.97	**i**	0.35	**s**	0.58	**x**	1.13	**a**	1.2
g	8	**l**	3	**c**	2	**m**	3.12	**g**	58.97	**g**	2.68	**m**	2.88	**c**	2.25	**h**	1.73	**j**	0.3	**j**	0.22	**a**	1.05	**m**	1.1
m	8	**q**	3	**j**	2	**e**	1.63	**m**	58.97	**m**	2.64	**f**	2.75	**j**	2	**a**	1.51	**d**	0.27	**c**	0.18	**g**	0.84	**g**	1.06
t	6	**d**	2	**o**	1	**g**	1.25	**u**	54.76	**t**	2.4	**j**	2.75	**o**	1.5	**g**	1.24	**l**	0.26	**o**	0.08	**e**	0.83	**t**	0.79
e	5	**f**	2	**q**	1	**t**	1.05	**j**	52.27	**u**	2.25	**i**	2.5	**q**	1.5	**p**	0.96	**f**	0.23	**q**	0.08	**t**	0.7	**e**	0.71
j	5	**m**	2	**u**	1	**p**	0.45	**q**	52.27	**p**	2.22	**c**	2.44	**u**	1.5	**t**	0.72	**c**	0.2	**u**	0.08	**p**	0.53	**j**	0.67
p	5	**b**	1	**a**	0	**j**	0.37	**t**	52.27	**j**	2.22	**d**	2	**a**	1	**s**	0.58	**m**	0.18	**a**	0	**j**	0.5	**u**	0.66
u	5	**c**	1	**b**	0	**l**	0.31	**e**	51.11	**e**	2.18	**b**	1.5	**b**	1	**j**	0.52	**b**	0.08	**b**	0	**s**	0.41	**p**	0.65
q	4	**g**	1	**d**	0	**u**	0.31	**p**	51.11	**q**	2.01	**g**	1.5	**d**	1	**u**	0.49	**g**	0.07	**d**	0	**u**	0.39	**q**	0.53
s	4	**w**	1	**k**	0	**d**	0.21	**l**	48.94	**s**	1.98	**w**	1.5	**k**	1	**q**	0.45	**w**	0.07	**k**	0	**q**	0.35	**s**	0.52
c	3	**e**	0	**l**	0	**s**	0.14	**s**	46.94	**l**	1.74	**e**	1	**l**	1	**c**	0.38	**e**	0	**l**	0	**c**	0.29	**l**	0.4

注：1）加粗字母的含义同图 5-2，下同；2）对各指数排序，且仅列出前 20 的物种。

2. 中心指数

细纹狮子鱼的 D、D_{in}、H_{in}、CC、TI^1、TI^7、BC 和 IC 最大，分别为 15、15、22.17、71.88、3.39、2.22、23.05 和 3.21，说明群落中与其存在摄食关系的种类最多，受群落的影响最大，并且细纹狮子鱼在群落中传递信息的速度最快、信息的扩散能力最大、对群落内信息交换的控制能力最强、最容易对其他种类间的信息交流产生影响。六丝矛尾虾虎鱼的 D_{out} 和 H_{out} 最大，分别为 13 和 22.8，说明六丝矛尾虾虎鱼在群落中的捕食者最多，对群落的影响最大（表 5－8）。

3. 关键性指数

24 种鱼类中 K 和 K_t 最高的均是细纹狮子鱼，分别为 8.81 和 8.81（表 5－8），可知 K 全部来自 K_t（$K=K_t$），所以细纹狮子鱼对群落中的能量流动和信息传递影响最大，且其下行控制效应最大，即细纹狮子鱼摄食其他鱼类引起的种间相互作用影响最大。K_b 最高的是六丝矛尾虾虎鱼，为 7.91，六丝矛尾虾虎鱼对群落的上行控制效应最大，即六丝矛尾虾虎鱼通过维持捕食者密度引起的对种群间相互作用的影响最大。

4. KPP 运算

KPP－1：$k=1$，v，$F=0.163$ 和 $k=1$，v，$^DF=0.426$ 表示在 KPP－1 中。将 k 设定为 1，表示从群落中仅筛选出一种物种，且物种从群落中消失时能够使群落结构的离散程度最大，则该物种为 v，此时群落的离散度为 0.163，距离权重离散度为 0.426（表 5－9），即从莱州湾鱼类群落中仅筛选一种物种，且当该物种从群落中消失时群落的稳定性受到破坏的程度最大，该物种为细纹狮子鱼。KPP－2：$k=1$，v，$^DR=0.826$，表示在 KPP－2 中，从群落中仅筛选出一种物种，且该物种能够将信息最大范围的传递到群落的其他种群，则该物种为细纹狮子鱼，此时信息的距离权重可达度为 0.826。因此，细纹狮子鱼对莱州湾鱼类群落结构的稳定和种间信息的传递起决定作用。

表 5－9 莱州湾鱼类群落的 KP－sets 分布（$k=1$，2，3，4，5）

KPP	k	KP－sets						
KPP－1	1	v					F	0.163
	2	v	r				F	0.312
	3	v	r	f			F	0.446
	4	v	r	f	e		F	0.565
	5	v	r	f	e	h	F	0.62
	1	v					^DF	0.426
	2	v	r				^DF	0.48
	3	v	r	f			^DF	0.541
	4	v	r	f	e		^DF	0.581
	5	v	r	f	i	n	^DF	0.632
KPP－2	1	v					^DR	0.826
	2	v	n				^DR	0.938
	3	v	o	h			^DR	0.979
	4	v	o	h	r		^DR	1
	5	v	o	h	r	i	^DR	1

5. 不同指数关系分析

以莱州湾食物网为基础，计算出13个定量描述拓扑结构中节点重要性的网络指数，结合KPP运算的计算结果，确定鱼类群落关键种。为进一步讨论不同指数表达的信息是否相同或相近，对各指数进行了Kendall相关性分析，若具有较强的相关性则表达信息相近，反之则不同。然后再分层聚类划分13种指数的聚类等级。Kendall等级相关性分析结果显示（表5-10），D、BC、CC、IC、TI^1、TI^7和K两两之间呈极显著正相关（$P<0.01$），D_{in}、H_{in}和K_t两两之间呈极显著正相关关系（$P<0.01$），D_{out}、H_{out}和K_b两两之间呈极显著正相关关系（$P<0.01$），而D_{in}、H_{in}和K_t分别与D_{out}、H_{out}和K_b呈极显著负相关关系（$P<0.01$）。相似性等级聚类结果显示可将13个指数细分为4组（图5-3）：a（D、CC、IC、TI^1和TI^7）即基本信息组，描述物种在拓扑结构中的位置信息；b（D_{in}、H_{in}和K_t）即信息输入组，包括猎物种类、受群落的影响力和下行控制效应；c（D_{out}、H_{out}和K_b）即信息输出组，捕食者种类、对群落的影响力和上行控制效应；d（BC和K）即信息控制组，物种对群落内信息交换和能量流动的控制能力。

表5-10　莱州湾24种鱼类13个指数的Kendall等级相关性

	D_{out}	D_{in}	BC	CC	IC	H_{out}
D	0.249	0.431**	0.883**	0.922**	0.972**	0.246
D_{out}		−0.428**	0.235	0.310*	0.265	0.932**
D_{in}			0.366*	0.352*	0.396*	−0.414**
BC				0.816**	0.844**	0.211
CC					0.934**	0.302*
IC						0.269
H_{out}						
H_{in}						
TI^1						
TI^7						
K						
K_b						

	H_{in}	TI^1	TI^7	K	K_b	K_t
D	0.360*	0.901**	0.970**	0.791**	0.229	0.392*
D_{out}	−0.463**	0.173	0.227	0.130	0.954**	−0.430**
D_{in}	0.925**	0.475**	0.436**	0.462**	−0.419**	0.942**
BC	0.328*	0.881**	0.875**	0.766**	0.194	0.368*
CC	0.298	0.793**	0.887**	0.693**	0.282	0.330*
IC	0.326*	0.836**	0.914**	0.721**	0.234	0.350*
H_{out}	−0.463**	0.165	0.217	0.108	0.880**	−0.431**
H_{in}		0.421**	0.366*	0.479**	−0.453**	0.958**
TI^1			0.907**	0.867**	0.175	0.460**
TI^7				0.799**	0.216	0.406**
K					0.141	0.518**
K_b						−0.421**

注：* 在$P<0.05$水平（双侧）上相关性显著；** 在$P<0.01$水平（双侧）相关性显著。

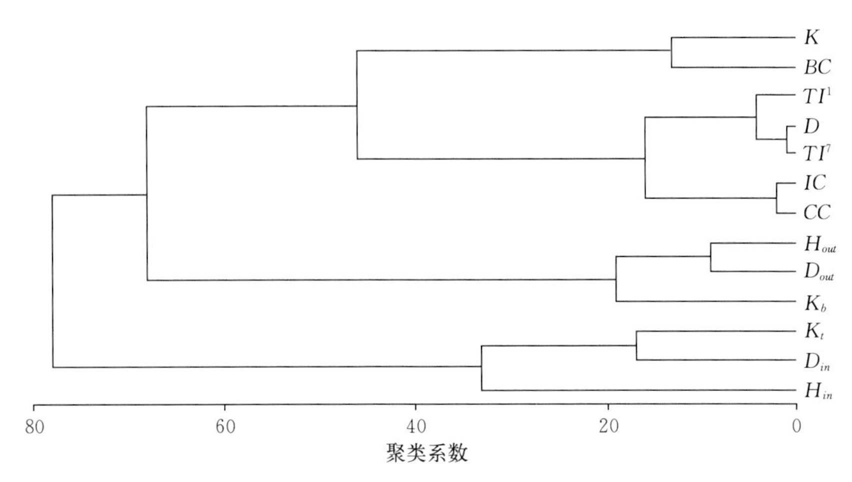

图 5-3　莱州湾鱼类 13 个指数的相似性等级聚类排名

在 a 组中 D、CC、IC、TI^1 和 TI^7，D 与 TI^7（Kendall t=0.970）的相关性大于 D 与 TI^1（Kendall t=0.901）的相关性，其中黄鲫、斑鰶、大银鱼（*Protosalanx chinensis*）、尖海龙、大泷六线鱼、叫姑鱼、小黄鱼、长绵鳚（*Zoarces elongatus* Kner）、方氏云鳚、绯䲗、矛尾虾虎鱼、中华栉孔虾虎鱼、红狼牙虾虎鱼（*Odontamblyopus rubicundus*）、石鲽、黄盖鲽、短吻红舌鳎（*Cynoglossus joyneri*）、小杜父鱼和玉筋鱼的拓扑重要性指数随传递距离增加而逐渐增大，许氏平鲉、鲬、矛尾复虾虎鱼、六丝矛尾虾虎鱼、褐牙鲆和细纹狮子鱼随传递距离增加而逐渐减小（图 5-4）。$n=1$，$R^2=0.8531$；$n=3$，$R^2=0.9729$；$n=5$，$R^2=0.9882$；$n=7$，$R^2=0.9923$，即鱼类种群拓扑重要性指数与种间摄食关系数量的相关性随信息传递距离的增加而增大（图 5-5）。

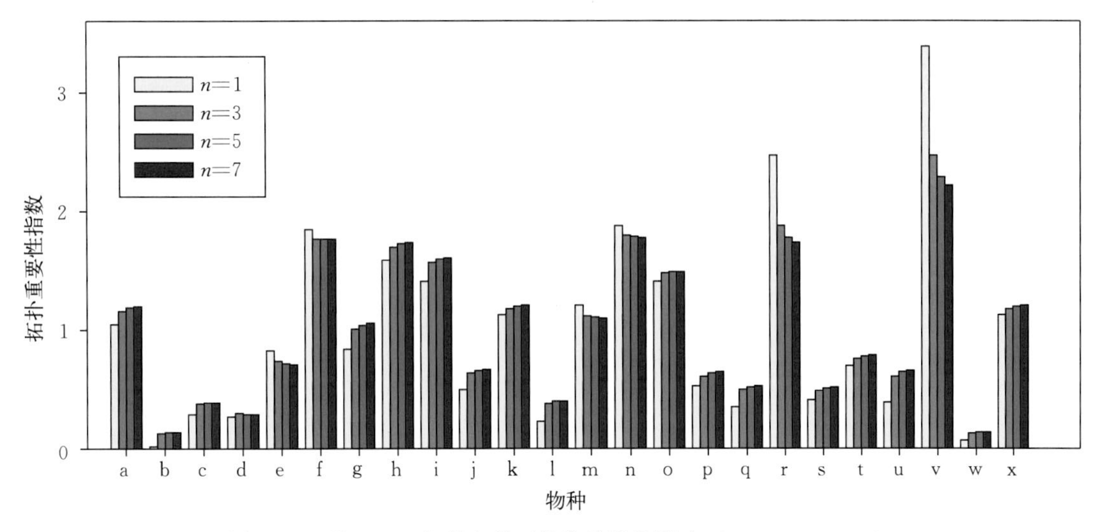

图 5-4　基于 TI^n 每种鱼类对其他种类的影响（n=1，3，5，7）

综上所述，以莱州湾鱼类群落 24 种鱼类为基础计算出的 13 个指数（D、D_{out}、D_{in}、BC、CC、IC、H_{out}、H_{in}、TI^1、TI^7、K、K_b 和 K_t），根据每个指数由大到小排名（表 5-8），并结合 KPP 运算结果获得种群组（表 5-9），取各指数值中最大的种类作为关键种，可确

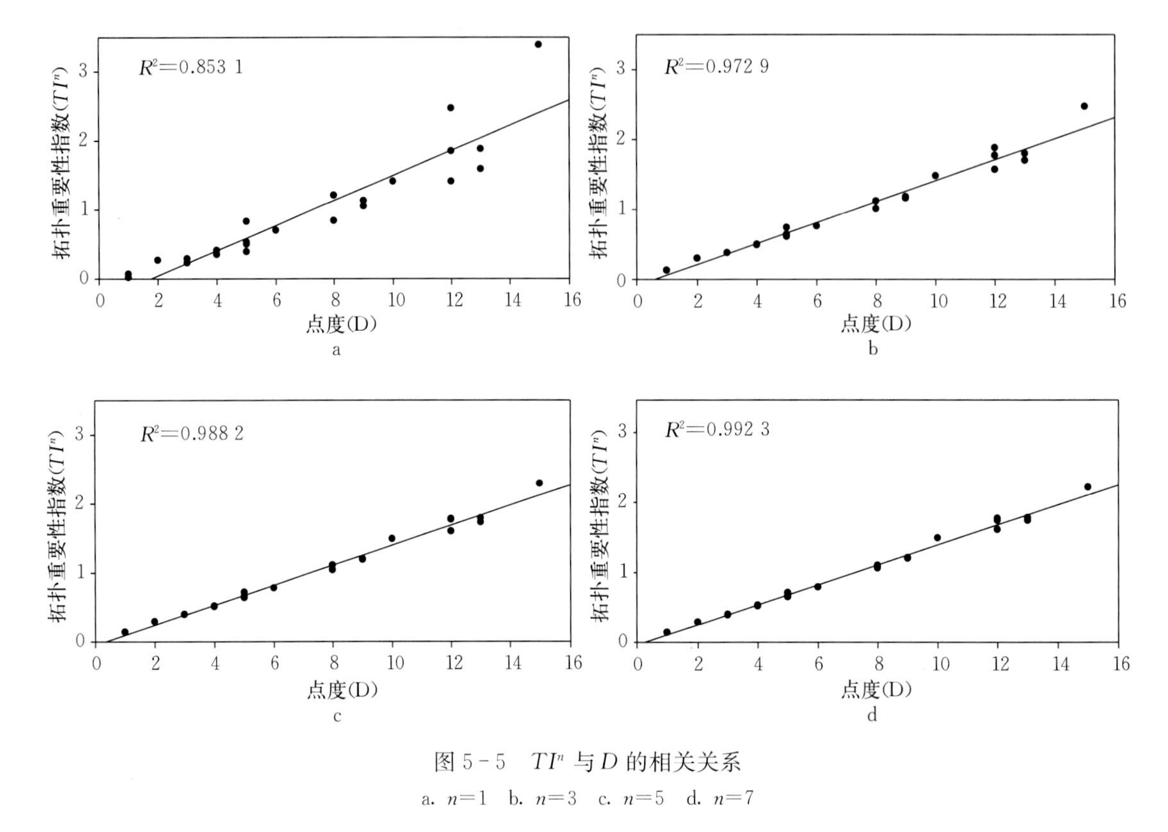

图 5-5 TI^n 与 D 的相关关系

a. $n=1$ b. $n=3$ c. $n=5$ d. $n=7$

定细纹狮子鱼（D、D_{in}、BC、CC、IC、H_{in}、TI^1、TI^7、K、K_t、F、${}^DF$ 和${}^DR$）和六丝矛尾虾虎鱼（D_{out}、H_{out} 和 K_b）为莱州湾鱼类群落的关键种。

三、食物网拓扑结构及关键种的长期变化

1. 优势种组成

1982—2015 年春季莱州湾鱼类优势种见表 5-11，1959 年优势种为带鱼、小黄鱼、半滑舌鳎（*Cynoglossus semilaevis*）、鲬（*Platycephalus indicus*）和白姑鱼（*Pennahia argentata*）（金显仕等，2000），可知莱州湾春季鱼类群落优势种群经历了由 20 世纪 50 年代的带鱼、半滑舌鳎等重要经济种类向鳀、黄鲫等小型经济种类演替，再经 21 世纪初的小黄鱼、银鲳等重要经济物种向六丝矛尾虾虎鱼、短吻红舌鳎和方氏云鳚等低值底层鱼类的演替过程。

表 5-11 1959—2015 年莱州湾春季鱼类优势种组成

年份	种 类	W（%）	N（%）	IRI
1982	鳀（*E. japonicus*）	25.80	48.93	5 870.01
	黄鲫（*Setipinna tenuifilis*）	42.65	34.80	5 438.15
	黄姑鱼（*N. albiflora*）	10.68	0.60	717.64
1993	鳀（*E. japonicus*）	68.11	75.80	9 392.92

（续）

年份	种 类	W（%）	N（%）	IRI
	赤鼻棱鳀（*Thryssa kammalensis*）	12.18	16.48	2067.41
	黄鲫（*S. tenuifilis*）	7.38	3.82	907.76
2003	赤鼻棱鳀（*T. kammalensis*）	31.73	50.5	7 047.96
	黄鲫（*S. tenuifilis*）	46.14	29.67	7 039.38
	小黄鱼（*L. polyactis*）	6.47	2.26	748.54
	银鲳（*P. argenteus*）	7.08	1.6	619.89
2011	矛尾虾虎鱼（*C. stigmatias*）	14.02	17.87	2 438.96
	方氏云鳚（*P. fangi*）	9.8	16.49	2 164.97
	绯䲗（*C. beniteguri*）	12.97	15.63	1 177.91
	矛尾复虾虎鱼（*A. hasta*）	21.11	9.72	1 088.39
2015	赤鼻棱鳀（*T. kammalensis*）	35.46	53.85	7 442.51
	短吻红舌鳎（*C. joyneri*）	10.35	12	1 242.11
	六丝矛尾虾虎鱼（*A. hexanema*）	3.81	8	852.68
	方氏云鳚（*P. fangi*）	6.07	5.72	785.9
	黄鲫（*S. tenuifilis*）	7.51	5.4	717.2

2. 生物多样性

莱州湾鱼类多样性在各年间变化较大（图 5－6），其中，种类丰富度指数（R_w 和 R_n 分别表示以重量和数量计算的 R，H'_w、H'_n 和 J'_w、J'_n 与此相同）总体呈下降趋势，1982 年最高，随后逐渐降低，至 2003 年降至最低，然后略有回升。多样性指数总体呈增加趋势，

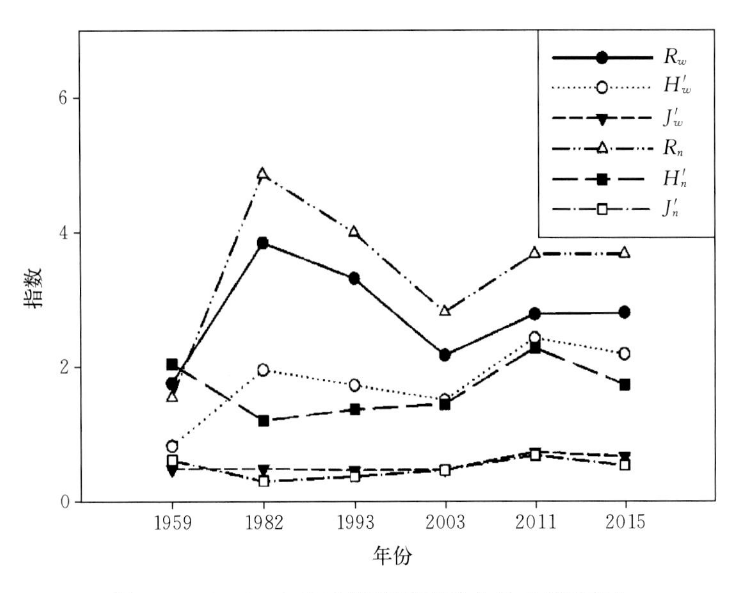

图 5－6 1959—2015 年莱州湾春季鱼类多样性变化

H'_w在1982年后略有降低，2003年后开始回升并超过1982年，在2011年达到最高值，2011年后略有降低，而H'_n总体呈升高趋势，并在2011年超过1959年，但在2011年后有较大幅度减少且低于1959年水平。均匀度指数（J'_w和J'_n）在1982—2015年期间变化并不大，但均略有升高，2011年增至最高，随后略有降低。

3. 食物网拓扑结构

1959—2015年，莱州湾春季鱼类食物网包含物种21～46种，摄食关系数量70～296个，平均136.83个，其中，摄食关系数量1982年最多，2003年最少；食物网拓扑结构密度为0.155～0.300，平均密度为0.235，2003年最高，1982年最低；种间关联度为0.140～0.182，平均值为0.157，最高值出现在1993年，最低值出现在1982年；聚类系数为0.207～0.326，加权聚类系数为0.194～0.235，平均值分别为0.252和0.213（图5-7）。鱼类食物网拓扑学指标S（物种数量）在1959—2015年期间呈先升高后降低再升高的趋势，但鱼类群落物种数量整体呈下降趋势，2003年后仅略有升高；L（摄食关系数量）在1959—1982年呈上升趋势，此后迅速下降，2003年以后保持相对稳定并略有升高；D_d（鱼类群落食物网拓扑结构的节点密度）、C（鱼类群落中种间关联度）、Cl（聚类系数）和$W-Cl$（加权聚类系数）在1959—1982年均呈下降趋势，而$W-Cl$下降相对缓慢，1982—1993年期间均缓慢升高；1993年D_d和Cl开始上升，而C和$W-Cl$均有下降趋势；2003后D_d、C、Cl和$W-Cl$均开始下降，Cl降幅最大。

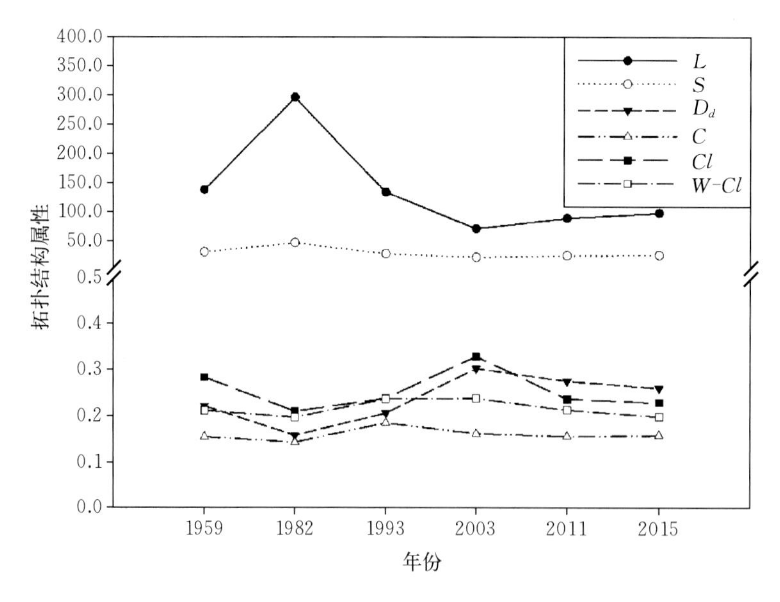

图5-7 1959—2015年莱州湾春季鱼类食物网拓扑结构属性

L（Links）为摄食关系数量，S（Species）为鱼类群落中物种数量，
D_d（Density）为鱼类群落食物网拓扑结构的节点密度，C（Connectance）为鱼类群落中种间关联度，
Cl（Clustering Coefficient）为聚类系数，$W-Cl$（Weighted Clustering Coefficient）加权聚类系数

4. 关键种组成

1959年共捕获鱼类34种，其中，短鳍红娘鱼、莱氏舌鳎、星点东方鲀和铅点东方鲀与其他鱼类无任何摄食关系，因此，食物网拓扑结构分析不包括上述4种鱼类。通过构建其余

30 种鱼类食物网拓扑结构（图 5－8a），计算其拓扑学指标发现，六丝矛尾虾虎鱼与群落中 22 种鱼类存在被捕食关系，$D=D_{out}=22$，是该群落中重要的饵料鱼类；花鲈可以捕食群落中其他 19 种鱼类，即 $D=D_{in}=19$，是该群落的顶级捕食者。同时，六丝矛尾虾虎鱼的 BC、TI^1、TI^7、CC 和 $\Delta^D F'$ 在 30 种鱼类中最大，说明其对群落内信息交换的控制能力及扩散能力最强、传递信息的速度最快。当六丝矛尾虾虎鱼从该群落剔除时，群落距离权重离散变量增加且增加量最大，但蓝点马鲛从该群落剔除时群落离散变量增加且增加量最大（$\Delta F'=0.022$）。在群落中，六丝矛尾虾虎鱼的 K 和 K_b 值最高，$K=K_b=20.60$，表明六丝矛尾虾虎鱼对群落能量流动和信息传递影响最大，其可以通过上行控制效应影响种间作用进而影响整个群落结构。黄鮟鱇的 K_t 最大，为 11.31，说明其对群落下行控制效应最大，即黄鮟鱇通过摄食其他鱼类对整个群落产生调节作用（表 5－13）。

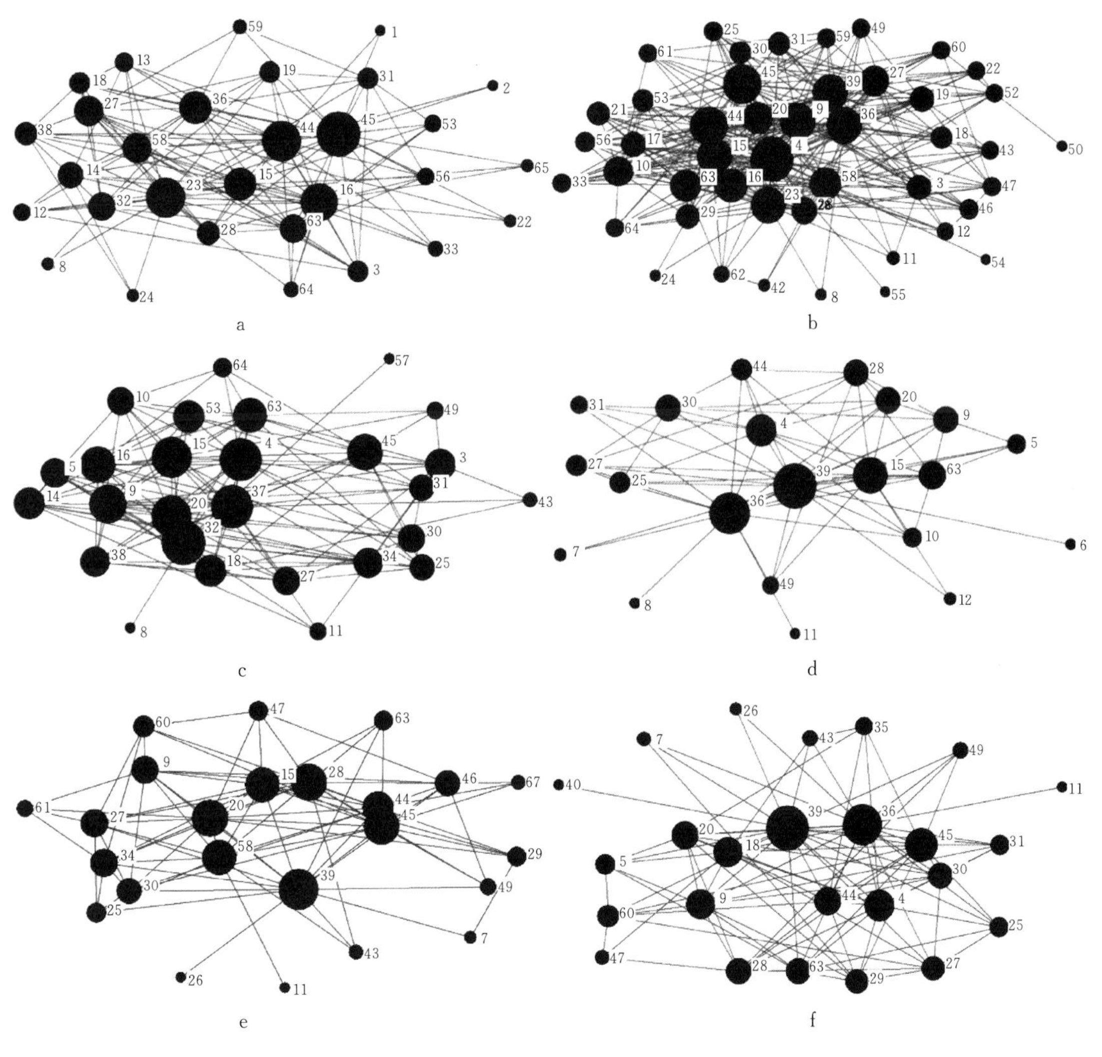

图 5－8　莱州湾鱼类群落食物网拓扑结构（1959—2015）

a. 1959 年　b. 1982 年　c. 1993 年　d. 2003 年　e. 2011 年　f. 2015 年

图中数字代表鱼类种类，见表 5－12

1982 年共捕获鱼类 48 种，其中，中颌棱鳀和普氏吻虾虎鱼与该群落其余 46 种鱼类无任何摄食关系，因此，食物网拓扑结构分析不包括上述 2 种鱼类。通过构建 46 种鱼类食物网拓扑结构（图 5－8b），计算出其拓扑学指标发现，鳀与群落中 32 种鱼类存在被捕食关系，$D=D_{out}=32$，是该群落中重要的饵料鱼类；黄鮟鱇 D_{in} 值最大为 24，黄鮟鱇可以摄食群落中其他 24 种鱼类，$D=D_{in}=24$，是该群落的顶级捕食者。另外，鳀的 BC、TI^1、TI^7 和 CC 值最大，即 46 种鱼类中鳀对群落内信息交换的控制能力及扩散能力最强、传递信息速度最快；小黄鱼的 $\Delta F'$ 和 $\Delta^D F'$ 的值最大，分别为 0.016 和 0.01。当小黄鱼从该群落剔除时，该群落结构离散变量和距离权重离散变量均会增加且增加量最大；黄鮟鱇的 K 和 K_t 值最大，这表明其对该群落能量流动和信息传递影响最大，且该影响全部来自下行控制效应（$K=K_t=26.07$），即黄鮟鱇通过摄食其他鱼类作用于整个群落结构；鳀的 K_b 值最大，即鳀通过上行控制效应影响着该群落的结构平衡和稳定（表 5－13）。

1993 年共捕获鱼类 29 种，其中，丝虾虎鱼和尖海龙与该鱼类群落其余 27 种鱼类无任何摄食关系，因此，不将上述 2 种鱼类作为研究对象。通过构建其余 27 种鱼类食物网拓扑结构（图 5－8c），计算出其拓扑学指标发现，带鱼与群落中 17 种鱼类存在捕食和被捕食关系，$D=D_{out}+D_{in}=17$，其中，$D_{out}=1$，$D_{in}=16$，这说明带鱼主要以捕食者的角色存在于该鱼类群落，被其捕食的种类达 16 种，但也会出现被其他鱼类捕食的情况，如被蓝点马鲛捕食，因此，带鱼不仅可以通过捕食其他鱼类影响群落结构，还可以改变自身种群密度影响鱼类群落结构。鳀和长蛇鲻与 16 种鱼类均存在摄食关系，其中，鳀为被捕食者（$D=D_{out}=16$），是该群落中重要的饵料鱼类，而长蛇鲻在该群落中的生态地位与带鱼相似，摄食关系共包括两部分：$D=D_{out}+D_{in}$，$D_{out}=15$，$D_{in}=1$。另外，27 种鱼类中带鱼的 BC、TI^1、TI^7、CC、$\Delta F'$ 和 $\Delta^D F'$ 值均最大，即其对群落内信息交换的控制能力及扩散能力最强、传递信息速度最快。当带鱼从该群落中剔除时，群落结构的离散变量和距离权重离散变量均增加且增加量最大。蓝点马鲛的 K 和 K_t 值最大，$K=K_t=15.45$，蓝点马鲛对该群落能量流动和信息传递影响最大，且该影响全部来自下行控制效应。鳀的 K_b 值最大，为 5.92，说明鳀对该群落的上行控制效应最大，因此，鳀通过生物量的变化影响与其他鱼类的种间关系，进而作用于群落结构的稳定（表 5－13）。

2003 年共捕获鱼类 21 种，通过构建鱼类食物网拓扑结构（图 5－8d），计算出其拓扑学指标发现，细纹狮子鱼与该群落 17 种鱼类存在摄食关系，$D=D_{out}+D_{in}$，其中，$D_{out}=1$，$D_{in}=16$，细纹狮子鱼主要以捕食者的角色存在于该群落，被其捕食的种类达 16 种，也会出现被其他鱼类捕食的情况，如被黄鮟鱇捕食。黄鮟鱇与群落中 15 种鱼类存在摄食关系，$D=D_{in}=15$，是该群落的顶级捕食者，主要依靠捕食其他鱼类影响群落结构的稳定。鳀的 D_{out} 值最大为 11，$D=D_{out}=11$，是该群落中重要的饵料鱼类。群落中细纹狮子鱼的 BC、TI^7、CC、$\Delta F'$ 和 $\Delta^D F'$ 值最大，即其在群落内信息交换的控制能力、间接扩散能力最强，信息传递速度最快。当细纹狮子鱼从该群落中剔除时，群落结构的距离权重离散变量增加且增加量最大。黄鮟鱇的 $\Delta F'$ 值与细纹狮子鱼相同，当黄鮟鱇和细纹狮子鱼从该群落剔除时，群落离散程度的增加量相同。另外，黄鮟鱇的 TI^1、K 和 K_t 均最大，$K=K_t=20$，其在该群落内信息直接传递速度最快，对该群落的能量流动和信息传递影响最大，且该影响全部来自下行控制效应。鳀的 K_b 最大，即鳀对该群落的上行控制效应最大（表 5－13）。

表 5-12 莱州湾鱼类种类编号

编号	种 类	编号	种 类
1	白斑星鲨（*Mustelus manazo*）	35	褐菖鲉（*Sebasticus marmoratus*）
2	赤魟（*Dasyatis akajei*）	36	黄鮟鱇（*L. litulon*）
3	孔鳐（*Okamejei kenojei*）	37	长蛇鲻（*Saurida elongata*）
4	鳀（*E. japonicus*）	38	油魣（*Sphyraena pinguis*）
5	赤鼻棱鳀（*Thryssa kammalensis*）	39	细纹狮子鱼（*L. tanakae*）
6	中颌棱鳀（*Thryssa mystax*）	40	云鳚（*Pholis nebulosa*）
7	尖海龙（*Syngnathus acus*）	41	短鳍红娘鱼（*Lepidotrigla microptera*）
8	银鲳（*P. argenteus*）	42	短鳍䲗（*Repomucenus huguenini*）
9	黄鲫（*Setipinna taty*）	43	绯䲗（*Callionymus beniteguri*）
10	青鳞小沙丁鱼（*Sardinella zunasi*）	44	矛尾虾虎鱼（*Chaeturichthys stigmatias*）
11	斑鰶（*Konosirus punctatus*）	45	六丝矛尾虾虎鱼（*A. hexanema*）
12	凤鲚（*Coilia mystus*）	46	矛尾复虾虎鱼（*Acanthogobius hasta*）
13	刀鲚（*Coilia nasus*）	47	中华栉孔虾虎鱼（*Ctenotrypauchen chinensis*）
14	蓝点马鲛（*S. niphonius*）	48	丝虾虎鱼（*Myersina filifer*）
15	小黄鱼（*L. polyactis*）	49	红狼牙虾虎鱼（*Odontamblyopus rubicundus*）
16	黑鳃梅童鱼（*Collichthys niveatus*）	50	普氏吻虾虎鱼（*Acentrogobius pflaumii*）
17	棘头梅童鱼（*Collichthys lucidus*）	51	裸项栉虾虎鱼（*Ctenogobius gymnauchen*）
18	白姑鱼（*P. argentata*）	52	多鳞鱚（*Sillago sihama*）
19	黄姑鱼（*Nibea albiflora*）	53	虫纹东方鲀（*Takifugu vermicularis*）
20	叫姑鱼（*Johnius belengerii*）	54	星点东方鲀（*Takifugu niphobles*）
21	鮸（*Miichthys miiuy*）	55	铅点东方鲀（*Takifugu alboplumbeus*）
22	真鲷（*Pagrus major*）	56	假睛东方鲀（*Takifugu pseudommus*）
23	花鲈（*Lateolabrax maculatus*）	57	绿鳍马面鲀（*Thamnaconus septentrionalis*）
24	鮻（*Liza haematocheila*）	58	褐牙鲆（*Paralichthys olivaceus*）
25	长绵鳚（*Zoarces elongatus*）	59	高眼鲽（*Cleisthenes herzensteini*）
26	小杜父鱼（*Cottiusculus gonez*）	60	黄盖鲽（*Pseudopleuronectes yokohamae*）
27	方氏云鳚（*P. fangi*）	61	石鲽（*Kareius bicoloratus*）
28	鲬（*P. indicus*）	62	圆斑星鲽（*Verasper variegatus*）
29	许氏平鲉（*Sebastes schlegelii*）	63	短吻红舌鳎（*C. joyneri*）
30	大泷六线鱼（*Hexagrammos otakii*）	64	半滑舌鳎（*C. semilaevis*）
31	小带鱼（*Eupleurogrammus muticus*）	65	带纹条鳎（*Zebrias zebra*）
32	带鱼（*T. lepturus*）	66	莱氏舌鳎（*Cynoglossus lighti*）
33	绿鳍鱼（*Chelidonichthys kumu*）	67	大银鱼（*Protosalanx hyalocranius*）
34	玉筋鱼（*Ammodytes personatus*）		

2011 年共捕获鱼类 29 种，其中丝虾虎鱼（*Cryptocentrus filifer*）、纹缟虾虎鱼（*Tridentiger trigonocephalus*）、银鲳（*Pampus argenteus*）、中颌棱鳀（*Thryssa mystax*）和钟馗虾虎鱼（*Tridentiger barbatus*）与其他 24 种鱼类无直接摄食关系，因此，不将上述 5 种鱼类作为研究对象。通过构建鱼类食物网拓扑结构（图 5-8e），计算出其拓扑学指标发现，细纹狮子鱼与该群落 15 种鱼类存在摄食关系，$D=D_{in}=15$，细纹狮子鱼以捕食者的角色存

在于该群落，被其捕食的种类达15种，是该群落的顶级捕食者，主要依靠捕食其他鱼类影响群落结构的稳定。六丝矛尾虾虎鱼的 D_{out} 值最大，$D=D_{out}=13$，是该群落中重要的饵料鱼类。群落中细纹狮子鱼的 BC、TI^1、TI^7、CC、$\Delta F'$、$\Delta^D F'$、K 和 K_t 值最大，即其对群落内信息交换的控制能力、间接扩散能力最强、信息传递速度最快，且该影响全部来自下行控制效应。当细纹狮子鱼从该群落中剔除时，群落结构的距离权重离散变量增加且增加量最大。六丝矛尾虾虎鱼的 K_b 最大，即鳀对该群落的上行控制效应最大（表5-13）。

2015年共捕获鱼类28种，其中，银鲳、丝虾虎鱼和裸项栉虾虎鱼与其他25种鱼类无摄食关系，因此，不将上述3种鱼类作为研究对象。通过构建其余25种鱼类群落的食物网拓扑结构（图5-8f），计算其拓扑学指标发现，细纹狮子鱼与群落中19中鱼类存在摄食关系，$D=D_{out}+D_{in}$，$D_{out}=2$，$D_{in}=17$，是主要的捕食者，也会被黄鮟鱇和大泷六线鱼捕食。六丝矛尾虾虎鱼的 D_{out} 值最大，$D=D_{out}=13$，即群落中13种鱼类可以捕食六丝矛尾虾虎鱼，六丝矛尾虾虎鱼是该群落中重要的饵料鱼类。25种鱼类中细纹狮子鱼的 BC、TI^1、TI^7、CC、$\Delta F'$ 和 $\Delta^D F'$ 值最大，其对群落内信息交换的控制能力及扩散能力最强、信息传递速度最快。当细纹狮子鱼从该群落剔除时，群落结构的离散变量和距离权重离散变量均增加且增加量最大。大泷六线鱼对该群落的能量流动和信息传递影响最大，且该影响全部来自下行控制效应（$K=K_t=17.52$）。六丝矛尾虾虎鱼的 K_b 最大（4.64），其对群落的上行控制效应最大（表5-13）。

综合上述分析结果，取各指标中最大种类为关键种，1959—2015年莱州湾春季鱼类群落关键种见表5-14。

表5-13　1959—2015年莱州湾春季鱼类群落拓扑结构指标

年份	D		D_{out}		D_{in}		BC		CC		$\Delta F'$	
1959	**45**	22	**45**	22	**23**	19	**45**	18.91	**45**	80.56	**14**	0.022
1982	**4**	32	**4**	32	**36**	24	**4**	15.73	**4**	77.59	**15**	0.016
1993	**32**	17	**4**	16	**32**	16	**32**	18.71	**32**	74.29	**32**	0.024
2003	**39**	17	**4**	11	**39**	16	**39**	27.98	**39**	86.96	**39（36）**	0.031
2011	**22**	15	**14**	13	**22**	15	**22**	23.05	**22**	71.88	**22**	0.087
2015	**39**	19	**45**	13	**39**	17	**39**	23.54	**39**	82.76	**39**	0.026

年份	$\Delta^D F'$		K		K_t		K_b		TI^1		TI^7	
1959	**45**	0.016	**45**	20.6	**36**	11.31	**45**	20.6	**45**	3.91	**45**	2.59
1982	**15**	0.011	**36**	26.07	**36**	26.07	**4**	13.19	**4**	4.45	**4**	2.75
1993	**32**	0.017	**14**	15.45	**14**	15.45	**4**	5.92	**32**	3.47	**32**	1.98
2003	**39**	0.029	**36**	20	**36**	20	**4**	7.34	**36**	4.29	**39**	2.73
2011	**22**	0.046	**22**	8.81	**22**	8.81	**14**	7.91	**22**	3.39	**22**	2.22
2015	**39**	0.023	**30**	17.52	**30**	17.52	**45**	4.64	**39**	3.92	**39**	2.63

注：加粗数字的含义同图5-8；表中仅列出排名第一的鱼类种类。

表 5-14 1959—2015 年莱州湾春季鱼类群落关键种组成

年份	种 类	优势种	经济价值			水层	
			较高	一般	较低	中上层	底层
1959	六丝矛尾虾虎鱼（*A. hexanema*）				√		√
	花鲈（*L. maculatus*）		√				√
	蓝点马鲛（*S. niphonius*）		√			√	
	黄鮟鱇（*L. litulon*）			√			√
1982	鳀（*E. japonicus*）	√			√	√	
	黄鮟鱇（*Lophius litulon*）			√			√
	小黄鱼（*L. polyactis*）		√				√
1993	带鱼（*T. lepturus*）		√				√
	鳀（*E. japonicus*）	√			√	√	
	蓝点马鲛（*S. niphonius*）		√			√	
2003	细纹狮子鱼（*L. tanakae*）				√		√
	鳀（*E. japonicus*）				√	√	
	黄鮟鱇（*L. litulon*）			√			√
2011	细纹狮子鱼（*L. tanakae*）				√		√
	六丝矛尾虾虎鱼（*A. hexanema*）				√		√
2015	细纹狮子鱼（*L. tanakae*）				√		√
	大泷六线鱼（*H. otakii*）		√				√
	六丝矛尾虾虎鱼（*A. hexanema*）	√			√		√

近 60 年来，莱州湾水域春季鱼类群落结构发生了明显改变，鱼类种群趋于小型化、低值化，群落结构组成趋于简单化，平均营养级明显下降（Shan et al，2013；张波等，2015）。生物多样性变化较大，种类丰度指数整体呈下降趋势，多样性指数和均匀度指数整体呈增加趋势。生态群落结构的改变会对鱼类群落食物网的结构和功能产生一定影响，如人类活动对海洋生物资源的选择性开发已导致种群结构与数量的变动，使得全球海洋渔获物的营养级由 20 世纪 50 年代的 3.3 下降至 1994 年的 3.1（Pauly et al，1998）。而食物网结构可以帮助确定生态系统中物种的营养关系，并能够评估在不同营养级种类间的直接或间接影响（Jordán，2001；Kitchell et al，2002；Navia et al，2010；Bornatowski et al，2014）。1959—2015 年莱州湾春季鱼类群落的关联度值为 0.140～0.182，较为稳定。在 0.03～0.30 的范围以内，基本可以排除该群落内种群的摄食可能存在某种特定关系或群落受到外界因素干扰等情况，符合自然条件下的群落种间摄食关系。

海洋中的物质能量通过食物链（食物网）转化为海洋生态系统各营养层次的生产力，同时，海洋生态系统对各种物理化学过程的响应通常表现为食物网结构的变化。关键种未必通过生物量影响群落结构，而是通过种群间的摄食关系密切联系群落的其他种群，并经过食物网的拓扑关系控制着群落的结构和能流，而优势种最明显的特征则是依靠庞大的生物量影响群落结构（Power et al，1996）。关键种在一定时间内对其他物种的分布起着直接或间接的调控作用，其存在对于维持群落的种类组成、生态群落的功能和物种多样性等比其他物种更重要，对生物群落稳定性、物种多样性和许多生态过程的持续和改变起决定性作用，是生态系统的物质循环、能量流动和生物量的调控者，关键捕食者可以通过捕食作用控制群落中其他重要食物竞争者和捕食者密度，关键被捕食者则可以通过维持捕食者的密度来限制另外被捕食者的密度，是鱼类群落种间关系的第一纽带，其种群数量的变动影响着其他种群的生长、发育和繁殖，是决定鱼类群落动态的重要因素（陈大刚，1997）。关键捕食者的能量流动与转换又是影响该水域生态系统结构与功能稳定的重要因素，其演变趋势对鱼类群落结构组的发展有一定的诱导作用。

过度捕捞导致近海渔业资源严重衰退，鱼群抵御环境变化的能力降低，近海资源衰退问题日益凸显（王跃中等，2012；金显仕等，2015；张波等，2015）。Pitcher（2001）认为受人类活动的影响，20世纪60年代以来，须鲸类濒临灭绝，而人类早期的捕捞活动可能已经导致水域生态中关键种濒临灭绝。而过度捕捞将会导致食物网中的关键种由海洋哺乳类、鳕鱼类、鮟鱇鱼类以及大型中上层鱼类向小型底栖无脊椎动物、小型中上层鱼类转变（Coll et al，2009）。莱州湾春季鱼类群落关键种由经济价值较高的花鲈、小黄鱼和蓝点马鲛等演变为细纹狮子鱼、鳀和六丝矛尾虾虎鱼等经济价值较低的种类；同时，关键种的栖息环境也由中上层与底层生境（蓝点马鲛、花鲈、鳀等）演变为底层单一生境（细纹狮子鱼和六丝矛尾虾虎鱼）；关键种的这种更替导致食物网拓扑结构向简单化发展，在某种程度上也增加了鱼类群落结构脆弱性。气候变化直接影响渔业生物的多样性和分布，而全球变暖将通过对近岸湿地生境的破坏，进而破坏众多鱼类的育肥场所，水温变化直接影响鱼类的生长、摄食、产卵及洄游等，驱使在河口或沿岸产卵的鱼类向较冷的地区洄游（樊伟等，2001；王跃中等，2012；单秀娟等，2017）。因此气候变化是影响鱼类群落结构变化的重要因素，也是改变的群落关键种的潜在因素。Drezner（2013）认为，一定条件下水源是限制陆地生态系统中关键物种仙人掌（*Carnegiea gigantea*）分布的重要环境因素。而水域生态系统中，Sanford（1999）的研究表明野外和室内实验中水温降低，关键捕食者赭色海星（*Pisaster ochraceus*）对主要被捕食者的捕食明显减弱。因此，在某一生态群落中关键种受多种外界因素的影响，如环境变化、人为活动等。由于物种洄游性季节分布导致鱼类群落结构的时序相对不稳定，因此季节变化是影响关键种的不可忽视的重要因素，关键种是否存在季节性分布的可能，需后续深入研究。

（杨涛）

参考文献

陈大刚，1997. 渔业资源生物学［M］. 北京：中国农业出版社：80－100.

程济生，2000. 东、黄海冬季底层鱼类群落结构及其多样性［J］. 海洋水产研究所，21（3）：1－8.

程济生，朱金声，1997. 黄海主要经济无脊椎动物摄食特征及其营养层次的研究［J］. 海洋学报，19（6）：102－108.

邓景耀，孟田湘，任胜民，1986. 渤海鱼类食物关系的初步研究［J］. 生态学报，6（4）：356－364.

邓景耀，孟田湘，任胜民，等，1988a. 渤海鱼类种类组成及数量分布［J］. 海洋水产研究，9（1）：11－90.

邓景耀，孟田湘，任胜民，1988b. 渤海鱼类的食物关系［J］. 海洋水产研究，9：151－171.

邓景耀，姜卫民，杨纪明，等，1997. 渤海主要生物种间关系及食物网研究 [J]. 中国水产科学，4 (4)：1-7.

邓景耀，金显仕，2000. 莱州湾及黄河口水域渔业生物多样性及其保护研究 [J]. 动物学研究，21 (1)：76-82.

窦硕增，1996. 鱼类摄食生态研究的理论及方法 [J]. 海洋与湖沼，27 (5)：556-561.

樊伟，程炎宏，沈新强，2001. 全球环境变化与人类活动对渔业资源的影响 [J]. 中国水产科学，8 (4)：91-94.

郭斌，张波，金显仕，2010. 黄海海州湾小黄鱼幼鱼的食性及其随体长的变化 [J]. 中国水产科学，17 (2)：289-297.

金显仕，唐启升，1998. 渤海渔业资源结构、数量分布及其变化 [J]. 中国水产科学，5 (3)：18-24.

金显仕，邓景耀，1999. 莱州湾春季渔业资源及生物多样性的年间变化 [J]. 海洋水产研究，20 (1)：6-12.

金显仕，邓景耀，2000. 莱州湾渔业资源群落结构和生物多样性的变化 [J]. 生物多样性，8 (1)：65-72.

金显仕，2001. 渤海主要渔业生物资源变动的研究 [J]. 中国水产科学，7 (4)：22-26.

金显仕，赵宪勇，孟田湘，等，2005. 黄、渤海生物资源与栖息环境 [M]. 北京：科学出版社：262-351.

金显仕，单秀娟，郭学武，等，2009. 长江口及其邻近海域渔业生物的群落结构特征 [J]. 生态学报，29 (9)：4761-4772.

金显仕，2014. 黄渤海渔业资源增殖基础与前景 [M]. 北京：科学出版社.

李军，1990. 渤海蓝点马鲛食物链结构的研究 [J]. 海洋科学集刊，31：93-107.

林群，王俊，袁伟，等，2016. 捕捞和环境变化对渤海生态系统的影响 [J]. 中国水产科学，23 (3)：619-629.

李忠义，吴强，单秀娟，等，2017. 渤海鱼类群落结构的年际变化 [J]. 中国水产科学，24 (2)：403-413.

单秀娟，金显仕，李忠义，等，2012. 渤海鱼类群落结构及其主要增殖放流鱼类的资源量变化 [J]. 渔业科学进展，33 (6)：1-9.

单秀娟，陈云龙，金显仕，2017. 气候变化对长江口和黄河口渔业生态系统健康的潜在影响 [J]. 渔业科学进展，38 (2)：1-7.

唐启升，叶懋中，1990. 山东近海渔业资源开发与保护 [M]. 北京：农业出版社：90-115.

唐启升，1999. 海洋食物网与高营养层次营养动力学研究策略 [J]. 海洋水产研究，20 (2)：1-6.

唐启升，苏纪兰，张经，2005. 我国近海生态系统食物产出的关键过程及其可持续机理 [J]. 地球科学进展，20 (12)：1280-1287.

薛莹，金显仕，2003. 鱼类食性和食物网研究评述 [J]. 海洋水产研究，24 (2)：76-87.

张波，唐启升，2004. 渤、黄、东海高营养层次重要生物资源种类的营养级研究 [J]. 海洋科学进展，22 (4)：393-404.

张波，李忠义，金显仕，2012. 渤海鱼类群落功能群及其主要种类 [J]. 水产学报，36 (1)：64-72.

张波，吴强，金显仕，2015. 1959—2011 年间莱州湾渔业资源群落食物网结构的变化 [J]. 中国水产科学，22 (2)：1-10.

朱江峰，戴小杰，王学昉，等，2016. 海洋食物网拓扑学方法研究进展 [J]. 渔业科学进展，37 (2)：153-159.

Bornatowski H, Navia A, Braga R, et al, 2014. Ecological importance of sharks and rays in a structural foodweb analysis in southern Brazil [J]. ICES Journal of Marine Science, 71 (7): 1586-1592.

Breiger R, Carley K, Pattison P, et al, 2003. Dynamic Social Network Modeling and Analysis: Workshop Summary and Papers [M]. Washington: The National Academies Press: 241-252.

Coll M, Palomera I, Tudela S, 2009. Decadal changes in a NW Mediterranean Sea food web in relation to fishing exploitation [J]. Ecological Modelling, 220 (17): 2088 - 2102.

Drezner T, 2013. The paradoxical distribution of a shallow - rooted keystone species away from surface water, near the water - limited edge of its range in the Sonoran Desert: Seed - seedling conflicts [J]. Acta Oecologica, 47: 81 - 84.

Dunne J, Williams R, Martinez N, 2002. Food - web structure and network theory: the role of connectance and size [J]. Proceedings of the National Academy of Sciences of the United States of America, 99: 12917 - 12922.

Estrada E, Fox M, Higham D, et al, 2010. Network Science: Complexity in Nature and Technology [M]. London: Springer: 13 - 29.

Hubbell C, 1965. An input - output approach to clique identification [J]. Sociometry, 28 (4): 377 - 399.

Jin X, 2004. Long - term changes in fish community structure in the Bohai Sea, China [J]. Estuarine, Coastal and Shelf Science, 59 (1): 163 - 171.

Jin X, Shan X, Li X, et al, 2013. Long - term changes in the fishery ecosystem structure of Laizhou Bay, China [J]. Science China Earth Sciences, 56 (3): 366 - 374.

Jordán F, Takács - Sánta A, Molnár I, 1999. A liability theoretical quest for key stones [J]. Oikos, 86 (3): 453 - 462.

Jordán F, 2001. Trophic fields [J]. Community Ecology, 2: 181 - 185.

Jordán F, Liu W, Davis A, 2006. Topological keystone species: Measures of positional importance in food webs [J]. Oikos, 112 (3): 535 - 546.

Kitchell J, Essington T, Boggs C, et al, 2002. The role of sharks and longline fisheries in a pelagic ecosystem of the Central Pacific [J]. Ecosystems, 5: 202 - 216.

Pauly D, Christensen V, Dalsgaard J, et al, 1998. Fishing down marine food webs [J]. Science, 279 (5352): 860 - 863.

Pitcher T, 2001. Fisheries managed to rebuild ecosystems? Reconstructing the past to salvage the future [J]. Ecological Applications, 11 (2): 601 - 617.

Pianka E, 1971. Ecology of the agamid lizard Amphibolurus isolepis in Western Australia [J]. Copeia, 3: 527 - 536.

Power M, Tilman D, Estes J, et al, 1996. Challenges in the quest for keystones [J]. Bioscience, 46 (8): 609 - 620.

Sanford E, 1999. Regulation of keystone predation by small changes in ocean temperature [J]. Science, 283 (5410): 2095 - 2097.

Shan X, Sun P, Jin X, et al, 2013. Long - term changes in fish assemblage structure in the Yellow River estuary ecosystem, China. marine and coastal fisheries: dynamics, Management and Ecosystem Science, 5: 65 - 78.

Stephenson K, Zelen M, 1989. Rethinking centrality: Methods and examples [J]. Social Networks, 11 (1): 1 - 37.

Tang Q, Jin X, Wang J, et al, 2003. Decadal - scale variation of ecosystem productivity and control mechanisms in the Bohai Sea [J]. Fisheries Oceanography, 12 (4/5): 223 - 233.

Zhang B, Tang Q, Jin X, 2007. Decadal - scale variations of trophic levels at high trophic levels in the Yellow Sea and Bohai Sea ecosystem [J]. Journal of Marine System, 67 (3 - 4): 304311.

第六章

典型污染物对渔业种群诱导的毒理效应

第一节　微塑料对许氏平鲉的行为、能量储备和营养成分的影响

许氏平鲉（*Sebastes schlegelii*），是一种具有重要生态和经济意义的肉食性底栖鱼类（Kishimura et al，2007）。海洋底层鱼类中各种塑料的含量都远远高于表层鱼类（Jabeen et al，2017）。本研究塑料材料选取聚苯乙烯，它不仅是世界上最常用的塑料聚合物（Andrady et al，2009），也是海洋塑料垃圾的主要成分之一（Browne et al，2010）。

一、材料和方法

1. 许氏平鲉幼鱼的微塑料暴露实验

许氏平鲉幼鱼［体长（90.56±4.51）mm，体重（12.92±0.04）g］随机分配到装有20 L海水的实验池中，每个池10条幼鱼，每个处理5个重复，即实验组有50条鱼和空白组有50条鱼。微塑料暴露实验包括两个阶段：摄入阶段（14 d）和净化阶段（7 d）。

2. 行为分析

第14天，通过录像监测摄食阶段幼鱼的行为。采用Image-Pro软件，测定鱼在摄食和觅食期间30 min内，视频图像中鱼与鱼之间的平均距离（单位：像素）。时间间隔是1 min，每个实验池可以获得30张图像用于分析鱼体之间的平均距离（详细测定方法见图6-1）。

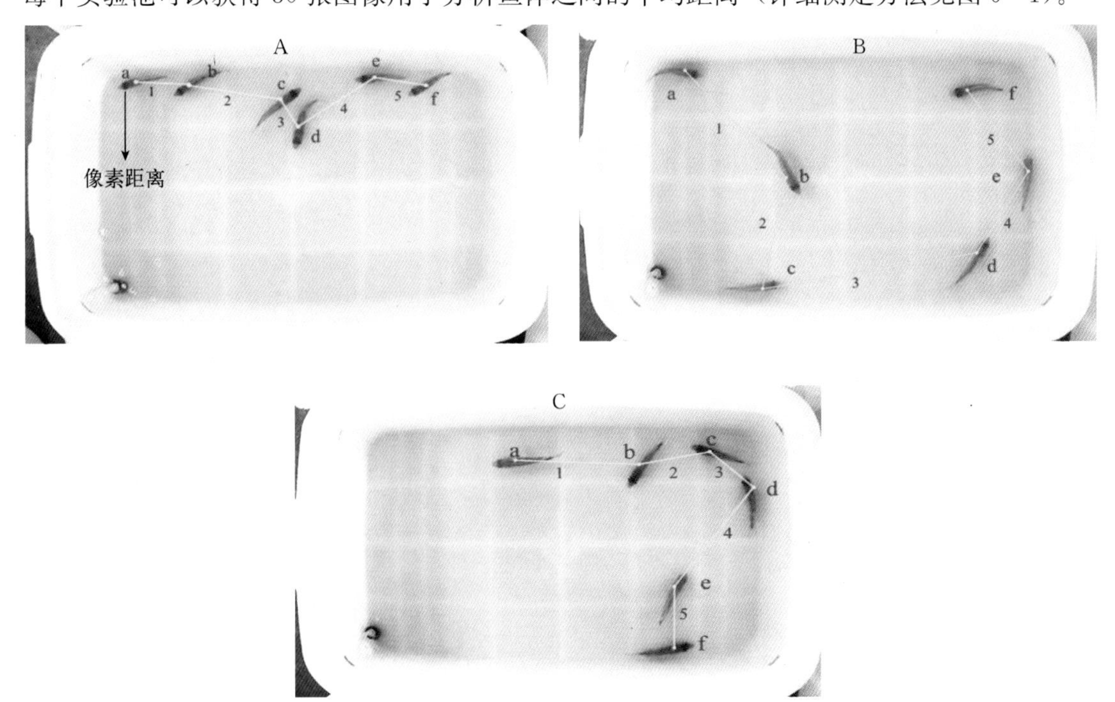

图6-1　测定鱼间距的示意图

以盒子左侧上端的鱼作为起点a，选择离a最近的鱼b，测定a与b之间的像素距离。选过的鱼不再重复测定，因此在图中选取距离b最近的鱼是c，不再是a，测定b到c的像素距离，以此类推，2、3、4、5是鱼之间的像素距离，通过Image-Pro测定，测定范围是从鱼的背鳍起点到另一条鱼的背鳍起点

3. 许氏平鲉幼鱼的健康状况评估和组织学分析

解剖获得幼鱼肝脏、肠道、鳃用 Hematoxylin and Eosin（H&E）染色。同时在水体暴露 21 d 后计算许氏平鲉幼鱼的生长参数，计算方法如下：

$$增重率（Weight Gain Rate, WGR, \%）=100\times（末体重-初体重）/初体重 \tag{6-1}$$

$$特定生长率（Specific Growth Rate, SGR, \%/d）=100\times（\ln 末均体重-\ln 初均体重）/饲料天数 \tag{6-2}$$

$$成活率（Survival Rate, SR, \%）=100\times（暴露后鱼的数量/初始鱼的数量） \tag{6-3}$$

$$肥满度（Condition Factor, CF, \%）=100\times（鱼体重, g）/（体长, cm）^3 \tag{6-4}$$

$$肝体比（Hepatosomatic Index, HSI, \%）=100\times（肝脏重/鱼体重） \tag{6-5}$$

$$脏体比（Viserosomatic Index, VSI, \%）=100\times（内脏团湿重/鱼体湿重） \tag{6-6}$$

4. 数据统计分析

所有的数据表示为平均值±标准差。采用 STATISTICA 6.0 软件进行统计学分析。所有的指标进行独立样本的 T-test，同时对鱼的个体平均游泳速度和探索能力（即在觅食期间对整个池子的利用率）进一步进行多因素的方差分析（Linear/Nonlinear Models-variance；微塑料暴露和个体鱼作为随机变量）。显著水平为 $P<0.05$。

二、聚苯乙烯微塑料的表征

聚苯乙烯微塑料的表征：扫描电镜图（图 6-2A）显示聚苯乙烯微塑料的形态是球状的，粒径大约在 15 μm，荧光显微图（图 6-2B）显示为绿色，粒径大小和荧光与商家提供信息基本相符。大部分聚苯乙烯微塑料（81.5%±6.2%）在海水中团聚，这种聚集行为可能导致其沉降到底部，光学显微图（图 6-3）可以支持这一观点。

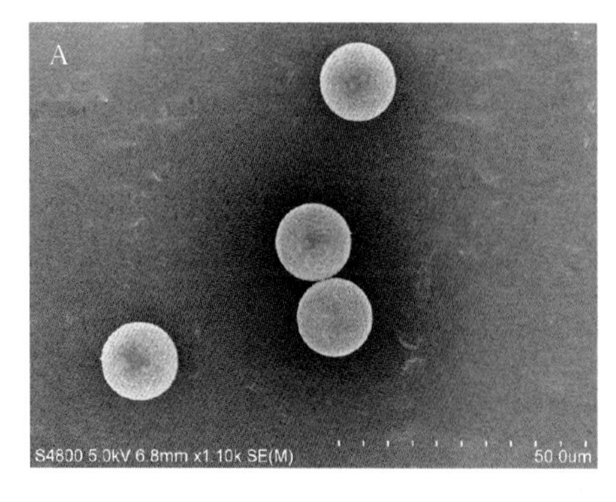

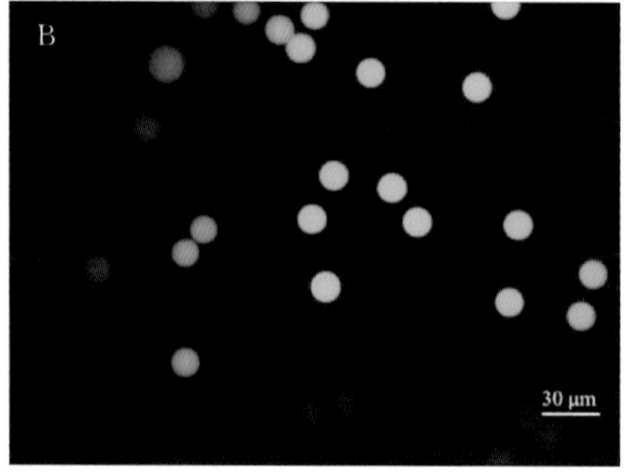

图 6-2　聚苯乙烯微塑料的扫描电镜图（A）和荧光显微图（B）

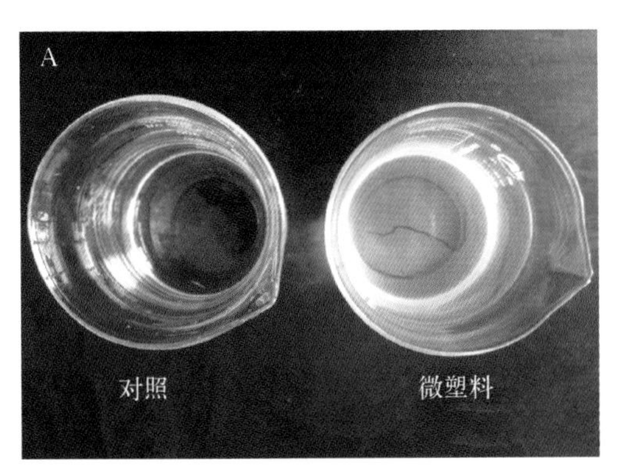

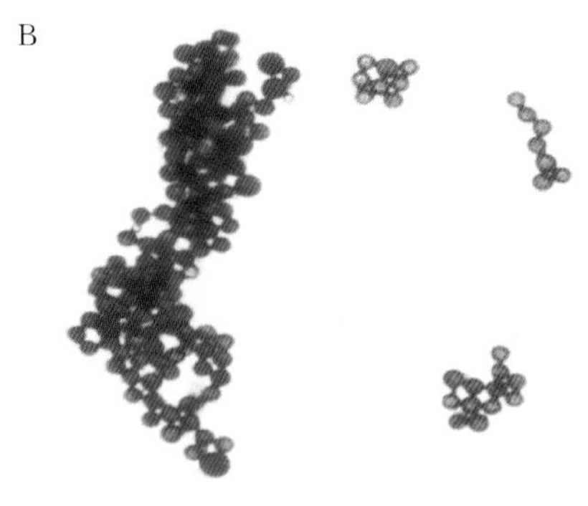

图 6-3　聚苯乙烯微塑料在海水中 24 h 的沉降图（A）和光学显微图（B）

三、聚苯乙烯微塑料在许氏平鲉幼鱼体内的累积及组织分布

经过 14 d 的聚苯乙烯微塑料的暴露，以及随后 7 d 的净化，聚苯乙烯微塑料在鱼体内的累积及分布如图 6-4 所示。聚苯乙烯可以累积在鳃部（图 6-4A，B）和肠道（图 6-4C，D），这说明鱼体暴露于微塑料环境中，鳃部和口是主要的摄入途径。由于鳃部有高的比表面积，可以成为污染物累积的主要位点（Wang et al，2016；Jang et al，2014），这就可以解释为什么微塑料可以累积在幼鱼的鳃部。此外，为了维持渗透压的平衡，许氏平鲉不断地吞咽海水，微塑料通过口进入消化道，随后可能被排出。在鱼的粪便中检测到绿色荧光的微塑料证实了这个现象（图 6-5B）。这些结果说明，一些聚苯乙烯微塑料在消化道中未被消化，包裹着粪便被排泄出来后沉降到水底。值得注意的是，包裹在粪便中的微塑料将会对海洋底栖生物产生潜在的风险。

有意思的是，经过 7 d 的水体净化，聚苯乙烯微塑料仍旧存在鱼的肠道和鳃部，说明微塑料在鱼体内的排出时间大于 7 d。以前的研究表明，经过 7 d 的暴露，随暴露时间的增加微塑料被快速地累积在斑马鱼的组织中，直径为 5 μm 的微塑料 48 h 在不同的组织（鳃、肝脏和肠道）内累积达到一个稳定的状态。累积在内部组织例如肝脏和肠道的含量高于外部组织，例如鳃部（Lu et al，2016）。同时，微塑料在组织内可能会维持很长的一段时间（Kolandhasamy et al，2018）。例如微塑料在鳃部可以存留高达 22 d（Watts et al，2014），增加肠道排空时间（Wright et al，2013）。磷虾摄食含有 20%微塑料的食物 24 h 后，微塑料在其体内的吸收和净化的动力学显示出快速的累积速率［22 ng/(mg・h)］和排出速率［0.22 ng/(mg・h)］。有效的排出速率造成微塑料在磷虾体内的生物累积没有超过 25 d，大部分的个体在不到 5 d 的时间内就将微塑料完全排出（Dawson et al，2018），这支持了本研究结论。这些结果表明，聚苯乙烯微塑料能够很容易地进入鱼的体内，并且在不同的组织中存留一定的时间，可能诱导毒性效应。此外，一些研究表明，微塑料能够进入细胞或者穿过肠道屏障（Cole et al，2015；Moos et al，2012），然而本研究中未发现微塑料易位到肝脏（图 6-4E，F）。类似地，直径为 20 μm 的微塑料只能累积在鱼的鳃部和肠道，然而直径为 5 μm 的微塑料可以累积在鱼的肝脏，这可能是由于 5 μm 的颗粒能够进入血液循环从而被转移到肝脏（Lu et al，2016）。这些研究结果的不一致性可能是由生物种类、暴露条件和实验材料（如亲脂性、粒径、形态和比表面积）不同造成的。因此，微塑料在哪些条件下更易于累积，并且能否穿过细胞膜或者肠道膜，值得进一步的研究。

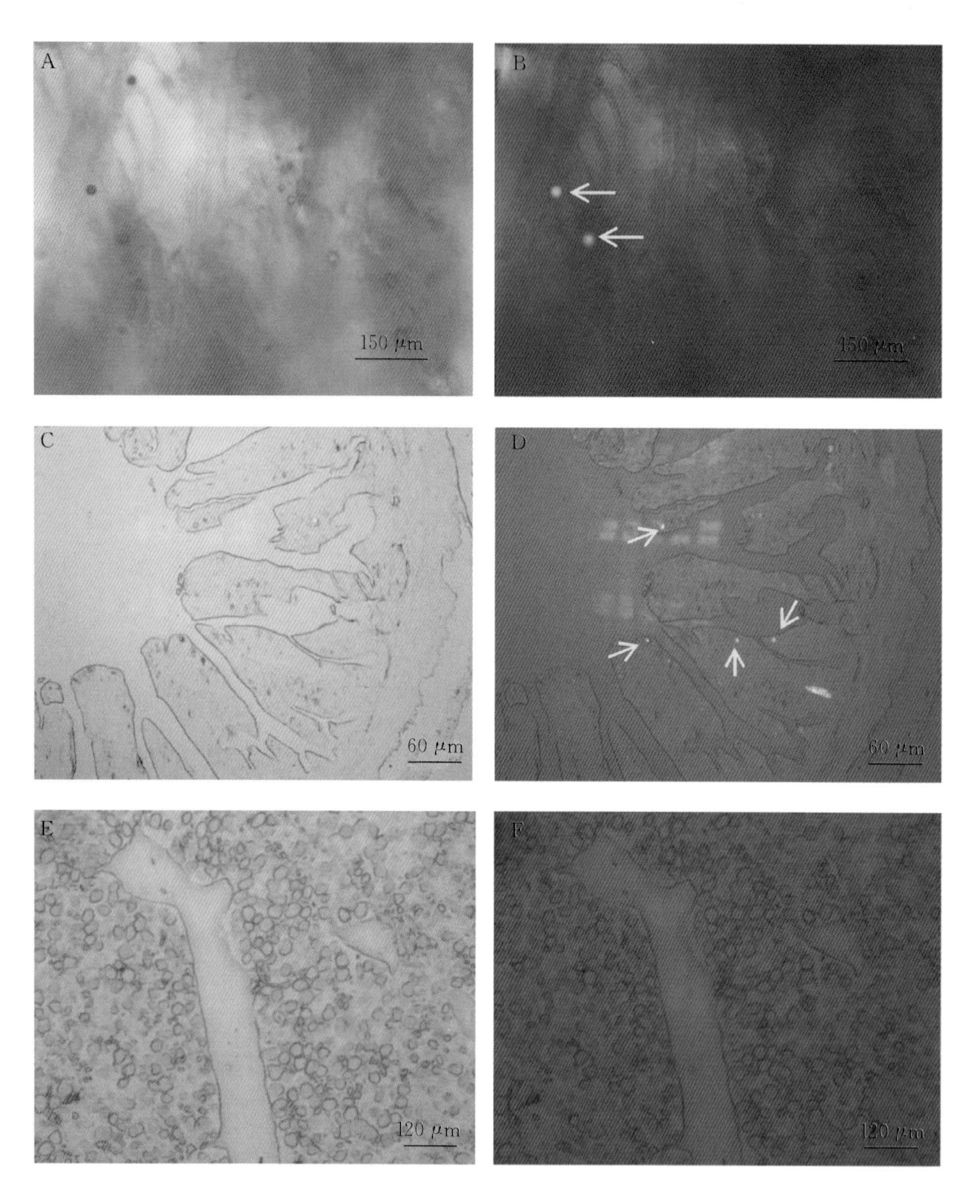

图 6-4　暴露 21 d 后聚苯乙烯微塑料在鱼的鳃部、肠道和肝脏的累积

暴露实验包括一个摄入阶段（14 d）和一个净化阶段（7 d）。(A，B）鳃；(C，D）肠道；(E，F）肝脏；(A，C，E）荧光前；(B，D，F）荧光后；(B）和（D）中的黄色箭头分别指示聚苯乙烯微塑料。空白组鱼的鳃部、肠道和肝脏均未检测到聚苯乙烯微塑料

四、聚苯乙烯微塑料暴露后许氏平鲉幼鱼的行为变化

聚苯乙烯微塑料暴露 14 d 后，微塑料处理组幼鱼的摄食时间显著增加，大约是空白组的 2 倍（$df=8$，$P=0.025$）（图 6-6A），这说明聚苯乙烯微塑料暴露可以降低鱼的摄食活性。此外，经过聚苯乙烯微塑料处理后的幼鱼觅食时间（指示生物寻找食物的活性）快速地降低（$df=8$，$P=0.006$）（图 6-6B）。有意思的是，相比于空白组，聚苯乙烯微塑料处理

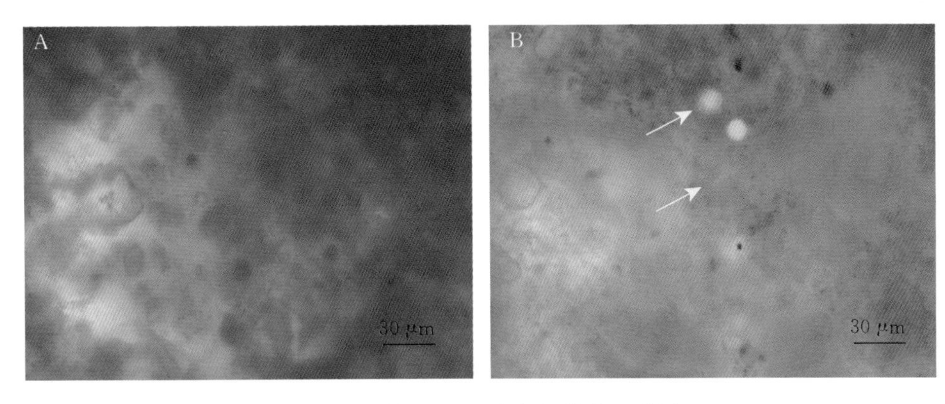

图 6-5　第 21 天鱼粪便的荧光显微图

（A）空白组；（B）聚苯乙烯微塑料暴露组。暴露包括一个摄入阶段（14 d）和一个排出阶段（7 d）

组鱼与鱼的平均间距明显缩短（df=29，P=0.000）（图 6-6C），说明在整个观察期间聚苯乙烯微塑料处理后的鱼聚集在一起，定义为群聚行为（图 6-7B）。因此，缩短的觅食时间和群聚行为说明经过微塑料暴露后幼鱼的捕食能力可能受到抑制。

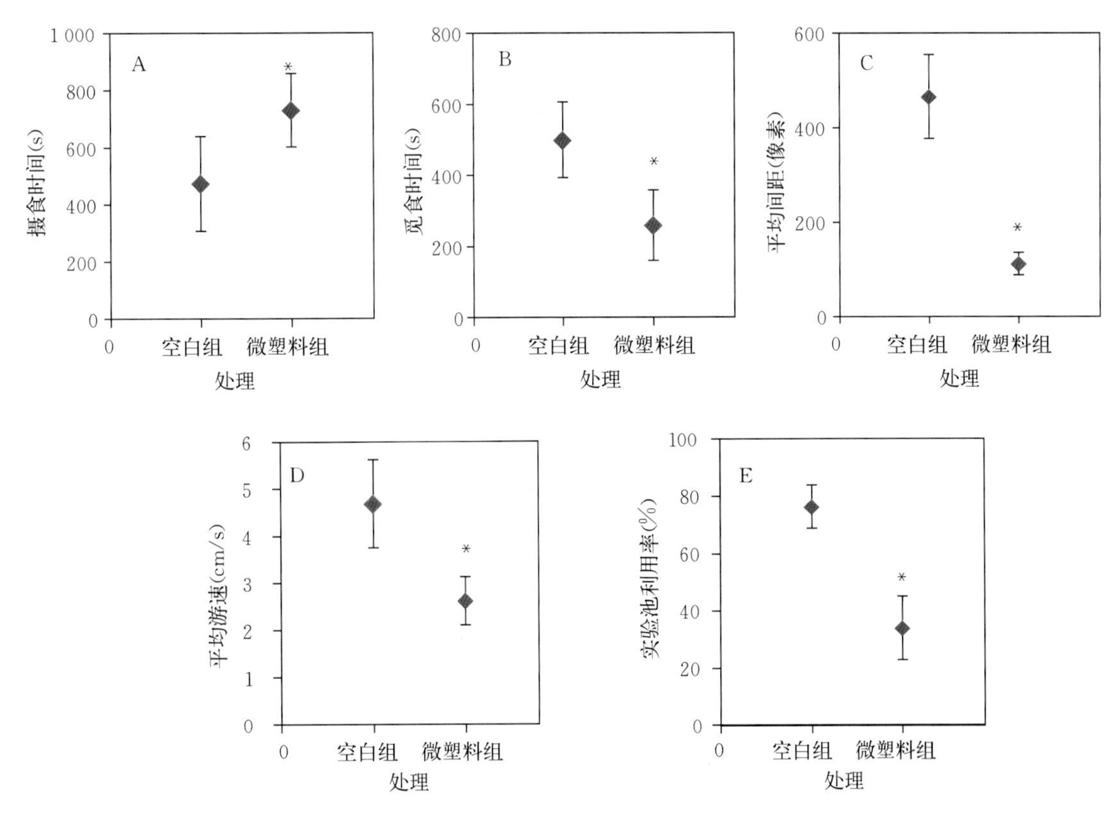

图 6-6　聚苯乙烯微塑料暴露 14 d 后许氏平鲉幼鱼的活性

（A）摄食时间，每个池子里的鱼吃完池子里的食物所用的时间（n=5）；（B）觅食时间，鱼吃完池子里的食物后继续寻找食物，直到 90% 的鱼停止运动来寻找食物所用的时间（n=5）；（C）鱼的平均间距，时间间隔是 1 min（D）鱼的平均游速，分析每条鱼在摄食期间 5 min 内的游速（cm/s）（n=30）；（E）鱼对池子的利用效率，在觅食期间每条鱼对池子空间的利用百分比（n=30）。* 指示空白组和微塑料组的显著性（P<0.05）

图 6-7　鱼在实验池中的状态（时间大约是 40 min）

（A）空白组，鱼体自然分散在池子中；（B）聚苯乙烯微塑料处理组，
鱼体在池中紧密地聚集在一起。图为随机选取

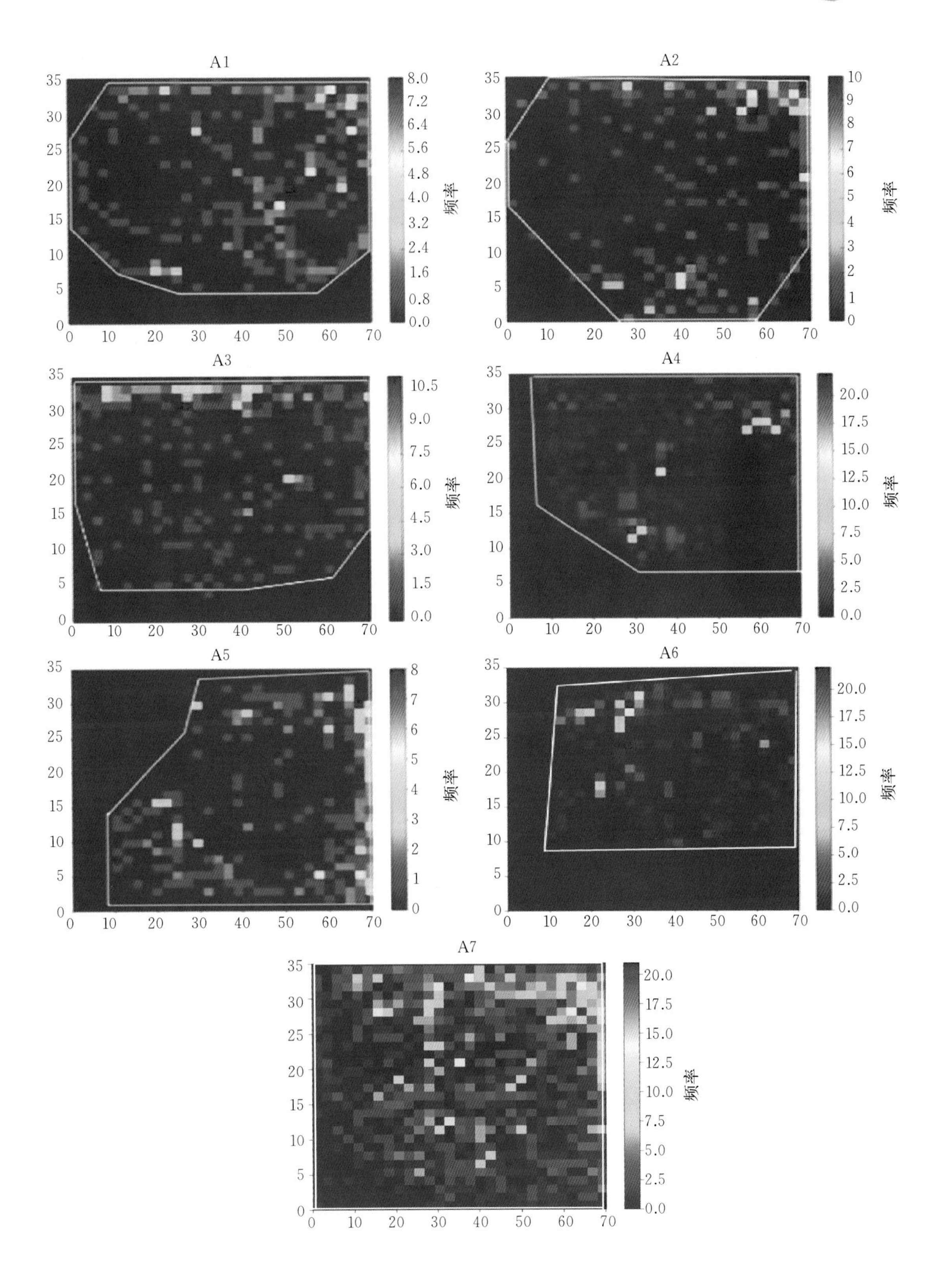
A1
频率
A2
频率
A3
频率
A4
频率
A5
频率
A6
频率
A7
频率

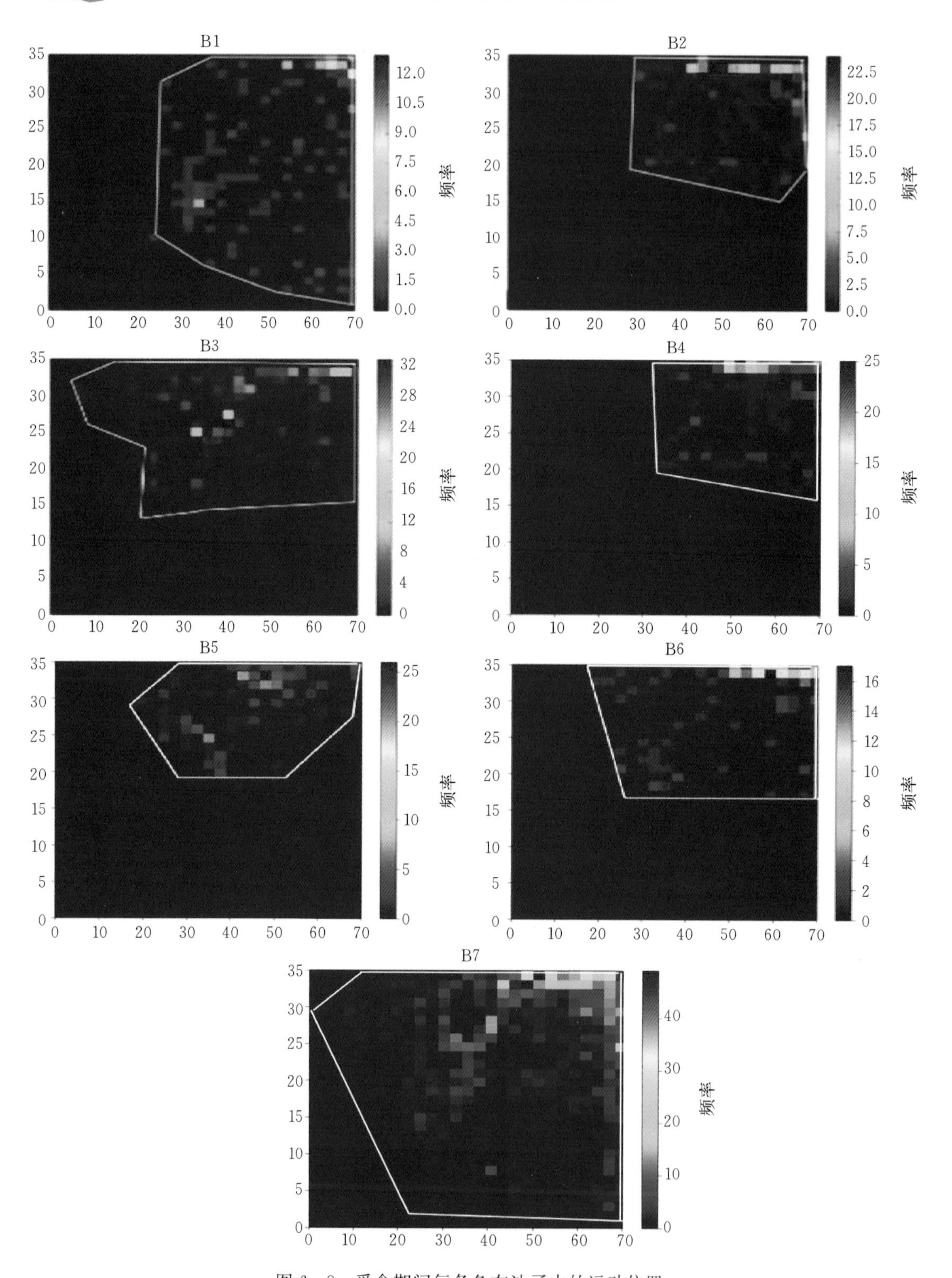

图6-8　觅食期间每条鱼在池子中的运动位置

（A）空白组；（B）聚苯乙烯微塑料处理组，随机选取一个池子，其中的6条鱼分别在池子的运动位置。空白组：A1～A6；聚苯乙烯微塑料处理组：B1～B6（$n=300$）；A7：空白组的6条鱼在池子中共同存在的运动位置；B7：聚苯乙烯微塑料处理组的6条鱼在池子中共同存在的运动位置（$n=1\,800$）

此外，聚苯乙烯微塑料处理组的幼鱼与空白组的幼鱼在游泳形式上也发生了变化。与空白组相比，聚苯乙烯微塑料暴露严重降低鱼的平均游速（df=58，P=0.000）（图 6－6D），表明鱼体状况比较弱。鱼的游速与捕食—被捕食的行为紧密关联。鱼的游速减慢可能会降低捕食效率，也可能更容易在自然生态系统中被反捕（Zhou et al，1998；Pang et al，2014）。此外，空白组的幼鱼积极地搜寻整个池子去寻找和猎取食物。相反，聚苯乙烯微塑料处理的幼鱼利用不到一半的空间去搜寻食物（df=58，P=0.000）（图 6－6E），空白组和处理组幼鱼运动的热力图证实了这个现象（图 6－8），说明聚苯乙烯微塑料可能对鱼的捕食能力和探索能力存在负面效应。微塑料暴露后幼鱼行为改变可能是以下 4 点原因：①大脑和行为存在直接的联系。微塑料可以诱导鱼脑的结构和含水量变化，造成行为的改变（Mattsson et al，2015）。本研究的结果发现相比于空白组，聚苯乙烯微塑料暴露改变了许氏平鲉幼鱼的脑部含水量（图 6－9）。聚苯乙烯链有很好的亲脂性，可以被定位到富脂的器官中（例如脑部），从而影响细胞膜的功能（Rossi et al，2014）。由于微塑料的粒径是 15 μm，大于进行细胞内吞作用和血液循环迁移的合适粒径，所以其对鱼类的大脑和亚细胞的相互作用不太可能有直接影响。然而，粒径为 1 mm 的微塑料可以通过机械作用、降解（Harshvardhan et al，2013；Ter et al，2017）和生物的消化系统被分裂成纳米尺寸的微塑料（100 nm）（Mattsson et al，2015；Dawson et al，2018）。本研究中的微塑料粒径是15 μm，可能被分解成更小的颗粒通过肠道，然后迁移到富脂的器官中影响其功能。②微塑料累积在消化道刺激了肠道，影响了消化功能，改变了生物的行为和喜食性，从而降低了食物的摄入（Galloway et al，Lewis，2016；Watts et al，2015；Groh et al，2015）。③微塑料诱导的呼吸压力和损伤也可能会改变生物的行为。微塑料吸附到鳃部和皮肤会造成微小但是短暂的氧气消耗和离子调节的变化（Mattsson et al，2015；Dawson et al，2018）。④聚苯乙烯微塑料可以诱导氧化压力（Lu et al，2016）。因此，无论是物理效应还是生物效应，可能彼此相互作用影响了鱼类的行为。总之，以上的研究表明，聚苯乙烯微塑料显著地干扰了鱼类的行为，不仅使其摄食活性等关键行为能力降低，而且使其运动能力也受到了损伤。运

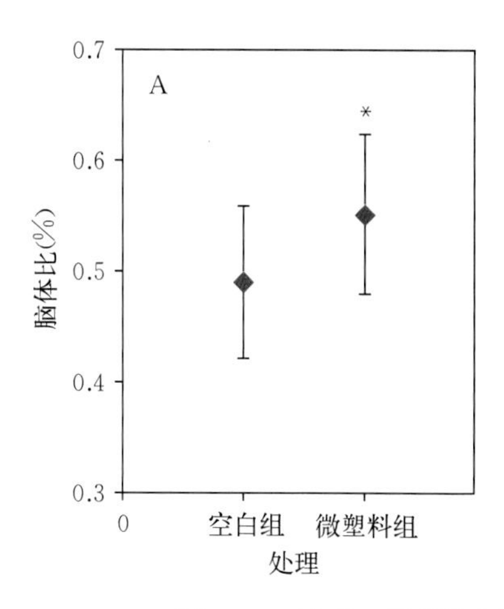

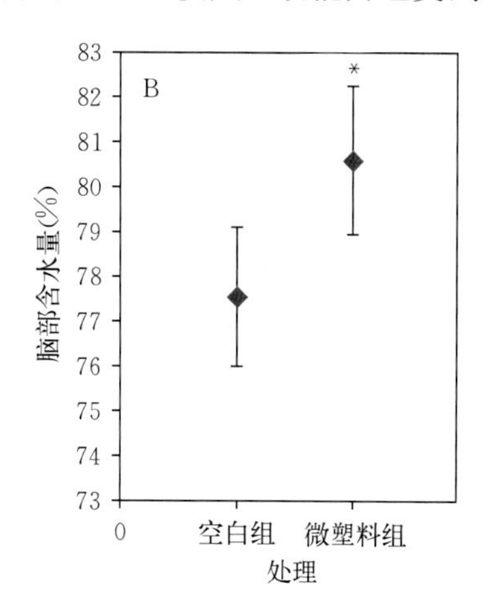

图 6－9　聚苯乙烯微塑料暴露 21 d 后鱼体脑部状态

（A）脑体比（%），脑部湿重/鱼湿重；（B）脑部含水量（%），脑部干重/脑部湿重。菱形表示每个处理的平均值，误差棒代表平均标准差。* 表示空白与微塑料处理组有显著性差异（n=12，P<0.05）

动能力的降低可能会极大地影响捕食者—被捕食者之间的关系，表明微塑料对海洋生态系统有深远影响。

五、聚苯乙烯微塑料暴露后许氏平鲉幼鱼的组织学变化

图 6－10 显示了鱼体经过微塑料暴露后器官或者组织的异常现象。正常鱼体的胆汁是青绿色，然而经过聚苯乙烯微塑料暴露后的胆汁变成了黑色（图 6－10A）。胆汁参与肠道的消化过程，异常的黑色胆汁可能会造成胃肠道功能的紊乱（Wang et al，2016）。在此情况下，累积在肠道的聚苯乙烯微塑料可能会影响肠道的消化与吸收。同时，聚苯乙烯微塑料组鱼体的肝脏出现明显的充血现象（图 6－10B，C），说明聚苯乙烯微塑料对鱼体的肝脏产生了压力，这可能会影响肝脏的功能。此外，一些研究表明塑料的消化会造成肠道堵塞、氧化压力和物理损伤（Cole et al，2015；Watts et al，2015）。然而本研究中未发现明显的肠道损伤（图 6－10D），但是相比于空白组，微塑料组的肠道形态发生了改变，尤其是中肠（$P<0.05$，表 6－1）。微塑料累积在肠道会刺激消化道，因此肠道的形态改变也可能会影响营养物质的吸收而进一步影响鱼体的生长。纳米级和微米级聚合物在体外的行为变化主要依靠颗粒的特殊的物理化学性质，例如粒径、比表面积、多孔性、表面电荷、表面电晕（Galloway，2015）。比表面积大的颗粒在体内更容易造成斑马鱼的消化道和小鼠的肺部毒性损伤（Lin et al，2014）。纳米级塑料的吸附作用会抑制藻类的光合作用，促进藻类活性氧的产生，这都与颗粒表面的电荷有关（Bhattacharya et al，2010）。带有正电荷和负电荷的颗粒如硬脂酸聚合物（PLA）、纳米和微米级的丙烯酸酯聚合物通常在一系列模型系统中显示出毒性效应（Fischer et al，2003；Harush－Frenkel et al，2010；Ma－Hock et al，2012）。

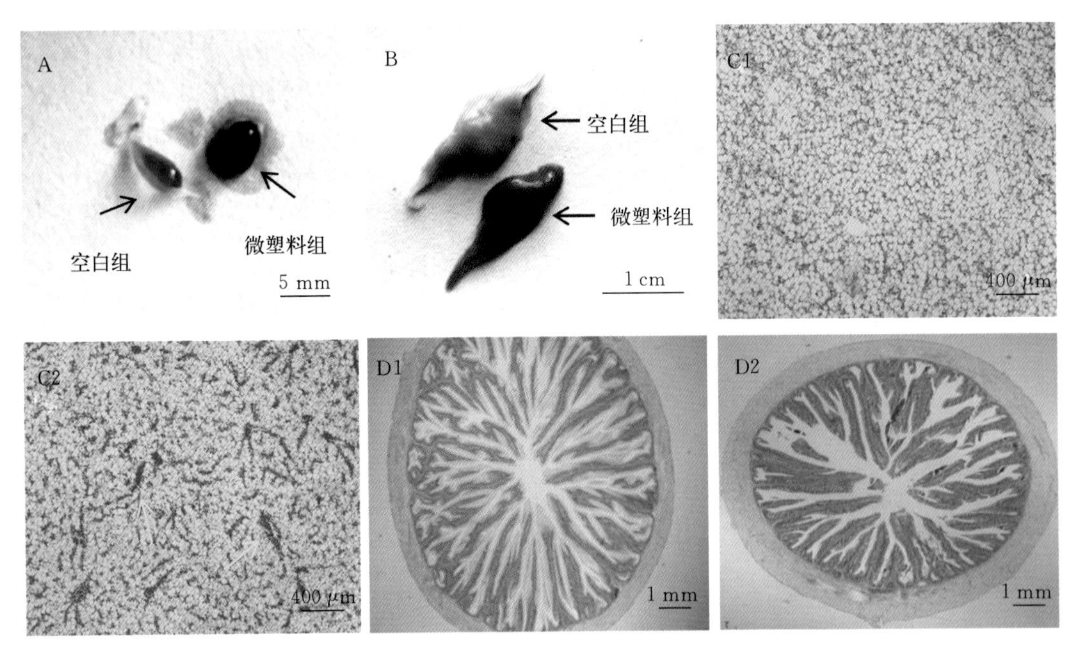

图 6－10　聚苯乙烯微塑料暴露 14 d 后鱼体胆囊、肝脏和肠道的组织学变化

（A）胆囊，微塑料处理组胆囊内的胆汁变成了黑色；（B，C）肝脏，（B）为微塑料处理组肝脏充血；（C1）空白组，（C2）微塑料组，（C2）中黄色箭头指示肝脏的充血；（D）肠道，（D1）空白组，（D2）微塑料处理组

因此，除了颗粒的粒径效应，聚苯乙烯表面微弱的负电荷也可能会造成鱼体的组织学损伤（表 6－2）。

表 6－1　聚苯乙烯微塑料暴露 14 d 后鱼体的肠道变化

处理	长绒毛高度（μm）			微绒毛高度（μm）			上皮厚度（μm）		
	前肠	中肠	后肠	前肠	中肠	后肠	前肠	中肠	后肠
空白组	36.39±2.19[a]	39.10±2.94[a]	51.66±7.08[a]	0.53±0.06[a]	0.56±0.03[a]	1.11±0.18[a]	42.22±1.56[a]	44.75±3.99[a]	57.47±6.65[a]
微塑料组	36.86±5.11[a]	32.19±5.41[b]	48.1±7.72[a]	0.59±0.06[a]	0.44±0.09[b]	1.05±0.16[a]	42.71±4.93[a]	41.30±5.38[a]	55.54±7.02[a]

注：每个给定的参数，不同的字母表示经过投喂和水体暴露后数据间有显著性差异（$n=12$，$P<0.05$）。

表 6－2　聚苯乙烯微塑料的物理化学特性的表征

材　料	粒径	Zeta 电位（mV）	
		超纯水	海水
聚苯乙烯微塑料	15[A]	－6.65±1.37[a]	－7.56±1.99[a]

注：A 单个聚苯乙烯微塑料的粒径在扫描电镜图 6－2 中的粒径（图 6－2A）；a 聚苯乙烯微塑料的 Zeta 电位经过 T－test 分析，在超纯水和海水中没有显著性差异（$n=5$，$P>0.05$）。

六、聚苯乙烯微塑料暴露后对许氏平鲉幼鱼的生长、能量储备和营养组成的影响

经过 21 d 的聚苯乙烯微塑料的暴露后，测定了许氏平鲉幼鱼的生长和能量储备的变化。结果如表 6－3 所示，微塑料组的鱼体未出现死亡现象，然而鱼体的生长（*WGR*，*SGR*）和能量表现出明显的降低，其中能量指示鱼体用于生长的能量，这说明微塑料的消化显著的抑制了鱼类的生长和能量储备。这可能是由于鱼类为了抵抗不良环境，降低生长、增加代谢需求来维持正常的功能（Groh et al，2015）。此外，胆汁和肝脏的损伤也与鱼体的生长和代谢紧密相关（Wang et al，2016；Sussarellu et al，2016），这就可以解释为什么聚苯乙烯暴露抑制了鱼类的生长（表 6－3）。而且，聚苯乙烯微塑料诱导了压力反应、消化不良和消化组织的损伤，最终改变了能量分配（Wright et al，2013；Cole et al，2015；Sussarellu et al，2016）。

表 6－3　21 d 后许氏平鲉幼鱼的生长表现、生理参数、能量和鱼体的营养成分

参　数	对　照	微塑料处理组
生长表现（%）		
增重率（*WGR*）	8.92±0.98[a]	3.09±0.32[b]
特定生长率（*SGR*）	0.41±0.04[a]	0.14±0.07[b]
形态学参数（%）		
肥满度（*CF*）	2.46±0.28[a]	2.39±0.03[a]
脏体比（*VSI*）	10.87±1.33[a]	10.83±1.18[a]
肝体比（*HSI*）	2.55±0.21[b]	3.44±0.32[a]

（续）

参　数	对　照	微塑料处理组
能量（MJ/kg）		
总粗能	22.17±0.02[a]	20.06±0.00[b]
全鱼（%）		
水分	69.10±1.72[a]	71.59±2.02[a]
粗蛋白	17.46±0.34[a]	16.77±0.26[b]
粗脂肪	8.27±0.52[a]	6.09±0.17[b]

注：表中每个参数标有不同字母表示在空白和微塑料组存在显著性差异（$n=5$，$P<0.05$）。

对于整个鱼体，相比于空白组，微塑料组鱼体的含水量没有显著的变化（表6-3）。然而，鱼体的粗蛋白和粗脂肪存在微小但是明显的降低（$df=18$，$P<0.05$）（表6-3），这说明聚苯乙烯微塑料改变了鱼体的营养成分。众多周知，碳水化合物、脂肪、蛋白和维生素等营养物质的代谢与肝脏紧密相关（Wang et al，2016）。研究发现，肝体比（*HSI*）通常与肝脏的营养代谢（例如脂肪）呈显著正相关（Wang et al，2016；Sussarellu et al，2016）。幼鱼的肥满度（*CF*）和脏体比（VSI）在空白组和微塑料组均没有显著性差异（表6-3），但是*HSI*在微塑料组却显著地增加（$df=28$，$P=0.000$），这与肝脏损伤的结果相一致（图6-10）。肝脏异常的代谢通过增高的*HSI*得到证实，这也可以解释微塑料暴露后幼鱼营养成分的改变，此研究结果与之前的研究结果一致（Wang et al，2016）。此外，这种改变也可能是由于微塑料增加了肠道的运输时间，降低了脂肪累积（Wright et al，2013）。据报道，由于鲤摄入纳米级的聚苯乙烯微塑料，其脂肪代谢发生改变（Mattsson et al，2015；Cedervall et al，2012）。

幼鱼的生长、行为、生理以及鱼体的营养成分发生了改变，说明聚苯乙烯微塑料能够降低鱼体的营养品质。更为重要的是，许氏平鲉具有重要的经济价值。许氏平鲉幼鱼的生长和营养品质的降低可能会降低其产量和经济价值。

七、环境意义

鱼类是重要的渔业资源，在生态系统中发挥重要的生态功能。微塑料暴露后，鱼类的行为改变将会对海洋生态系统的结构和功能产生负面效应：鱼类摄食活性的降低，生长减慢和躲避被捕食的能力减弱（如游速变慢），这表明鱼类的身体状态变弱。在复杂的海洋食物网中，捕食—被捕食关系的改变可能会引起生态关注（Galloway et al，2010）。此外，值得注意的是在鱼类的粪便中检测到了微塑料的存在，这些微塑料将会重新回到海洋生态系统中继续循环。大量的研究发现微塑料能够被螃蟹（Watts et al，2016）、沙蚕（Wright et al，2013）、牡蛎（Sussarellu et al，2016）、龙虾（Welden et al，2016）和海鸟（Lavers et al，2014）等其他生物直接捕获。微塑料可以影响海洋生物的摄食和行为能力，从而影响整个海洋生态功能。此外，鱼体的生长和营养品质受到影响，最终可能导致鱼类产量的下降，这将会危害水产养殖业的长远发展和经济效益。同时，一些研究者还强调了研究微塑料通过食物链传递到人类风险的重要性（Bouwmeester et al，2015；Seltenrich，2015）。因此，微塑料可能会引起潜在的食品安全问题，这更值得我们关注。

（夏斌、陈碧鹃、印丽云）

第二节 重金属对渔业资源种群诱导的毒理效应

一、渤海渔业生物重金属蓄积

在金属元素中，密度在4.5 g/cm^{3}以上的金属统称为重金属，包括金（Au）、银（Ag）、铜（Cu）、铅（Pb）、锌（Zn）、镍（Ni）、钴（Co）、镉（Cd）、铬（Cr）和汞（Hg）等45种。环境中常见的重金属污染物有汞、镉、铅、铬以及类金属砷（As）等元素，具有残留时间长、隐蔽性强、毒性大等特点，在环境中难以降解（Hepp et al，2017）。随着工业发展和人口的不断增长，人类生产、生活过程中产生的废弃物越来越多，其中大量废弃物直接或经江河及大气间接进入海洋。重金属易在海洋生物体内富集，对近海生物种群、生态系统造成严重威胁。此外，水产品体内富集重金属还将影响食品安全（Wang，2010）。

2014年以来，笔者所在实验室对渤海南岸以及北黄海沿岸的牡蛎样品进行重金属分析，发现烟台辛庄镇采集的牡蛎样本中检测到较高含量的镉、砷、铜及锌，均超过《国家生物质量》第三类标准（Xie et al，2016）。2015年，分析渤海区域脊腹褐虾（*Crangon affinis*）生物样品中重金属含量，结果表明黄河口海域含有较高浓度的镉和铅，而莱州湾海域最主要的重金属污染物为镉和砷（Ji et al，2016）。

二、渤海典型重金属污染物的毒性效应及机制

1. 重金属在水生生物体内的积累途径

重金属在水生生物体内积累的途径通常有三种：一是呼吸时摄入的水溶性重金属离子，经血液运输至体内或在表面细胞中积累（Macdonald et al，2002；Rogers et al，2004）；二是摄食时，水体或饵料中的重金属经消化道进入体内（Alves et al，2006）；三是体表与水体的渗透压交换作用导致重金属的吸收（赵红霞等，2003）。目前认为，水溶性重金属进入水生生物的途径有以下两种模型：①游离的重金属离子被细胞膜上的蛋白质捕获，通过两种途径向细胞内传递转移信号，一种是信号分子识别跨膜受体后在载体蛋白的协助下进入细胞，被动扩散后与细胞内高亲和力的蛋白质配位体结合，导致细胞内游离的金属离子浓度降低，促进细胞外离子持续向细胞内转运；另一种是通过激酶级联反应传递，细胞外信号分子结合并激活跨膜受体后，将信号传递至下游效应分子发挥效用。②通过活性泵进入生物体内，钠、钾、钙等金属离子必须通过相应的活性泵运输才能通过细胞膜，而某些重金属离子也可经活性泵进入细胞膜内（吴益春等，2006）。

2. 镉的生物毒性效应

镉（Cd）是一种无生理功能的有毒重金属污染物，主要通过工业废水进入水环境系统，对水生生物健康具有较大的危害风险。镉在人体内的半衰期长达10～30年，是目前已知的最易在体内蓄积的毒物之一（Staessen et al，1994）。国际癌症研究机构（International Agency for Research on Cancer，IARC）早在1993年就将其归为第Ⅰ类致癌物质（Int Agcy Res，1993）。海水中的镉主要以氯化镉（$CdCl_2$）的胶体状态存在，除硒化镉（CdSe）、硫化镉（CdS）和氧化镉（CdO）极微溶于水外，大多数镉化合物都溶于水，因此可通过呼吸道、消化道等被吸收进入水生生物体内，从而引发毒性效应（魏筱红等，2007）。镉可通过生物放大作用和生物累积作用，影响水生生物的主要器官（鳃、肝及肾）组织、生殖发育系

统、神经系统、内分泌系统及免疫系统等。

（1）镉对主要器官的毒性　鳃是水生生物的呼吸器官，与水环境直接接触，相比其他器官更易受到重金属的污染。重金属可通过干扰鳃上皮细胞的离子运输进入鳃组织，进而干扰鳃的渗透压调节和呼吸功能（Domouhtsidou et al，2000）。镉对硫（S）的亲和力较强，易与金属硫蛋白（MT）结合而储存在肝及肾中，损害机体的肝肾功能。另外，镉因与羧基（—COOH）、氨基（—NH）和巯基（—SH）具有较好的亲和力，因此很容易在机体肝肾中形成镉—蛋白质复合物，抑制肝肾内的抗氧化酶［超氧化物歧化酶（SOD）、过氧化氢酶（CAT）及谷胱甘肽过氧化物酶（GSH－Px）等］的活性及抗氧化物质［还原型谷胱甘肽（GSH）］的水平。镉离子进入水生生物体后会蓄积于肝脏及肾脏，导致脂质过氧化及自由基水平升高，抑制抗氧化酶活性，致使肝肾发生组织病理学变化。针对国内外有关镉对水生生物主要器官的毒性研究做简单归纳，如表6－4所示。

表6－4　镉对水生生物主要器官的毒性作用

	受试机体	剂量	时间	毒性效应	参考文献
鳃毒性	文蛤(*Meretrix meretrix*)	1.5～12 mg/L	5 d	鳃细胞核变形，核膜囊泡化；线粒体肿胀变形，嵴断裂分解，严重空泡化；微绒毛逐步解体、脱落；溶酶体数量增多，体积变大，溶酶体内沉淀物颜色加深	甄静静等，2018
	泥蚶(*Tegillarca granosa*)	5～90 μg/L	96 h	鳃丝细胞肿胀、有血细胞堆积、出现断裂融合，呼吸上皮细胞脱落；超微结构发现鳃上皮细胞中出现黑色嗜锇性物质，且次级溶酶体和线粒体数量增加，细胞空泡化	陈彩芳等，2012
	泥蚶(*Tegillarca granosa*)	25、250 μg/L	96 h	能量代谢紊乱（丙氨酸、琥珀酸、亮氨酸、天冬氨酸和脯氨酸减少），干扰渗透压调节（牛磺酸和β-丙氨酸降低）	Bao et al，2016
	紫贻贝(*Mytilus edulis*)	5 mg/L	2周	鳃上皮细胞肿胀变形，微绒毛空泡化且大量脱落，粒细胞浸润引起炎症反应	Sunila，1988
	紫贻贝(*Mytilus edulis*)	50 μg/L	14 d	鳃小片前端细胞增生，鳃GSH含量下降	Amachree et al，2013
	新西兰绿唇贻贝(*Perna canaliculus*)	2 000 μg/L、4 000 μg/L	96 h	鳃中 Na^+-K^+ ATP 酶活性降低	Chandurvelan et al，2013
	新西兰绿唇贻贝(*Perna canaliculus*)	200 μg/L、2 000 μg/L	28 d	鳃中MT蛋白含量增加，CAT活性增高，脂质过氧化水平降低，碱性磷酸酶活性降低，Na^+-K^+ ATP酶活性升高	Chandurvelan et al，2013

（续）

	受试机体	剂量	时间	毒性效应	参考文献
鳃毒性	菲律宾蛤仔 （*Ruditapes philippinarum*）	0.05 mg/L	24 h	鳃中 Ca^{2+} 浓度下降，ROS 水平下降，HSP 70 表达量增多	Liu et al，2013
鳃毒性	日本蟳 （*Charybdis japonica*）	0.025 mg/L 和 0.05 mg/L	15 d	MT 蛋白含量增加，SOD、CAT 和 GPx 活性先升高后降低，且 SOD 和 CAT 活性自 9 d 开始受到抑制，DNA 链断裂数量增多	Pan et al，2006
肝脏毒性	泥蚶 （*Tegillarca granosa*）	5～90 μg/L	96 h	肝脏出现黄色沉积物，超微结构表明肝细胞内出现嗜锇性物质，次级溶酶体大量增加，肝细胞核变形皱缩甚至产生空泡	陈彩芳等，2012
肝脏毒性	文蛤 （*Meretrix meretrix*）	1.5～6 mg/L	5 d	线粒体肿胀变形、嵴减少、空泡化；粗面内质网解体，形成许多大小不同的小泡；微绒毛脱落减少、空泡化；高尔基体膜扩张；膜性结构形成的空泡中出现沉积物，核膜内陷	刘建博等，2014
肝脏毒性	文蛤 （*Meretrix meretrix*）	1.5～12 mg/L	5 d	凋亡程度、MDA 含量和 Caspase - 3 活性增加，而 GPx 活性和谷胱甘肽/氧化型谷胱甘肽比例下降；SOD 和 CAT 活性先升高后降低	Xia et al，2016
肝脏毒性	紫贻贝 （*Mytilus edulis*）	50 μg/L	14 d	肝胰腺中炎性血细胞浸润，总谷胱甘肽（GSH）含量下降	Amachree et al，2013
肝脏毒性	紫贻贝 （*Mytilus galloprovincialis*）	5～100 μg/L	15 d	肝胰腺细胞中超氧自由基产生量增加，脂质过氧化水平升高，SOD 活性先升高后降低，MT 蛋白含量增加	Pytharopoulou et al，2011
肝脏毒性	方形马珂蛤 （*Mactra veneriformis*）	50～200 μg/L	21 d	肝胰腺中 *MT* 和 *SOD* 基因表达量增加，MT 蛋白含量增加，SOD 活性先升高后降低	Yan et al，2010
肝脏毒性	新西兰绿唇贻贝 （*Perna canaliculus*）	2 000 μg/L、4 000 μg/L	96 h	肝胰腺中糖原含量降低	Chandurvelan et al，2013a
肝脏毒性	新西兰绿唇贻贝 （*Perna canaliculus*）	200 μg/L、2 000 μg/L	28 d	肝胰腺中 MT 蛋白含量增加，CAT 活性增高，脂质过氧化水平升高，碱性磷酸酶活性降低，糖原含量降低	Chandurvelan et al，2013a

（续）

	受试机体	剂量	时间	毒性效应	参考文献
肝脏毒性	凡纳滨对虾 (*Litopenaeus vannamei*)	4.25 μmol/L、8.5 μmol/L	24 h	肝胰腺细胞中氧化应激和 DNA 损伤，且具有浓度和时间依赖性	Chang et al，2009
	日本蟳 (*Charybdis japonica*)	0.025 mg/L、0.05 mg/L	15 d	MT 蛋白含量增加，SOD、CAT 和 GPx 活性先升高后降低，DNA 链断裂数量先增多后减少	Pan and Zhang，2006
	褐牙鲆 (*Paralichthys olivaceus*)	10 mg/L	96 h	热激蛋白、过氧化氢酶、细胞骨架相关蛋白、糖酵解相关酶（烯醇酶、丙酮酸脱氢酶）、NADH 脱氢酶亚基、锌指蛋白表达量增加，而 V 型 ATP 酶亚基蛋白表达量降低	那宏坤等，2009
肾毒性	鲤 (*Cyprinus carpio*)	2.5 μmol/L、10 μmol/L	168 h	肾小管上皮细胞肿胀、空泡化，肾小球透明质化，肾白细胞浸润扩散分布于间质组织	Gao et al，2014
	鲫 (*Carassius auratus*)	0.15～0.60 mg/L	4 d	肾脏细胞核核膜肿胀、弥散并伴有解体现象；线粒体膨大、扭曲，双层膜解体，嵴断裂；内质网膨胀、空泡化、扭曲打转；溶酶体数量和类型增多	凌善锋等，2005
	三刺鱼 (*Gasterosteus aculeatus*)	2～6 mg/L	30 d	肾小管上皮细胞破裂，形成空泡	Oronsaye，1989

（2）镉的生殖发育毒性　对于雄性，镉可导致精子内线粒体肿胀与空泡化、高尔基体变形、内质网扩张和膜结构损伤等一系列不可逆的损伤（王兰等，2002）；镉还会造成受精过程中精子的损伤（张彰等，2003）及性激素水平的降低（Tilton et al，2003），进一步导致子代的数量和存活率降低（Hatakeyama et al，1987；Gomot，1998），最终影响水生动物的生殖功能。镉暴露不仅会对母代造成生殖毒性，而且会影响子代的发育（表 6－5）。在水生生物早期发育阶段，镉暴露会抑制胚胎的色素细胞和颅面器官的发育，造成眼部发育不良、黑色素沉积降低等（Zhang et al，2015）；导致脊柱弯曲、组织器官等发育畸形，最终影响幼体的存活率、体形、体长、体重等指标（Benaduce et al，2008）。

表 6－5　镉对水生生物的生殖发育毒性

	受试机体	剂量	时间	毒性效应	参考文献
生殖毒性	文蛤 (*Meretrix meretrix*)	1.5～12 mg/L	5 d	精子浓度、运动能力、顶体酶、DNA 完整性随镉离子浓度的升高而下降	刘建博等，2013
	紫贻贝 (*Mytilus edulis*)	100 μg/L	168 d	抑制雄性和雌性性腺发育，增加排卵/精频率	Kluytmans et al，1988

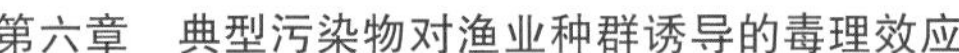

（续）

	受试机体	剂量	时间	毒性效应	参考文献
生殖毒性	翡翠贻贝（*Perna viridis*）	1～10 mg/L	1 h	精子活力下降，精子中段形态和大小改变，精子中线粒体膜和嵴解体	Au et al，2000
	缢蛏（*Sinonovacula constricat*）	31～30 848 μg/L	1 h	降低精子游动速度	刘广绪等，2011
	紫贻贝（*Mytilus edulis*）	50 μg/L	14 d	性腺总谷胱甘肽（GSH）含量下降	Amachree et al，2013
	条斑星鲽（*Verasper moseri*）	5～160 μmol/L	24 h	抑制体外培养卵巢细胞的增殖，细胞内 SOD、GST-Px 活性降低、MDA 含量升高，且具有浓度依赖性，甚至出现细胞凋亡	徐晓辉等，2013
发育毒性	文蛤（*Meretrix meretrix*）	25 μg/L	144 h	各时期幼虫均表现为 SOD、CAT 及 GPx 活性显著增加，细胞膜上脂质过氧化，MT 表达量上调	Wang et al，2010
	太平洋牡蛎（*Crassostrea gigas*）	0.02～200 μg/L	96 h	幼虫死亡率、畸形率显著升高，DNA 链断裂	Xie et al，2017
	真鲷（*Pagrus major*）	1～32 mg/L	96 h	降低胚胎孵化率，延长胚胎孵化时间；增加幼体死亡率、畸形率，降低幼体体长	Cao et al，2009
	褐牙鲆（*Paralichthys olivaceus*）	6～48 μg/L	80 d	抑制仔鱼体重及体长增加，降低其生长速度	Liang et al，2010

（3）镉的神经毒性　镉通过与含巯基键的化合物结合，直接抑制含有巯基的酶的生物活性，同时导致一系列代谢中间产物的含量下降，对水生生物的脑部代谢产生损伤。镉也能进入鱼类脑部影响其小脑机能，导致其游动时失去平衡；对大脑的影响则主要表现为对神经元的损伤（孙德文等，2003）。镉暴露可抑制鱼类早期发育过程中神经嵴的形成，造成运动神经元损伤，导致行为异常（Jin et al，2015；Sonnack et al，2015；Zhang et al，2015）；镉导致海鲈（*Dicentrarchus labrax*）侧线系统神经细胞损伤，并影响其逃逸及游动行为（Faucher et al，2006，2008）；镉可显著抑制罗非鱼（*Oreochromis niloticus*）及长嘴硬鳞鱼（*Lep isosteusoculatus*）脑组织中的乙酰胆碱酯酶的（AChE）活性（Huang et al，1997；惠天朝等，2004）。镉的神经毒性的作用机制如图 6-11 所示（Wang et al，2013）。

（4）镉的内分泌干扰效应　镉主要是通过影响下丘脑—垂体—性腺（HPG）轴相关激素的合成和分泌产生内分泌干扰效应（图 6-12）。镉通过激素或非激素效应机制作用于 HPG 轴下丘脑水平来影响水生生物的生殖。镉暴露改变了水生生物性腺中的激素水平，间接影响了性腺发育（Kime，1984）。现有研究已发现，镉暴露影响了青鳉（*Oryzias latipes*）（Tilton et al，2003）、黑头呆鱼（*Pimephales promelas*）（Driessnack et al，2017）、虹鳟

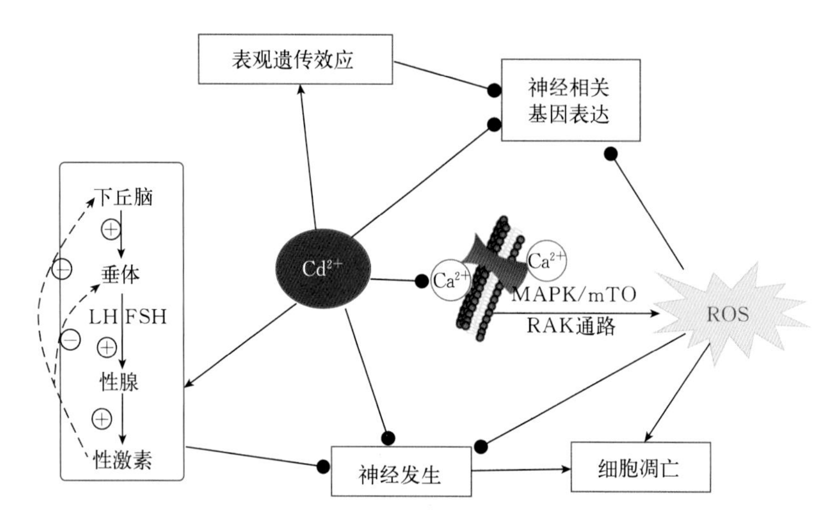

图 6-11　镉的神经毒性的作用机制（引自 Wang et al，2013）

镉诱导神经细胞凋亡和 ROS 产生是通过 Ca^{2+}-线粒体信号和 Ca^{2+}-膜通道介导的；
镉损害神经发生；脑组织中镉的积累导致与神经相关基因的表达量和表观遗传效应的改变；
镉具有类雌激素作用，可通过影响 HPG 轴诱导内分泌干扰效应。
同时，这些不同影响通路可能存在相互作用。燕尾箭头表示刺激作用，
圆心箭头表示抑制作用；箭头表示 HPG 轴的正反馈调节，虚线表示负反馈调节

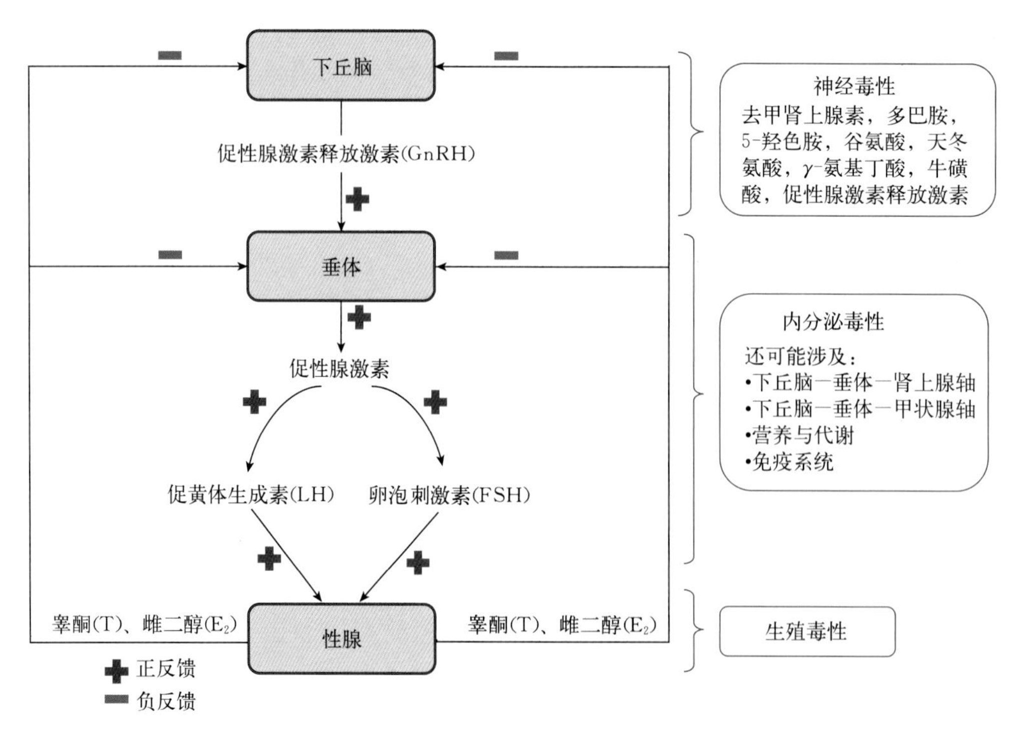

图 6-12　镉对 HPG 轴的影响

（*Oncorhynchus mykiss*）（Vetillard and Bailhache，2005）以及鲤（*Cyprinus carpio*）（Mukherjee et al，1994）等多种鱼类的性激素水平。此外，镉还通过干扰雌激素受体（ER）来实现对

水生生物生殖的干扰（Vetillard et al，2005）。由于肝脏可以合成一些与生殖相关的蛋白质和激素，因此对水生生物的生殖行为具有一定的调节作用。镉暴露可通过降低肝脏 ER 与 DNA 的作用关系降低肝脏中 ER 的转录水平，导致雌激素信号在肝脏内紊乱，并下调雌激素刺激性基因的表达量。例如，镉暴露下调雌性黑头呆鱼（*Pimephales promelas*）肝脏内 *VTG* 基因表达量（Driessnack et al，2017），并且镉暴露也会下调虹鳟幼鱼肝脏内的雌激素刺激性卵黄蛋白原（VTG）和 ER 的表达量（Vetillard et al，2005）。另外，镉暴露可以改变肝脏中胆固醇种类和含量，从而影响生殖相关激素的合成（Mukherjee et al，1994）。

（5）镉的免疫毒性　对无脊椎/脊椎动物免疫防御系统做简单归纳，见表 6－6。镉对水生生物的免疫毒性一般表现为免疫抑制作用。

表 6－6　镉对水生生物的免疫毒性

无脊椎动物免疫系统		脊椎动物免疫系统		
		先天免疫系统		适应性免疫系统
		物理屏障	自身防御	
血淋巴凝集系统	由 Toll 样受体和肽聚糖结合蛋白	皮肤	炎症反应	抗体和体液免疫反应
酚氧化酶原激活系统	调控的抗菌、抗微生物及抗病毒系统	黏膜	补体蛋白	细胞介导的免疫反应
凝集素—实体系统	活性氧产生系统	黏液和化学分泌物	吞噬细胞	免疫记忆
凝集素—凝集素系统	吞噬作用系统	消化酶	自然杀伤细胞	抗体和体液免疫反应

镉暴露导致水生生物免疫力下降，并可引起机体的氧化损伤。笔者所在实验室研究结果表明，镉诱导菲律宾蛤仔（*Ruditapes philippinarum*）及紫贻贝（*Mytilus galloprovincialis*）的血淋巴细胞总数下降、血淋巴细胞中 ROS 水平升高，引起受试动物的免疫应激，并改变代谢物支链氨基酸（缬氨酸、亮氨酸、异亮氨酸）的水平，造成免疫调节功能紊乱（Calder，2006；Wu et al，2017；Ji et al，2015；Xu et al，2016b）；镉暴露导致河南华溪蟹（*Sinopotamon henanense*）血淋巴细胞总数显著下降，ROS 水平显著升高，抗氧化酶（SOD、CAT、GSH－Px）活性升高，溶酶体膜稳定性下降，免疫相关酶（酸性磷酸酶和碱性磷酸酶）活性升高（谭树华等，2012）；镉暴露导致吉富罗非鱼（Genetic Improvement of Farmed Tilapia，GIFT）血清和体表黏液中溶菌酶、酸性磷酸酶和碱性磷酸酶活性等非特异性免疫指标明显降低（秦粉菊等，2011）；鲫血清中的溶菌酶随镉浓度的升高而升高（董书芸等，2001）；镉浓度与鲫白细胞的数量之间具有剂量—效应关系和时间—效应关系（丁磊等，2004）；诱导罗非鱼鳃组织中淋巴细胞浸润到鳃弓，肝血窦和血管内有溶血，脾脏淋巴细胞消失并伴有脾血窦充血、坏死，黑色素巨噬细胞中心激活，巨噬细胞增多等现象（Kaoud et al，2011）。有关镉对水生生物免疫毒性的相关研究总结如下，如表 6－7 所示。

表 6-7 镉对水生生物的免疫毒性

受试机体	剂量	时间	毒性效应	参考文献
菲律宾蛤仔（*Ruditapes philippinarum*）	20 μg/L，200 μg/L	48 h	代谢物支链氨基酸（缬氨酸、亮氨酸、异亮氨酸）水平升高	Ji et al，2015
紫贻贝（*Mytilus galloprovincialis*）	50 μg/L	48 h	造成 D 形幼虫免疫调节功能紊乱，下调巨噬细胞游走抑制因子（MIF）蛋白表达 抑制稚贝体内免疫应答，Apextrin 蛋白显著下调	Xu et al，2016
紫贻贝（*Mytilus galloprovincialis*）	50 μg/L	48 h	代谢物支链氨基酸（缬氨酸、亮氨酸、异亮氨酸）水平降低	Wu et al，2017
美洲牡蛎（*Crassostrea virginica*）	20 μg/L	8 d	降低血细胞黏附能力，抑制血细胞和血淋巴中的溶菌酶活性，下调凝集素和热休克蛋白（*HSP70*）基因表达量	Ivanina et al,2014
北圆蛤（*Mercenaria mercenaria*）	20 μg/L	8 d	降低血细胞吞噬活性，抑制血细胞中的溶菌酶活性，下调凝集素和 *HSP70* 基因表达量	
新西兰绿唇贻贝（*Perna canaliculus*）	2 000 μg/L、4 000 μg/L	96 h	嗜碱性粒细胞和嗜酸性粒细胞比例增加	Chandurvelan et al，2013
	200 μg/L、2 000 μg/L	28 d	嗜酸性粒细胞和透明细胞比例增加，而嗜碱性粒细胞比例降低	
海鲈（*Dicentrarchus labrax*）	10^{-7}～10^{-3} mol/L	24 h	降低离体白细胞活力，上调 *HSP70* 基因表达量，造成细胞凋亡	Vazzana et al,2014
海鲈（*Dicentrarchus labrax*）	0.05～5 mmol/L	2 h	促进离体白细胞凋亡或死亡，抑制吞噬功能，下调 *HSP70* 及免疫球蛋白 M 基因表达量，上调白介素-1β 基因表达量	Morcillo et al，2015
金头鲷（*Sparus aurata*）	0.05～5 mmol/L	2 h	增加离体白细胞死亡率及 ROS 产生量，降低呼吸暴发活性，上调免疫相关基因表达量	Morcillo et al，2015
金头鲷（*Sparus aurata*）	1 mg/L	30 d	降低血清补体活性和白细胞呼吸暴发，增加血清过氧化物酶活性和血清总 IgM 水平，增强吞噬细胞能力	Guardiola et al，2013

3. 镉毒性的作用机制

镉可以占据钙离子通道，并通过钙离子通道进入细胞（图 6-13）（Wang，2010；Wallace et al，2003）。镉和钙都是二价金属离子，由于 Cd^{2+} 半径（0.097 nm）与 Ca^{2+} 半径（0.099 nm）相近，而 Cd^{2+} 与钙离子通道内阴离子结合位点的亲和力比 Ca^{2+} 高，因此，Cd^{2+} 可以通过与 Ca^{2+} 竞争直接抑制细胞对钙的主动转运（Mielniczki - Pereira et al，2011）。Cd^{2+} 进入细胞后一般不以离子形式存在，而是与蛋白质、肽类、脂肪酸中的—COOH、—NH、—SH 结合。Cd^{2+} 通过与 Ca^{2+} 竞争 Ca^{2+} - ATP 酶的结合位点而抑制 Ca^{2+} - ATP 酶的活性，抑制 Ca^{2+} 外流，造成细胞内 Ca^{2+} 浓度增加；同时，Cd^{2+} 进入线粒体基质后可与线粒体基质侧蛋白的巯基结合，造成质子（H^+）内流和氧化磷酸化解偶联，也会导致 Ca^{2+} 在细胞内积聚、浓度升高，从而激活 Ca^{2+}/Mg^{2+} 依赖性核酸内切酶，最终可能诱发细胞凋亡。Cd^{2+} 代替 Ca^{2+} 与钙调蛋白（CaM）结合，可激活 CaM 依赖型激酶或直接激活某些与钙相关的酶类，进而干扰细胞内与钙相关的信号传递系统，并引发细胞毒性（图 6 - 14）（Matsuoka et al，1995；Bertin et al，2006；Cuypers et al，2010）。另外，细胞内的 Cd^{2+} 可以取代 Ca^{2+} 与微管、微丝和肌动蛋白等结合，破坏细胞之间的紧密连接和缝隙连接，破坏细胞骨架的完整性，最终对细胞的基本功能造成损伤（Yamagami et al，1998；Hamada et al，1994）。Cd^{2+} 甚至可以直接置换骨骼中沉积的钙，改变骨骼的微结构，诱发骨软化、骨质疏松、骨折等一系列骨损伤（Christoffersen et al，1988；Brzoska et al，2005a，2005b））。

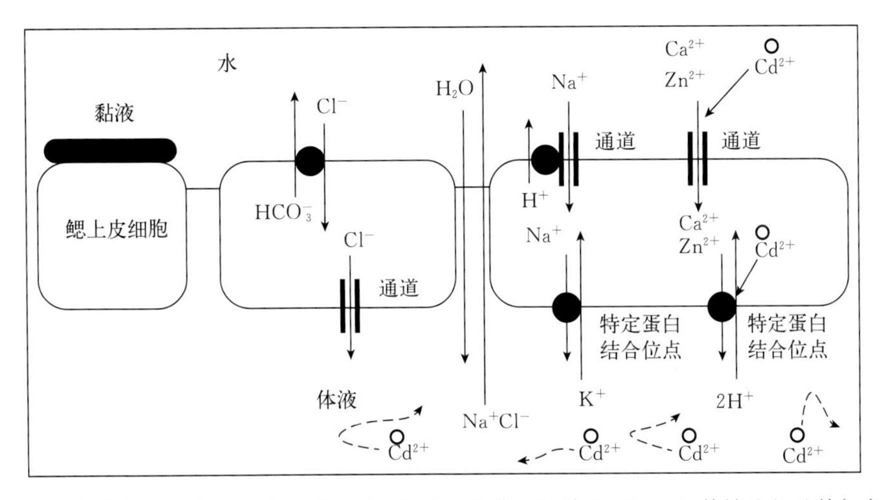

图 6 - 13　水生生物上皮细胞中重要离子（Na^+、Ca^{2+}、Zn^{2+} 和 Cl^-）的传输途径及其与毒性镉阳离子（Cd^{2+}）的相互作用（引自 Wang et al，2010）

镉能降低机体内多种酶的活性，尤其是含锌、含巯基的抗氧化酶。镉与 SOD、谷胱甘肽还原酶（GR）的巯基结合，与 GSH - Px 中的硒形成硒镉复合物，或取代 SOD 中的 Zn 形成 CuCd - SOD，从而使这些酶的活性降低或丧失。镉通过与巯基结合或通过竞争、非竞争性替代作用，置换出细胞内金属依赖性酶类，特别是抗氧化酶系中的金属辅基，降低机体抗氧化酶［过氧化物酶（POD）、过氢化物酶（CAT）、谷胱甘肽 S -转移酶（GST）等］的活性，使机体清除自由基的能力下降，是镉引起机体氧化损伤的主要机制之一（图 6 - 14b）。镉能与细胞内含巯基的谷胱甘肽（GSH）等结合，消耗内源性抗氧化物质，镉还可以通过膜脂质过氧化或改变机体的抗氧化系统诱发氧化损伤。氧化损伤诱发机体的氧化应激，氧自由基的中间产物介导 DNA 损伤，促使激活聚 ADP 核糖转移酶，降低细胞内的 ATP 水平，同时镉还抑制 DNA 损伤的修复，抑制 DNA 聚合酶 β 的活性，影响机体免疫机能等（Vetillard et al，2005)；其活性氧中间产物与膜上不饱和脂肪酸等反应，可导致细胞凋亡（Fern et al，1996)（图 6-14)。镉也可与线粒体膜上丰富的谷胱甘肽等（含巯基）结合，而两个相近的还原性的巯基会形成共价二硫键，导致线粒体膜通透性的增加（Zoratti et al，1995)，镉诱导的氧自由基的增加和 Ca^{2+} 水平的升高进一步导致线粒体膜电位下降、细胞色素 C 释放、半胱天冬酶活性增加，最终导致细胞凋亡（Lopez et al，2006；Robertson et al，2000)（图 6-14)。另外，镉可以与 DNA 上碱基结合，可降低 DNA 双螺旋稳定性；与 RNA 分子中磷酸基结合，可破坏磷酸二酯键，导致 RNA 解聚；上调一系列原癌基因的表达量，在细胞凋亡诱导过程中发挥重要作用。

镉进入机体后可诱导产生大量 MT。尽管 MT 可螯合一定浓度的 Cd^{2+}，降低 Cd^{2+} 造成的肝损害，但肝中形成的 Cd-MT 复合物经血液运输到肾脏后大部分被肾小管重吸收，经胞饮作用进入肾小管细胞溶酶体，被降解分离并释放出的游离的 Cd^{2+} 很难排出，最终造成肾损伤（Stohs et al，1995)。生物体内本身存在 Zn-MT 和 Cu-MT，当 Cd^{2+} 进入机体后，与 Zn^{2+}、Cu^{2+} 发生置换作用，进而干扰机体内微量元素的平衡（刁书永等，2005)。

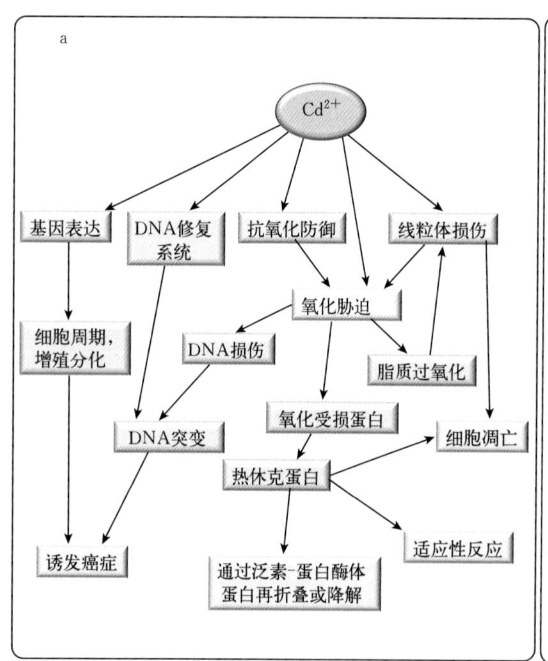

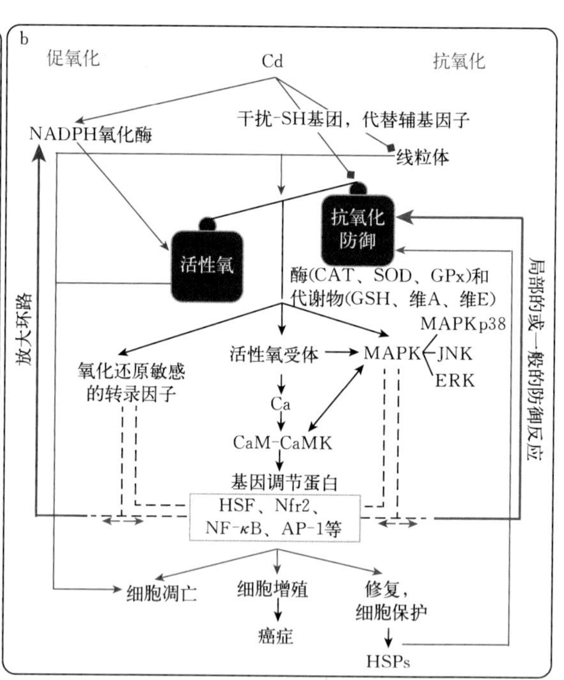

图 6-14　镉毒性作用机制（引自 Bertin et al，2006；Cuypers et al，2010)

a. 在摄取（通过质膜转运）后，游离的活性 Cd^{2+} 随体液循环并与蛋白质结合后被运输到不同的组织器官中，然后被解毒排出体外，或不被解毒蓄积在生物体内产生毒性效应；b. 镉通过间接途径诱导氧化应激，例如通过诱导 NADPH 氧化酶、与硫醇基团结合以及取代活性位点的 Fenton 金属等。受干扰的氧化还原平衡通过几个信号级联的激活进而影响破坏性（细胞凋亡和不受控制的细胞增殖）以及修复过程。MAPK 和 Ca 依赖性信号传导途径在镉胁迫期间都很重要，尽管确切的相互作用尚不清楚。虚线表示途径不完全清楚；AP-1：活化蛋白-1；CaM：钙调蛋白；CaMK：钙调蛋白激酶；CAT：过氧化氢酶；ERK：细胞外信号调节激酶；GSH：谷胱甘肽；HSF：热休克因子；HSP：热休克蛋白；JNK：Jun 氨基末端激酶；MAPK：丝裂原活化蛋白激酶；NF-κB：活化 B 细胞的核因子 κ-轻链增强子；Nfr2：核因子红细胞 2 相关因子 2

4. 砷的生物毒性效应

砷作为一种普遍存在的有毒类金属元素，存在形态具有复杂多样性。无机砷相对有机砷复合物毒性更强（Xu et al，2014），对于常见的砷化合物，以半数致死量 LD_{50} 计，其毒性依次为 H_3As（三甲基胂酸）>As（Ⅲ）（亚砷酸盐）>As（Ⅴ）（砷酸盐）>MMA（甲基胂酸）>DMA（二甲基胂酸）>TMAO（三甲基砷氧）>AsC（砷胆碱）>AsB（砷甜菜碱）。在水溶液中，砷的化合价会依 pH 的变化和其他氧化还原物质的存在而发生转换（图 6-15）（Schoof et al，1999）。海水中 As（Ⅴ）为砷的主要形态，而 As（Ⅲ）在海水中是热力学不稳定态，通常认为 As（Ⅲ）的存在可能是来源于 As（Ⅴ）的生物还原作用（Hong et al，2018；Langner et al，2001；Neff，1997）。砷可以通过解吸作用进入海水，在生物体内富集并发生形态转化，最终通过食物链间接地危及其他海洋生物的健康（Cullen et al，1989；Datta et al，2009；Guo et al，2010；Wang et al，2010）。

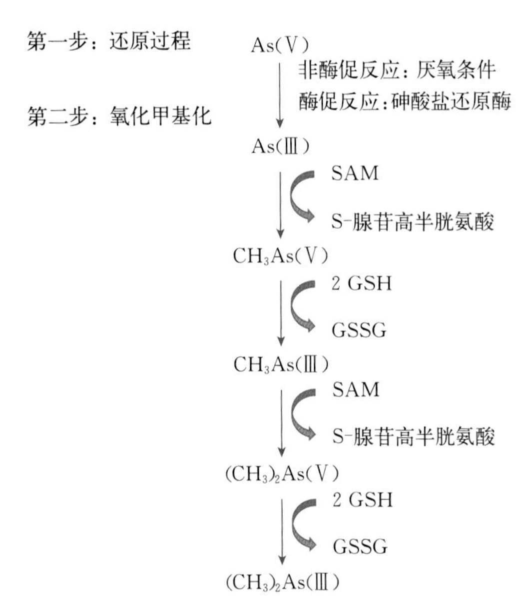

图 6-15　砷的生物转化过程（修改自 Richa，2010）
SAM：S-腺苷基甲硫氨酸；GSH：还原性谷胱甘肽；GSSG：氧化型谷胱甘肽

不同生物体内砷的形态特征存在很大差异性，常被认为无毒的 AsB 是生物体内砷的主要形态，如毛蚶（*Scapharca subcrenata*）体内 AsB 是唯一的砷形态；贻贝（*Mytilus edulis*）体中砷形态以 AsB 为主，占砷总量的 90%以上，其次为 DMA，而无机砷的含量则很低；缢蛏（*Sinonovacula constricta*）体内，除 AsB 外，还检测到 As（Ⅲ）、As（Ⅴ）和 DMA 3 种砷形态（李卫华等，2011；赵艳芳等，2013）。牡蛎（*Saccostrea cucullata*）和褐篮子鱼（*Siganus fuscescens*）对无机砷具有富集和转化能力，可将无机砷甲基化产生 MMA 和 DMA，进而转化为 AsB（Magellan et al，2014；Zhang et al，2015；Zhang et al，2016）。由此可见，砷对生物的毒性取决于存在形态，不同形态的砷在不同的海洋生物中的富集和代谢存在着较高的选择性。

砷及其代谢物可以影响海洋生物的生长发育及其他生理生化指标，并对海洋生物产生生长发育毒性、肝脏毒性、免疫毒性和内分泌干扰效应等。了解砷对海洋生物的毒性效应及其机制，可为海洋污染治理等提供理论参考。

（1）砷的生长发育毒性　砷可在海洋生物体内富集，并对其生长、发育及活动产生影响。如暴露于 As（Ⅲ）的斑马鱼和鲇（*Clarias batrachus*）摄食量降低，体重明显减少（Dong et al，2018；Kumar et al，2012）。砷暴露可引起斑马鱼胚胎的急慢性中毒，鱼类孵化时间延长，心包水肿，甚至可导致其死亡（Li et al，2012）；Li 等（2009）报道，As（Ⅲ）暴露导致斑马鱼成鱼心脏畸形、脊柱弯曲、光反应缓慢和无序运功等；同时，砷还会影响斑马鱼的血管形成，导致血管生长减慢，破坏尾静脉丛结构（McCollum et al，2014）；

还有研究表明，砷暴露可以改变底鳉（*Fundulus heteroclitus*）的肌肉蛋白质组成（Gonzalez et al，2006）。

（2）砷的肝脏毒性　肝脏是动物的主要解毒器官，具有较强的砷富集能力，砷过量富集可引起线粒体损伤，并抑制糖酵解相关的能量代谢过程（Gebel，1997，2000，2001）。砷能够诱发生物体内产生大量ROS，激活抗氧化防御系统。在正常生理状态下，生物体内抗氧化防御体系可通过清除自由基进行解毒，ROS的产生和清除基本处于动态平衡状态（Cavaletto et al，2002），而当细胞内超负荷产生ROS时，就会引起氧化应激（Halliwell，1994）。Dong等（2018）发现，As（Ⅲ）会引起斑马鱼肝脏内MDA含量降低，SOD和CAT的活性升高。暴露于As（Ⅲ）的金鱼（*Carassius auratus*）肝脏中SOD、GPx和CAT活性均显著提高（Bagnyukova et al，2007）。As_2O_3 暴露可引起斑马鱼的肝脏出现脂质过氧化，GPx和CAT活性升高，GST活性呈现先升后降再升的趋势（Sarkar et al，2017）。笔者所在实验室前期研究表明，菲律宾蛤仔暴露于20 μg/L As（Ⅲ）和As（Ⅴ）48 h后，暴露组较对照组相比，消化腺中总砷含量显著增加，两个暴露组中SOD活性均无显著变化，而As（Ⅴ）暴露组中，菲律宾蛤仔的GST和GPx活性降低（Ji et al，2015b）。

As可影响生物的抗氧化系统并扰乱抗氧化相关基因的转录水平。As_2O_3 导致斑马鱼肝脏内*SOD*、*GPx*和*CAT*等基因表达上调（Sarkar et al，2017）。Xu等（2013）对砷胁迫的斑马鱼肝脏进行全基因组分析，发现砷胁迫能干扰氧化应激通路、蛋白酶和氧化磷酸化作用并诱发癌症等，这与*Jun*、*Kras*、*APoE*和*Nrf2*等转录因子有关。

（3）砷的细胞毒性　过量的砷不仅诱导细胞中的氧化应激，还参与细胞凋亡过程。Lam等（2006）研究证实，暴露于As（Ⅴ）后，斑马鱼组织中与生物合成、膜转运、细胞质和内质网运输等相关的基因表达量明显增加，表明砷造成的DNA和蛋白质结构破坏，引起严重的细胞损伤。As（Ⅲ）会引起斑马鱼体内3种凋亡相关基因*Nrf2*表达上调，*p53*和*c-jun*表达下调（Dong et al，2018）。As（Ⅲ）和As（Ⅴ）分别暴露虹鳟性腺细胞系（RTG-2），As（Ⅲ）较As（Ⅴ）更易诱导DNA链断裂，在最高浓度（10 μmol/L）下，As（Ⅴ）在RTG-2细胞中更具显著遗传毒性（Raisuddin et al，2004）。Wu等（2013）的研究工作也发现，砷暴露可引起菲律宾蛤仔体内膜联蛋白和14-3-3蛋白等细胞凋亡相关蛋白质显著下调表达，表明砷暴露影响了菲律宾蛤仔的细胞凋亡过程。细胞凋亡是双壳类体内普遍存在的细胞程序性死亡，以紫贻贝为例，相关通路如图6-16所示（Romero et al，2015）。

笔者所在验室前期通过基于双向电泳的蛋白组学实验发现，50 μg/L As（Ⅲ）和50 μg/L As（Ⅴ）分别暴露紫贻贝稚贝48 h后，As（Ⅲ）暴露组中，14-3-3蛋白质下调表达，肌动蛋白和胶原蛋白上调表达，这表明As（Ⅲ）在稚贝中诱导细胞凋亡，可能影响稚贝中细胞骨架和细胞结构的稳定性（Yu et al，2016）；而As（Ⅴ）暴露组中略有不同，鸟氨酸氨基转移酶（OAT）和虾红素上调表达，OAT可平衡多种氨基酸的相互转化，为细胞提供代谢中间体以促进生长和保护（Sacheti et al，2014），虾红素在细胞外蛋白水解过程中起着关键作用，包括组织发育、形态发生、消化和细胞迁移（Geier et al，1998），这两种蛋白质的上调表达，证实As（Ⅴ）暴露会影响稚贝的细胞发育。

（4）砷的内分泌干扰效应　砷被认为是一种潜在的内分泌干扰物，能够通过激素活性干扰生物内分泌系统的发育和正常功能（Liu et al，2010）。其中，甲状腺作为砷作用的主要

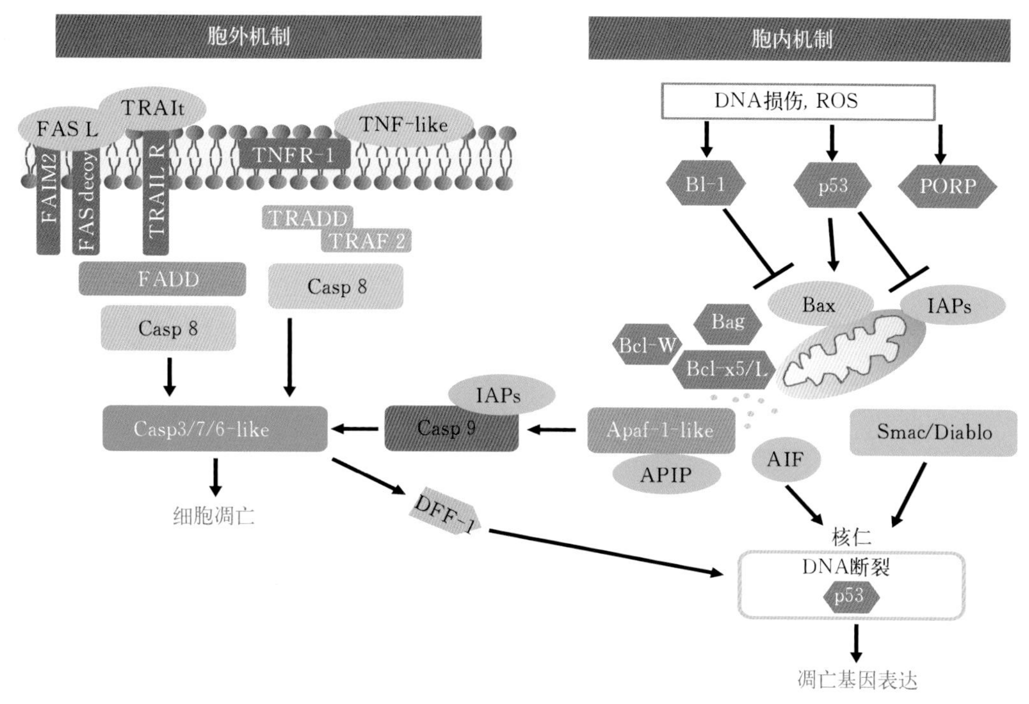

图 6－16　紫贻贝细胞凋亡通路（修改自 Romero et al，2015）

靶器官，它在整个脊椎动物中高度保守，对生物体正常代谢、繁殖和发育活性起关键作用（Zoeller et al，2007）。砷具有甲状腺干扰效应，包括对生物体内甲状腺激素水平以及甲状腺相关基因表达的影响（图 6－17）。

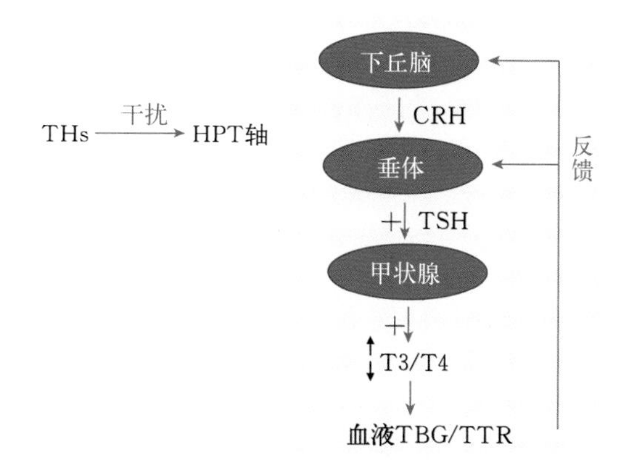

图 6－17　甲状腺内分泌系统各组分之间的关系（引自 Sun et al，2016）

THs：甲状腺激素；HPT：下丘脑—垂体—甲状腺轴；CRH：促肾上腺皮质激素释放激素；
TSH：促甲状腺激素；T3：三碘甲状腺原氨酸；T4：甲状腺素；
TBG：甲状腺结合球蛋白；TTR：运甲状腺素蛋白

甲状腺激素包括三碘甲状腺原氨酸（T3）和四碘甲状腺原氨酸（T4），通过与甲状腺激素受体（TRs）结合发挥作用，TRs 由 *TRα* 和 *TRβ* 两种基因编码。甲状腺激素转运蛋白

(TTR) 是将甲状腺激素携带到生物体不同靶组织中的主要转运蛋白之一 (Gauthier et al, 1999)。实验研究发现，As (Ⅴ) 和 As (Ⅲ) 暴露都可引起斑马鱼仔鱼体内 T4 含量显著升高 (Sun et al, 2016); As (Ⅲ) 暴露可显著下调斑马鱼仔鱼和鲤仔鱼体内 *TRα* 和 *TRβ* 的转录水平 (Sun et al, 2016); As (Ⅲ) 可同样影响两栖动物的 TRs 依赖性发育过程：暴露于 As (Ⅲ) 的非洲爪蟾 (*Xenopus laevis*)，蝌蚪尾部收缩，T4 水平降低 (Davey et al, 2008)。As (Ⅲ) 和 As (Ⅴ) 暴露后，生物体内可能通过升高的 T4 水平改善免疫系统，减少砷污染物造成的不利影响 (Rana, 2014)。

(5) 砷的免疫毒性　砷对生物的免疫系统的影响主要表现为砷胁迫可以影响海洋生物的超敏反应、调控免疫相关受体表达，影响淋巴因子释放和增加细胞内游离钙离子数量等。研究发现，暴露于 As_2O_3 导致胡鲇 (*Clarias batrachus*) 头肾巨噬细胞 (HKM) 活性增加，并诱导其白介素-1 (IL-1) 表达量增加 (Datta et al, 2009); As_2O_3 暴露可引起成年斑马鱼体内 65 种免疫相关基因表达变化 (Ray et al, 2017); 鱼类短期暴露于非致死浓度的砷后，可诱导 B 细胞和 T 细胞功能随时间依赖性和组织特异性改变，使生物体易受感染 (Ghosh et al, 2006; Liao et al, 2004)。

笔者所在实验室前期研究表明，菲律宾蛤仔暴露于 20 μg/L As (Ⅲ) 和 As (Ⅴ) 48 h 后，厌氧呼吸作用增强，天冬氨酸含量减少、丙氨酸和琥珀酸含量增多，在免疫系统中发挥作用的支链氨基酸 (BCAAs) 含量增加，这些结果证实两种砷暴露都可引起蛤仔消化腺中的免疫应激 (Ji et al, 2015)。紫贻贝稚贝暴露于 As (Ⅲ) 和 As (Ⅴ) 48 h 后，发现相同的免疫应激反应：暴露组中，渗透压调节物质 (龙虾肌碱、甜菜碱和牛磺酸) 在稚贝中含量发生显著改变，导致稚贝体内产生渗透胁迫，而储能物质 (葡萄糖和糖原) 减少、BCAAs 含量增加，表明 As (Ⅲ) 和 As (Ⅴ) 可同样引起稚贝体内的免疫应激 (Yu et al, 2016)。

5. 砷毒性的作用机制

现有研究表明，砷的毒性作用机理是改变细胞的渗透调节、影响酶的合成与活性并抑制蛋白活性。砷的毒性作用机制与其形态相关，As (Ⅲ) 通过 3 种可能方式发挥毒性：①与巯基 (—SH) 或羟基 (—OH) 结合，进而破坏蛋白质和酶活性；②引起活性氧物质产生的氧化应激；③通过消耗 S-腺苷甲硫氨酸诱导亲核性。As (Ⅴ) 可以通过引起氧化应激导致其毒性，由于其与磷酸盐具有结构相似性 (Ventura-Lima et al, 2011)，可以通过形成不稳定的砷酸酯来干扰氧化磷酸化，从而干扰糖酵解和氧化磷酸化等过程，影响 ATP 的产生 (Carter et al, 2003; Huang et al, 2004)。

(吴惠丰、吉成龙)

第三节　重金属对渔业资源关键补充过程的影响

近年来，随着我国沿海地区社会经济快速发展和人类活动不断加剧，海洋污染对近海生物资源和生态系统造成了严重威胁。各类污染物通过大气沉降、地表径流等汇入海洋并赋存于环境多种介质中，尤其是在生物组织和器官中累积后对其生命过程产生毒理效应，对渔业资源的补充与保护、海洋生态安全保障和人类食品健康等均造成不利影响。2000 年以来，我国近海海域水质状况总体良好，经由全国主要河流入海的污染物量逐年降低，但近岸局部海域污染形势依然严峻。《2017 年中国海洋生态环境状况公报》表明：2017 年监测的 55 条

河流入海的重金属量仍然高达 1.0 万 t，其中锌、铜、汞、镉、铅等污染较重。

渔业种群的早期生活史发育是决定其补充群体世代发生量、种群繁衍和资源数量的关键，与幼体的早期生长发育、存活或死亡等关键补充过程密切相关（金显仕等，2015）。而渔业种群早期生活史阶段是其生命中最脆弱、对污染物的敏感性最强的阶段，较低浓度的污染物即可对其资源补充过程产生不利影响（曹亮，2010；黄伟，2010；金显仕等，2015）。重金属污染物能够影响渔业种群的重要生命过程，包括种群的繁殖发育和生长存活等，造成重要渔业种群精卵质量和产量下降、受精成功率和孵化成功率下降、生长率和存活率下降、发育障碍等，所有这些作用都会对渔业种群的生物资源补充造成不利影响，造成种群补充失败和资源量衰退（Dave et al，1991；Ługowska，2005；Johnson et al，2007；图 6-18）。

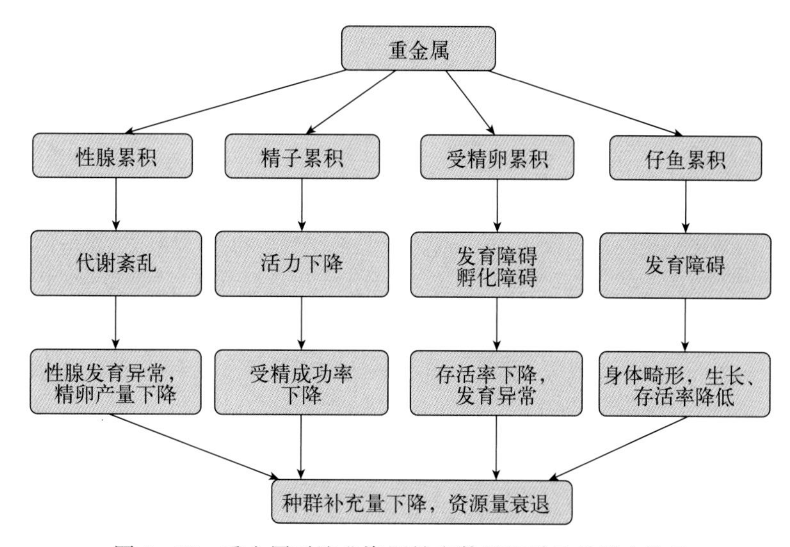

图 6-18　重金属对渔业资源补充数量和质量的影响途径

因此，揭示产卵场等水域重金属污染物对重要渔业种群早期生活史阶段的毒理效应和致毒机制，是科学认识污染胁迫下生物资源补充过程与机制、种群数量变动及其潜在生态风险等问题所亟待开展的工作，对海洋资源保护、海洋生态安全保障和人类健康维持等均具有重要科学价值。

一、重金属对渔业种群亲体性腺发育和精卵质量的影响

鱼类通过水或食物能够在各种组织中累积大量的重金属，生活在重金属污染水体中的鱼类其性腺中重金属含量往往会比较高。例如，Miller 等（1992）发现污染湖泊中的白亚口鱼（*Catostomus commersoni*）精巢和卵巢中的 Cu 和 Zn 含量均远远超过未受污染水体的同类。奥利亚罗非鱼（*Oreochromis aureus*）暴露于 Cd 和 Pb 溶液中一周后，精巢和卵巢中均发现了大量的 Cd、Pb 蓄积，而且卵巢中 Cd、Pb 蓄积量比精巢中更多，其中 Cd 占的比例较大，Pb 的积累相对较少（Allen，1995）。生活在 Cu 污染湖泊中的河鲈（*Perca fluviatilis*）性腺中的 Cu 含量是未被污染河鲈性腺内 Cu 含量的两倍（Ellenberger et al，1994）。

重金属累积在繁殖期亲鱼的性腺后可能导致精卵质量不佳，发育中断或产生畸形，死亡率增加等不利影响。Alquezar（2006）调查了澳大利亚悉尼附近受重金属污染严重的

一种常见河口蟾鱼（*Tetractenos glaber*）的繁殖情况，发现蟾鱼性腺中 Pb 含量的增加与卵母细胞直径和密度的降低呈正相关。蟾胡鲇（*Clarias batrachus*）和翠鳢（*Channa punctata*）雌鱼经 Hg 暴露后卵巢发育迟缓，卵母细胞增殖受抑制，造成这一结果的原因可能是 Hg 扰乱了激素分泌，并通过影响鱼类下丘脑—垂体轴抑制其性腺发育（Ram et al，1983；Kirubagaran et al，1988）。食物相 Zn 暴露抑制了鲤（*Cyprinus carpio*）卵母细胞成熟，而 Pb 暴露会抑制虹鳟（*Oncorhynchus rnykiss*）精原细胞向初级精母细胞的过渡（Ruby et al，1993）。另外，有关鱼类在慢性毒性污染条件下早期成熟的相关研究不多。Elliott 等（2003）发现生活在受 Hg 污染的水域中的雌性欧洲绵鳚（*Zoarces viviparus*）成熟得更快，并且能够在更早的年龄繁殖，其雌性后代也是如此。后代的特征是体内 Hg 含量高。Jezierska 等（2009）也发现 Zn 对虹鳟卵巢成熟具有促进作用。与饲喂未受重金属污染的多毛类的斑马鱼（*Brachydanio rerio*）相比，投喂富含重金属的多毛类 68 d 的斑马鱼繁殖量减少，其特征是累计产卵量减少 47%，累计产卵数减少 30%，每次产卵的平均产卵数和孵化率降低，雌鱼肝脏中卵黄蛋白原生成素的 mRNA 转录水平也降低了 15%（Boyle et al，2008）。

Cd、Cr、Pb 和 Zn 能够对银汉鱼（*Odontesthes bonariensis*）的性腺造成结构损伤，表现为精小叶短粗、纤维化，出现睾丸卵以及不规则的细胞（Gárriza et al，2019）。此外，重金属能够影响鱼类精子的运动时间，而精子的运动时间直接关系到鱼卵能否受精成功。草鱼（*Ctenopharyngodon idella*）暴露于 Cu 和 Pb 后，其精子运动时间与暴露浓度呈明显的负相关关系（Sarnowska et al，1997）。Cu、Pb 和 Cd 均能够抑制鲤精子的活力（Witeska，1995）；50 mg/L 的 Cd 能够显著降低非洲尖齿胡子鲇（*Clarias gariepinus*）精子的活力（Kime et al，1996）。Cu 对鲤精子活力的抑制也被 Jezierska 等（1997）以及 Słominska（1998）证实。甲基汞虽然不会影响底鳉（*Fundulus heteroclitus*）精子的形态，但是能够显著降低其运动时间（Khan et al，1987）。这表明重金属可通过抑制鱼类性腺发育也可通过干扰其下丘脑和垂体腺中控制生殖周期的激素分泌来影响鱼类的精、卵发生过程，导致鱼卵大小改变和生殖力的降低，最终可能导致亲体生殖能力的下降（黄伟等，2010）。

二、重金属对胚胎发育的影响

大量研究结果表明，重金属能够影响胚胎发育过程中的各种代谢，导致其发育障碍、形态和功能异常，甚至存活率下降。重金属可能干扰多种鱼类胚胎发育过程、影响各发育阶段启动时间和孵化总时间，导致胚胎发育障碍。例如，0.05 mg/L Cd 使鲤胚胎在胚胎发育的心跳期和色素沉着期出现发育迟缓（Witeska et al，1995）；0.2 mg/L 的 Cu 使鲤胚胎在的眼睛色素沉着期第一次出现发育迟缓（Ługowska，2005）。Cu 能够在很低的浓度下显著抑制斑马鱼和河鲈（*Perca fluviatilis*）胚胎孵化而未导致其死亡（Dave et al，1991；Ellenberger et al，1994）。Pb 暴露能通过影响有丝分裂而延长底鳉的胚胎早期发育过程（Perry et al，1988）。而 1 mg/L 的 Zn、20 μg/L Hg、0.06 mg/L 的 Cu 和 0.8 mg/L 的 Cd 会对褐牙鲆胚胎造成孵化障碍（曹亮，2010；黄伟，2010；图 6－19）。相反，Somasundaram 等（1984）发现低浓度的 Zn 暴露能够加快大西洋鲱（*Clupea harengus*）的胚胎发育速度，致使其快速孵化。

许多数据表明，重金属暴露降低了胚胎的孵化率，而高浓度金属会导致鱼类的胚胎无法

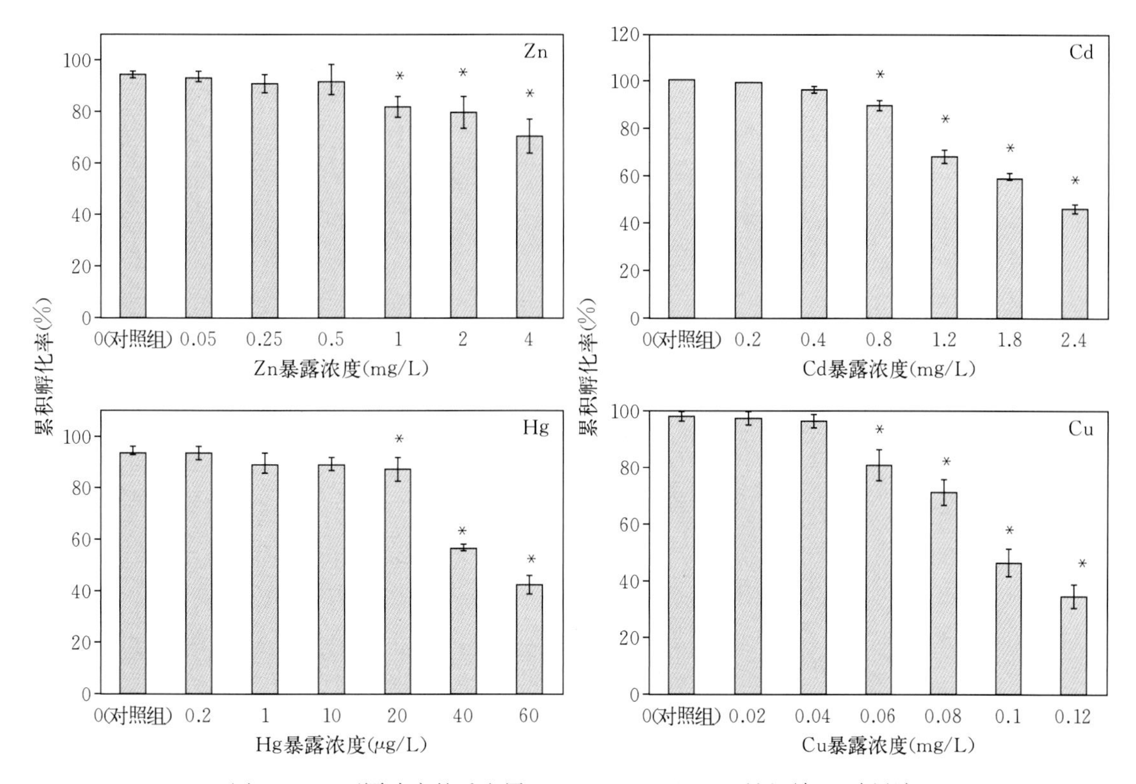

图 6-19 不同浓度的重金属 Zn、Hg、Cu 和 Cd 对褐牙鲆胚胎累计孵化率的影响（引自曹亮，2010；黄伟，2010）

数据表示平均值±标准偏差，$n=4$。ANOVA，Dunnett's 检验，* 表示和对照相比差异显著 $P<0.05$

完成孵化。据 Williams 等（2000）报道，33.3 mg/L 的 Cd 能够显著降低河虹银汉鱼（*Melanotaenia fluviatilis*）的胚胎孵化率。高于 20 μg/L Hg、0.06 mg/L Cu、1 mg/L Zn 以及 0.8 mg/L 的 Cd 均能使褐牙鲆的孵化率显著降低、孵化时间延迟（曹亮，2010；黄伟，2010）。在 0.48 mg/L Pb 暴露下，斑马鱼胚胎的孵化率显著降低，Pb 暴露浓度达 0.98 mg/L 时所有胚胎死亡（Dave et al，1991）。而 1.76 mg/L Cu 和 0.98 mg/L Pb 溶液暴露则分别完全抑制了虹鳟和斑马鱼胚胎的孵化（Dave et al，1991；Jezierska et al，2009）。1.76 mg/L 的 Cu 溶液中没有虹鳟能够孵化成功（Giles & Klaverkamp，1982）；大西洋鲑（*Salmo salar*）胚胎在浓度为 0.87 mg/L Cd 溶液中的孵化率为 0，在 0.27 mg/L 的 Cd 溶液中的孵化率也只有 60%（Rombough et al，1980）。

重金属在鱼类胚胎发育阶段的毒性降低了胚胎的存活率和孵化成功率。大部分畸形的胚胎以及一些正常发育的胚胎会在胚胎发育阶段死亡。Jezierska & Słominska（1997）发现暴露于 0.1 mg/L Cu 溶液中的鲤胚胎在受精后 24 h 时存活率显著降低，而暴露于 0.3 mg/L Cu 溶液中的胚胎死亡率高达 100%。据 Ługowska（2005）报道，暴露于 Cu 溶液中的鲤胚胎，其死亡主要出现在囊胚形成阶段（>25%）和卵裂期（>15%）。Herrmann（1993）得出的结论是胚胎在卵膜还没有硬化这一阶段特别容易受到水溶性污染物的毒害。然而 Kazlauskiene等（1999）却发现暴露于混合重金属的虹鳟胚胎在眼点阶段比刚受精阶段更敏感。据 Rombough 等（1980）报道，鱼类的胚胎对污染物的毒性有多个敏感时期。它们发现大西洋鲑胚胎暴露于Cd溶液中，其死亡高峰出现在原肠胚期、卵黄血循环发育期以及即将孵化期这3个阶段。然而Shazili等（1986）则发现胚胎的胚盘期比其他阶段对Cu和Cd的耐受力更强。重金属暴露的褐牙鲆初期胚胎（0～24 h，囊胚期至原肠期）的死亡率较低，死亡高峰出现于胚胎发育后期至仔鱼孵出阶段（Cao et al，2009；Huang et al，2011）。因此，鱼类的胚胎对重金属毒性的敏感性在整个胚胎阶段并不是一致的，而是因鱼种、胚胎的发育阶段以及重金属的种类而异。

鱼类胚胎的孵化是生物化学（绒毛膜酶）、生物物理学（胚体运动）和渗透机制相互作用的结果。在孵化过程中，孵化腺分泌一种孵化酶叫作绒毛膜酶，这种酶能够分解鱼卵的绒毛膜。重金属导致鱼类胚胎发育障碍、孵化率下降、胚胎死亡的一个可能原因是重金属通过渗透作用进入卵膜内，破坏细胞膜结构、扰乱代谢过程，抑制了包括孵化酶、绒毛膜酶在内的特定蛋白合成（Carreau et al，2005）。

三、重金属对仔鱼生长发育的影响

鱼类胚胎经重金属后所孵化的仔鱼比在清洁水体中孵化的仔鱼个体要小得多。据Von等（1974）报道，和对照组相比，在被Cd污染的水体中孵化的大西洋鲱的仔鱼个体更小，而且卵黄囊体积较大。在虹鳟胚胎暴露于Cd溶液后也发现了类似的结果（Woodworth等，1982）。在Cu溶液中的孵出的鲤仔鱼体长也比对照组显著减小（Słominska，1998）。同样现象发生在经Cu、Pb暴露的鲤（Jezierska et al，2009），Zn暴露的大西洋鲱（Somasundaram et al，1984），Ag暴露的美洲拟鲽（*Pseudopleuronectes americanus*；Klein-Macphee et al，1984），Cu、Pb、Zn暴露的纹缟虾虎鱼（庄平等，2009）。

生长被抑制是早期生活史阶段鱼类暴露于化学污染物中比较常见的现象。有研究者发现奥利亚罗非鱼、孔雀鱼仔鱼（*Poecilia reticulata*）暴露于Cd；斑马鱼胚胎或仔鱼暴露于Cu；鲤暴露于Cu和Cd后生长均受到不同程度的抑制（Hwang et al，1996；Miliou et al，1998；Ługowska，2005；Johnson et al，2007）。在重金属污染水体暴露374 d的羊头鱼（*Cyprinodon variegate*），雄鱼和雌鱼的体型均比对照组小得多（Rowe，2003）。此外，笔者的研究发现20 μg/L Hg、0.1 mg/L Cu、1.2 mg/L Cd以及2 mg/L Zn均能显著抑制褐牙鲆仔鱼的生长（图6-20；曹亮，2010；黄伟，2010）。

许多数据表明，重金属暴露下早期生活史阶段鱼类生长的被抑制与个体对毒性应激的抵抗有关，因为解毒过程需要增加维持基础代谢的能量消耗，那么用于生长的能量比例就会降低。肌体通过诱导特定蛋白质（如金属硫蛋白）来维持体内平衡，这是一个消耗能量的过程。鱼类生长减速被认为是污染相关应激的三级效应，其主要效应与激素控制的适应机制（皮质醇水平的增加）有关（Lawrence et al，2003）。

大量研究发现，鱼类仔鱼暴露于重金属水体中会产生各种各样的畸形。例如浓度超过0.05 mg/L的Cu暴露会使鲤仔鱼的畸形率显著增加（Stouthart et al，1996）；而低浓度的Cu暴露也会显著增加斑马鱼的畸形率（Ozoh，1979）。当鲤胚胎在浓度超过0.02 mg/L的Cd溶液中孵化时，有47%的仔鱼会有脊柱畸形（Witeska et al，1995）。Hg暴露造成青鳉、斑马鱼、胖头鲅、牙鲆和真鲷仔鱼产生眼部、颌部和脊柱畸形，尾和鳍膜弯曲，围心腔水肿，心脏畸形，内脏出血和血管萎缩等（Samson et al，2000；Devlin，2006；Huang et al，2010a，2010b；Dong et al，2016；任中华，2019）。Zn暴露造成大西洋鲱、河虹银汉鱼、

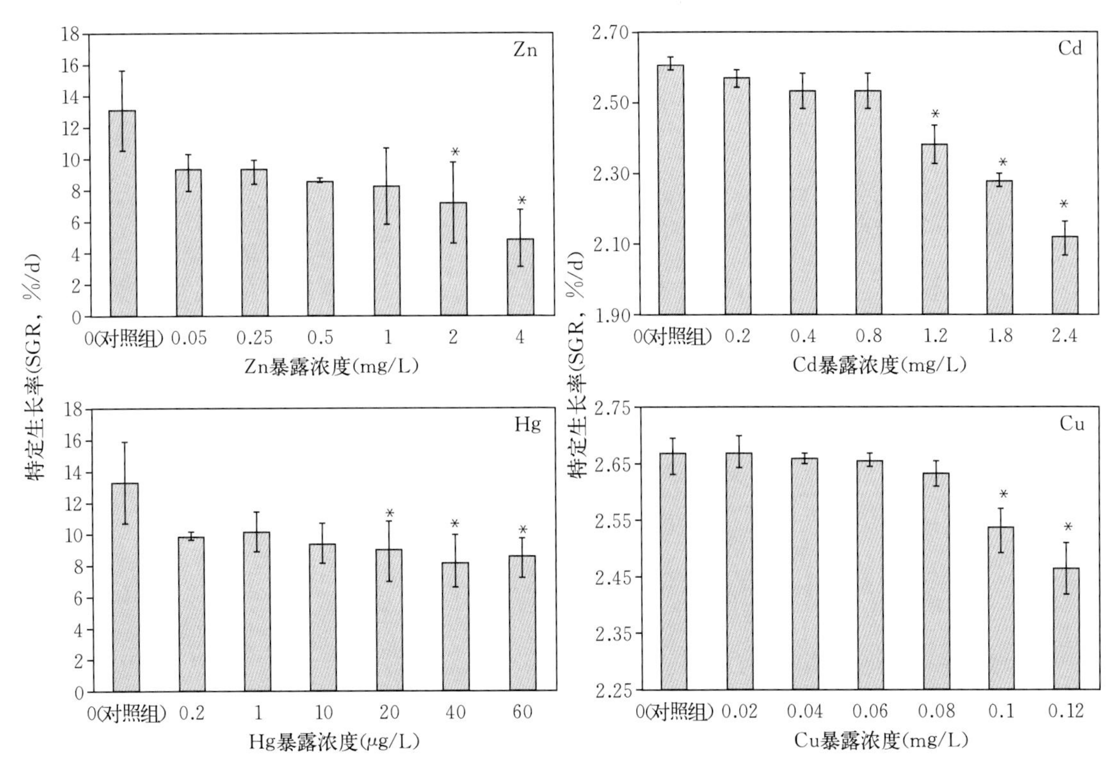

图 6-20　不同浓度的重金属 Zn、Hg、Cu 和 Cd 对褐牙鲆特定生长率（SGR）的影响（引自曹亮，2010；黄伟，2010）

数据表示平均值±标准偏差，$n=4$。ANOVA，Dunnett's 检验，*表示和对照相比差异显著 $P<0.05$

白亚口鱼、斑马鱼、牙鲆、真鲷和真鲹（*Phoxinus phoxinus*）等鱼类仔鱼的眼部、颅面、颌、鳃弓和卵黄囊畸形，脊柱弯曲，色素异常，围心腔水肿等（Munkittrick et al，1989；Williams et al，2000）。Pb 暴露导致斑马鱼仔鱼皮肤瘤，卵黄囊吸收缓慢，尾部卷曲，侧凸和完全卷曲等多种脊柱畸形（Stouthart et al，1995）。笔者的研究发现，褐牙鲆仔鱼的畸形率随 Cu、Cd 暴露浓度的增加而升高，≥40 μg/L Hg、≥0.08 mg/L Cu、≥0.8 mg/L Cd 以及 2 mg/L Zn 均使褐牙鲆仔鱼的畸形率显著高升高（图 6-21）。0.12 mg Cu/L 处理组中褐牙鲆的畸形率为 35%；而 1.8 mg Cd/L 和 2.4 mg Cd/L 处理组中褐牙鲆的畸形率分别高达 65%和 78%（曹亮，2010）。

重金属造成的仔鱼畸形大体上可归纳为以下类型：①颅面畸形，如双头，颌部、鳃弓畸形等；②眼部畸形，如独眼畸形、双眼部分融合等；③脊柱畸形，可分为脊柱前弯、脊柱侧凸和驼背，具体表现是脊柱弯曲成 L 形、C 形、S 形等；④尾部畸形，包括尾部卷曲、缺失等；⑤心血管畸形，包括围心腔水肿、心脏出血以及血管萎缩等；⑥卵黄囊畸形，包括卵黄囊水肿、吸收缓慢等；⑦其他畸形，如连体、鳍膜腐烂、鳍条损伤、色素异常等（图 6-22）。骨骼系统畸形是仔鱼畸形中最常见的类型。重金属不仅抑制了 Ca^{2+}-ATP 酶活性，而且还造成了骨骼系统正常发育所必需的钙离子、肌球蛋白和肌节大幅减少，导致各种畸形的产生。畸形仔鱼通常会丧失正常游泳和自主摄食的能力，一般在卵黄囊吸收完全或略早时即死亡。

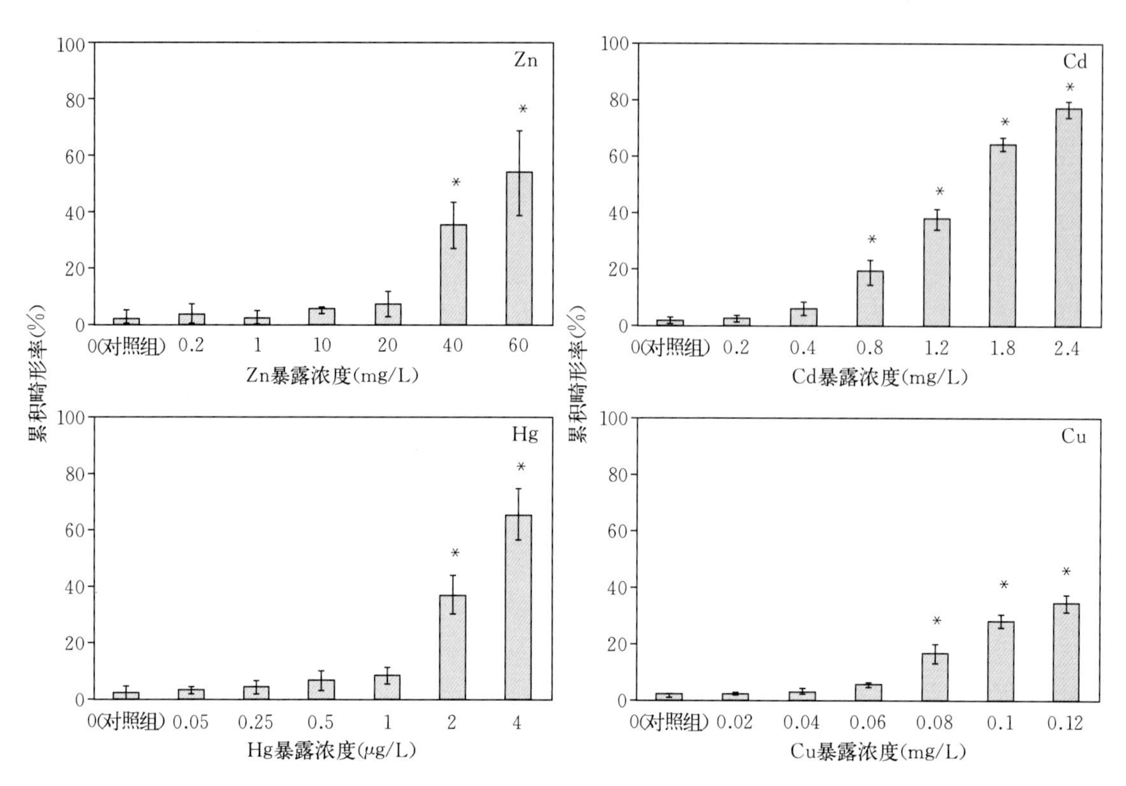

图 6-21 不同浓度的重金属 Zn、Hg、Cu 和 Cd 对褐牙鲆累积畸形率的影响（引自曹亮，2010；黄伟，2010）

数据表示平均值±标准偏差，$n=4$。ANOVA，Dunnett's 检验，* 表示和对照相比差异显著 $P<0.05$

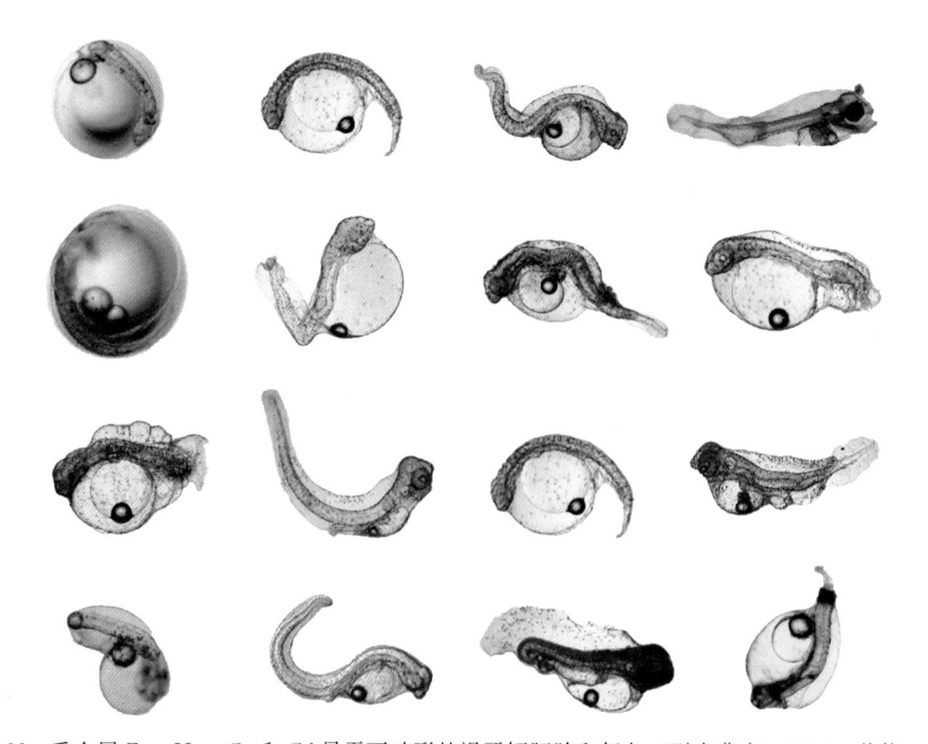

图 6-22 重金属 Zn、Hg、Cu 和 Cd 暴露下畸形的褐牙鲆胚胎和仔鱼（引自曹亮，2010；黄伟，2010）

渔业种群的早期死亡过程研究是资源补充机制及其数量变动规律研究的重点和热点，饥饿、被捕食和水体污染被认为是造成早期生活史阶段鱼类死亡的主要原因。大量研究结果表明，重金属暴露造成仔鱼的死亡率显著增加。Cu对海水鱼仔鱼的96 h半致死浓度的范围从鳀（*Engraulis japonicus*）的68 μg/L到尖吻鲈（*Lates calcarifer*）的1 800 μg/L（Wong et al，1999；Oliva et al，2007；Cherkashin et al，2008）。Cd的96 h半致死浓度从克拉克大麻哈鱼（*Oncorhynchus clarki*，Harper et al，2008）的0.000 64 mg/L到尖吻鲈的20.1 mg/L（Thophon et al，2003）。Hg、Cu、Cd、Zn对褐牙鲆仔鱼96 h半致死浓度分别为46.6 mg/L、0.12 mg/L、4.17 mg/L、6.77 mg/L（曹亮，2010；黄伟，2010；图6-23）。重金属对仔鱼的毒理作用很大程度上受pH、硬度、温度、盐度等水环境因素的影响（Middaugh et al，1977；Cusimano et al，1986；Pascoe et al，1986；Lin et al，1993；Sloman et al，2003；Hallare et al，2005）。

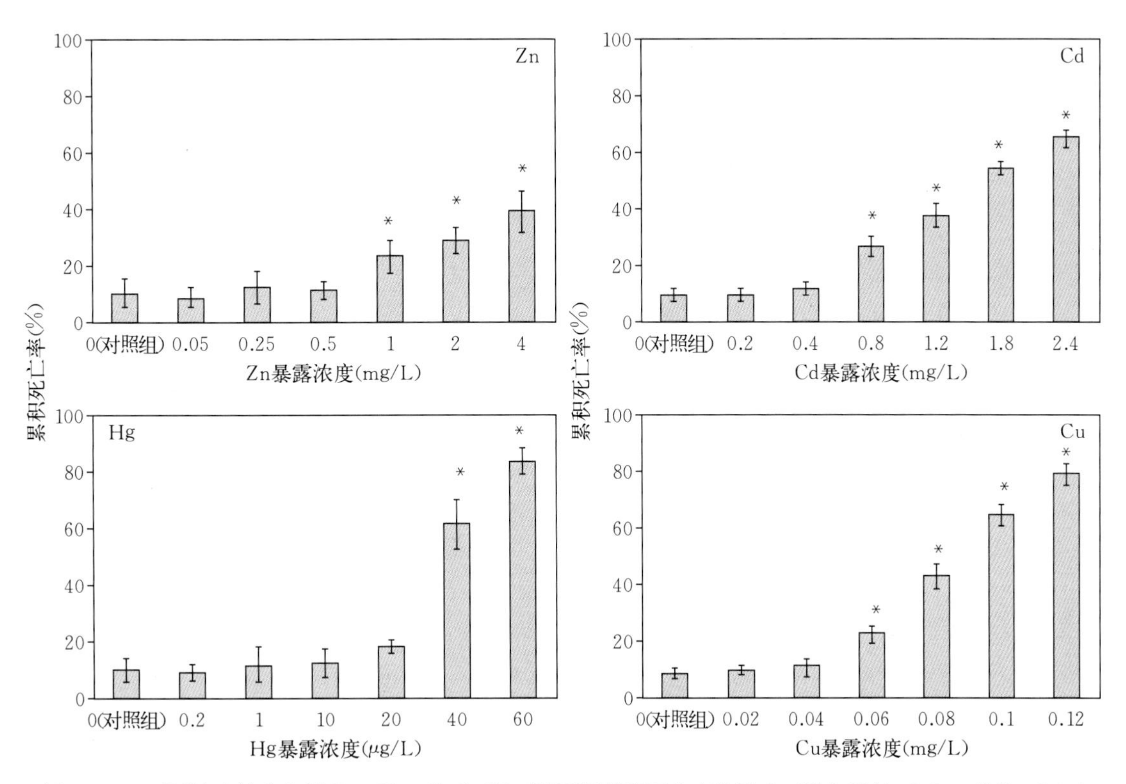

图6-23　不同浓度的重金属Zn、Hg、Cu和Cd对褐牙鲆累积死亡率的影响（引自曹亮，2010；黄伟，2010）
数据表示为平均值±标准偏差，$n=4$。ANOVA，Dunnett's检验，＊表示和对照相比差异显著 $P<0.05$

重金属污染物对渔业种群的亲体和补充群体均产生重要影响。重金属在亲体性腺组织的累积降低了繁殖效率，造成其产卵能力下降、产卵数量和质量降低；在精卵上的累积，致使其受精成功率和孵化率下降、发育异常等；而重金属暴露造成仔鱼发育障碍，身体畸形率和死亡率增加，生长率降低。这些作用均造成渔业种群补充群体（胚胎、仔鱼和幼鱼）的直接死亡或延迟死亡，从而降低了种群的密度和繁殖多样性，对渔业种群的资源补充过程产生不利影响。

（曹亮、刘金虎、窦硕增）

第四节　典型产卵场水域重金属污染特征、环境行为及潜在风险评估——以莱州湾生态系统为例

重金属是我国近海主要的特征污染物之一，具有分布范围广、残留时间久、易发生形态间转化且能沿食物链传递累积等特征（Tam & Wong，1997）。特殊的理化特性与毒性效应使海洋环境中的重金属表现出高度的危害性和难治理性。重金属大多具备活跃的地球化学性质，能够在海水、沉积物、悬浮物以及生物体等多种介质中传递交换。海洋环境中可利用态（可交换态和水溶态）重金属经生物渗透吸收或摄食过程传递到生物体内，与体内含有羟基巯基的蛋白或功能酶大分子结合导致其变性失活，或引起遗传物质变异，导致个体的生理和代谢障碍，进而通过食物链（网）的累积放大作用影响到整个生态系统的结构和功能的稳定性。

生物体内重金属的毒性效应与其肌体内蓄积水平以及赋存形态密切相关。如，微量的Cr可保证鱼类正常生长发育和代谢，但过量六价铬对生物产生毒性效应。Zn和Cu为生命必需元素，参与了鱼体内的酶催化反应、金属硫蛋白MT合成以及淋巴细胞分化，对于维持鱼类正常生长发育和繁殖有重要作用，但过量的Zn和Cu会引起发育迟缓、细胞膜损伤以及免疫力降低等症状（Beyers & Farmer，2001）。类金属As具有酶毒性和神经干扰性。Cd能够抑制各种酶的生物活性，破坏骨骼中正常钙代谢，造成骨质软化或变形。Pb可与鱼类体内的多种蛋白（硫蛋白、各类酶、氨基酸等）内的—SH结合，诱发酶失活，影响鱼类正常代谢。另外，Pb对鱼体血红蛋白的合成有抑制作用，损坏骨髓的造血功能，引起生物神经系统紊乱和损伤。Hg生物毒性较强，受关注度最高。Hg能够引起水生生物中枢神经、呼吸、免疫及生殖系统内各种生理代谢功能的破坏和紊乱，对不同生长阶段（特别是早期生活阶段）的鱼类个体发育造成持久性损伤（Risher & Amler，2005）。海洋环境中的Hg主要以二价离子态和有机态存在。其中，甲基汞MeHg对水生生物体神经系统和生殖系统的毒性远超过其他形态Hg，在海洋食物链上有更强的累积传递能力（Lavoie et al，2010）。

近岸与河口海域处于陆地与海洋过渡带，营养盐丰富，是近海重要渔业资源种群重要的产卵与育幼场所，受人类活动影响剧烈。自然因素和人类活动产生的重金属污染物，可通过复杂地化过程吸附于悬浮颗粒物并随之沉降于河口及近岸海域，从而威胁到近海生态系统安全和人类健康。因此，研究我国典型近海产卵场环境中重金属污染物在多介质中的分布特征与环境行为，对于评价该水域环境质量以及探究重金属在海洋生态系统中的动力学机制有重要意义。莱州湾位于渤海南部，为典型半封闭浅海，水体交换能力弱，对污染物的自净能力较差。近年来，黄河、小清河等众多河流的注入以及莱州湾沿岸城市化工业化和农业的快速发展，导致大量陆源污染物输入莱州湾，对当地生态系统造成了严重破坏。据报道，2003—2008年，仅由黄河排入莱州湾及周边水域的重金属污染物就由200 t升高至773 t（国家海洋局，2003，2008）。莱州湾近岸水域的增养殖贝类和海洋渔业产品遭受一定程度的重金属污染威胁。

本节以莱州湾水域为研究主体，对莱州湾多介质（海水、沉积物与生物群落）中重金属

分布特征、传递规律以及在整个食物网结构中的累积放大开展系统研究，在此基础上，对环境介质与生物基质中重金属生态风险与健康风险进行评价，构建基于多类评价参数、阈值及模型的重金属潜在风险评估体系。研究成果对莱州湾重金属污染治理、生境及生物多样性保护、渔业资源修复以及水产品安全标准修订等具有重要意义。同时，研究成果也为典型水域中典型海洋污染物的营养动力学研究提供科学参考。

一、海洋环境介质中重金属污染分布特征及生态风险评价

海水与沉积物是近海重金属污染物的重要载体，是海洋生物类群直接暴露的环境媒介。海水与沉积物中可交换态重金属通过替代生物配体上 Na^+、K^+、Ca^{2+} 等离子抑制其正常吸收，或进入生物阻碍其正常生理代谢，从而产生生物毒性。一般而言，沉积物化学性质较稳定，且不易受沿岸复杂水文气象条件的影响，能够准确地记录与反映该水域生态环境变化过程信息。沉积物中重金属主要来源于表面吸附、阳离子交换及螯合反应产生的沉降作用，当沉积物中重金属积累量过高，或环境剧烈扰动时，重金属就会通过脱附溶解作用释放回水体，从而对生物群落产生二次胁迫。海水与沉积物中可交换态重金属对生物体的毒性受水环境因子（温度、盐度、pH、溶氧、离子水平等）的影响。

目前有一些关于莱州湾海水与表层沉积物中重金属污染分布特征与监测分析的研究报道，而关于重金属污染物来源分析及生态风险评估方面的研究报道较少。本节采用国家海水与沉积物质量标准、海水综合污染指数（Water Quality Index，WQI）、地理累积指数（Index of Geoaccumulation，I_{geo}）、Hakanson 潜在生态风险指数以及生物效应浓度（Effect Range Low/Moderate，ERL/ERM）等评价模型对莱州湾水域环境质量进行评估。本节还结合主成分分析对沉积物中重金属污染物的来源进行系统解析。

1. 表层海水中重金属时空分布与污染风险评价

莱州湾表层海水样品采集于 2010 年 5 月、8 月、10 月和 12 月 4 个季度的调查航次，设 31 个站位（118°55′E—120°20′E，37°05′N—37°40′N），含 20 个湾内站位和 11 个近岸站位（图 6-24）。水样采用颠倒式采水器采集，取水面以下 1 m 内表层海水，用 0.45 μm 混合纤维滤膜过滤（Hg 样不过滤），然后用 10% HNO_3 酸化至 pH<2，置于聚丙烯广口瓶在阴暗处保存。

海水中 Cr、Cu、Zn、As、Cd 和 Pb 含量（μg/L）采用 ICP-MS 方法测定，Hg 含量的采用原子荧光法测定。重金属检测过程加设平行样，实验采用海水标准物质（GBW080040）对检测过程进行控制和校正，标准物质中重金属的回收率为 89.4%～111.5%。采用单因素方差分析 One-way ANOVA 对 4 个季度间的重金属含量差异进行比较。

（1）重金属时空分布　莱州湾各季度表层海水重金属分布如图 6-25 所示。结果表明，除 Cr 外，其他重金属无显著季节性差异。四个季度海水 Cr 含量分别为（1.12±0.94）μg/L、（1.16±0.92）μg/L、（1.08±0.98）μg/L 和（1.27±0.95）μg/L。各季度 Cr 地理分布趋势类似，最高值出现在界河（B2）、小清河（B8）、小岛河河口（B11）及朱旺港（B4）附近，由近岸向湾中部水域呈降低的分布趋势。

Cu：冬季含量［(2.81±1.28) μg/L］显著高于春季［(2.18±0.72) μg/L］、夏季［(2.37±0.95) μg/L］和秋季［(2.12±1.03) μg/L］。春季、夏季和秋季表层海水的 Cu

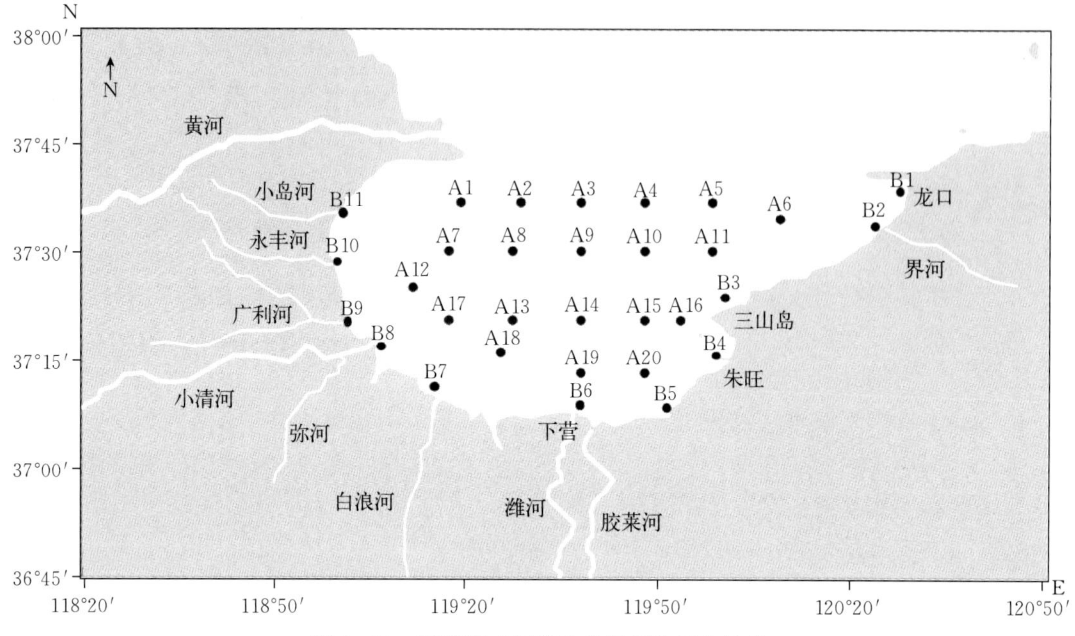

图 6-24　莱州湾表层海水及沉积物采集站位

含量高值出现在界河河口附近，冬季次高值点出现小清河河口以北，各季度 Cu 含量最低值出现在小清河河口以南（B8）及莱州湾中部水域。

Zn：含量水平依次为冬季［(29.40±18.61) μg/L］>秋季［(15.93±11.21) μg/L］>夏季［(13.57±6.94) μg/L］>春季［(6.09±3.98) μg/L］。春季、夏季和秋季海水的 Zn 含量最高值均出现在距小清河河口 5～10 km 的 A17 站和三山岛附近水域，冬季最高值出现在莱州湾北部。整体上，由近岸向湾内呈降低趋势。

As：冬季 As 最高［(3.41±1.71) μg/L］，夏季最低［(1.71±0.84) μg/L］。各季度 As 含量低值均出现在莱州湾南部，春季、秋季和冬季最高值出现在界河河口附近水域，次高值出现在小清河河口。整体上，As 含量由莱州湾中部向东部沿岸呈递增趋势。

Cd：夏季表层海水含量［(0.24±0.09) μg/L］显著高于春季［(2.94±0.98) μg/L］、秋季［(1.71±0.84) μg/L］和冬季［(3.20±1.25) μg/L］。春季，Cd 最高值出现在三山岛附近，湾中部和西部水域含量较低；夏季最高值出现在三山岛附近水域，含量由东向西递减；秋季最高值出现在潍河河口和界河河口，在莱州湾西部水域较低；冬季 Cd 含量在黄河口以南（A7 站）水域最高，在中部、南部水域较低。

Hg：各季度含量水平依次为春季［(0.075±0.034)μg/L］>夏季［(0.053±0.019)μg/L］>秋季［(0.050±0.022) μg/L］>冬季［(0.043±0.027) μg/L］。Hg 在春季表层海水的最高值出现在三山岛附近及潍河河口水域，夏季出现在莱州湾中部的 A8 和 A20 附近水域，秋季出现在中部海域的 A15 附近水域，而冬季出现在莱州湾北部水域。

Pb：各季度含量水平依次为春季［(1.25±0.69) μg/L］>夏季［(1.02±0.48) μg/L］>秋季［(0.76±0.71) μg/L］>冬季［(0.72±0.56) μg/L］。春、秋季 Pb 含量最高值出现在三山岛附近（A11）水域，夏冬季出现界河河口（B2）水域，莱州湾中部与南部水域 Pb 含量较低。综上，除 Cr 和 Cu 外，莱州湾表层海水其他重金属含量存在显著季节性差异。其中 Hg 和 Pb 含量以春季最高，而 Cd 以夏季含量最高，Zn 和 As 以冬季最高。

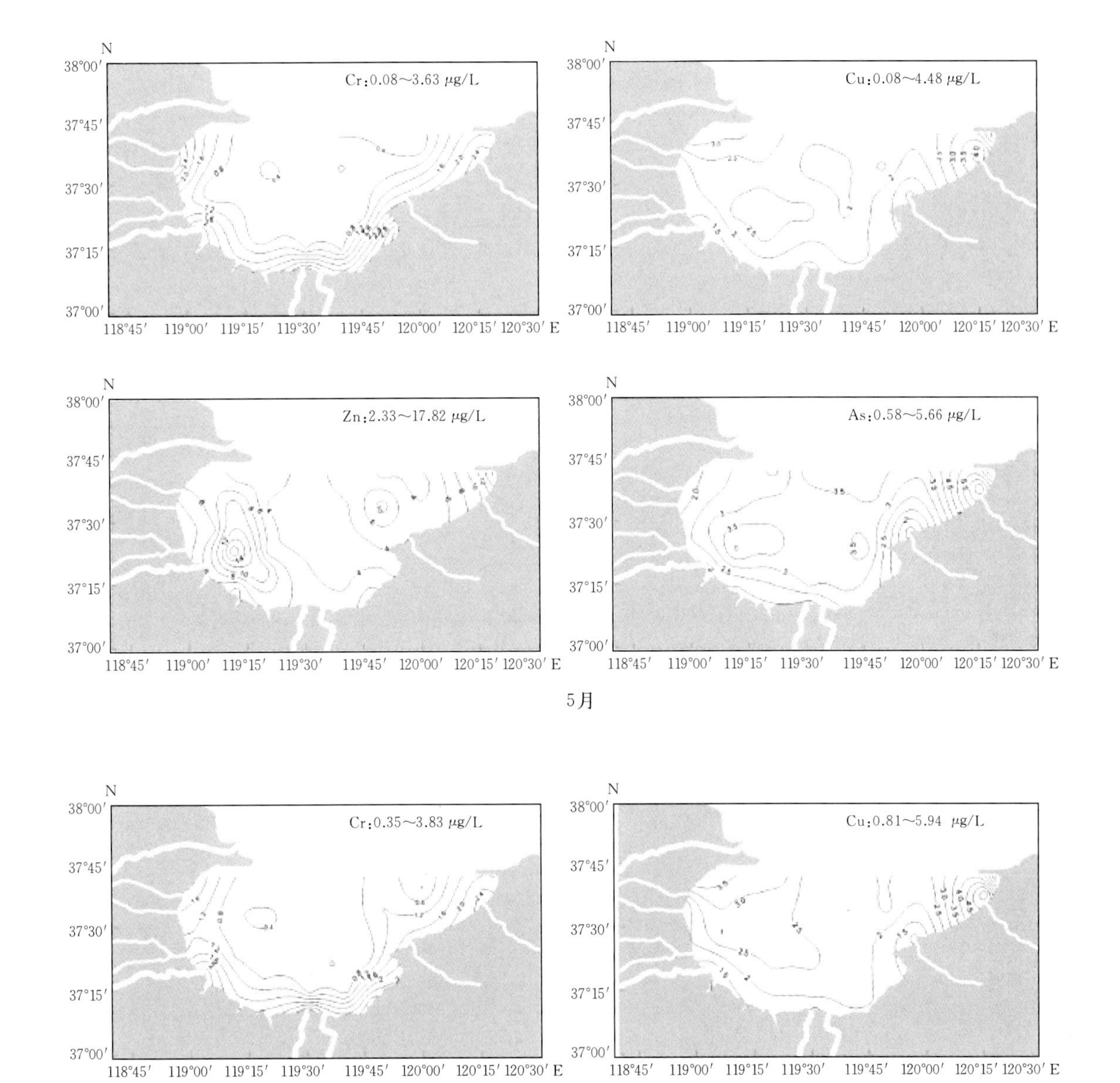
N
38°00′
37°45′
37°30′
37°15′
37°00′
118°45′ 119°00′ 119°15′ 119°30′ 119°45′ 120°00′ 120°15′ 120°30′ E
Cr:0.08～3.63 μg/L
Cu:0.08～4.48 μg/L
Zn:2.33～17.82 μg/L
As:0.58～5.66 μg/L
5月
Cr:0.35～3.83 μg/L
Cu:0.81～5.94 μg/L

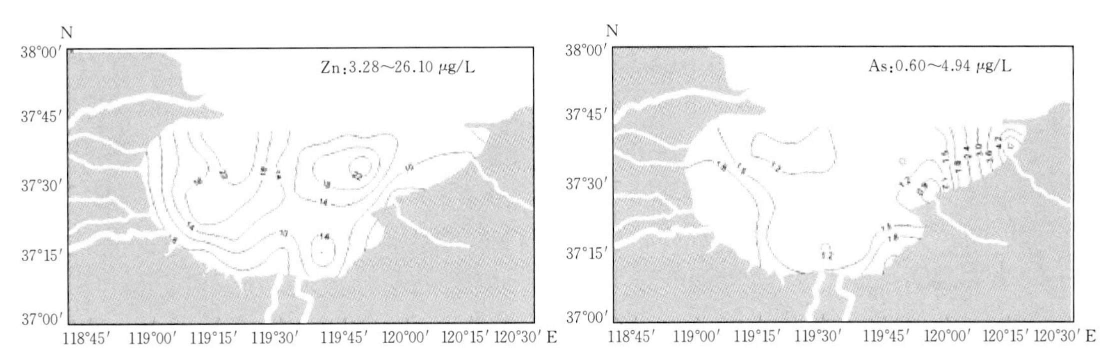
N
38°00′
37°45′
37°30′
37°15′
37°00′
118°45′ 119°00′ 119°15′ 119°30′ 119°45′ 120°00′ 120°15′ 120°30′ E
Zn:3.28～26.10 μg/L
As:0.60～4.94 μg/L

8月

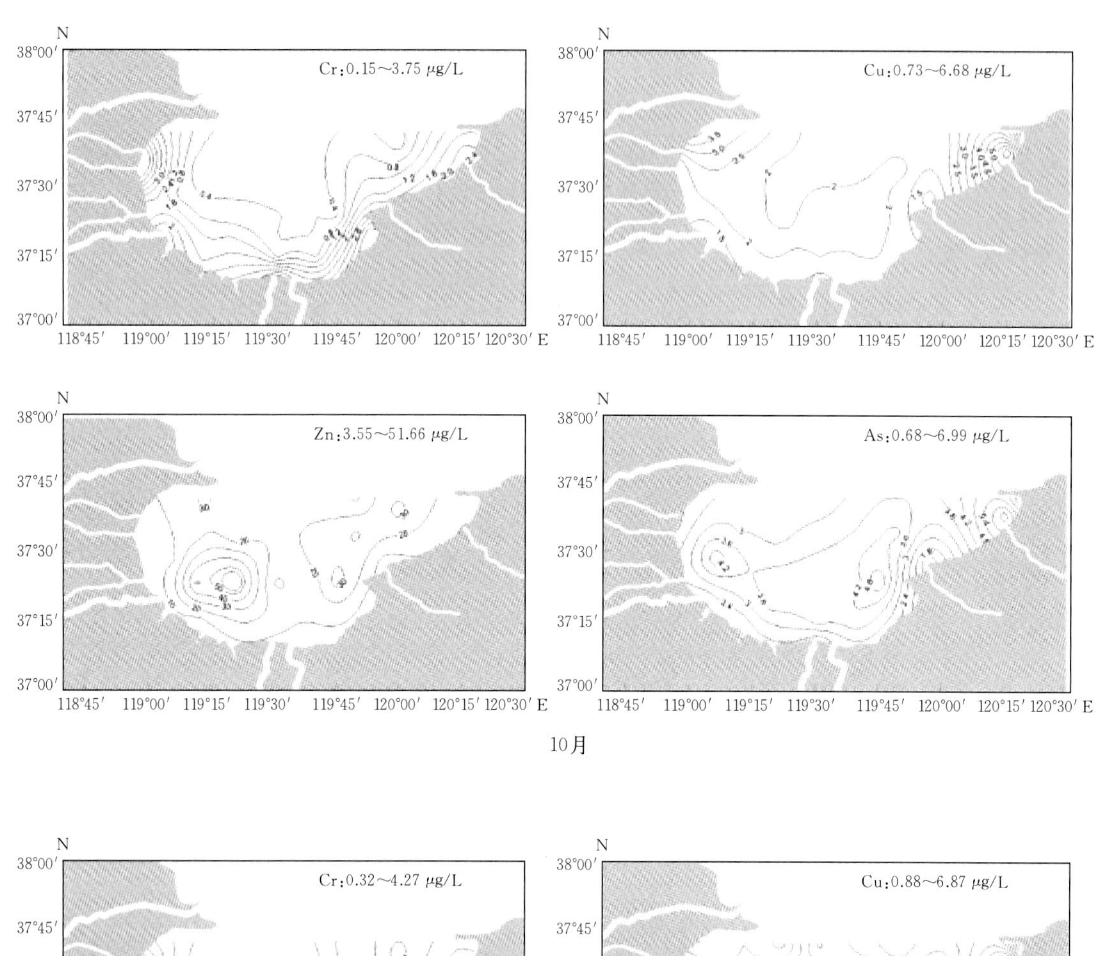
Cr:0.15～3.75 μg/L
Cu:0.73～6.68 μg/L
Zn:3.55～51.66 μg/L
As:0.68～6.99 μg/L
N
38°00′
37°45′
37°30′
37°15′
37°00′
118°45′ 119°00′ 119°15′ 119°30′ 119°45′ 120°00′ 120°15′ 120°30′ E

10月

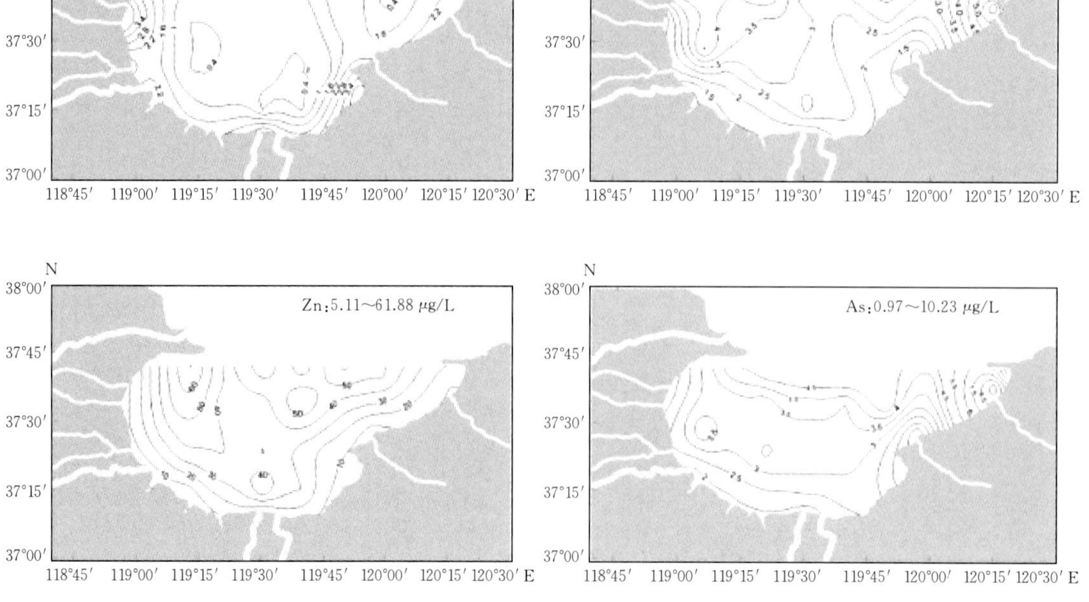
Cr:0.32～4.27 μg/L
Cu:0.88～6.87 μg/L
Zn:5.11～61.88 μg/L
As:0.97～10.23 μg/L
N
38°00′
37°45′
37°30′
37°15′
37°00′
118°45′ 119°00′ 119°15′ 119°30′ 119°45′ 120°00′ 120°15′ 120°30′ E

12月

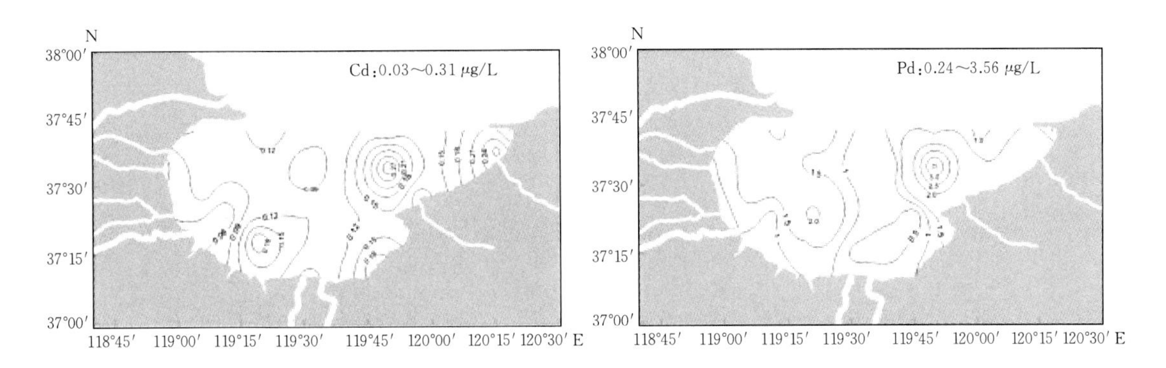
N
38°00′
37°45′
37°30′
37°15′
37°00′
118°45′ 119°00′ 119°15′ 119°30′ 119°45′ 120°00′ 120°15′ 120°30′ E
Cd:0.03~0.31 μg/L
N
38°00′
37°45′
37°30′
37°15′
37°00′
118°45′ 119°00′ 119°15′ 119°30′ 119°45′ 120°00′ 120°15′ 120°30′ E
Pd:0.24~3.56 μg/L

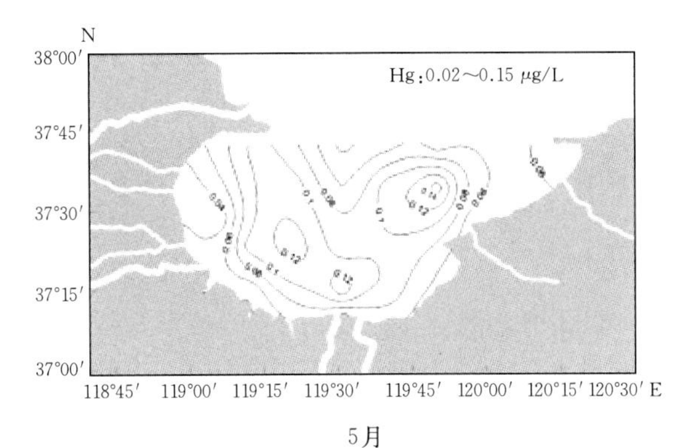
N
38°00′
37°45′
37°30′
37°15′
37°00′
118°45′ 119°00′ 119°15′ 119°30′ 119°45′ 120°00′ 120°15′ 120°30′ E
Hg:0.02~0.15 μg/L

5月

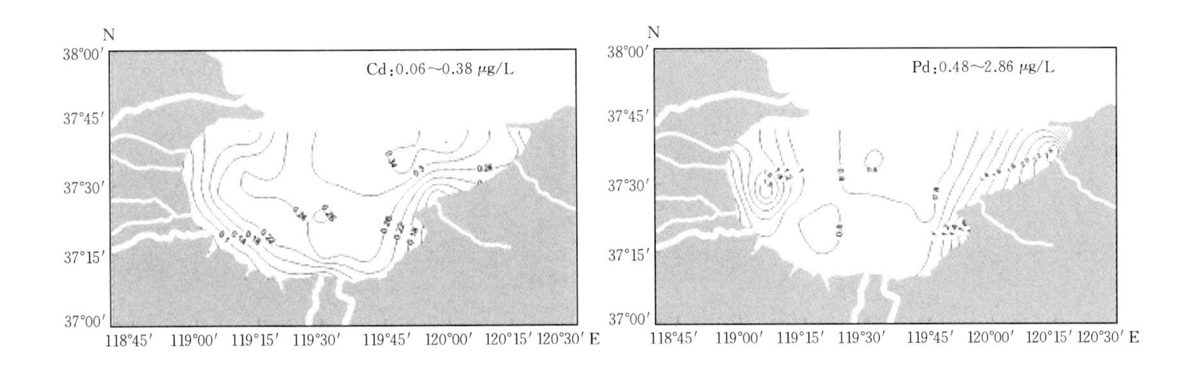
N
38°00′
37°45′
37°30′
37°15′
37°00′
118°45′ 119°00′ 119°15′ 119°30′ 119°45′ 120°00′ 120°15′ 120°30′ E
Cd:0.06~0.38 μg/L
N
38°00′
37°45′
37°30′
37°15′
37°00′
118°45′ 119°00′ 119°15′ 119°30′ 119°45′ 120°00′ 120°15′ 120°30′ E
Pd:0.48~2.86 μg/L

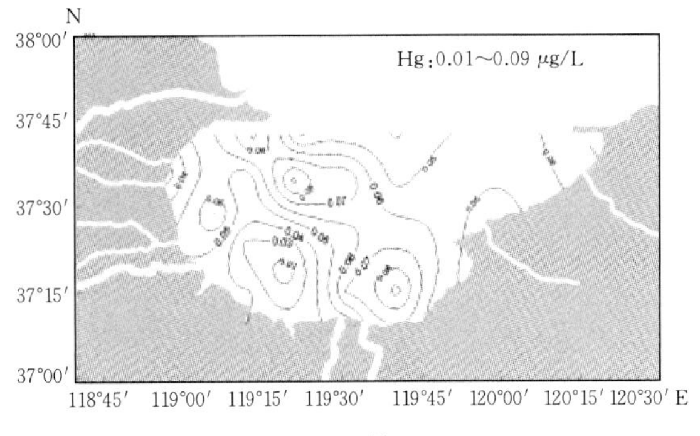
N
38°00′
37°45′
37°30′
37°15′
37°00′
118°45′ 119°00′ 119°15′ 119°30′ 119°45′ 120°00′ 120°15′ 120°30′ E
Hg:0.01~0.09 μg/L

8月

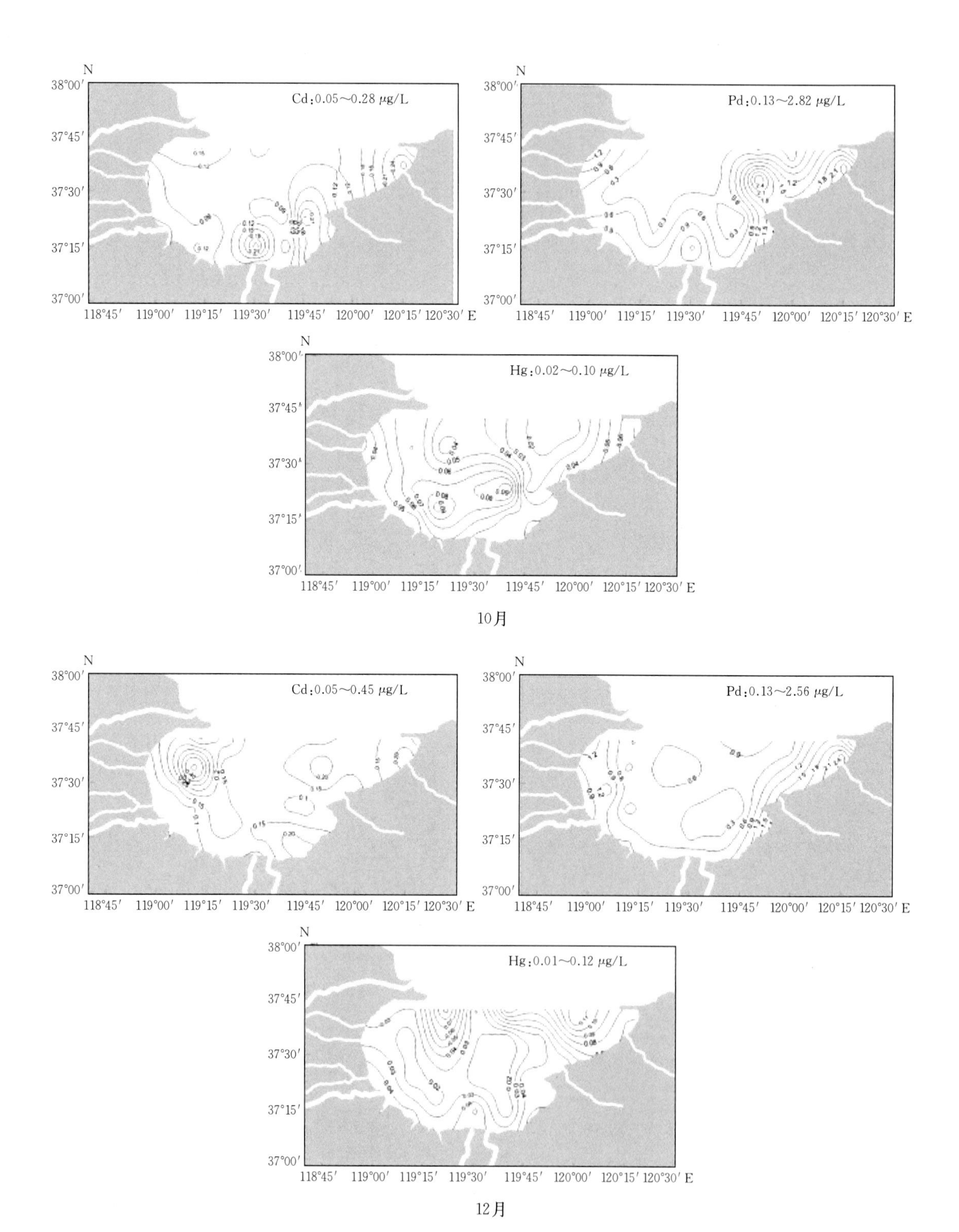

图 6-25 莱州湾表层海水中重金属时空分布

(2) 重金属污染风险评价

① 与国家海水水质标准比较。采用国家海水水质标准，评价莱州湾表层海水重金属污染程度。4个季度全部站位表层海水中Cr、Cd和As均符合国家一类海水水质标准。春、秋季在界河河口附近水域中Cu超过一类标准（5 μg/L）；冬季表层海水Zn污染最严重，超过一类（20 μg/L）和二类海水标准（50 μg/L）的站位比例分别为58%和16.1%，秋季分别为25.8%和6.5%，夏季超过一类海水标准的站位比例为16.1%；各季度均有Hg超过一类海水标准（0.05 μg/L）情况，春季、夏季、秋季和冬季的站位超标率分别为70.9%、48.4%、41.9%和35.5%，但无超过二类海水标准（0.2 μg/L）的情况。春季、夏季和秋季的Pb污染较严重，一类海水的站位超标率分别为70.9%、29.0%和32.3%。

研究表明，莱州湾表层海水较多站位出现Hg、Pb和Zn超标，其他重金属对表层海水的污染威胁小。在所有调查站位中，界河河口（B2）、三山岛附近（A11）以及小清河河口（A17）表层海水受重金属污染比较严重，而莱州湾南部河口及中部区域表层海水相对清洁，由此推测，小清河及界河入海携带的陆源污染物可能是莱州湾海水污染的重要因素。三山岛附近水域的Cd、Hg和Pb含量较高，可能与其附近煤矿及金矿等矿产资源的开采加工产生的污染物入海有关。相对小清河和界河，南部潍河等河流中重金属污染物含量相对较少，对其相关水域的污染程度也相应较低。

② 综合污染指数*WQI*。*WQI*评价结果如图6-26。各季节莱州湾全部调查站位的*WQI*均值低于1，且94.4%水域的*WQI*在0～0.75，推断莱州湾大部分表层水域属清洁海域（*WQI*<0.75）。冬季所有站位*WQI*均值（0.55）明显大于春季（0.42）、夏季（0.45）、秋季（0.46）的*WQI*均值，说明冬季表层海水受重金属污染程度总体上高于其他季节。

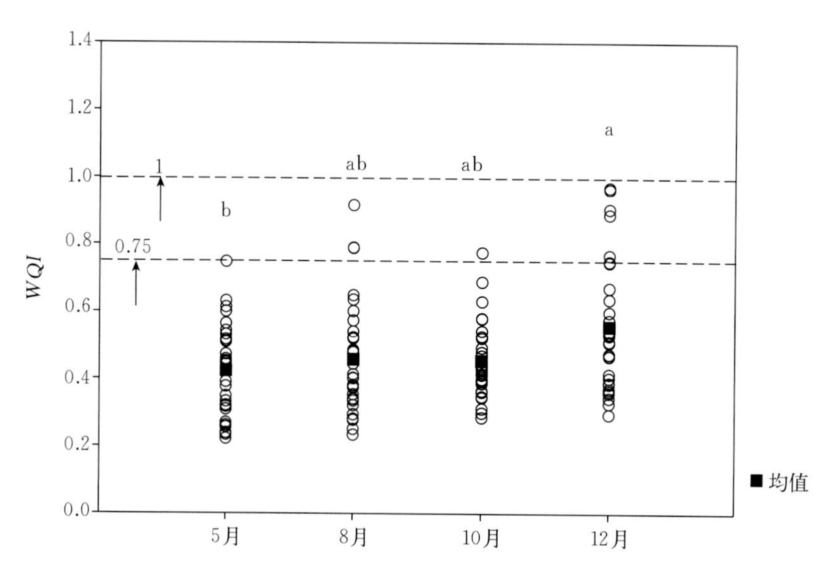

图6-26 莱州湾各季度表层海水重金属综合污染指数变化

相同小写字母代表季度间*WQI*均值无显著差异（$P>0.05$）；

0.75与1为界定清洁海水与轻度污染海水两种标准值

2. 表层沉积物中重金属分布、污染来源与风险评价

莱州湾表层沉积物采集站位同表层海水。湾内站位的沉积物样品采用抓斗式采泥器，取湾底表层 0～5 cm 沉积物，用塑料勺取样后置于聚乙烯袋中保存；近岸沉积物的采集使用塑料勺取低潮时潮间带表层 0～5 cm 的沉积物。样品采集后送往实验室处理、分析。

表层沉积物中 Li、Cr、Cu、Zn、As、Cd 和 Pb 采用 ICP－MS 测定。Hg 含量采用原子荧光法 AFS 测定。取 400 ℃灼烧 4 h 条件下的烧失量（LOI）表征沉积物中的总有机质含量（TOC）。沉积物中重金属含量测定的控制质量方法同海水，标准物质采用近海沉积物样品标准物质（GBW07314），标准物质回收率为 90.6%～118.0%。

（1）*重金属污染风险评价方法*　运用单因素方差分析比较四个季度间的重金属含量差异性。运用 Pearson 相关性分析检验重金属与参考元素 Li 以及 TOC 间的相关性，用主成分分析法（PCA）解析重金属污染物来源。首先对数据进行巴特利球形检验，为使结果更具可解释性，对各变量采用 Kaiser 标准化的正交旋转法处理，使因子之间的载荷差异最大化后进行相关的 PCA 分析，因子载荷大于 0.71 时被认为变量受该因子控制。

① 地理累积指数法（I_{geo}）。地理累积指数法通过沉积物中重金属绝对浓度与目标海区工业化前元素背景值的比较，直观有效地评价沉积物重金属污染程度，其计算公式如下：

$$I_{geo}=\log_2(Cn/1.5Bn) \tag{6-7}$$

式中，Cn 为重金属 i 在沉积物中的含量，Bn 为该元素地球化学背景值。Cr、Cu、Zn、As、Cd、Hg 和 Pb 在莱州湾的背景值分别为 61 mg/kg、24.68 mg/kg、79.82 mg/kg、15 mg/kg、0.156 mg/kg、0.15 mg/kg 和 17.5 mg/kg；常数 1.5 为消除沉积物自然成岩作用引起背景值变动影响而采用矩阵校正系数。I_{geo} 分为 7 级：清洁（≤0）、轻微（≤1）、中度（≤2）、较重（≤3）、重（≤4）、严重（≤5）和极严重（>5）。

② 生态效应浓度（*ERL*/*ERM*）。生态效应浓度低值（*ERL*）和效应浓度中值（*ERM*）是 Long 等（1996）在大量的北美地区沉积物对海洋生物毒理效应试验、自然水体沉积物检测分析以及水生生物与沉积物环境因子的生物—物理耦合机制等研究基础上建立的能较准确反映沉积物中污染物对生物区系生态效应的质量评价指标。*ERL* 和 *ERM* 依据影响大小将重金属含量划为 3 个浓度范围：无害生态效应浓度（<*ERL*），轻微有害（*ERL*－*ERM*）和严重有害（>*ERM*）。

③ Hakanson 潜在生态风险指数（*RI*）。潜在生态风险指数是 Hakanson 提出的评价重金属污染物对湖泊、河口和近海等水域生态系统环境影响作用的指标及潜在生态风险指数，以目标水域沉积物重金属背景值和元素毒性系数为参考常量对沉积物中重金属实测数据进行校正，排除地理区域与污染物来源差异的影响，能较客观地反映重金属污染物的毒性水平以及对水域生态系统的潜在危害。潜在生态风险指数包括单因子指数 *Eri* 和综合指数 *RI*。其计算公式如下：

$$C_f^i=(C_s^i)/(C_n^i) \tag{6-8}$$

$$E_r^i=T_r^i C_f^i \tag{6-9}$$

$$RI=\sum_n^1 E_r^i \tag{6-10}$$

式中，T_r^i 为重金属元素毒性系数，C_s^i 为沉积物重金属 i 实测含量，C_n^i 为重金属 i 在研究区域的背景值，n 为重金属种类数。Cr、Cu、Zn、As、Cd、Hg 和 Pb 的毒性系数分别为：2、5、1、10、30、40 和 5。依据 *RI* 值划分潜在生态风险等级：*RI*<135，低风险；

135≤RI<265，中风险；265≤RI<525，较高风险；RI≥525，高风险。

（2）重金属时空分布

① 重金属含量的季节分布。对四个季度表层沉积物中重金属含量水平研究表明，表层沉积物中Cu、As和Cd无显著季节差异（P>0.05）；春季表层沉积物中Cr［（32.62±14.39）mg/kg］、Zn［（41.80±21.50）mg/kg］和Pb［（15.97±8.22）mg/kg］含量低于其他季节；而秋季Hg［（0.172±0.174）mg/kg］约为其他季节4倍。除Hg外，莱州湾表层沉积物中重金属的季节分布特征存在相似性。本节以秋季为例，开展表层沉积物空间分布特征和污染评价研究。

② 重金属含量的空间分布特征。表层沉积物中重金属及TOC空间分布如图6-27和图6-28所示。结果表明，Cr高值区域出现在莱州湾中西部（A2，A8-9）以及南部（B6）附近，最低值出现在东部的龙口及界河河口（B1-2），由西向东呈递减趋势。Cu、Zn、As

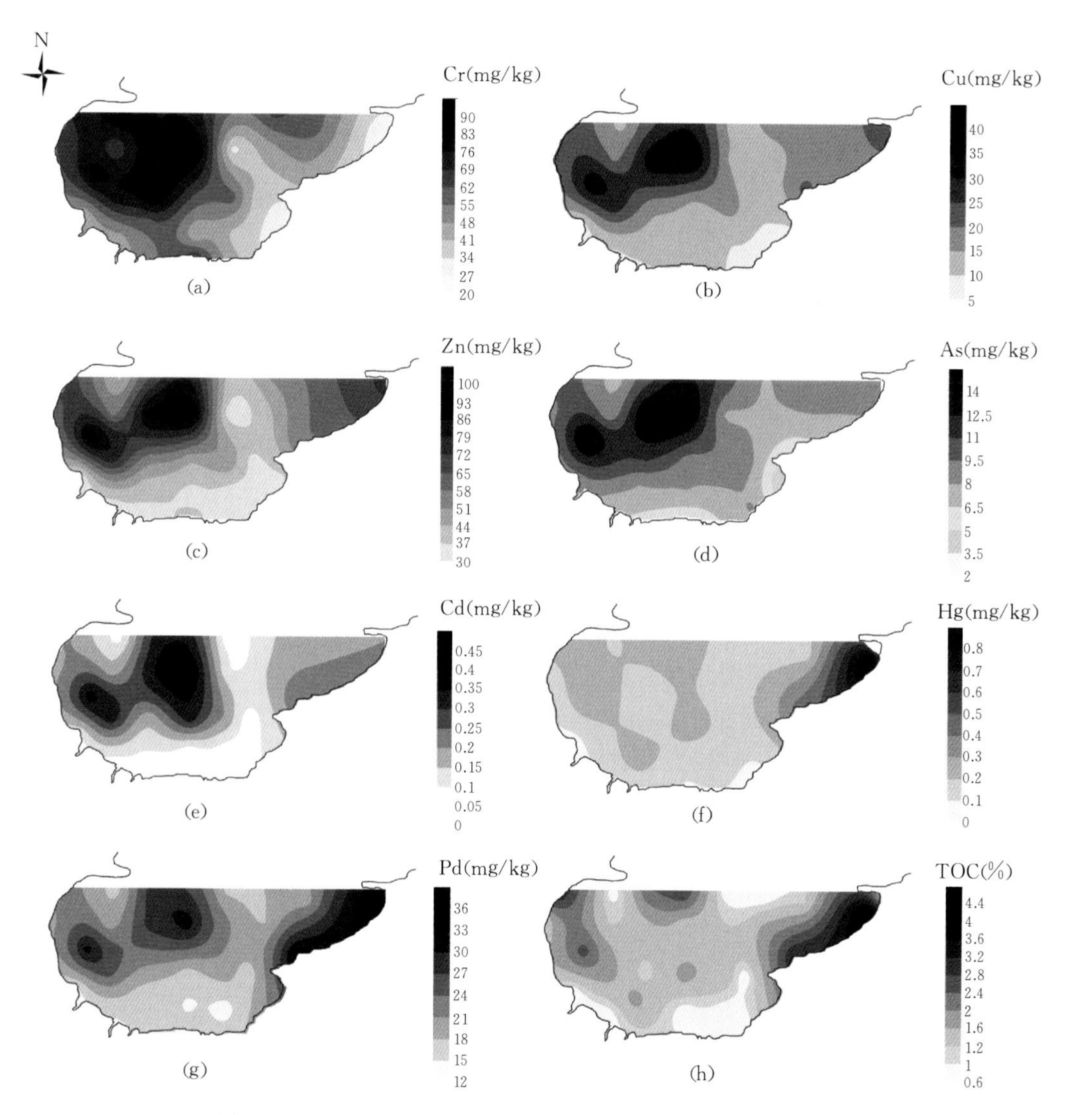

图6-27　莱州湾表层沉积物重金属含量和总有机碳分布情况

和 Cd 在表层沉积物中的分布相似，其高值均出现在距离小清河和广利河河口约 10 km 的 A12 附近以及莱州湾中部的 A8－9 附近，最低值出现在 A10 和东部近岸区域。Hg 最大值出现在莱州湾东部界河河口（B2）附近，但在中西部区域的含量较低。Pb 含量水平在 A8、A12 和 B2 较高。与 Hg 分布特征相似，TOC 最大值也出现在界河河口附近，最小值出现在南部沿岸。

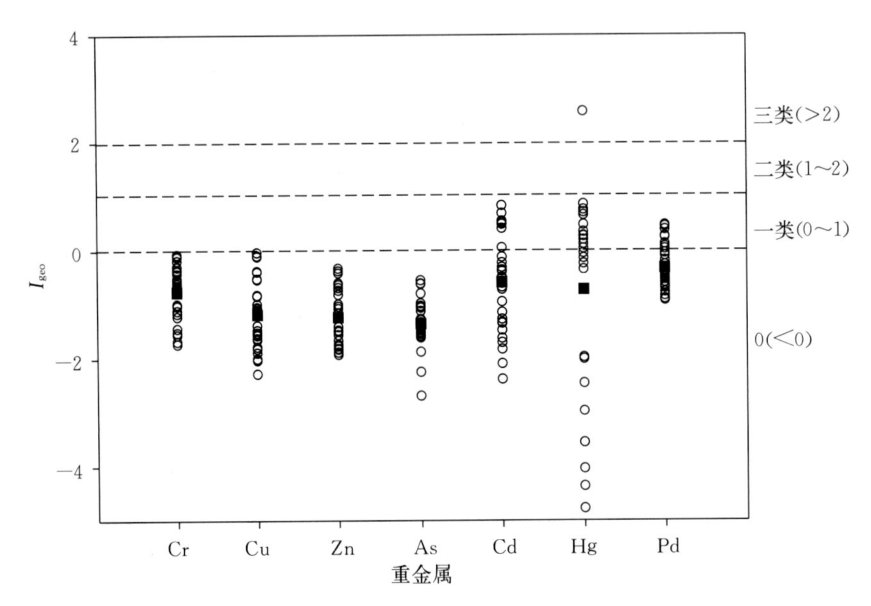

图 6－28　莱州湾表层沉积物重金属地理累积指数（I_{geo}）分布

实心框代表特定重金属的 I_{geo} 均值；虚线代表 I_{geo} 分级范围：0，清洁；一类，轻微污染；二类，中度污染；三类，较重度污染

莱州湾表层沉积物中 Cr、Cu、Zn、As 和 Cd 的含量高值分布在中部及小清河河口，这可能与径流携带的污染物发生沉降作用以及湾内潮流运输动力共同作用所造成的污染物沉积有关。黄河、小清河等径流携带大量泥沙和污染物入海后，因湾内潮流运动会发生偏移扩散，使入海口附近悬浮物浓度相对较低，不易吸附重金属。因此，Cr、Cu 等重金属逐渐在莱州湾中部沉积。此外，重金属富集量与沉积物粒度存在密切相关性。莱州湾中西部主要沉积物类型为黏土与粉沙，粒径小，而东部海域主要为粒径较大的沙质沉积物（胡宁静等，2011）。一般而言，黏土等小粒径沉积物的比表面积较大，表面附着作用强，可通过离子吸附和配位络合等方式吸附金属离子，因此，粒径较小的沉积物往往表现出重金属高富集性（Horowitz & Elrick，1987）。基于对潮流和粒度等自然因素的考虑，Pb 和 Hg 应在莱州湾中部产生较高的富集量，而上述结论中，Pb 和 Hg 高值区域出现在莱州湾东部的界河河口和龙口港附近区域，可能与附近排放的有机污染物相关，其主要来源于龙口城市生活排污与工农业生产排放的废气废渣，以及在龙口港及界河河口附近的大批涉及海洋化工、电子元件、塑料、印染、冶金、船舶制造等工业企业排放的废气废渣。

（3）重金属污染程度与生态风险评价方法

① 国家沉积物质量标准比较。比较各季度不同站位表层沉积物中重金属含量与国家沉积物质量标准进行比较，结果表明：秋季，部分站位的 Hg、Cr 和 Cu 含量超过一类沉积物

标准，超标比例分别为35.4%、16.0%和3.2%，其中，B2站位Hg含量超过二类沉积物标准；冬季，Hg、Cr和Cu的超标站位比例较低，均为3.2%；其他季节，沉积物中重金属质量总体良好。

② 重金属地理累积指数 I_{geo}。表层沉积物中各重金属的 I_{geo} 均值依次为Pb（−0.41）>Cd（−0.48）>Cr（−0.93）>Hg（−1.17）=Cu（−1.19）>Zn（−1.28）>As（−1.37）。所有站位表层沉积物均未受到Cr、Cu、Zn和As的污染威胁（$I_{geo}<0$）。Cd、Hg和Pb分别在29.0%、19.4%和12.9%的站位存在轻微污染（$0<I_{geo}<1$），B2站的Hg污染较严重（$I_{geo}>2$）。存在污染威胁的站位主要分布在莱州湾中部以及东部近岸。7种重金属中，Hg的区域间分布差异最大，其污染程度最重的区域位于界河河口。

③ 潜在生态风险指数 *Eri* 和 *RI*。沉积物中各重金属的 E_r^i 均值依次为Hg（45.81）>Cd（35.20）>As（5.99）=Pb（5.88）>Cu（3.53）>Cr（1.62）>Zn（0.64）（图6-29）。其中，Hg的 E_r^i 值（45.81）最高，64.5%的站位Hg的 E_r^i 达到中等风险，界河河口Hg的 E_r^i 高达264，附近水域存在较严重的潜在生态风险。Cd在29.0%站位的 E_r^i 值达到中等生态风险，莱州湾中部生态风险程度最高，E_r^i 为80.3；其他重金属污染物在所有站位的 E_r^i 均小于40，其潜在生态风险程度较低。综合生态风险指数 *RI* 在48.4%的站位达到中等风险程度（95～185），污染风险区域集中在莱州湾中部；B2站生态风险程度较严重（*RI*=320）。整体而言，Hg对整体生态风险的影响程度较大。

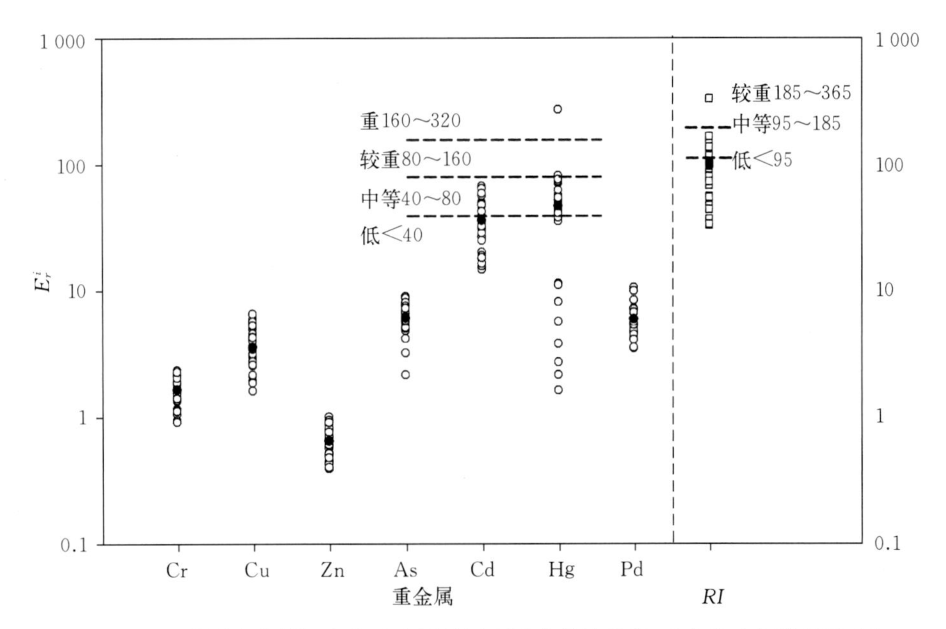

图6-29　莱州湾表层沉积物重金属单因子潜在风险指数 E_r^i 与综合风险指数 *RI*

实心圆表示特定重金属 E_r^i 均值，右侧实心框表示综合指数 *RI* 均值

④ 重金属生态效应值（*ERL*/*ERM*）。表层沉积物中Cr、Cu、Zn、Cd和Pb浓度值均低于 *ERL*，表明这5种重金属对生态环境产生的影响较小。2/3的站位中As和Hg含量高于 *ERL*，其中在B2站的Hg含量超过了 *ERM*。因此，莱州湾表层沉积物中的As和Hg达到了能对底质环境和底栖生物群落产生一定程度有害生态影响的水平。

基于以上多个参数的评价结果，Hg对莱州湾沉积物产生较严重的污染威胁，Pb、Cd

和 As 存在一定程度的污染风险。I_{geo}结果表明，部分海区沉积物中 Hg 表现出较高的累积量和累积速率（$I_{geo}>2$），且 Hg 在累积过程中同时达到了对底栖生物与底质环境产生不利影响的水平（$40<RI<80$；$>ERL$）。Cd 的分析结果与 Hg 相似，Cd 在部分海区的累积量较高（$0<I_{geo}<1$），同时对底质环境产生潜在生态风险（$40<RI<80$）。然而，Pb 的累积速率虽然较高，但未对底质环境与生物群落产生有害生态影响；As 累积速率较低，但对底质环境产生潜在生态风险较高。此外，将重金属含量的季度间均值与现行沉积物标准进行比较，Hg 在部分站位超过一类沉积物标准，而其他重金属均未出现超标。基于限量标准的分析仅发现 Hg 存在一定程度污染，未能预测其他重金属的潜在污染风险。这表明，相对于沉积物限量标准，其他 3 种评价方法更为严格。

基于以上各类重金属污染评价基准方法得出的结果，表明莱州湾表层沉积物质量总体较好，局部区域受到 Hg 等重金属污染。然而，由于各评价方法的模型原理与适用前提不同，其评价结果仍存在差异性。如依据 I_{geo}的判断结果，表层沉积物中 Cd 和 Pb 存在一定的污染威胁，As 污染程度较低，而基于生态效应低值 *ERL* 和中值 *ERM* 的判断，As 却对生态环境构成中等程度的潜在污染威胁。As 存在潜在生态风险的原因较复杂，其一，As 的潜在生态风险与其在水环境中的累积量、赋存方式与形态转化及毒理效应有关。沉积物中的 As 一般以与 Fe 和 Al 结合态等沉淀化合物的形式存在，其化学性能相对稳定，对环境生态的毒理作用较小。但当沉淀态 As 脱附溶解回到水体或被生物利用由无机态转化为有机态时，其对环境生态的毒性增强。其二，*ERL*/*ERM* 是 Long 等（1996）基于对美国和加拿大的沉积物调查结果以及生物毒性数据而得出的阈值，由于地域间的沉积物存在异质性，不同底栖生物区系对重金属的生态效应存在差异。整体上，生态效应浓度值是基于毒理实验标准的对比参考指数，侧重反映重金属对生物群落的毒理作用，而 I_{geo}仅反映了元素在沉积物中的累积量和累积效率。与 *ERL*/*ERM* 和 I_{geo}比较，Hakanson 潜在生态风险指数综合考虑污染物的毒性条件与敏感性条件，既描述了单一污染物的污染程度，又考虑了多种污染物间的协同危害作用，因此能更加客观地对污染物的生态效应进行分析，是综合反映重金属对目标海区沉积物底栖生境生态影响的有效指数。

（4）表层沉积物中重金属来源分析　Pearson 相关性分析表明，沉积物中 Cr、Cu、Zn、As 和 Cd 含量存在显著相关（$r=0.463\sim0.918$，$P<0.01$），且均与 Li 含量显著正相关（$r=0.665\sim0.816$，$P<0.01$），表明这 5 种重金属形成可能与 Li 同源，产生于自然作用如海岸侵蚀与海底岩石风化作用。其中，Cu、Zn 和 Cd 含量与 TOC 也存在相关性（$r=0.402\sim0.438$，$P<0.05$），其部分来源可能也与人为排放的有机污染物有关。此外，可挥发性硫化物（Acid Volatile Sulfide，AVS）也可能影响到 Cu、Zn 和 Cd 来源。溶解相重金属在还原条件下可迅速转移到沉积物中，被其中的有机组分和硫化物固定，重金属将很难与水体交换而释放出来，因此硫化物的存在对沉积物中 Cu、Zn 和 Cd 蓄积的影响较大。Hg 含量与 TOC 显著相关，除 Pb 外，Hg 与 Li 以及其他大部分重金属无显著相关，说明有机态是 Hg 在沉积物中的重要赋存形态，其主要来源可能为沿岸工业排污及农药的使用等。除 Hg 外，沉积物中 Pb 含量水平也与 TOC 显著相关，说明 Pb 与 Hg 污染物的排放存在共源性，有机态也是 Pb 在沉积物中的重要结合态，其可能来源为沿岸印染工业以及港口船舶含铅燃油使用等。同时，Pb 与 Cu、Zn 和 Cd 含量间也存在显著相关，依据上述推断，Cu、Zn 和 Cd 来源可能受 AVS 制约，因此 AVS 对 Pb 的影响亦不容忽视。

基于对各变量采用Kaiser标准化的正交旋转法的PCA解析结果表明，第一主成分可解释表层沉积物中大部分重金属的来源情况，对总变异量贡献率达55.41%。在Cr、Cu、Zn、As、Cd和Li含量上都有较高载荷（0.60～0.97），由此推断这5种重金属元素来源与Li有关。第二主成分对总变异量贡献率为21.60%，在Hg、Pb和TOC上存在高正载荷（0.64～0.72），反映了沉积物中Hg和Pb与有机质污染物的排放存在同源性。旋转后的结果更为明显，其在第一、二主成分上的载荷差异更大。图6-30直接反映了9个变量在两个主成分上的载荷大小，即来源相似关系，其离散程度进一步佐证了上述表层沉积物中的重金属来源分析的结果（图6-30）。

海洋沉积物中重金属的来源复杂，受底质类型、理化条件及生物过程等多重因素的制约，一般将其分为自然作用和人为因素。自然作用包括海岸侵蚀、岩石风化及潮流波动等因素的影响；人为因素产生的重金属来源于陆源污染物的排放。有机质对沉积物重金属浓度影响分为两方面：第一，有机碳降解后重金属以离子态释放回沉积物；第二，金属离子与沉积物中有机质通过表面吸附、阳离子交换及螯合反应等化学过程，形成复杂的金属有机络合物并吸附于底部沉积物中。研究发现，莱州湾沉积物中Cr、Cu、Zn、As和Cd可能主要来源于自然作用，而Hg和Pb受人为因素的影响较大。研究同时发现，Pb、Cu、Zn和Cd含量存在显著相关性。这表明除自然作用和人为污染物排放外，可能存在其他因子同时支配着4种重金属的污染水平与来源。AVS支配着二价重金属离子在沉积物与间隙水两相间转换，制约着金属生物有效性。S^{2+}在还原条件下可迅速转移到沉积物中，被其中的有机组分和硫化物固定，或与多数重金属离子形成难溶性沉淀。但是，生物扰动、潮流等因素影响易通过影响水温及溶氧状况而改变沉积物的氧化还原状态，最终影响重金属在沉积物中的来源与分

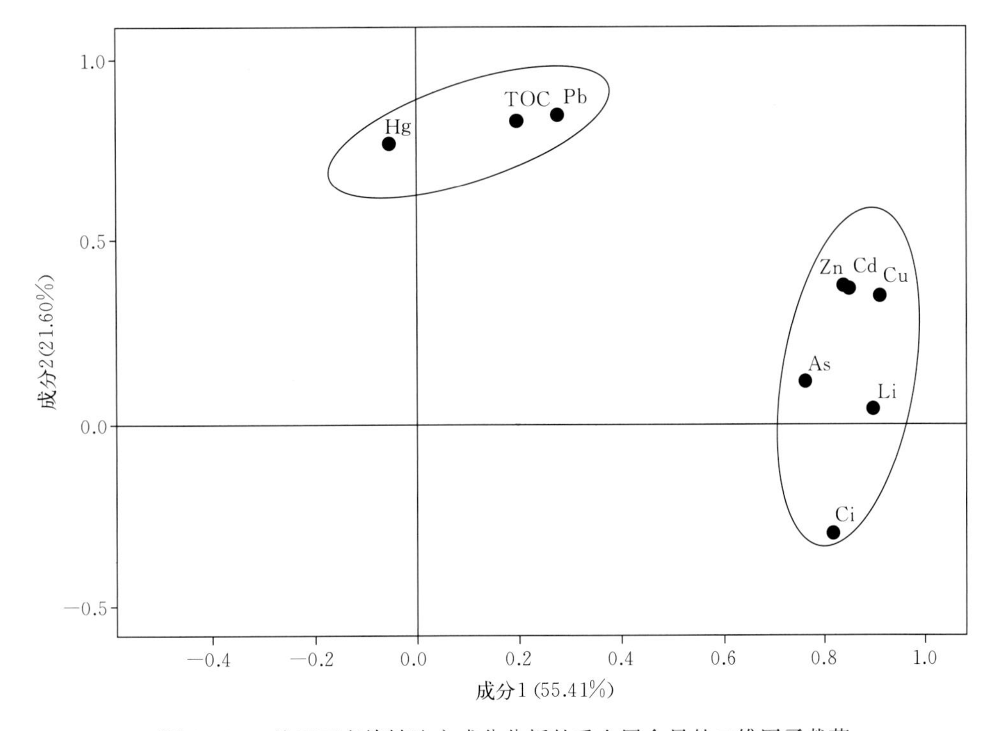

图6-30　基于正交旋转法主成分分析的重金属含量的二维因子载荷

布。据相关文献报道，Pb 与 Cu、Zn 和 Cd 在海洋沉积物中的蓄积和生物有效性与 AVS 密切相关（DiToro et al，1990），而其他重金属（如 Hg 和 As）与 AVS 的关系尚不明确。

二、重要渔业生物重金属富集特征与潜在食用健康风险

鱼类和贝类是重要的近海污染物指示物种。鱼类器官内重金属的代谢过程存在差异，导致对重金属耐受性的差异，是有效监测重金属污染的生物标记物。重金属在鱼类体内的富集特征与鱼类的年龄、发育阶段、摄食习性、栖息环境以及捕获季节都密切相关。尤其是在低污染水域，食物摄取是鱼体吸收重金属的主要来源，而生长参数是鱼类摄食能量代谢效率的外在表征，因此鱼类对重金属污染物的耐受力与其所处生长发育阶段密切相关。贝类一般栖息于海洋近岸、河口及淡水水域，移动能力差，栖息区域固定，对海洋污染物具有高积累性和强耐受性，能够有效反映其栖息环境中污染物富集水平及变化特征。莱州湾潮间带和潮上带堆积平原面积广阔，平均水深小于 5 m，是多种滩涂贝类的养殖区。据报道，养殖贝类存在较严重的镉金属污染。目前国际上利用牡蛎和贻贝作为指示物种进行海洋污染物的全球监测工作。我国学者也对全国沿海广域性贝类中主要海洋污染物（重金属和有机污染物）的富集特征做过一些野外调查及室内实验研究。

本节以莱州湾 5 种经济鱼类［鲮（*Liza haernatocheilus*），鲬（*Platycephalus indicus*），花鲈（*Lateolabrax maculatus*），蓝点马鲛（*Scomberomorus niphonius*）和银鲳（*Pampus argenteus*）］以及 3 种滩涂双壳类［毛蚶（*Scapharca subcrenata*）、四角蛤（*Mactra veneriformis*）和菲律宾蛤仔（*Ruditapes philippinarum*）］为研究对象，研究重金属的生物富集特征，解析重金属富集的组织差异、种间差异及原因，利用生物富集因子 *BCF* 和 *BSAF* 评价各物种对环境中重金属的生物利用度，通过限量标准、危害熵值 *HQ* 和每周可耐受摄入量 *PTWI* 等方法对鱼类和贝类可食用部分中重金属含量及潜在健康风险进行评估。该研究可为莱州湾重金属污染物的控制、渔业与养殖资源保护以及人类食品安全评估提供基础数据。

1. 5 种经济鱼类体内重金属生物富集特征

鱼类样品采集于莱州湾渔业资源调查秋季航次，捕捞渔具为单囊单船底拖网。取样区域如图 6－31 所示，其中鲮、花鲈及鲬等定居性鱼种样品采集于莱州湾沿岸水域，洄游性鱼类蓝点马鲛及银鲳样品则采集于莱州湾中部水域。样品采集后记录信息，并冷冻保存。同时现场采集海水样，取样方法参照本章第一节。生物样运回实验室后自然解冻，解剖取背部肌肉、胃、肝脏、鳃、性腺及皮肤 6 种组织，在－25 ℃下冷冻保存，冷冻干燥、研磨后进行化学分析。生物样品中的 Cr、Cu、Zn、As、Cd、Hg 和 Pb 元素采用 ICP－MS 测定。海水样品中重金属元素的测定采用原子荧光法（Hg）和 ICP－MS（其他重金属）。每个鱼种设 3～4 个体长组及平行样。实验分别用国家标准物质海水标准溶液［GBW（E）080040］和黄鱼成分分析标准物质（GBW08573）对表层海水样品及生物样品分析过程进行校正，海水与生物样标准物质回收率范围分别为 85.0%～111.5%和 86.1%～104.0%。

（1）统计分析与研究方法　用 T－test 检验采样区域 A 和 B 表层海水重金属含量的差异性。运用 ANCOVA 分析鱼种、组织及体长因素对重金属富集水平的影响。如 ANCOVA 结果显示，体长对重金属富集有显著影响，可利用组内斜率（*b*）对数据进行体长校正，以消除体长差异对总变异量的影响。校正后运用双因素方差分析比较组织及鱼种两变量对总变异

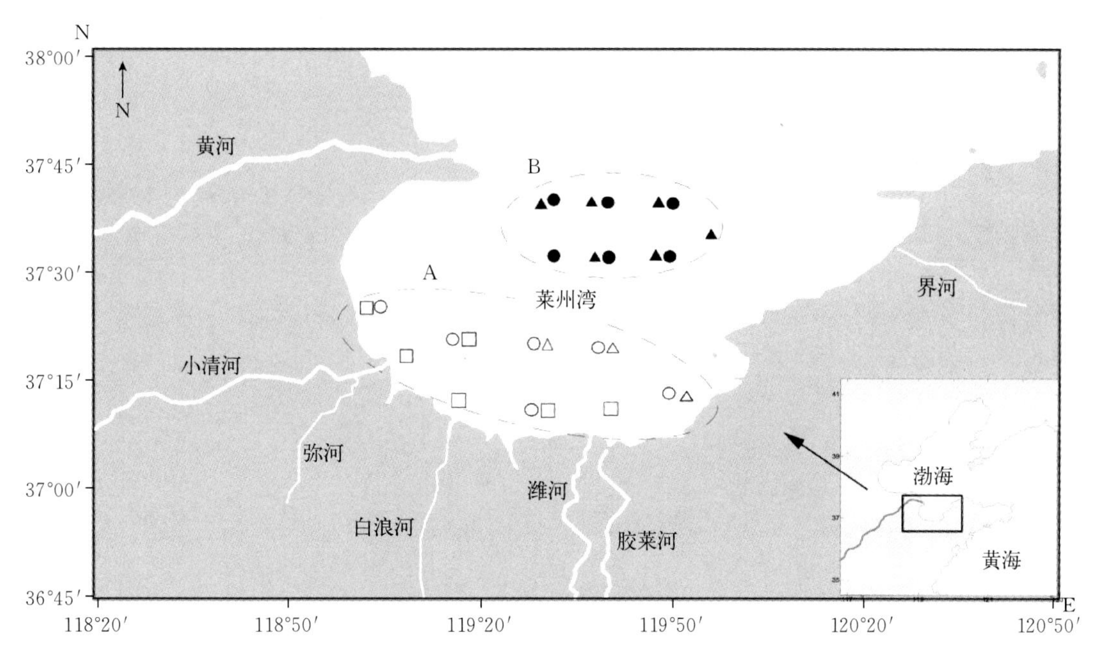

图 6-31　莱州湾生物及水样采集站点

图中 A 区域为鲮（□）、花鲈（○）及鲬（△）样品采集站位，B 区域为银鲳（●）及蓝点马鲛（▲）样品的采集站位

量的贡献大小。最后，用单因素方差分析 ANOVA 和多重比较对各组织组和鱼种组内的差异显著性逐一进行检验。利用 Pearson 分析组织样品中重金属含量水平与生长的相关性。采用鱼类体长及肥满度作为生长指标。

生物富集因子 *BCF* 能有效评价有机体对外界环境中某元素的生物有效利用程度。其计算方法如下：

$$BCF = C_{tissue} / C_{water} \tag{6-11}$$

式中，C_{tissue} 为组织样品中的重金属元素含量（mg/kg，干重），C_{water} 为表层海水中重金属含量水平（μg/L）。统计分析采用 SPSS 20.0 软件，统计学显著差异为 $P<0.05$。

（2）重金属的生物富集特征　调查海区 A 和 B 表层海水重金属含量分别为：Cr，(1.74±1.13) μg/L 和 (0.48±0.29) μg/L；As，(2.88±0.93) μg/L 和 (3.42±0.53) μg/L；Cd，(0.11±0.07) μg/L 和 (0.11±0.02) μg/L；Pb，(0.84±0.40) μg/L 和 (0.80±0.46) μg/L；Zn，(16.22±5.51) μg/L 和 (18.25±7.79) μg/L；Cu，(1.83±0.22) μg/L 和 (1.81±0.44) μg/L；Hg，(0.066±0.020) μg/L 和 (0.063±0.009) μg/L。T-test 检验结果表明，A 和 B 区域表层海水中重金属含量（除 Cr 外）无显著差异。

ANCOVA 分析和多重比较结果表明，生物样中重金属含量受组织、鱼种及体长因素的显著影响（$P<0.001$）。体长与组织或鱼种之间的交互作用满足进行体长校正条件。校正后的 Two-way ANOVA 结果表明，鱼体中 Zn、Cu、Cd 和 Cr 的组织差异影响大于种间差异，Hg 的情况相反，As 和 Pb 的种间差异和组织间差异影响相近。

① 重金属富集量的组织差异。鱼类不同组织内重金属含量存在显著差异。体长校正后鱼体组织间的重金属水平如图 6-32 所示。结果表明，Cd、As、Zn 和 Cu 在皮肤和肌肉中的含量最低，在肝脏和性腺中的含量最高，而在鳃和胃中的含量处于中间水平；Hg 在肌肉

中的富集水平高于其他组织；Pb在鳃中的含量水平最高；与其他元素分布特征相反，Cr在皮肤和肌肉中的含量高于性腺和肝脏。

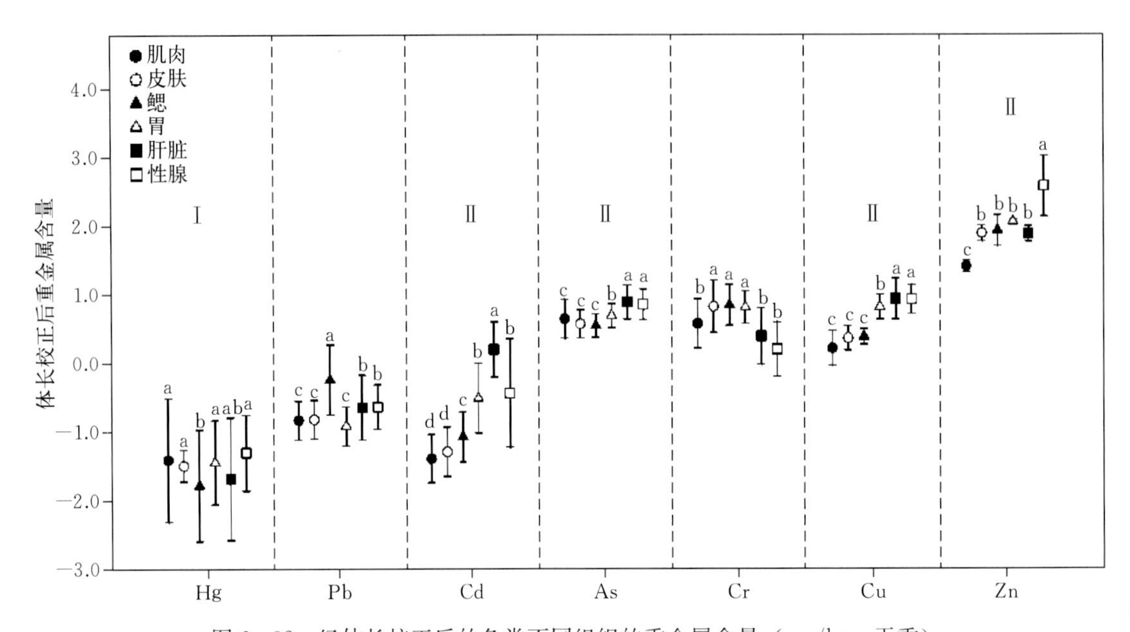

图6-32　经体长校正后的鱼类不同组织的重金属含量（mg/kg，干重）

小写字母代表该重金属元素在不同组织间的富集水平的差异显著性；相同字母表示组织间的金属含量无差异

野外调查研究表明，鱼类肌肉和肝脏中Hg的富集量最高，其他组织含量较低。室内试验结论与野外实验不同，可能原因是毒理实验对象大多数处于早期生活史阶段，其对毒物的敏感度与成鱼有异，而且室内试验设置的Hg剂量要远高于自然水体，因此造成两者结果的差异。在本节中，鱼类肌肉和肝脏对Hg的富集能力最强，胃和性腺次之，鳃和皮肤的富集能力最弱。Hg富集水平的组织间差异可能与组织器官内鱼类生理代谢过程及其功能性的差异有关。如肝脏是进行酶催化反应、蛋白质合成以及碳水化合物代谢的重要器官之一，也是外源性化学毒物吸收、储存、代谢和分解的重要场所。Hg以离子态或甲基汞形式进入鱼体后，最终运输到肝脏进行代谢。由于汞极易与肝脏中的金属硫蛋白结合，会出现较高的Hg富集水平。另外，Hg极易与半胱氨酸上的巯基（—SH）或二巯基（—SH—）结合，结合后大量富集于肌肉中的蛋白质中（Farkas et al，2003）。鳃、皮肤和胃是Hg吸收和传递的中间枢纽，而肝脏和肌肉是Hg最终代谢和富集的器官。此外，Hg在性腺中的富集量也受鱼类繁殖期的长短、营养物质传递量、外界营养条件及水环境因子的扰动和影响，富集规律不明显。

本节中，Zn、Cu、As和Cd具有相似的组织富集特征：皮肤和肌肉的富集量最低，肝脏和性腺富集量最高。究其原因，重金属在肝脏中的高富集量源于肝脏为外源性毒物的最终代谢场所，As和Cd易与肝脏中的蛋白质分子的巯基结合，并在肝脏中完成代谢，因此在肝脏富集量较高（Al-Yousuf et al，2000）。Zn和Cu参与的合成MT和多种金属酶大量存在于肝脏中。另外，性腺中的固醇类物质会在繁殖期大量生成，其产生会诱导MT合成，间接增加了性腺组织中的Zn和Cu的富集量。鳃、皮肤和胃通过表层吸附和渗透作用直接吸收环境和食物中的重金属，当外界水环境中重金属浓度较低时，进入这些器官的重金属会

通过循环系统进入到代谢器官解毒。总体上，鳃、皮肤和胃内的重金属富集量处在中间水平，低于肝脏和性腺，而高于肌肉。重金属在肝脏等代谢器官后，部分转移到肌肉中。因此，肌肉内的重金属残留较少。另外，肌肉内重金属分解速度较快也导致了肌肉内重金属浓度较低。在本节中，鳃内的 Cr 和 Pb 含量为所有组织最高；Pb 在肝脏和性腺中含量次之，在皮肤和肌肉最低；而 Cr 含量在肝脏和性腺中富集含量最低。当外界水体短时间内遭受高浓度 Cr 和 Pb 污染时，鱼类栖息环境中的 Cr 和 Cd 通过渗透作用不断进入与水环境直接接触的器官（鳃和皮肤），从而引起这些器官短时间内重金属含量较高。另外，由于鳃丝表面附有大量微血管网，污染物首先进入鳃中并引起中毒反应。因此，鳃是水环境中 Cr 和 Cd 污染的重要生物标志物（Jezierska & Witeska，2001）。

② 重金属富集量的种间差异。ANOVA 分析结果表明，不同鱼种间重金属富集水平存在显著差异（$P<0.05$；图 6－33）。整体上，花鲈、鲬和蓝点马鲛的 Hg 富集量显著高于银鲳和鲮（均为 $P<0.05$）。在 5 种鱼类中，浮游生物食性的银鲳和碎屑食性的鲮处于较低营养级，而肉食性的蓝点马鲛、鲬和花鲈处于较高营养级。因此，本节中肉食性鱼类体内 Hg 含量高于浮游生物食性和碎屑食性鱼类；Pb 和 As 在各鱼种的富集特征与 Hg 相反；Cr、Zn、Cu 和 Cd 在不同鱼种的富集量与鱼类食性无明显相关关系。

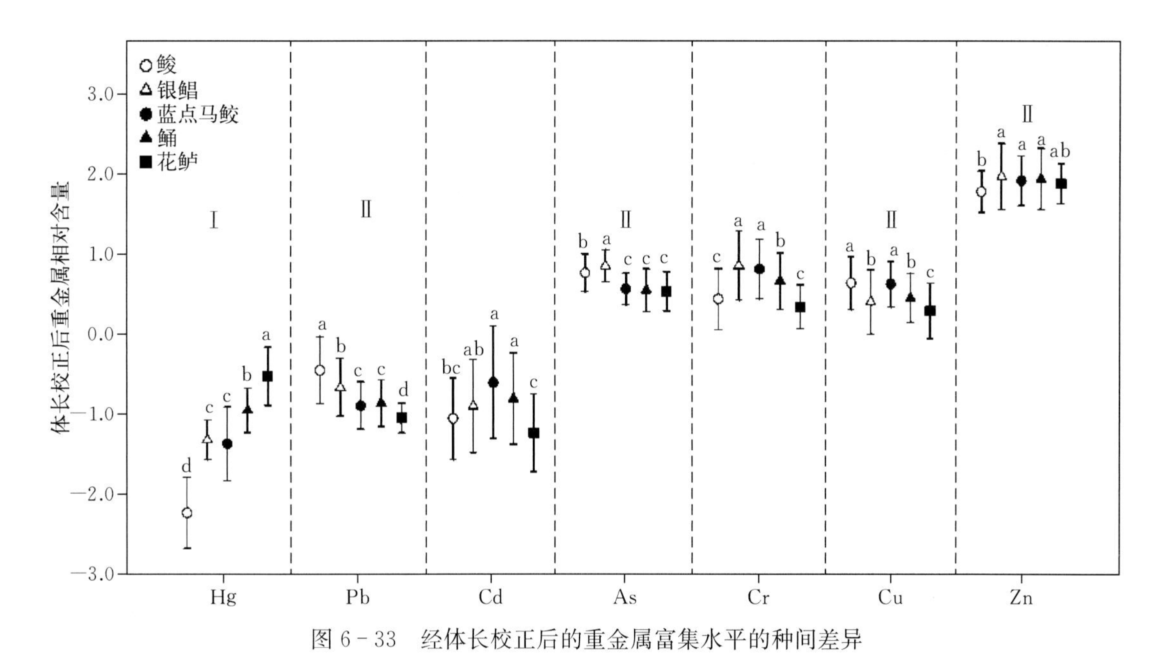

图 6－33　经体长校正后的重金属富集水平的种间差异

一般认为，鱼类摄食习性与栖息层次导致 Hg 富集的种间差异（Anan et al，2005；Alvarez et al，2012）。研究表明，Hg 沿食物链传递时产生生物放大效应。因此，肉食性捕食鱼类体内 Hg 富集量要高于草食、滤食或浮游动物食性的鱼类。在本节中，鲬和花鲈为底层肉食性鱼类，主要捕食小型底层鱼类、甲壳类等；蓝点马鲛为中上层大型肉食性鱼类，其幼鱼捕食浮游动物，成鱼捕食鳀、鲱科鱼类或头足类等；银鲳为浮游生物食性鱼类；而鲮为河口型鱼类，主要摄食底层有机碎屑或栖息硅藻等（邓景耀等，1986；金显仕等，2005）。鲬、花鲈和蓝点马鲛作为莱州湾食物网的顶级捕食者，其肌肉内 Hg 的富集量高于鲮和银鲳。另外，栖息环境和生活方式的不同也可能造成 Hg 富集的种间差异。本节中，鲬和花鲈为莱州湾近岸底层定居型鱼类，栖息环境稳定，银鲳和蓝点马鲛是中上层洄游性鱼类，洄游路线长，每年4—6月洄游至莱州湾水域产卵，然后迁徙至黄海进行索饵和越冬。虽然莱州湾近岸和中部海域表层海水的Hg含量水平无明显差异，但由于底层沉积物环境中重金属污染物浓度一般要高于表层，鲬和花鲈Hg富集量高于蓝点马鲛和银鲳。虽然鲮也栖息于底层，但由于河口环境较为复杂，水文条件多变，影响鲮体内Hg富集因素较多。与Hg相反，Pb和As在银鲳和鲮肌肉内的富集量水平高于3种肉食性捕食鱼类，Cr、Zn、Cu和Cd的富集水平与鱼类的摄食层次无明显关系。这表明，除摄食习性和营养水平外，诸如发育阶段、生理特性以及生态位等都可能会影响这些重金属在鱼种间的富集特征。

③ 重金属富集与鱼类生长。整体上，鱼类（除花鲈）各组织内Hg富集量与体长或肥满度呈正相关趋势明显，Zn和Cu含量与生长参数呈负相关趋势明显，而其他元素在各组织内的含量与生长参数相关性特征不明显；蓝点马鲛和银鲳的各组织内重金属含量与鱼体长的相关性一般强于与肥满度的相关性。

重金属在鱼体内的富集取决于该元素的代谢机制（吸收、储存和分解），处于不同生长发育阶段鱼类个体由于体内生理代谢程度存在巨大差异，从而导致重金属代谢效率的差异。在本节中，除花鲈外，其余4种鱼类各组织内Hg含量水平与鱼体体长与肥满度呈正线性相关，这可能与Hg对蛋白质胱氨酸上的巯基有强烈的亲和作用有关。随着鱼个体的生长，大量蛋白质在组织内形成，Hg也随之通过呼吸、渗透和食物消化等方式源源不断进入体内并吸附到蛋白质。其次，如果外界水环境中的Hg离子浓度长期处于高位，Hg离子会破坏鳃和皮肤表面细胞膜的选择性，并通过渗透作用进入鱼体，一旦超过鱼体代谢重金属的能力，就会导致鱼个体在整个生活史阶段不断吸收大量Hg。另外，Hg的生物半衰期（60～70 d）较长，进入鱼体内的Hg污染物不易被代谢分解，而更易逐渐累积到各组织中（Farkas et al，2002）。然而，花鲈体内Hg富集量与体长呈负相关性尚未有足够的证据以合理解释，可能与其整个生活史的生长速率较快有关。

除代谢因素外，重金属富集受到外界环境因子以及生物生理代谢特征等多重因素的制约。在本节中，Zn和Cu在5种鱼各组织的富集量水平与体长呈负相关，且与体长的相关性要大于与肥满度的相关性。处于早期发育阶段的鱼类对外界环境的变化比较敏感，生命代谢活动要比成鱼阶段旺盛，对这两种重金属的吸收能力也比较强。随着鱼类的生长发育，其重金属吸收能力逐渐降低，这样可能造成幼鱼体内Zn和Cu的富集含量高于成鱼。其次，成鱼体内的脂类物质含量高，特别在繁殖期，大量脂类物质对成鱼体内重金属有一定稀释效应。另外，Zn和Cu是鱼类生命必需元素，其鱼体组织内富集量受机体调控，直到与栖息环境中的重金属浓度建立动态平衡，鱼体内的Zn和Cu浓度不再增加，导致其与生长的负相关关系。本节中蓝点马鲛和银鲳组织内重金属富集水平与体长的相关性要强于肥满度，这可能与肥满度易受种间体型差异、发育阶段等生物因素的影响有关。在整个生活史阶段，肥满度波动幅度较大，而体长是单向生长指标。因此，与肥满度相比，体长更能够有效表征鱼类肌肉内重金属富集量水平与其生长的关系。

（3）鱼体内重金属富集与环境（海水）的关系　图6-34中鱼类不同组织的*BCF*结果表明，Cd、As、Zn和Cu的*BCF*在肌肉和皮肤中最低，在性腺和肝脏中最高；肌肉的*BCF*-Hg在所有组织中最高；鳃的*BCF*-Pb也显著高于其他组织；鳃和皮肤的*BCF*-Cr最高，肌肉和性腺最低。此结果与鱼类组织间重金属的富集量分布特征基本一致。

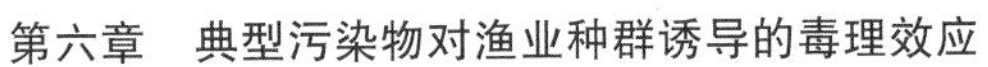

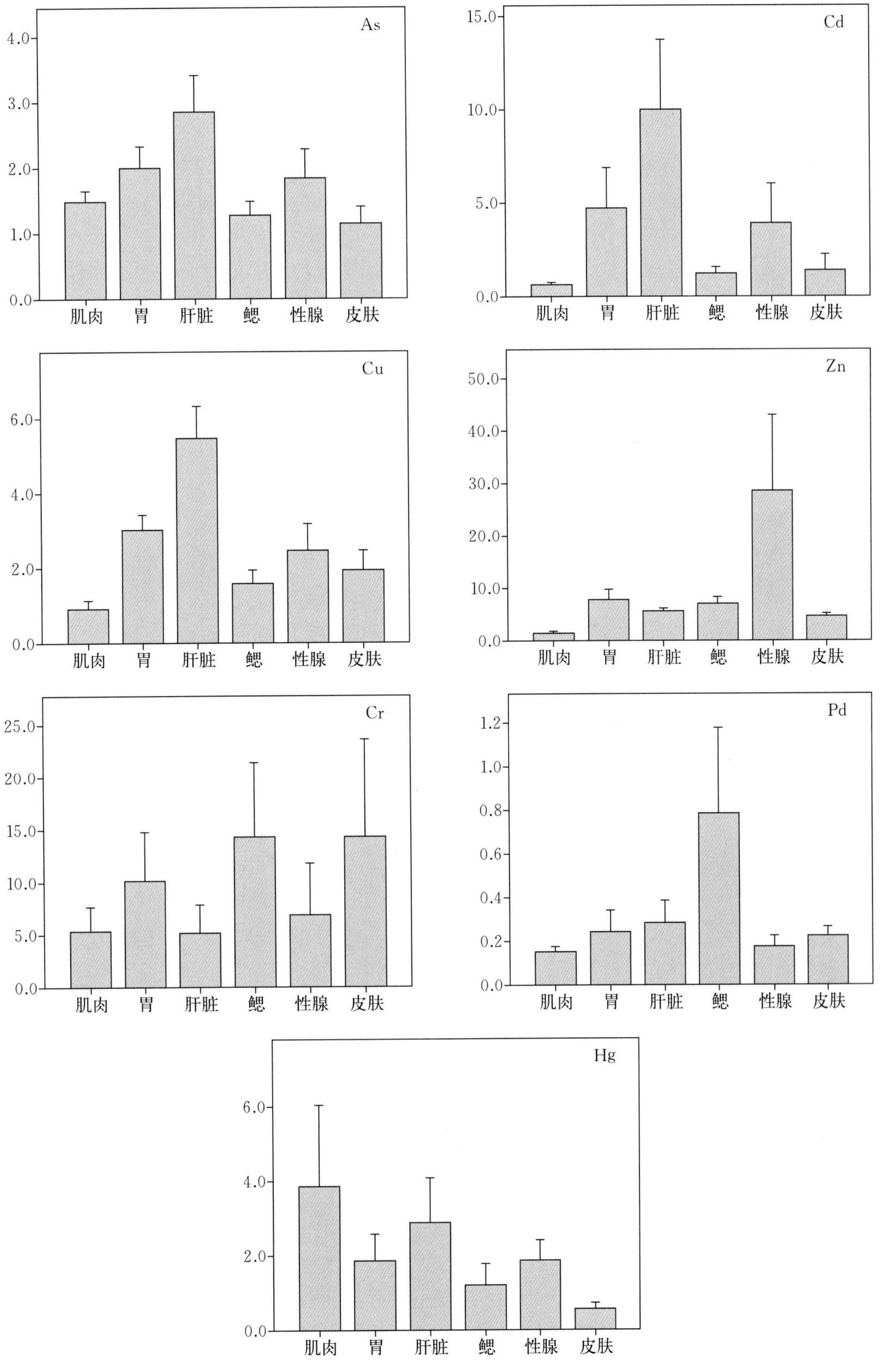

图 6-34 莱州湾鱼类不同组织间重金属富集因子比较

BCF 是评价鱼类或其他水生生物通过呼吸及皮肤表面渗透作用从周围水环境中吸收化学污染物的参数，主要取决于组织器官的重金属富集能力、重金属对代谢过程的毒性和功能差异以及水环境中重金属暴露水平。研究表明，重金属富集能力强的组织器官，其金属的 *BCF* 值也高。另外，*BCF* 与重金属元素性质及其参与的生理活动有关。在本节中，Pb 和 Cr 在组织中的富集量水平相近，而 *BCF* - Cr 组织间均值约为 *BCF* - Pb 的 20 倍。这可能与 Cr 为生物必需元素有关，因为鱼类组织需要吸收 Cr 以完成必要生命代谢活动。产生这种差异的原因可能在于，虽然 Zn 和 Cu 都能通过与蛋白中巯基（—SH）和二硫化物结合形成金属硫蛋白和各种金属酶，但是 Zn 还参与了组织细胞内稳定性五环或六环螯合物的合成等其他生理过程。因此，Zn 在鱼类组织器官内的富集效率要高于 Cu。外界水环境中重金属暴露浓度的差异也会造成 *BCF* 的变化，在本节中的 7 种重金属中，只有 Cr 在莱州湾两个取样区域的表层海水中的含量存在显著差异。近岸的鲬及花鲈肌肉的 *BCF* - Cr 却远低于中部水域的银鲳和蓝点马鲛。当外界重金属浓度较低时，重金属通过渗透、呼吸及摄食方式进入组织器官内并迅速累积；但当水体中重金属浓度增高时，鱼类代谢器官（肝脏和肾脏等）会加快重金属污染物的代谢并将其排出，能使鱼类组织内重金属浓度维持在相对较低水平。

2.3 种滩涂贝类体内重金属生物富集特征

莱州湾滩涂贝类样品的采集时间为 2011 年 6—8 月，采集站位为莱州湾沿岸 9 个重要河口及港口区域（东部 S1～S3、中部 S4～S5、西部 S6～S9）（图 6 - 35）。贝类样品采集后除掉壳上附着物，随后置于海水桶中排尽泥沙物，于 −25 ℃保存。样品运回实验室后解冻，测量贝类生物学参数，然后剥取软组织，并分离肌肉组织和内脏团，用去离子水洗净后分别测重，多个大小相近个体合并匀浆冻干，记录干重。表层沉积物取样与预处理方法参照第一节。

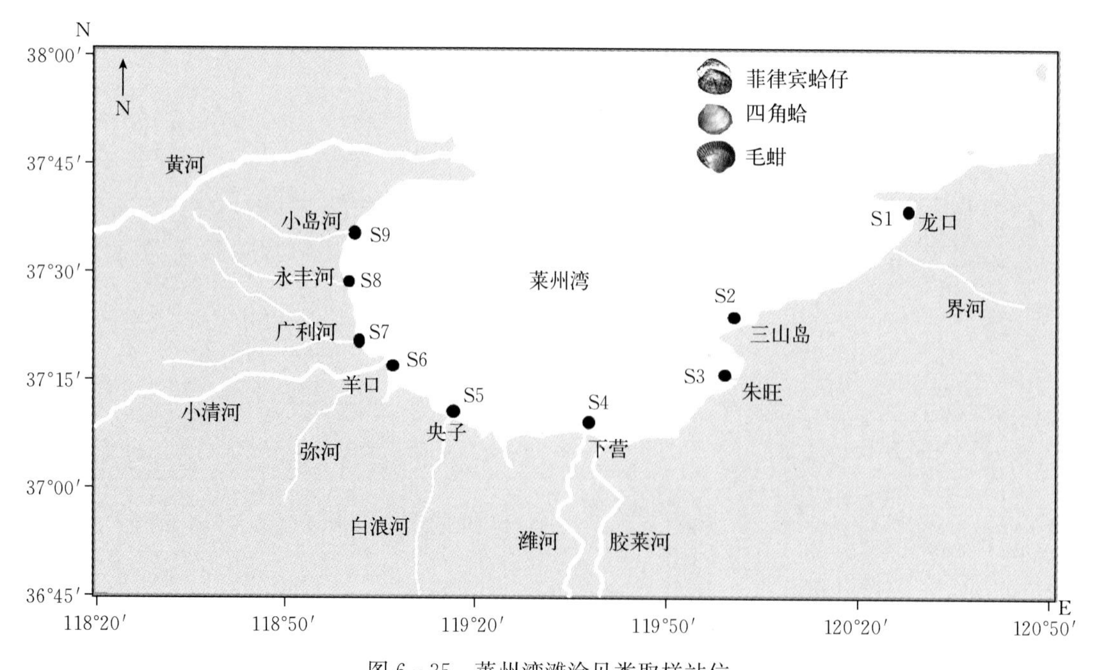

图 6 - 35 莱州湾滩涂贝类取样站位

毛蚶采集站位 S1、S2、S4、S6；四角蛤采集站位 S4～S9；菲律宾蛤仔采集站位 S1～S9

贝类样品中重金属含量采用ICP－MS测定。沉积物中Hg含量采用AFS测定，其他重金属含量采用ICP－MS测定。每站位各物种均设5个平行样品进行测试。实验采用近海沉积物样品标准物质（GBW07314）和贻贝成分分析标准物质（GBW08571）分别对表层沉积物和贝类组织样品检测过程进行校正，2种标准物质重金属回收率范围分别为90.6%～111.8%和80.7%～101.4%。

（1）统计分析与研究方法　运用方差分析和S－N－K多重比较检验贝类体内重金属含量的组织间、种间以及地理分布的差异显著性。然后，运用Pearson相关性检验对贝类组织与沉积物之间重金属含量的关系以及重金属含量与贝类生长（干重和壳长）之间的相关性进行分析，并采用层次聚类分析HCA评估贝类重金属分布的空间相似性。

用生物—沉积物富集因子*BSAF*分析评价底栖生物从沉积物中富集重金属的能力和两者之间的重金属含量的平衡关系，计算公式为：

$$BSAF=C_{\text{orgnism}}/C_{\text{sediment}} \tag{6-12}$$

式中，$C_{\text{orgnism}}/C_{\text{sediment}}$分别是重金属在底栖贝类肌肉组织及栖息环境沉积物中的含量。

利用重金属污染指数（Metal Pollution Index，MPI）研究不同站位贝类样品中所有重金属的含量水平，计算方法如下：

$$MPI=(Cf_1\times Cf_2\cdots\cdots Cf_n)^{1/n} \tag{6-13}$$

式中，Cf_n为贝类肌肉组织中第n种金属的含量水平。

（2）重金属的生物富集特征

① 富集量水平。莱州湾沉积物与贝类组织内重金属含量存在明显差异。其中，Cr和Pb在沉积物中的含量是贝类的10倍左右；Cu、Zn、As和Hg在贝类组织中的含量与沉积物中处于同一数量级；Cd表现出独特的富集特征，其在贝类组织中的含量为在沉积物中含量的10～100倍，且在肌肉中含量高于内脏团中含量。这说明，贝类组织特别是肌肉组织对Cd有更强的富集能力。

重金属在贝类组织间（Zn除外）和物种间（Hg除外）的富集量存在显著差异。整体而言，除Cd和Zn外，其他重金属在内脏团中的富集水平显著高于肌肉，而四角蛤与菲律宾蛤仔组织内的重金属含量高于毛蚶（图6－36）。四角蛤肌肉和内脏团内Cr和Pb含量显著高于菲律宾蛤仔和毛蚶；菲律宾蛤仔的两种组织内的Zn和As含量明显高于其他两种贝类；Cd含量的最高值出现在毛蚶肌肉中，而Cu和Hg含量的最高值出现在四角蛤和菲律宾蛤仔的内脏团中。以上结论表明，重金属在贝类体内的调控过程具有组织特异性。通常，内脏团内的肝胰脏是外源污染物的代谢器官，重金属进入体内，最终运输到肝胰脏进行解毒代谢，在此过程易形成大量重金属累积（Kraak et al，1993）。另外，贝类组织的重金属富集能力差异还可能与金属形态、贝类发育阶段及背景浓度有关。本节中，Cd在肌肉中的富集量高于内脏团，这可能与外套膜对Cd的富集吸收有关（外套膜被划为肌肉）。种间差异的形成主要与贝类摄食习性和栖息环境密切相关。相对于毛蚶而言，菲律宾蛤仔与四角蛤的栖息地受人为干扰的程度更加剧烈，其对外源污染物的耐受力更强。

② 贝类重金属富集水平的空间分布。3种双壳类肌肉组织内重金属富集量（mg/kg）均存在显著的地域差异。A. 毛蚶：Hg、Cu、Zn和As在龙口水域毛蚶为最高，下营水域毛蚶最低，三山岛水域的毛蚶肌肉内Cr和Pb含量显著高于龙口和下营。B. 四角蛤：下营水域的四角蛤肌肉中Zn、Cd、Hg和Pb均值最高；广利河和永丰河的四角蛤中Cr含量显著

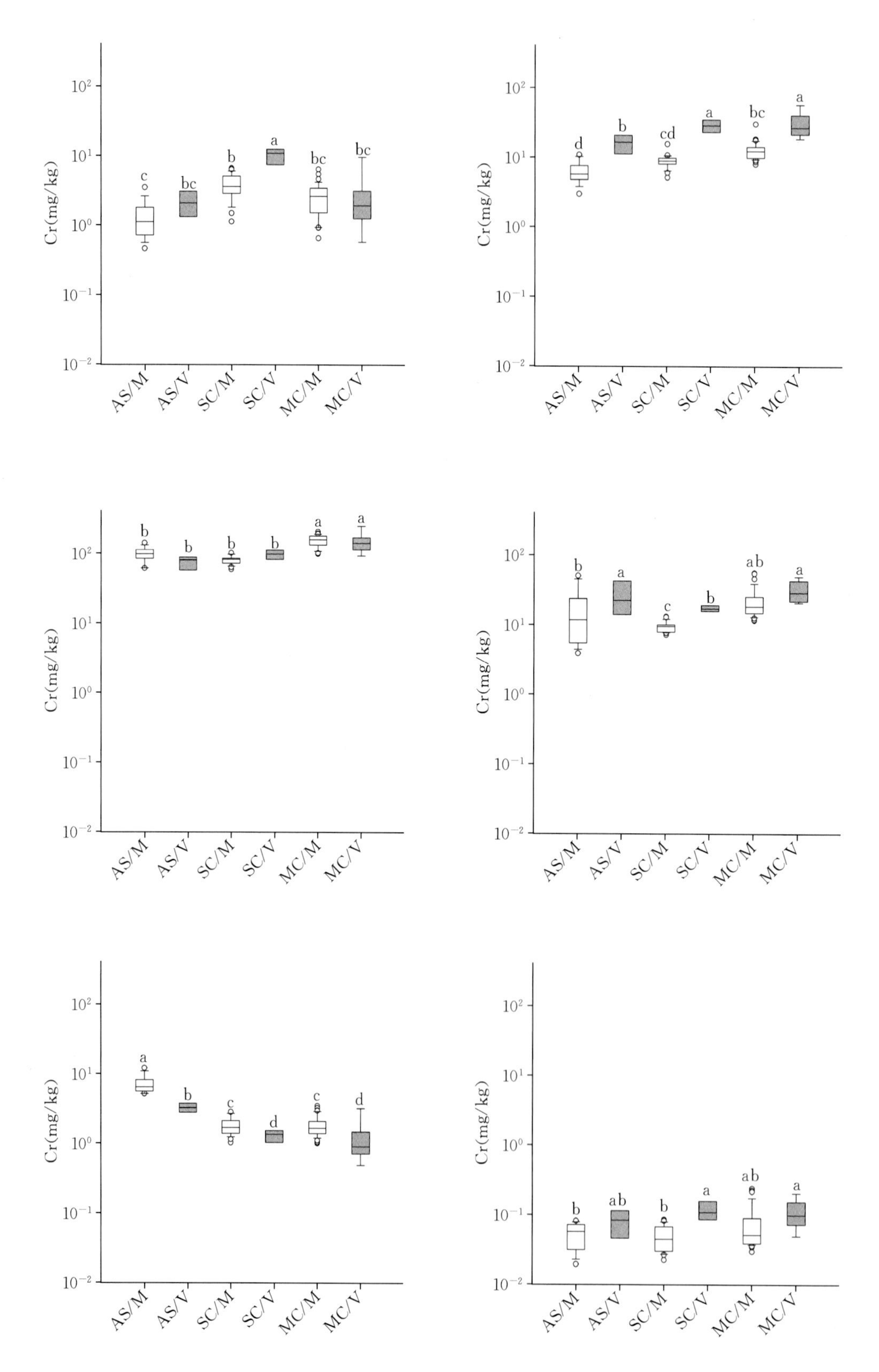
Cr(mg/kg)
AS/M
AS/V
SC/M
SC/V
MC/M
MC/V

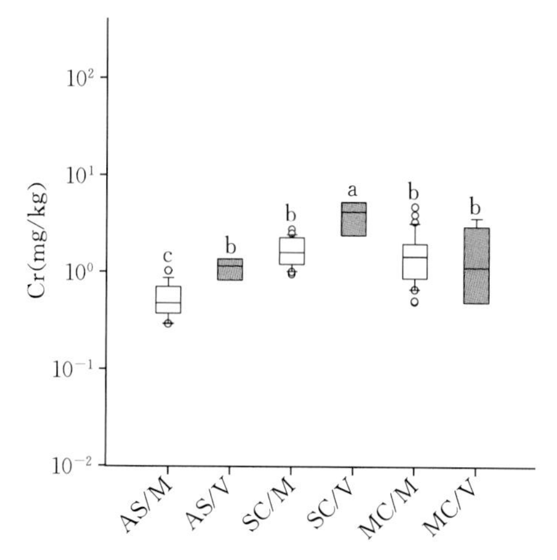

图 6-36　莱州湾 3 种贝类肌肉和内脏团组织中重金属含量分布（mg/kg）
AS、SC 和 MC 分别为毛蚶、四角蛤和菲律宾蛤仔肌肉；ASV、SCV 和 MCV 分别表示 3 种贝类内脏团

高于其他区域；央子、羊口两水域的四角蛤中 Cr、Cu、Cd、Hg 和 Pb 含量最低。C. 菲律宾蛤仔：龙口水域菲律宾蛤仔中 Cr、Zn、Cd 和 Pb 含量最低，Cu 和 As 含量在广利河的菲律宾蛤仔中最低；龙口水域菲律宾蛤仔中 As 含量最高，约为广利河水域菲律宾蛤仔的 4 倍，Hg 最高含量出现在三山岛水域的菲律宾蛤仔；永丰河水域的菲律宾蛤仔中 Cr、Cu 和 Cd 含量最高，分别为最低含量的 4.4 倍、2 倍和 2 倍。整体上，东部采集的贝类体内的重金属含量显著高于南部和西部。

3 种贝类各采样站位及区域的 *MPI* 结果表明，东部采集的毛蚶和菲律宾蛤仔样品的 *MPI* 高于其他区域，而四角蛤的高 *MPI* 出现南部。整体上，菲律宾蛤仔的 *MPI* 高于其他贝类。产生这些差异可能与贝类的栖息环境的不同有关，四角蛤为埋栖性滩涂贝类，生活于 20 cm 以内的潮间带表层沉积物中，潍河经下营流入莱州湾，其携带的重金属污染物会对四角蛤的栖息环境产生直接影响，而毛蚶生活于较深水域的底栖环境中，受陆源污染物影响相对较小。

对 3 种底栖双壳类的肌肉内重金属含量分别进行聚类分析，结果如图 6-37 所示。A. 毛蚶的空间污染特征分为三山岛—羊口、龙口和下营 3 类：三山岛—羊口水域毛蚶肌肉内的 Cr 和 Pb 含量最高；龙口水域毛蚶中 Cu、Zn 和 As 含量最高；下营水域毛蚶中 Cu、As、Hg 和 Pb 含量最低。B. 四角蛤的空间污染特征分为 3 类：即广利河—永丰河的四角蛤肌肉中 Cr 的含量最高；央子—羊口—小岛河的四角蛤肌肉中各重金属含量均处于较低水平；下营四角蛤肌肉中 Zn、Cd、Hg 和 Pb 最高。C. 菲律宾蛤仔的空间污染特征分也为 3 类：即永丰河—小岛河—央子的菲律宾蛤仔肌肉中 Cr 较高而 Zn 较低，龙口菲律宾蛤仔肌肉中 Cr、Cd、Zn 和 Pb 含量最低；其余区域为第 3 类，其菲律宾蛤仔肌肉的重金属含量的相似性不明显。

（3）贝类体内重金属富集与环境（沉积物）的关系

① *BSAF*。毛蚶、四角蛤和菲律宾蛤仔肌肉组织内各重金属的 *BSAF* 顺序相似，即 Cd＞Hg＞Zn≈As＞Cu＞Cr≈Pb，表明 3 种贝类从沉积物中富集重金属的效率相近。其中，贝类对 Cd 的富集能力最强，对 Pb 的富集能力最弱，这与大连近岸菲律宾蛤仔对重金属的

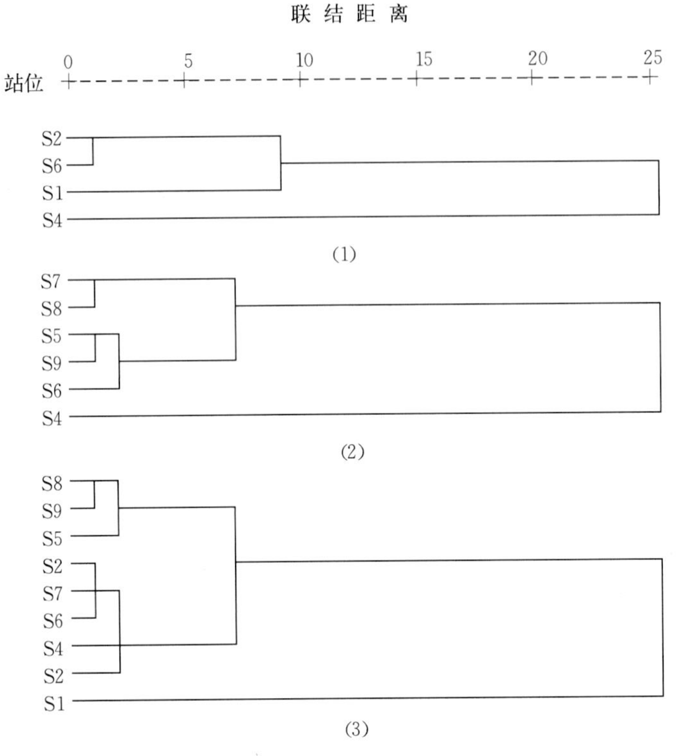

图 6-37　莱州湾毛蚶（1）、四角蛤（2）和菲律宾蛤仔（3）肌肉内重金属的空间污染相似性聚类分析树状图

富集能力的研究结果类似（*BSAF* 顺序为 Cd>Hg>Zn>As>Cu>Pb≈Cr）。尽管 3 种贝类对各重金属富集能力的顺序相似，但 *BSAF* 值存在显著的种间差异（Hg 除外，ANOVA，$P<0.05$）。其中，毛蚶肌肉中 Cd 的 *BSAF* 要显著高于四角蛤和菲律宾蛤仔。3 种贝类肌肉中 Hg 的 *BSAF* 无显著种间差异（ANOVA，$P>0.05$）。另外，除 Cd 和 Hg 外，其他重金属在菲律宾蛤仔的 *BSAF* 最高，表明菲律宾蛤仔对这些重金属的富集能力强于毛蚶和四角蛤，对重金属污染物具有较强的耐受力。

② 贝类与沉积物中重金属富集量的相关。目标贝类肌肉和栖息沉积物中的重金属含量相关性的 Pearson 线性相关分析结果表明，四角蛤中的 Cr（$r=0.673$）和 Cu（$r=0.573$）、菲律宾蛤仔中的 Zn（$r=-0.573$）以及毛蚶中的 Cd（$r=0.927$）含量与沉积物中重金属含量存在显著线性相关。毛蚶和沉积物中的 Cd 含量存在显著正线性相关，说明 Cd 在毛蚶体内的富集受沉积物环境影响较大，沉积物内 Cd 是其富集在生物体内的重要来源（Wang et al，2010）。菲律宾蛤仔和沉积物中 Zn 含量呈负线性相关，这可能与其体内 Zn 的摄入受到严格的生理代谢调控有关。但多数重金属在贝类体内与沉积物内的含量相关性不明显，这说明除栖息沉积物环境外，其他因素如重金属在生物体内代谢机制、生长发育阶段、水环境因子、海水与沉积物中重金属形态以及各类生物过程等都可能影响两者之间的关系。因此，仅依据生物体内重金属含量并不能有效表征贝类生物体对沉积物环境中重金属的富集能力。

③ *BSAF* 与沉积物中重金属富集量的相关性。贝类体内 Cr 和 Hg 对应的 *BSAF* 与其沉积物含量无显著相关。但是，Cu、Zn、As、Cd 和 Pb 对应的 *BSAF* 与其沉积物中含量存在

显著负相关。这可能由于重金属进入贝类体内后，其代谢过程受生物体的生理过程调控，重金属在组织内达到一定浓度后与沉积物环境形成动态平衡，其在生物组织内的含量水平不再随沉积物环境中重金属浓度的升高而显著升高，从而产生 *BSAF* 与沉积物中重金属含量在整体水平上的负相关（DeForest et al，2007）。但是，3 种贝类对 Cr 和 Hg 的 *BSAF* 与沉积物含量无显著线性相关，其原因有待于进一步研究。总之，在表征贝类生物体对沉积物环境中重金属的富集能力方面，*BSAF* 值比重金属含量水平更有效。

3. 可食部分的人类健康风险评价

鱼类、贝类等水产品是人类重要的优质蛋白来源。重金属是我国近海主要污染物之一，它不仅对海洋生物的生存和繁衍构成破坏，还可通过食物链进行传递累积，对人类健康造成潜在危害。水产品的安全问题已引起全球范围内的广泛重视。本节通过对莱州湾 5 种重要经济鱼类和 3 种滩涂贝类肌肉组织内重金属的含量（湿重标准）与国内外水产品限量标准的比较，结合 *PTWI* 和 *HQ* 等评估模型，对目标生物体内重金属存在的食品安全与潜在健康风险进行系统评价。

（1）与国内外限量标准比较　由表 6－8 得出，Cr 在鱼类肌肉内的含量（湿重，mg/kg）均未超过《食品中污染物限量标准》（GB 2762—2005）规定的 2 mg/kg 标准。银鲳和蓝点马鲛样品中分别有 40%和 20%的样品超过此标准。As 在鱼类肌肉中的含量均超过 GB 2762—2005 标准 0.1 mg/kg，银鲳体内 As（1.532）mg/kg 最高，超出该标准 14 倍。此外，鲬和银鲳的 As 均值超过出口欧盟水产品标准（1 mg/kg）。5 种鱼类的肌肉中的 Cd 平均含量均低于 GB 2762—2005 和 EC No1881/2006 规定的 Cd 标准（分别为 0.1 mg/kg 和 0.05 mg/kg），但有 5.9%的鲬肌肉的 Cd 含量超过欧盟委员会条例规定。样品中的 Pb、Zn 和 Cu 含量均远低于国内、国际相关的限量标准。现行的鱼类肌肉中的 Hg 限量标准为0.5～1.0 mg/kg [GB 2762—2005 规定草食性鱼类 0.5 mg/kg，肉食性鱼类 1.0 mg/kg；世界粮食及农业组织（FAO）规定为 0.5～0.7 mg/kg；美国环保署规定为 1.0 mg/kg]。在本节中，5 种鱼类肌肉内的平均 Hg 含量为 0.165 mg/kg，其中以花鲈最高（0.261 mg/kg），但也低于现行国内外相关限量标准。由上得出，As 对鱼类产品安全的威胁较大，31%的样品中 As 含量出现不同程度的超标；Cr 和 Hg 超标样品比例较小；Cd、Zn、Cu 和 Pb 在各鱼种肌肉内的含量相对较低，未造成食品安全方面的问题。

贝类体内重金属与限量标准对比结果表明（表 6－9），3 种贝类 Cr 的平均湿重含量均未超过国内限量标准（GB 2762—2005 和 NY 5073—2006）中规定的 2 mg/kg）；Cu 和 Zn 的平均含量远低于国内 NY 5073—2006 规定的 Cu 标准（50 mg/kg）以及 FAO 规定的 Zn 标准（150 mg/kg）；Hg 和 Pb 的平均含量均低于国内外相关限量标准（Hg，0.5～1.0 mg/kg；Pb，1.0～1.5 mg/kg）；As 的含量（毛蚶，0.83～8.83 mg/kg；四角蛤，0.84～1.54 mg/kg；菲律宾蛤仔 1.62～7.58 mg/kg）均高于国内限量标准（0.5 mg/kg）。Cd 在四角蛤（0.22 mg/kg）和菲律宾蛤仔肌肉（0.26 mg/kg）中的平均含量均低于国内 NY 5073—2006 标准（1.0 mg/kg）和国际食品法典委员会（CAC）《食品中污染物和毒素通用标准》的标准（2.0 mg/kg），而在毛蚶肌肉内的平均含量高于 1.0 mg/kg，其中 Cd 含量超过 1.0 mg/kg 和 2.0 mg/kg 标准的样品数比例分别达到在 87.5%和 6.3%。由此可知，莱州湾 3 种贝类体内 As 污染的潜在危害风险最大；Cd 对食用安全的危害风险次之；而 Cr、Zn、Cu、Hg 和 Pb 在这些贝类中含量较低，食品安全危害风险较小。

（2）*每周可耐受摄入量 PTWI* *PTWI* 是食品添加剂联合专家委员会（Joint FAO/WHO Expert Committee on Food Additives，JECFA）推荐的评价食品中添加剂和污染物安全性的限量标准。*PTWI* 用于定量评估水产中重金属对人类健康的危害程度。JECFA 推荐的鱼类肌肉中重金属的 *PTWI*（以 60 kg 成人标准）为：Cr 0.4 mg、As 0.9 mg、Cd 0.42 mg、Pb 1.5 mg、Zn 420 mg、Cu 210 mg 和 Hg 0.042 mg，以各重金属在肌肉含量中最高的鱼种的平均值，计算每周可消费的鱼肉限量（kg）。从表 6－8 可以得出，Cr、As 和 Hg 在 5 种鱼类肌肉中的含量较高，且以在银鲳和花鲈内含量最高，其肌肉的每周安全消费量为 0.28 kg 和 0.25 kg；而鮻、鲬和蓝点马鲛的每周安全消费量为 0.41 kg、0.74 kg 和 0.36 kg，毛蚶、四角蛤和菲律宾蛤仔的每周安全食用量分别为 0.32 kg、0.84 kg 和 0.29 kg（表 6－8 和 6－9）。

表 6－8　5 种经济鱼类肌肉组织内重金属湿重含量与国内外限量标准以及每周可耐受摄入量 *PTWI* 的比较

重金属	肌肉含量（mg/kg，湿重）					限量标准（mg/kg，湿重）	*PTWI* 每 60 kg 体重可摄入的量（mg）	每周可消费鱼量（kg*）
	鮻	鲬	蓝点马鲛	银鲳	花鲈			
Cr	0.982	0.541	1.104	1.436	0.289	2[a]	0.4	0.28
As	0.742	1.186	0.721	1.532	0.878	0.1[a]；1[b]	0.9	0.59
Cd	0.008	0.018	0.016	0.010	0.010	0.1[a]；0.05[c]	0.42	23.55
Pb	0.039	0.026	0.023	0.032	0.018	0.5[a]；0.3[c]；0.2[d]；0.5[e]	1.5	38.40
Zn	4.953	6.166	7.216	6.353	5.578	50[a]；30[e]；150[f]	420	58.20
Cu	0.507	0.296	0.564	0.252	0.196	50[a]；30[e]；120[f]	210	372.26
Hg	0.012	0.056	0.014	0.019	0.165	0.5，1.0[a]；0.5～0.7[e]；1.0[g]	0.042	0.25

注：小写字母上标表示标准来源：a《食品中污染物限量标准》（Maximum Levels of Contaminants in Foods），国家标准委员会，GB 2762—2017；b 出口欧盟水产品标准，2005；c 欧盟委员会条例（the Commission of the European Communities Regulation，EC）No1881/2006；d 食品添加剂和污染物法典委员会（Codex Committee on Food Additives and Contaminants，CCFAC），2001；e 世界粮食及农业组织（Food and Agriculture Organization，FAO），1983；f 美国环境保护署（US Environmental Protection Agency），2000；g 美国食品药品监督管理局（US Food and Drug Administration），2011。

* 每周消费鱼肉量，按照 60 kg 成人标准计算，是 *PTWI* 和重金属最高平均湿重含量的比值。

表 6－9　3 种滩涂贝类肌肉内重金属湿重含量与相关限量标准以及每周可耐受摄入量（*PTWI*）的比较

重金属	湿重含量（mg/kg）			限量标准（mg/kg，湿重）	*PTWI* 每 60 kg 体重可摄入的量（mg）	每周可消费贝类量（kg）
	毛蚶	四角蛤	菲律宾蛤仔			
Cr	0.25	0.48	0.38	2[a,b]	0.4	0.84
Cu	1.17	1.11	1.78	50[b]	210	>100

（续）

重金属	湿重含量（mg/kg）			限量标准（mg/kg，湿重）	*PTWI* 每 60 kg 体重可摄入的量（mg）	每周可消费贝类量（kg）
	毛蚶	四角蛤	菲律宾蛤仔			
Zn	17.53	9.89	21.35	150[e]	420	>100
As	3.04	1.16	3.08	0.5[a,b]	0.9	0.29
Cd	1.30	0.22	0.26	1[b]，2[d]	0.42	0.32
Hg	9.77E−03	6.08E−03	1.03E−02	1[b,e]，0.5[d]	0.042	4.06
Pb	0.10	0.21	0.22	1[b,d]，1.5[c]	1.5	6.67

注：字母上标代表限量标准来源：a GB 2762—2017；b《无公害食品　水产品中有毒有害物质限量》，NY 5073—2006；c 欧盟委员会条例（The Commission of the European Communities Regulation，EC），No629/2008；d 国际食品法典委员会（Codex Alimentarius Commission，CAC），《食品中污染物和毒素通用标准》CodexStan 193—1995；e FAO，1983。

（3）*危害熵值 HQ*　除限量标准与 *PTWI* 外，危害熵值 *HQ* 也常用于定性评估水产品中污染物对人类健康的非致癌效应。计算方法如下（de Souza et al，2011）：

$$HQ=(C\times dose)/(RfDo\div 60\ \mathrm{kg}) \qquad (6-14)$$

式中，*C* 为水产品可食部分中重金属湿重含量，*dose* 为国内居民平均每天食用水产品的重量，约每天 0.3 kg；*RfDo* 为人体摄入某特定污染物的参考剂量标准，以每天单位成年人体重的摄入量为标准（mg/kg），Cr、Cu、Zn、As、Cd、Hg 和 Pb 的 *RfDo* 分别为 0.003 mg/kg、0.02 mg/kg、0.3 mg/kg、0.003 mg/kg、0.001 mg/kg、0.000 1 mg/kg 和 0.003 6 mg/kg。依据 *HQ* 值将健康风险划为 5 个等级：无风险（$HQ\leqslant 1$），低风险（1～9.9），中等风险（10～19.9）高风险（20～99）以及严重风险（≥100）。

此部分以贝类为例，采用 *HQ* 对莱州湾滩涂贝类体内重金属的潜在人体非致癌效应进行分析，并对健康风险的地理分布进行探究。研究结果表明（图 6 - 38），毛蚶的潜在健康风险源于 As（各站位 *HQ* 范围：6.97～53.98）和 Cd（2.76～3.65），其他重金属的健康风险较低（$HQ<1$），东部龙口和三山岛采集的毛蚶的潜在健康风险低于中部和西部站位。四角蛤和菲律宾蛤仔的潜在健康风险同样仅来源于 As，莱州湾东部采集站位的潜在风险程度高于中西部。

三、海洋食物链（网）上重金属传递累积与生物放大作用

海洋食物网是海洋生态系统物质循环与能量流动的载体，是研究特征污染物环境行为与生态效应的重要媒介。营养级是生物在生态系统食物网营养结构上的位置，既可表示生物的能量消费等级，也可表征特定种群同化能源的能力。通常，浮游植物和有机碎屑被定义为初级生产者，浮游动物或其他草食性动物定义为初级消费者，鱼类等游泳生物为次级或顶级消费者。海洋食物网复杂营养结构的确定可应用于生态系统动态监测、生物多样性保护以及污染物示踪等方面。当前，关于海洋污染物在食物网上环境行为研究已成为近年来生态学研究的热点。研究污染物在海洋食物链（网）上的传递累积等环境行为，需对食物网营养级结构

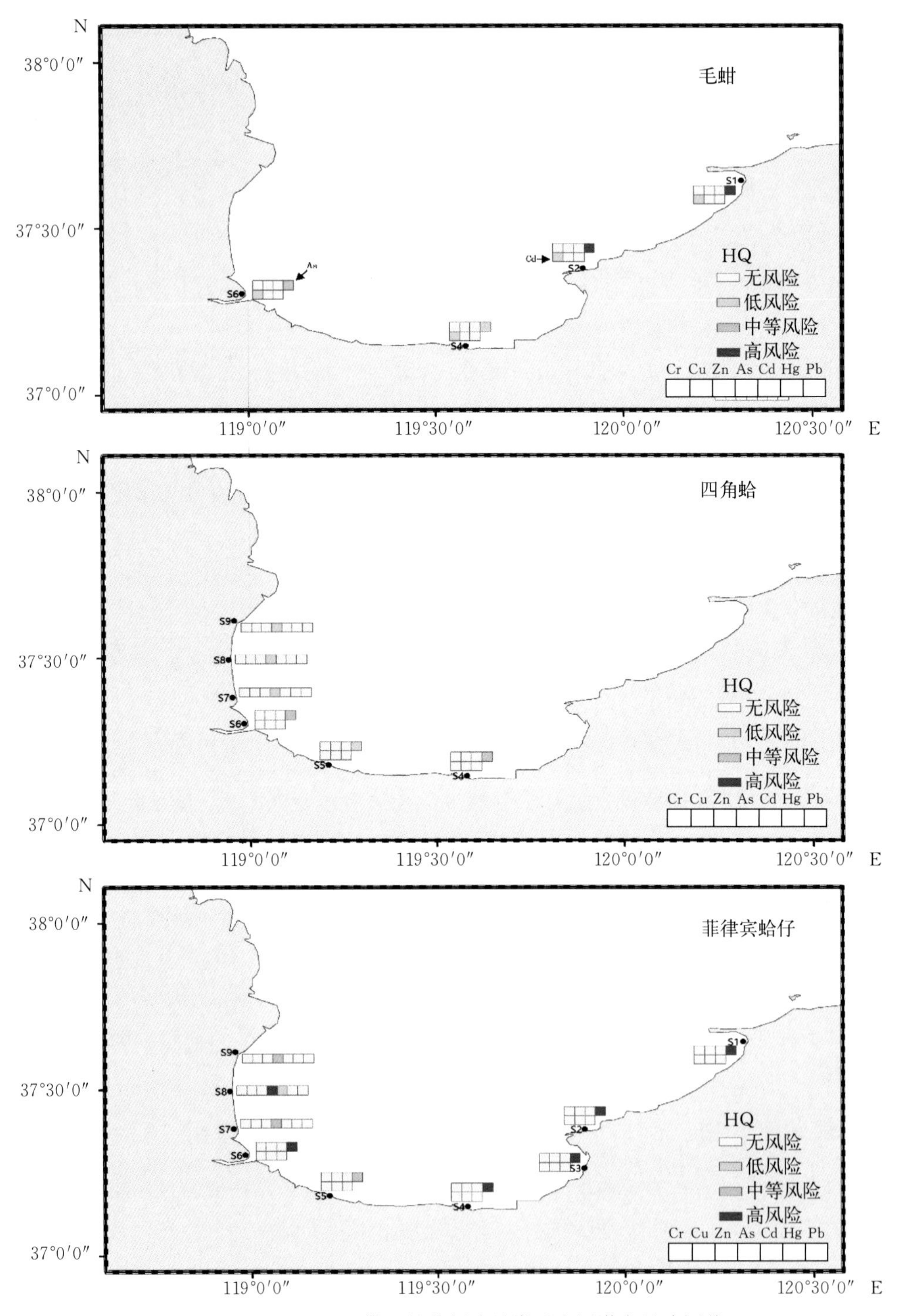

图 6-38 基于 *HQ* 模型的莱州湾贝类重金属潜在风险评价

上的生物进行明确界定。当前，胃含物分析法和稳定性碳氮同位素技术是两种常见的确定营养结构的方法。

胃含物分析可定性定量分析饵料生物组成，是研究食物网营养结构的传统方法（Dou，1995；薛莹和金显仕，2003）。近年来，碳氮稳定同位素技术逐渐应用于营养动力学等科学问题的研究。其原理为：捕食者在蛋白质同化代谢过程中存在明显氮同位素分馏效应（Post，2002）。相邻的营养级往往具有较固定的 $\delta^{15}N$（$^{15}N/^{14}N$）值，在海洋生态系统中，该值为 3.4‰～3.8‰。我国学者利用稳定性同位素分析手段陆续开展了黄渤海、南黄海、长江口、雷州湾及北部湾等海域食物网营养结构的研究。然而，两种方法在确定海洋食物网营养结构时存在明显优缺点。胃含物分析可客观辨识营养级间的捕食关系，但胃含物仅能反映消费者短暂摄食情况，很多食物组分由于长期消化难以辨认，且摄食过程受季节、饵料基础、栖息海域影响较大，因此该方法有时难以准确判断营养级。而依靠氮稳定同位素值虽能反映捕食者长期摄食信息，但不能准确反映该物种在食物网中的复杂种间食物关系。因此，在涉及水域生态系统营养结构、能量流动或污染物累积传递特征方面的研究时，需同时结合胃含物分析和稳定同位素技术两种方法进行研究（Desta et al，2006；Berges－Tiznado et al，2015）。

本节结合氮稳定同位素分析与胃含物分析的方法，构建了莱州湾食物链（网）结构模型，量化研究了各组分物种以及生物类群的营养级水平，在此基础上，探讨了 4 种常见重金属（Cr、Cu、Cd 和 Hg）在顶级捕食者、食物链以及食物网层次上的传递累积特征与生物放大作用。研究将为科学认识典型产卵场水域中重金属环境行为特征提供科学参考。

本节主要生物样品取自 2011 年 6—8 月渤海生物资源调查航次（10 个站位），取样方法参照《海洋调查规范》（GB 17378—2007）。浮游动物采用大型浮游生物网采集。为获取足量样品，每个站位在 3 kn 船速下水平拖网 30 min。样品置于聚丙烯样品瓶中冷冻保存。底栖生物用漩涡分选装置淘洗沉积物获取，样品经过不同孔径套筛后完成分选，然后置于 250 mL 聚丙烯样品瓶中冷冻保存。游泳动物（头足类、甲壳类以及鱼类）样品采用底拖网随机获取。样品采集后洗净表面，记录体长体重等信息后冷冻保存。游泳动物（头足类和鱼类）现场解剖取肠胃组织，标记后单独冷冻保存。所有与生物样品运回实验室后进行预处理。

经鉴定，此次调查共采集生物 43 种，其中浮游动物优势种 4 种，多毛类优势种 3 种，头足类 2 种，甲壳 8 种，鱼类 26 种。每个站位的浮游生物样品（混合样），底栖生物（混合样）分别冻干研磨。游泳动物全部取肌肉组织，冻干研磨后用于后续稳定同位素分析与重金属测定。同时，取 22 种大型游泳动物（头足类 2 种，鱼类 20 种）的肠胃进行胃含物分析。所有样品处理工具需用 10%（v/v）稀 HNO_3 和去离子水清洗，以减小外部因素对样品的污染影响。

1. 食物网构建

（1）胃含物分析　采用胃含物分析研究莱州湾 22 种中大型游泳动物的摄食饵料组成。具体分析指标包括饵料生物的物种组成及其重量比。饵料生物种类鉴定主要依据其形态分类特征，采用解剖镜观察的方式进行鉴定。主要分类学特征包括虾类的额剑、鱼类的鳍条以及头足类的吸盘等。各饵料生物组分的重量用分析天平（10^{-4} g）称量。原则上对饵料生物尽量鉴定到最低分类单元。本节对中小型底层鱼类、头足类鉴定到类群，大型肉食性鱼类的饵料生物鉴定到种。而对于甲壳类、贝类、浮游食性鱼类（如鳀、斑鰶等）等摄食结构简单或胃含物难以辨识的物种，采用参照相关食物网文献的方式获取其食性偏好。

（2）氮稳定同位素比值 $\delta^{15}N$（$^{15}N/^{14}N$）分析　采用稳定同位素分析量化研究食物网上

各物种与生物类群的营养级水平。生物样品中稳定同位素比值 $\delta^{15}N$ 用 Flash EA1 112 HT 元素分析仪和 Delta V Advantage 同位素比率质谱仪进行测定。各物种的营养级水平按照以下公式进行计算（Hobson & Welch，1992）：

$$TL=2.0+(\delta^{15}N_t-\delta^{15}N_0)/\Delta\delta^{15}N \tag{6-15}$$

式中，$\delta^{15}N_t$ 和 $\delta^{15}N_0$ 分别是各级消费者与基准物种的 $\delta^{15}N$ 值，本节选取桡足类为基准物种；$\Delta\delta^{15}N$ 是 ^{15}N 富集系数，此处取经验值 3.4‰。

基于稳定同位素分析与胃含物分析的结果，构建莱州湾近海食物链（网）结构模型（图 6-39）。依据各生物种的摄食习性、生态类型以及栖息层次的差异，将全部 43 个物种划分为 9 个生态类群：浮游动物、多毛类、甲壳类、头足类、小型中上层鱼类、小型底层鱼类、中型底层鱼类、大型中上层捕食性鱼类以及大型底层捕食性鱼类。研究选取桡足类为基准物种（营养级 $TL=2$），3 种浮游动物（桡足类、毛虾和糠虾）和多毛类定义为初级消费者，4 种大型捕食性鱼类（蓝点马鲛、鲬、花鲈和褐牙鲆）定义为顶级消费者，其余生物类群定义为次级消费者。依据摄食关系发生的栖息层次，将整个食物网结构分解为 5 条主干食物链：浮游食物链（Ⅰ）：浮游动物—小型中上层鱼类—（头足类）大型中上层捕食性鱼类；浮游食物链（Ⅱ）：浮游动物—甲壳类—头足类—大型中上层捕食性鱼类；底层食物链（Ⅰ）：多毛类—甲壳类—小型底层鱼类—中型底层鱼类—大型底层捕食性鱼类；浮游食物链（Ⅱ）：多毛类—甲壳类—小型底层鱼类—头足类—大型底层捕食性鱼类；混合食物链：浮游动物—甲壳类—小型底层鱼类—头足类/中型底层鱼类—大型底层捕食性鱼类。

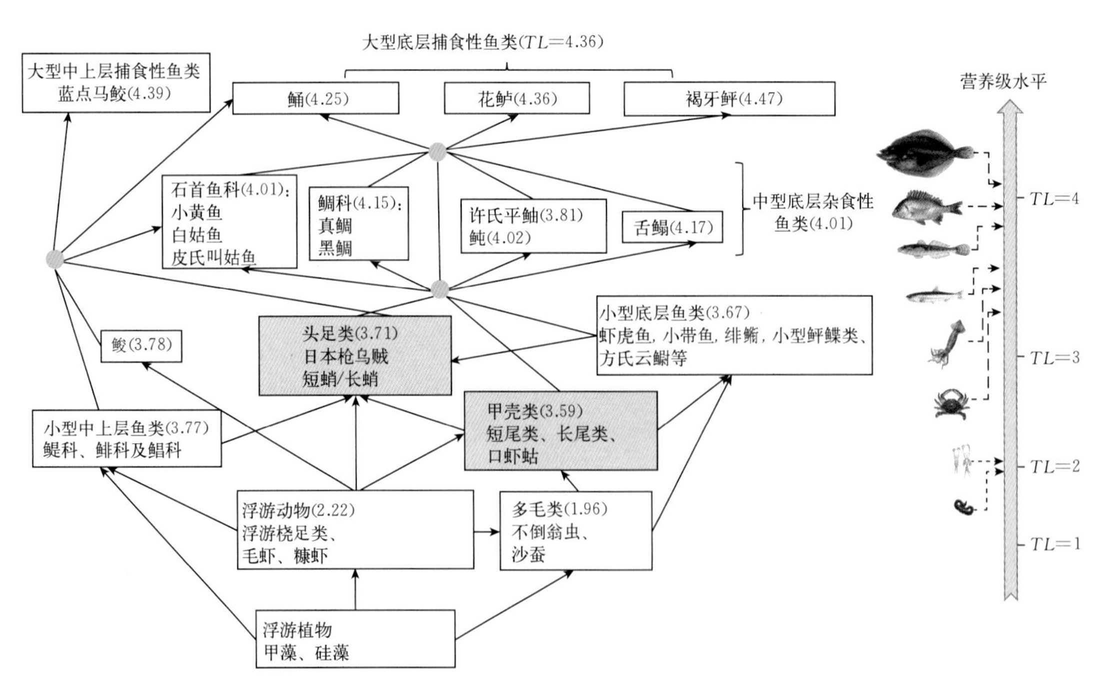

图 6-39　基于稳定同位素分析与胃含物分析构建的莱州湾主干食物网结构模式图

其中文本框内数字为生物类群平均营养级

（3）重金属元素分析　生物肌肉组织内 Cr、Cu、Cd 和 Hg 含量，采用 ICP-MS 测定。质量控制方法参照本章第二节。分别采用海带成分分析标准物质（GBW08517）、贻贝成分

分析标准物质（GBW08571）、对虾成分分析标准物质（GBW08572）和黄鱼成分分析标准物质（GBW0857）对浮游动物、头足类、甲壳类和其他生物样品的检测过程进行校正。标准物质中重金属回收率为80.7%～104.0%，重金属含量单位为mg/kg（干重）。

2. 重金属生物放大作用研究方法

分别采用单因素方差分析检验不同生态类群间$\delta^{15}N$值、营养级以及重金属含量的差异显著性。然后运用Pearson相关性分析对重金属含量（对数转化）与营养级的相关性进行分析。

采用生物放大因子（Biomagnification Factor，BMF）评估重金属在营养级间或食物链上的传递效率，计算公式如下：

$$BMF = C_{捕食者} / C_{被捕食者} \tag{6-16}$$

式中，$C_{捕食者}$和$C_{被捕食者}$分别为捕食者与被捕食者肌肉内重金属含量。

采用基于多种食物组分（Proportion of Sources，PSC）的生物放大因子模型，可更准确地反映自然水体中污染物的在营养级之间的放大效应，计算公式如下：

$$BMF_{PSC} = C_{捕食者} \Big/ \left[\sum_{i=1}^{n} (C_{被捕食者i} \times f_{被捕食者i}) \right] \tag{6-17}$$

式中，$C_{捕食者}$是捕食者体内重金属含量，$C_{被捕食者i}$是捕食者胃含物中第i种饵料生物体内特定重金属含量，$f_{被捕食者i}$是第i种饵料生物在胃含物中的重量比。对于难以辨识的饵料生物，对其重量比校正。

此外，采用食物网放大因子$FWMF$评估重金属在整个食物网上的传递效率与生物放大作用，计算方法如下：

$$FWMF = 10^{b} \tag{6-18}$$

$$\lg C_{m} = b(TL) + a \tag{6-19}$$

式中，C_{m}为lg转化后的重金属含量，b为重金属含量与TL间线性方程的斜率。

3. 食物网上各营养层次关键种的$\delta^{15}N$值、营养级及摄食组成

本节选取桡足类为基准物种，其TL和$\delta^{15}N$分别为2.00‰和6.72‰。ANOVA结果表明，9个生态类群间$\delta^{15}N$值和TL均存在显著性差异（$P<0.01$）（表6-13）其均值高低依次为：大型底层捕食性鱼类（14.74‰，14.36‰～15.11‰；4.36，4.25～4.47）=大型中上层捕食性鱼类（14.85‰；4.39）>中型底层鱼类（13.59‰，12.77‰～14.08‰；4.01，3.78～4.17）>小型底层鱼类（12.65‰，11.35‰～13.51‰；3.74，3.36～4.00）=小型中上层鱼类（12.73‰，11.93‰～13.65‰；3.77，3.53～4.04）=头足类（12.52‰，12.27‰～12.77‰；3.71，3.63～3.78）=甲壳类（12.14‰，11.22‰～13.99‰；3.59，3.32～3.99）>浮游动物（7.60‰，6.72‰～8.62‰；2.22，2.00～2.56）=多毛类（6.58%；1.96）（图6-40）。整体上，鱼类营养级水平高于无脊椎生物类群。

莱州湾22种较大型游泳动物的胃含物分析结果表明，小型底层鱼类主要摄食甲壳类幼体（25.6%～61.2%）。中型底层鱼类食性繁杂，主要摄食甲壳类（24.6%～61.2%）和小型鱼类（11.4%～43.3%），此外还摄食头足类、浮游动物以及多毛类，并且少量摄食贝类和棘皮类。鲮为滤食性，其胃含物主要为腐殖质（47.6%）。对顶级捕食者而言，蓝点马鲛的摄食组成中，小型中上层鱼类占比最高（32.4%），其次为底层鱼类（20.9%）、甲壳类（18.0%）、头足类（15.5%）和极少量浮游动物。蓝点马鲛的主要饵料生物种为鳀科、虾

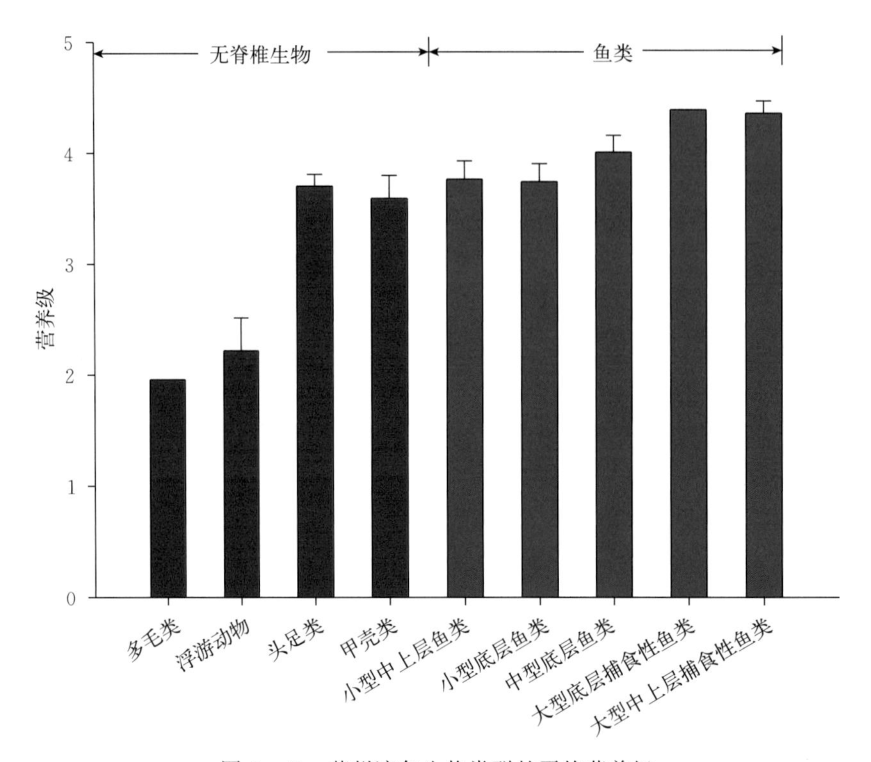

图 6-40　莱州湾各生物类群的平均营养级

虎鱼科、日本枪乌贼以及口虾蛄。其他 3 种大型底层捕食者的摄食组成相近，主要饵料生物类群为中小型底层鱼类（40.1%～46.5%），其次为甲壳类（12.0%～26.6%）、小型中上层鱼类（15.6%～21.6%）以及头足类（6.4%～12.5%），主要的饵料生物种包括虾虎鱼类、鳀科以及口虾蛄等。头足类食谱广泛，主要摄食浮游动物以及甲壳类、贝类以及鱼类的幼体。甲壳类的摄食组成包括浮游动物、多毛类和腐殖质，小型中上层鱼类主要摄食浮游生物。

本节以桡足类为基准生物，采用氮稳定同位素分析法推算的莱州湾食物网组成物种的营养级范围为 1.96～4.47，这与万祎等（2005）采用长腹剑水蚤（*Oithona similis*）等桡足类为基准物种计算的渤海食物网营养级范围（1.91～4.23）相近。基准物种的选择是量化研究食物网上营养级的关键。基准物种可变性（如季节性、种内和种间同位素差异等）会对消费者营养级评估产生影响，通常认为，食性单一、分布范围广是作为营养级基准物种的理想条件。本节通过对浮游生物样品鉴定，结合历史资料，筛选莱州湾夏季桡足类优势种（中华哲水蚤和小拟哲水蚤）作为该海域食物网的基准物种。同时，本节将稳定同位素分析结果与历史资料中基于胃含物分析的结果进行比较。初级消费者范围为 1.96～2.56，复合胃含物分析结果为 2.0～3.0，无脊椎动物营养级为 3.32～3.99，与杨纪明（2001）的研究结论（3.2～4.2）相近。上层浮游食性鱼类营养级范围（3.53～3.80）整体上高于唐启升等（2000）的研究结果（2.2～3.0），但与杨纪明（2001）以及张波等（2004）的研究结果（3.0～4.0）相吻合。由此推断，氮稳定同位素分析确定莱州湾重要生物类群的营养级是可行的。两种方法在海洋食物网营养结构研究中各有利弊，胃含物仅能反映消费者短暂摄食情

况，摄食过程受季节、饵料基础、栖息海域影响较大，因此难以准确判断各物种的营养级。而氮稳定同位素比值虽能准确反映消费者的营养级，但无法揭示食物网间复杂的捕食关系。因此，在解决水域生态系统营养结构、能量流动或污染物传递累积机制等问题时，应采取胃含物分析和氮稳定同位素分析相结合的方法开展研究。

4. 重金属在食物链（网）上的传递与生物放大作用

莱州湾食物网上各组成物种中重金属含量结果表明，在全部研究物种中，短蛸 Cd 含量最高，达 10.70 mg/kg，浮游食行或滤食性鱼类（鲮、斑鰶和银鲳）体内 Cd 含量最低；蓝点马鲛体内 Cr 富集量最高（6.43 mg/kg），而在低营养级物种毛虾对 Cr 的富集能力最低（0.04 mg/kg）。Cu 的最高值出现在日本蟳体内，高达 8.96 mg/kg，该值约为花鲈体内 Cu 含量的 9 倍（1.03 mg/kg）；与 Cu 相反，Hg 在花鲈体内的富集量最高（1.036 mg/kg），而在甲壳类群的日本鼓虾体内含量最低（0.015 mg/kg）。整体上，Hg 和 Cr 更容易在顶级捕食性鱼类体内富集，而处于中间营养级甲壳类和头足类对 Cd 和 Cu 的富集效率更高。

（1）重金属在 4 种捕食性鱼类体内的累积传递特征（表 6－10，图 6－41）　采用基于多种食物组分的生物放大因子模型 BMF_{PSC}，对莱州湾顶级捕食性鱼类（鲬、花鲈、蓝点马鲛和褐牙鲆）体内重金属的累积放大效应进行量化分析。结果表明，Hg 在从饵料生物向顶级捕食者传递过程中的累积效应明显，其 BMF_{PSC} 均大于 1 [（范围：1.73（鲬）～8.83（花鲈）]；Cr 在除褐牙鲆外的顶级捕食者体内的累积放大效应也较为明显 [1.52（花鲈），2.61（鲬）和 5.65（蓝点马鲛）]。Cd 和 Cu 在 4 种鱼类体内无明显累积放大现象（BMF_{PSC}＜1）。

表 6－10　莱州湾食物网 4 种顶级捕食鱼类的重金属生物放大因子 BMF_{PSC}

捕食者	捕食者重金属含量（mg/kg）（$C_{捕食者}$）				饵料生物重金属含量（mg/kg）（$\sum_{i=1}^{n}(C_{捕食者}\times f_{捕食者})$）				BMF_{PSC}			
	Cd	Cr	Cu	Hg	Cd	Cr	Cu	Hg	Cd	Cr	Cu	Hg
蓝点马鲛	0.10	6.43	3.06	0.159	0.94	1.14	18.17	0.124	0.11	5.65	0.17	1.29
鲬	0.11	2.74	1.67	0.212	0.79	1.05	11.65	0.123	0.14	2.61	0.14	1.73
花鲈	0.05	1.56	1.03	1.036	1.15	1.03	9.46	0.117	0.04	1.52	0.11	8.83
褐牙鲆	0.18	0.92	3.13	0.351	0.97	1.12	13.69	0.125	0.19	0.82	0.23	2.81

（2）重金属在整个食物网上的生物放大效应　Cr 和 Hg 的 *FWMF* 分别为 2.81 和 2.59，说明两者在整个食物网的传递过程中生物放大作用明显，且累积效应 Hg＞Cr；而 Cu 和 Cd 在食物网上的 *FWMF* 均低于 1（0.32～0.61），说明这两种重金属在食物网上累积放大特征不明显。具体而言，Hg 和 Cr 含量与 *TL* 存在显著正相关 [$P<0.01$. r（Hg）＝0.698，r（Cr）＝0.518]，而 Cu 含量与 *TL* 存在显著负相关（$r=-0.500$，$P<0.01$），说明 Cu 含量在整个食物网上存在生物稀释效应。

（3）重金属在主干食物链上的传递特征　莱州湾主干食物链上重金属的传递情况如图 6－42 所示。图 6－42A 表明，Hg 从初级消费者向顶级捕食者传递过程中表现出明显的累积放大效应，其中，浮游动物向大型中上层和底层捕食性鱼类传递过程中 Hg 的 *BMF* 分别为 6.36 和 21.32，底层食物链（多毛类→底层捕食者）的 Hg 的放大效率为 36.87。Hg 在食物网近乎全部的传递关系中出现生物放大现象（*BMF*＞1.0，1.06～5.80）。同样，Cr

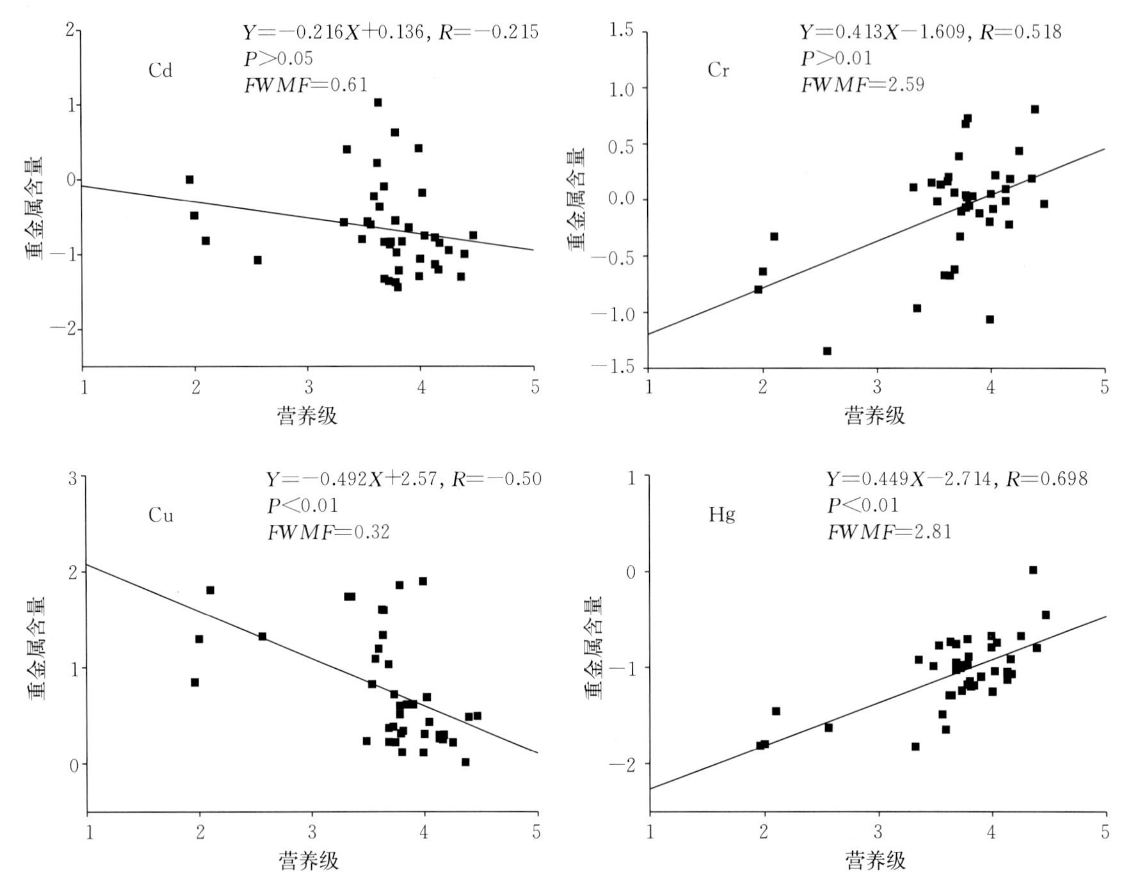

图6-41 莱州湾食物网各物种的重金属含量（Y，对数转化）与营养级的相关性（线性）

在主干食物链上亦呈明显的累积放大现象（图 6-42B，*BMF*>1.0，1.21～7.84）。Cr 从浮游动物向中上层和底层捕食者传递过程中分别放大 25.72 倍和 6.96 倍，底层食物链的放大倍数为 10.88 倍。

与 Hg 和 Cr 的趋势相反，Cd 在从低营养级向高营养级生物传递过程中未出现明显累积（多毛类 1.01 mg/kg 和浮游动物 0.19 mg/kg 高于顶级捕食者 0.10～0.11 mg/kg（图 6-42C）。全部生态类群中，头足类中的 Cd 含量（7.48 mg/kg）最高。Cd 仅在部分低营养级结构中的传递存在生物放大现象，如从初级消费者向甲壳类（*BMF*：1.24～6.05）和头足类（*BMF*：6.50～62.30）传递，以及从小型底层鱼类向中型底层鱼类（1.42）传递。与 Cd 类似，Cu 在低营养级类群的富集水平（浮游动物 34.94 mg/kg，多毛类 7.03 mg/kg）显著高于顶级捕食者（1.94～3.06）（图 6-42D）。Cu 在 5 条主干食物链上均存在生物稀释效应（*BMF*：0.06～0.28）。9 个生态类群中，头足类对 Cu 的蓄积能力最强（46.80 mg/kg），Cu 在从低营养级类群向甲壳类（*BMF*：1.10～5.46）和头足类（1.22～20.99）传递过程中出现生物放大现象。

整体上，Hg 和 Cr 在莱州湾食物链和食物网上呈显著的生物放大作用，而 Cd 和 Cu 的累积放大效应不明显。当前，关于 Hg 在海洋食物链（网）上的传递方面的研究普遍认为，Hg 在食物网存在明显的生物放大。这可能与汞的赋存形态及其生理特性有关。在生物体

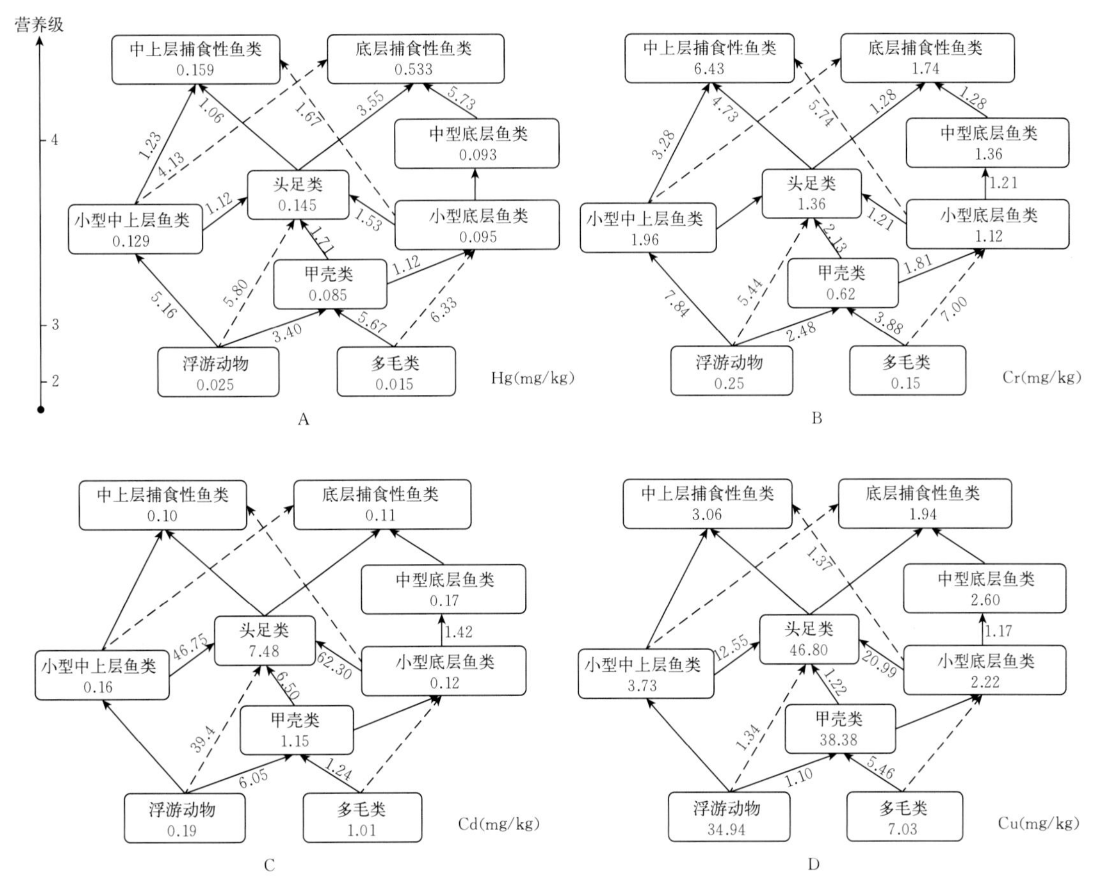

图 6-42　4 种重金属在莱州湾主干食物链（网）上的传递
实线代表主要摄食关系（粗体 $BMF>1$，正常 $BMF<1$），虚线代表次要摄食关系

内，MeHg 是 Hg 的主要赋存形态，由于蛋白质胱氨酸上存在大量巯基，而 MeHg 具对巯基或二巯基具有很强的结合能力，因此 MeHg 对蛋白（特别是肌肉蛋白）具有很强的附着力，外在表现为，生物对汞具有强富集能力（Farkas et al，2002）。相关研究表明，鱼类等高营养级生物体内的 MeHg 比例高于无脊椎动物，因此，高营养级生物对汞的富集能力更强（Dominik et al，2014）。其次，Hg 的生物放大作用可能与其代谢特征（吸收、存储和分解等）有关。Hg 在有机体内的生物半衰期较长，不易分解代谢，随营养级的升高，Hg 会逐渐累积到捕食者体内。最后，高级捕食者通常具有更复杂多样的饵料来源，因此从食物中获得 Hg 的概率更高。Hg 在海洋食物链（网）上的传递与生物放大及其他因素有关。本节中，浮游食物链对 Hg 的传递效率低于底层食物链，这可能与食物链上生物的栖息层次和生态习性有关。浮游食物链的顶级捕食者是蓝点马鲛，其属洄游性鱼类，仅在产卵育幼阶段回到莱州湾，其大部分生活史发生在外海，受污染物影响较小（陈大刚，1991）。

相对 Hg 而言，当前鲜有关于 Cr 在海洋食物网上的传递与累积放大特征及机制方面的研究，且多数研究的观点未达成一致。海洋生态系统中 Cr 的赋存形态是影响其食物链（网）上传递的关键因素。Cr 在水环境中通常以六价铬 Cr（Ⅵ）和三价铬 Cr（Ⅲ）存在。Cr 为必需元素，少量的 Cr（Ⅲ）可参与机体脂类与糖类代谢。然而，自然水体中 Cr（Ⅲ）的理化性质极不活泼，在水体中容易被悬浮物吸附，或与络合物配体结合后发生沉降，因此 Cr（Ⅲ）难以进入海洋食物链传递。与 Cr（Ⅲ）相反，Cr（Ⅵ）的理化性质活跃，溶解度高，容易在水体与生物间迁移累积，从而被生物吸收（Rowbotham et al，2000）。假设 Cr（Ⅵ）成为莱州湾生境中的主要铬形态，则发生食物链累积放大现象的概率较高。本研究未验证假设，需开展进一步工作，对莱州湾水体与沉积物中 Cr 的赋存形态进行分析。此外，表层海水溶氧含量高，Cr（Ⅵ）浓度大，间接解释了中上层食物链 Cr 的累积放大效率高于底层食物链的机制。Cu 是生命必需元素，能够参与鱼体内的酶催化反应、金属硫蛋白 MT 合成等生理代谢过程，体内受调控，难以产生在食物链上的生物放大作用。

（刘金虎、曹亮、窦硕增）

第五节　持久性污染物对渔业种群诱导的毒理效应

一、持久性有机污染物

持久性有机污染物（Persistent Organic Pollutants，POPs）由于其长期残留性、生物蓄积性、半挥发性和高毒性，对人类健康和生态环境具有严重危害而受到人们的重视。多环芳烃（PAHs）、有机氯农药（OCPs）和多溴联苯醚（PBDEs）、多氯联苯（PCBs）以及二噁英类物质是几类典型的持久性有机污染物（高秋生等，2018；穆希岩等，2016；王佩华等，2010）。

持久性有机污染物在我国的淡水和海洋环境中均有检出。我国七大江河中均检出多种 POPs，其中松花江、淮河、海河和珠江流域污染较为严重。我国淡水中 PAHs 的浓度均在 μg/L 级以下，PCBs 和 OCPs 的浓度均在 ng/L 级以下（员晓燕等，2013）。

二、POPs 对水生生物的毒性效应

绝大多数持久性污染物对生物体具有致癌、致畸、致突变性，它的存在对水生生物的生长发育、生殖、内分泌代谢等生物过程有不同的影响，表现出不同程度的毒性。特别是对渔业资源来说，污染物在鱼类、贝类等生物体内积累，随食物链传递，最终在人体内富集、放大，威胁人类健康。

多环芳烃类作为最早被确认具有潜在致癌性的一类环境污染物，被广泛地关注和研究。海洋贝类，因其独特的生理、生态特性，其健康程度可以指征当地水体环境状况，对脂溶性污染物具有很强的生物富集作用（Coughlan et al，2002）。有研究表明，芘、燃油、天然气等单一或复合的 PAHs 可以导致海洋贻贝（*Mytilus* spp.）不同组织细胞中溶酶体膜稳定性的显著下降，通过改变细胞的免疫应答而影响对 PAHs 胁迫的防御（Gomiero et al，2015）。崔志松等（2010）研究酞酸酯类和多环芳烃类对斑马鱼胚胎仔鱼的毒性，发现重庆市主城区嘉陵江和长江水中有机污染物对斑马鱼具有降低胚胎孵化率及增加仔鱼畸形率的毒性作用。

邻苯二甲酸酯作为一类环境激素，可以在生物体内代谢，也可在生物体内富集并传递。血液和肠是草鱼代谢 BBP 的最先场所，主要代谢产物为邻苯二甲酸单苄酯（Ge，2012）。虾类和螺类易富集 DEP 和 DBP，而鱼类和河蚌更容易富集脂溶性较强的 DEHP（张蕴晖等，2003）。

多溴联苯醚具有难降解、长距离迁移和易在脂肪组织中富集等特性，对人体和动物具有致癌性、神经毒性和甲状腺毒性。通过十溴联苯醚对鲤的毒性效应实验表明，十溴联苯醚的暴露会影响鲤的肝脏活性，CAT 和 Na^+/K^+-ATP 酶活性先受到诱导而升高，后受到抑制而降低（张泽光，2013）。杜青平等（2012）采用斑马鱼胚胎体内外微环境模拟实验发现，四溴双酚 A 暴露会致使斑马鱼的胚胎出现包囊水肿、尾部延伸不全和脊柱畸形等特征，并能造成胚胎的心脏功能受损、孵化率和生存率显著下降等毒性效应。这些结果都说明了水体中的四溴双酚 A 对斑马鱼胚胎发育有直接影响，对于鱼类的生殖发育具有潜在危害。

大多数持久性污染物具有高疏水性特征并且能够在生物体内形成生物富集，干扰机体内分泌系统的功能，危害机体的生殖发育、神经系统、免疫系统等。海洋中此类物质对海洋生态安全及海洋生物健康造成严重威胁，同时也会对海产品食用价值产生影响。

三、POPs 对饵料生物的毒性效应

藻类是在水产养殖中常用的活体饵料，具有营养全面、摄食方便、容易消化等优点，同时对水质也具有改良作用。常作饵料的微藻有蓝藻门中的钝顶螺旋藻、极大螺旋藻，绿藻门中的小球藻、扁藻、微绿球藻，硅藻门中的纤细角毛藻、牟氏角毛藻、三角褐指藻、中肋骨条藻、新月菱形藻、海链藻，金藻门中的球等鞭金藻、湛江等鞭金藻、绿色巴夫藻，红藻门中的紫球藻，褐藻门中的微拟球藻等（邱楚雯等，2018）。持久性有机污染物对微藻的生长繁殖、光合作用等过程具有不利的影响，微藻还可以富集水体中的持久性有机污染物，并通过食物链向渔业资源种群传递，进而影响人类健康（Qiu et al，2017）。陈秋兰等（2010）对三种农药对中肋骨条藻的毒性效应进行了研究，结果表明毒死蜱、三氯杀螨醇、乙草胺均能抑制中肋骨条藻的生长，其中乙草胺为高毒级。另一类重要的 POPs——多环芳烃对中肋骨条藻的生长也有显著的抑制作用，5 种 PAHs 荧蒽、芘、蒽、菲、萘的 72 h EC_{50} 分别为 18 μg/L、24 μg/L、39 μg/L、47 μg/L、489 μg/L（王丽平等，2007）。PCBs 对牟氏角毛藻的生长有明显的影响，高浓度的 PCBs 使牟氏角毛藻的 SOD 活性受到抑制，同时牟氏角毛藻显著富集了 PCBs（吴越等，2017）。

动物性饵料生物是水产动物苗种繁育过程中主要饵料来源，是取得育苗成功的关键因素之一，如轮虫、枝角类、卤虫、桡足类、糠虾类、端足类等（彭瑞冰等，2014）。刘泽君等（2017）探讨了 5 种杀虫剂对萼花臂尾轮虫的影响，其中毒死蜱、三氟氯氰菊酯、丁硫克百威、阿维菌素对萼花臂尾轮虫为剧毒，24 h LC_{50} 分别为 0.081 mg/L、0.003 mg/L、0.062 mg/L、0.005 mg/L。多环芳烃类物质萘影响了海洋桡足类动物火腿许水蚤的存活率，96 h LC_{50} 为 1 559.55 μg/L，并且使火腿许水蚤幼体的变态率、产卵率和抱卵雌体比率显著降低，但萘对火腿许水蚤的性别比和体长均未造成显著影响。在目前的环境浓度下，多环芳烃萘对海洋桡足类生物可能造成的生态风险较低（徐东晖等，2010）。

（李锋民）

第六节　新型污染物对渔业种群诱导的毒理效应

一、增塑剂对水生生物的毒性效应

增塑剂是一种被广泛使用的化工原料，它是澄清、无色、油状的液体，通常被添加到刚

性 PVC 塑料、油漆和黏合剂中，增加其柔韧性和可塑性。2011 年 5 月台湾增塑剂事件和 2012 年 11 月“酒鬼”酒被检出增塑剂，引起了整个社会对增塑剂的恐慌，使老百姓开始关注增塑剂问题。邻苯二甲酸酯（Phthalates Acid Esters，PAEs）是一类人工合成的具有不同侧链长度的酞酸酯类化合物，是世界上使用最广泛的一类塑料化工产品的增塑剂，其含量甚至可占塑料制品质量的 10%～60%（Earls et al，2003）。邻苯二甲酸酯仅通过氢键或范德华力连接到塑料的高分子碳链上，因此在塑料制品使用或处置过程中易浸出并释放到环境中，大量的塑料制品的消耗和持续的排放，PAEs 也随之释放进入环境，且其本身降解速率缓慢，使得许多水体、土壤、空气和生物环境样品中均有检出 PAEs，对生态环境造成影响（Staples et al，1997）。据统计，2010 年我国的 PAEs 使用量高达 1.36×10^{6} t，在 2010—2015 年，我国 PAEs 年均使用量增长了约 7.7%。

由于 PAEs 具有较高的脂溶性和环境持久性，较易进入生物体内，可以在生物体内富集并通过食物链逐级传递和放大，因此 PAEs 在水生生物体内也被广泛检出。邓冬富等在长江朱杨段和沱江富顺段的鱼类样本内检测到了邻苯二甲酸二乙酯（DEP）、邻苯二甲酸二丁酯（DBP）、邻苯二甲酸丁苄酯（BBP）和邻苯二甲酸（2-乙基）己酯（DEHP）。在朱杨段（邓冬富等，2012），圆筒吻鮈体内 PAEs 浓度最高，为 1 818.32 μg/kg，在富顺江段，鲤体内 PAEs 浓度最高，为 790.60 μg/kg。但该研究中并未观察到高营养级鱼类对 PAEs 的生物富集作用，这可能是不同鱼类的代谢转化水平不同导致的，仍有待进一步研究验证。石凤琼等对广东沿海海洋生物体内的 PAEs 浓度进行了检测，沿海海域不同生物样品中均检测到了 PAEs，15 种 PAEs 的总浓度范围为 48.9～2 136 μg/kg，平均值为 311 μg/kg（石凤琼等，2014）。南沙群岛海域鱼类、甲壳类、贝类和头足类样品中 PAEs 平均浓度分别为 84.4 μg/kg、75.7 μg/kg、58.3 μg/kg 和 23.6 μg/kg，浅海长尾鲨体内 PAEs 范围为 69.4～212 μg/kg，深海长尾鲨为 ND*～297 μg/kg，在所有被测生物样品体内 DEHP、DIBP 和 DBP 占 PAEs 总浓度的 54.9%～99.6%，为最主要的 PAEs 种类。

关于邻苯二甲酸酯对浮游藻类、浮游动物和哺乳类等生物的毒理实验均有报道，研究认为邻苯二甲酸酯是一种内分泌干扰物，对生物体生长发育或生殖系统都有一定影响，部分 PAEs 还具有“三致”效应，而且不同的 PAEs 对生物体的影响有差异。有大量研究 PAEs 对水生生物毒性效应的文献，这些研究涉及的水生生物包括单细胞藻类（短凯伦藻、短裸甲藻、杜氏盐藻、角毛藻等）（Liu et al，2016；别聪聪等，2012；Gao et al，2015），鱼类（斑马鱼、鲫、鲤、鲮、草鱼等）（Corradetti et al，2013；Qu et al，2015；Barse et al，2007；Ghorpade et al，2002；Ge，2012），底栖水生生物（贝类等）（Staples et al，1997），PAEs 进入水体后对这些生物造成一定的生长抑制效应、细胞毒性和生殖毒性。

邻苯二甲酸酯对浮游藻类的影响方面，Wilson 研究 DBP 对短裸甲藻的 96 h EC_{50} 的两次实验结果分别为 0.2 mg/L 和 0.003 4 mg/L（Wilson et al，1978）。并非所有浓度 PAEs 都是抑制作用，在一定浓度下，某种邻苯二甲酸酯还存在着促生长作用。刘春晓等（2015）在其论文中发现 DBP 浓度小于 4 mg/L 时，能够促进铜绿微囊藻的生长，提高细胞抗氧化酶活

---

* ND 表示未检出。——编者注

性，但无明显剂量关系效应；当浓度超过 8 mg/L 时，DBP 对铜绿微囊藻具有一定的抑制效果。黄博珠等的研究则表明在 DBP 浓度低于 50 μg/L 时，其对东海原甲藻、海洋小球藻、红胞藻生长都有显著促进作用（黄博珠等，2016）。说明不同 PAEs 对藻类的影响不同，机制也有可能不同。海洋中的 PAEs 对微藻的不同作用可能会导致海域内浮游植物优势种的变化，进而影响浮游动物生长和海洋生态系统稳定。

PAEs 对鱼类也有一定毒性。DBP 会使得鲍脂质代谢障碍，能量代谢紊乱，渗透调节失衡（Xu et al，2015）；也能够让斑马鱼巨噬细胞吞噬能力减弱，免疫能力受损（Agus et al，2015）；对鲤的转录过程和氧化还原酶都有影响。研究证明 DMP 可以通过与鲱精子 DNA 结合而改变 DNA 的结构（Zhao et al，2015），DEHP 在一定浓度下可以显著影响红鳍笛鲷幼鱼的组织酶活（秦洁芳等，2011）

二、不同烷基链长度的 PAEs 对短凯伦藻生长抑制作用

1. 不同烷基链长度 PAEs 对短凯伦藻藻细胞数目的影响

本研究选用 11 种 PAEs，包括邻苯二甲酸二甲酯（DMP）、邻苯二甲酸二乙酯（DEP）、邻苯二甲酸二烯丙酯（DAP）、邻苯二甲酸二丁酯（DBP）、邻苯二甲酸二异丁酯（DIBP）、邻苯二甲酸丁苄酯（BBP）、邻苯二甲酸二庚酯（DHP）、邻苯二甲酸二正辛酯（DOP）、邻苯二甲酸二（2-乙基）己酯（DEHP）、邻苯二甲酸二异壬酯（DINP）、邻苯二甲酸二异癸酯（DIDP）。在这 11 种 PAEs 分别作用下，短凯伦藻的生长受到一定的影响。图 6-43 为短凯伦藻在添加了不同浓度的不同 PAEs 培养液中的生长曲线，通过光学显微镜对短凯伦藻细胞观察，发现对照组的藻细胞轮廓清晰，为椭圆形个体，可以观察到明显的背腹沟壑，隐约可见两条鞭毛牵引细胞螺旋状剧烈运动。与对照组相比，DEP、DAP、DBP、DIBP、BBP 不同浓度组的藻细胞颜色暗淡、个体变小，说明对短凯伦藻的生长有显著影响。PAEs 培养液中藻细胞个数显著少于对照组，且随着时间的推移差异越大，浓度越高的 PAEs 培养液，其藻细胞数越少，不同浓度组间差异较大。而其他 6 种 PAEs 作用下，实验组与对照组的藻细胞数没有明显差异。表明短凯伦藻的生长受到 DEP、DAP、DBP、DIBP、BBP 的影响，不受其他 6 种 PAEs 的影响。

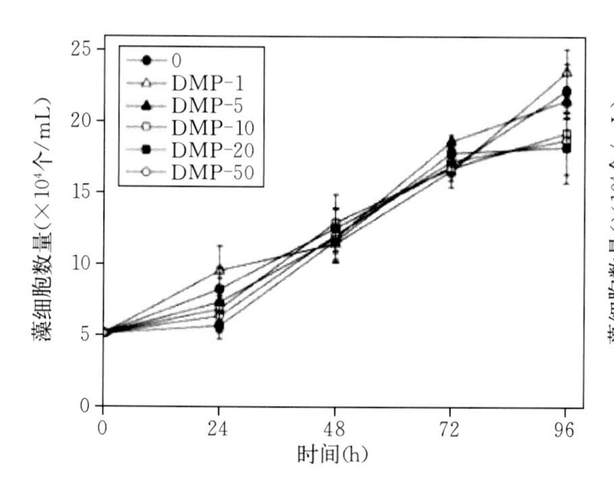

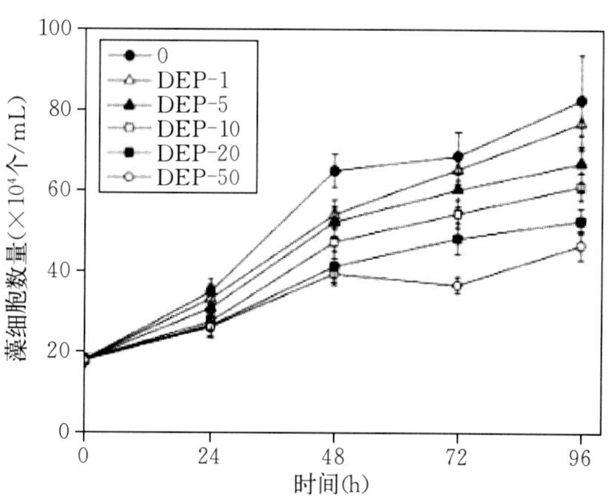

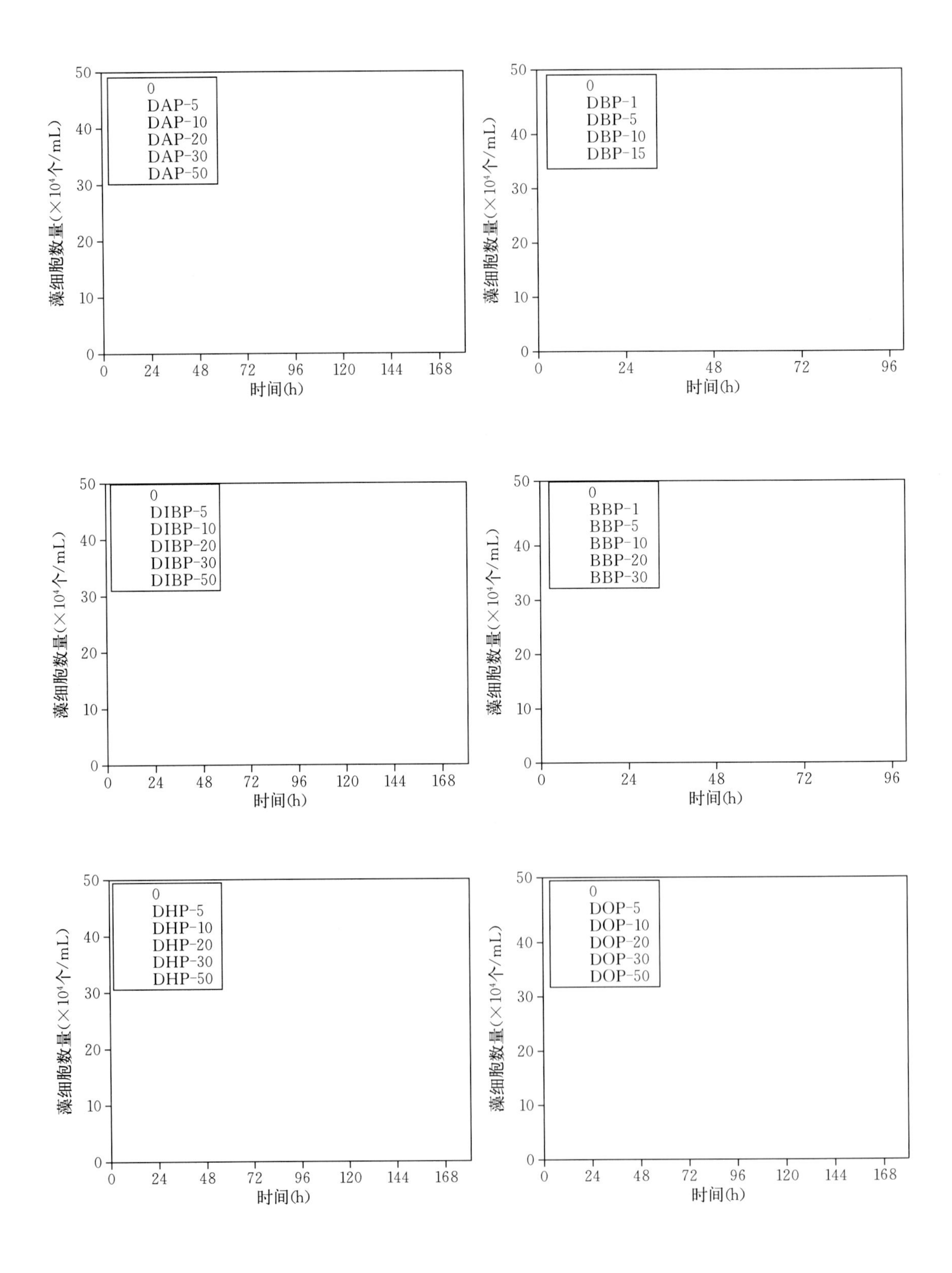
0
DAP-5
DAP-10
DAP-20
DAP-30
DAP-50
藻细胞数量(×10⁴个/mL)
时间(h)
0
DBP-1
DBP-5
DBP-10
DBP-15
0
DIBP-5
DIBP-10
DIBP-20
DIBP-30
DIBP-50
0
BBP-1
BBP-5
BBP-10
BBP-20
BBP-30
0
DHP-5
DHP-10
DHP-20
DHP-30
DHP-50
0
DOP-5
DOP-10
DOP-20
DOP-30
DOP-50

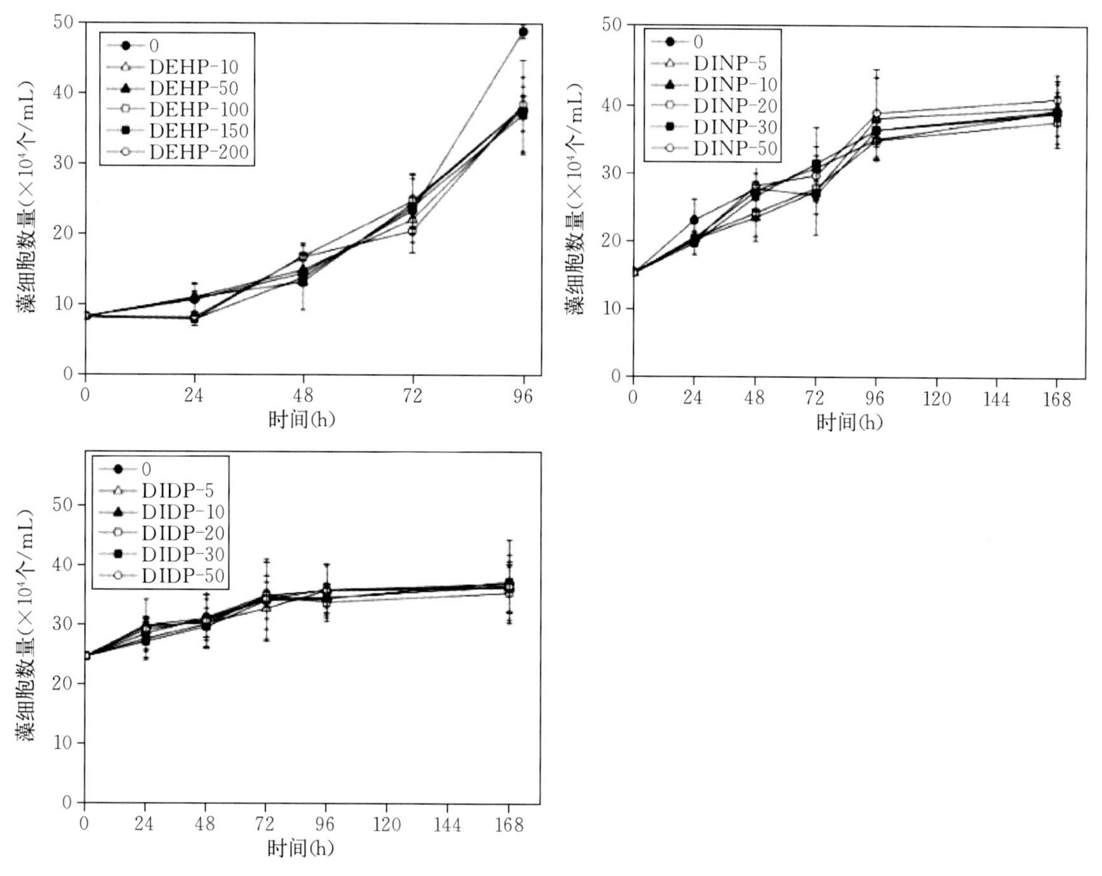

图 6-43　不同烷基链长度 PAEs 抑制短凯伦藻生长时的藻细胞数量

图 6-43 为通过生长曲线计算出的 DEP、DAP、DBP、DIBP、BBP 对短凯伦藻生长的抑制曲线。通过一直曲线可以更加直观地看出短凯伦藻生长受抑制的情况。短凯伦藻在 DEP、DAP、DBP、DIBP、BBP 作用下，被抑制率随时间的推移而逐渐增大，且高浓度组的 PAEs 的抑制率较低浓度组的大。以抑制率最大的 BBP 为例，在 96 h 时 30 mg/L BBP 实验组的抑制率达到最高值约为 70%。而在 DIBP 作用下，50 mg/L DIBP 实验组在 96 h 抑制率达到 70%后随时间的推移抑制率不再明显变化。而 BBP 浓度为 30 mg/L 时 96 h 抑制率就达到了 70%，这表明 BBP 对短凯伦藻的生长抑制作用更强。

为了更直观地比较不同烷基链长度的 11 种 PAEs 对短凯伦藻生长抑制作用的强弱，通过生长曲线，计算了 $EC_{50,96\,h}$（mg/L）（表 6-11）。

如表 6-11 所示，不同烷基链长度对短凯伦藻的生长抑制效果不同。烷基链长度较短的 PAEs（侧链 C 个数<6）对短凯伦藻的 $EC_{50,96\,h}$ 随着烷基链长度的增加而变小，说明其毒性逐渐增大。而 DMP 作为烷基链长度最短的 PAEs，并不遵循上述规律，这可能与短凯伦藻对 DMP 的降解有关。

烷基链长度较长的 PAEs（侧链 C 个数>6）的 $EC_{50,96\,h}$ 大于 50 mg/L，这可能与其较小的水溶性有关。BBP 是本研究中选用的 11 种 PAEs 中，对短凯伦藻生长抑制最强的，其

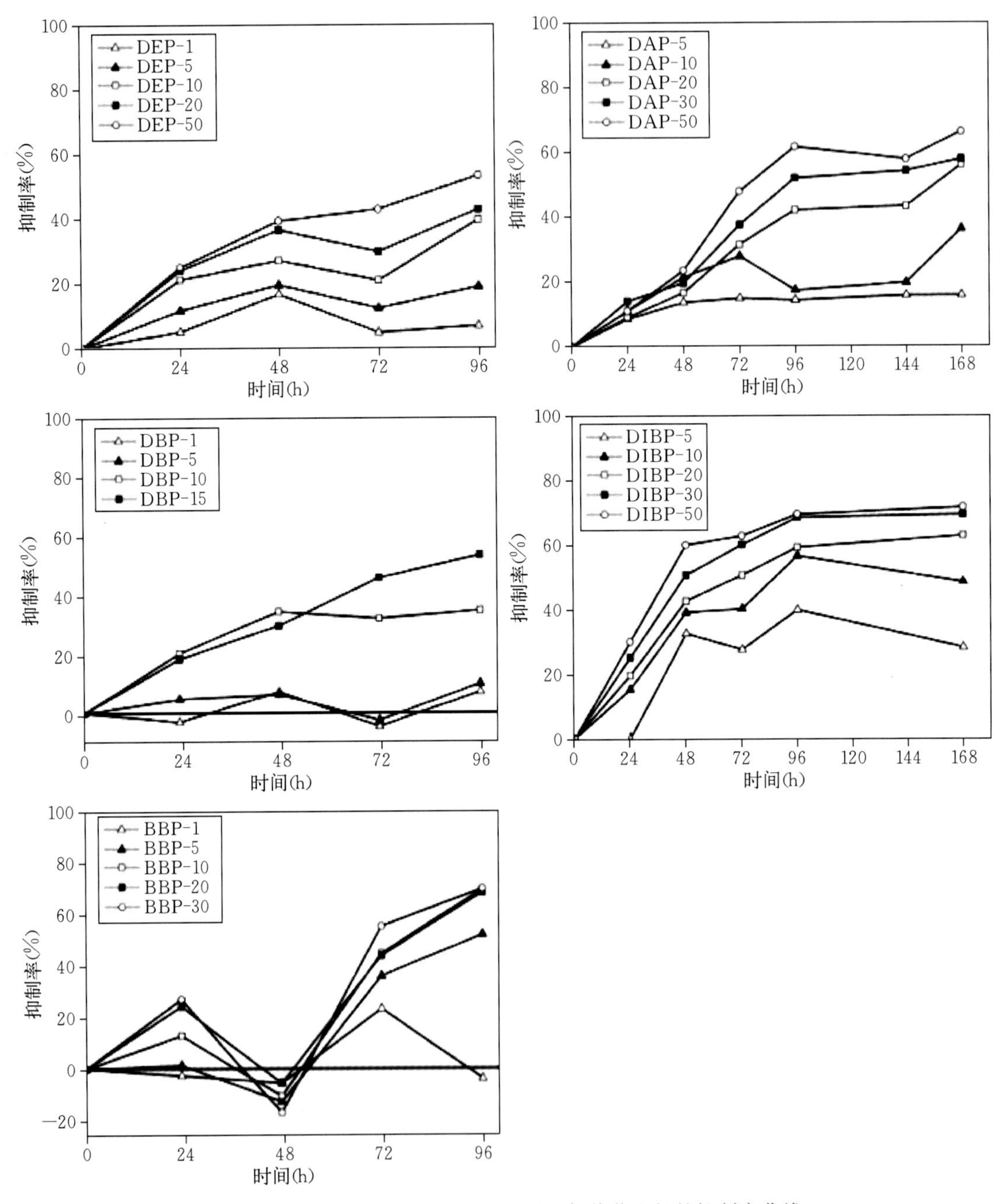

图 6-44　抑制作用明显的 PAEs 对短凯伦藻生长的抑制率曲线

表 6-11　不同烷基链长度 PAEs 对短凯伦藻的生长抑制作用

序号	增　塑　剂	缩写	烷基链长度	分子量	$EC_{50,96\,h}$ (mg/L)
1	邻苯二甲酸二甲酯	DMP	1	194.2	>50
2	邻苯二甲酸二乙酯	DEP	2	222.2	35.73

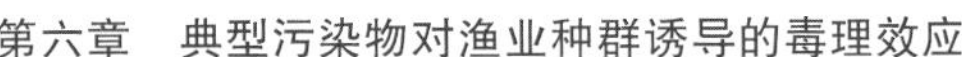

（续）

序号	增　塑　剂	缩写	烷基链长度	分子量	$EC_{50,96\,h}$（mg/L）
3	邻苯二甲酸二烯丙酯	DAP	3	246.2	29.85
4	邻苯二甲酸二丁酯	DBP	4	278.4	13.90
5	邻苯二甲酸二异丁酯	DIBP	4	278.4	8.55
6	邻苯二甲酸丁苄酯	BBP	4，6 ‘	312.4	4.77
7	邻苯二甲酸二庚酯	DHP	6	334.4	>50
8	邻苯二甲酸二辛酯	DOP	8	390.6	>50
9	邻苯二甲酸二（2-乙基）己酯	DEHP	8	390.6	>50
10	邻苯二甲酸二异壬酯	DINP	9	418.6	>50
11	邻苯二甲酸二异癸酯	DIDP	10	446.7	>50

$EC_{50,96\,h}$为 4.77 mg/L。其他 4 种对短凯伦藻生长具有抑制作用的 PAEs 包括 DEP、DAP、DBP、DIBP，其 $EC_{50,96\,h}$分别为 35.73 mg/L、29.85 mg/L、13.90 mg/L、8.55 mg/L。

2. 不同烷基链长度的 PAEs 对短凯伦藻叶绿素 a 含量的影响

藻细胞内叶绿素 a 的含量是表征藻细胞生物量的一个重要指标。图 6-45 为不同烷基链长度的 PAEs 作用 96 h 后，短凯伦藻藻细胞内叶绿素 a 含量的变化。结果显示，对短凯伦藻生长具有抑制作用的 PAEs 也影响其细胞内叶绿素 a 的含量。其规律与 PAEs 影响藻细胞个数的相似。在 DBP、DIBP、BBP 作用下，藻细胞内的叶绿素 a 含量有显著下降。DBP、BBP 浓度大于 10 mg/L 时，DIBP 浓度大于 5 mg/L 时，叶绿素 a 含量减少，且不随着浓度的继续升高而有显著变化。在其他几种 PAEs 作用下，与对照组相比，处理组叶绿素 a 含量未随着浓度的变化而出现显著变化。以 BBP 为例，对照组叶绿素 a 浓度为 23×10^{-4} mg/细胞；10 mg/L BBP 浓度组的叶绿素 a 浓度为 21.1×10^{-4} mg/细胞，与对照组相比降低了 8.26%；50 mg/L BBP 浓度组的叶绿素 a 浓度为 16.8×10^{-4} mg/细胞，与对照组相比降低了 26.96%。

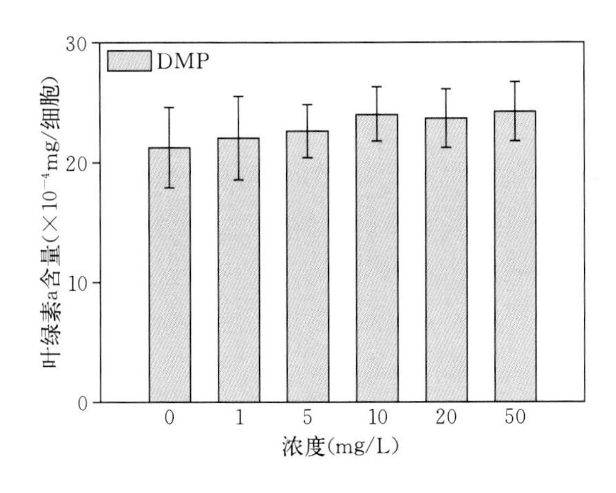

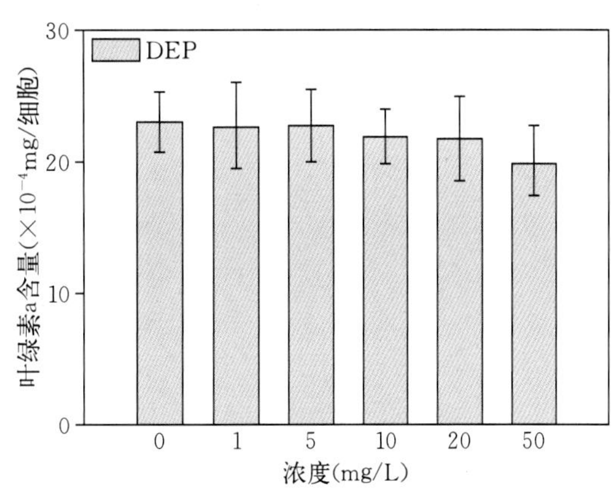

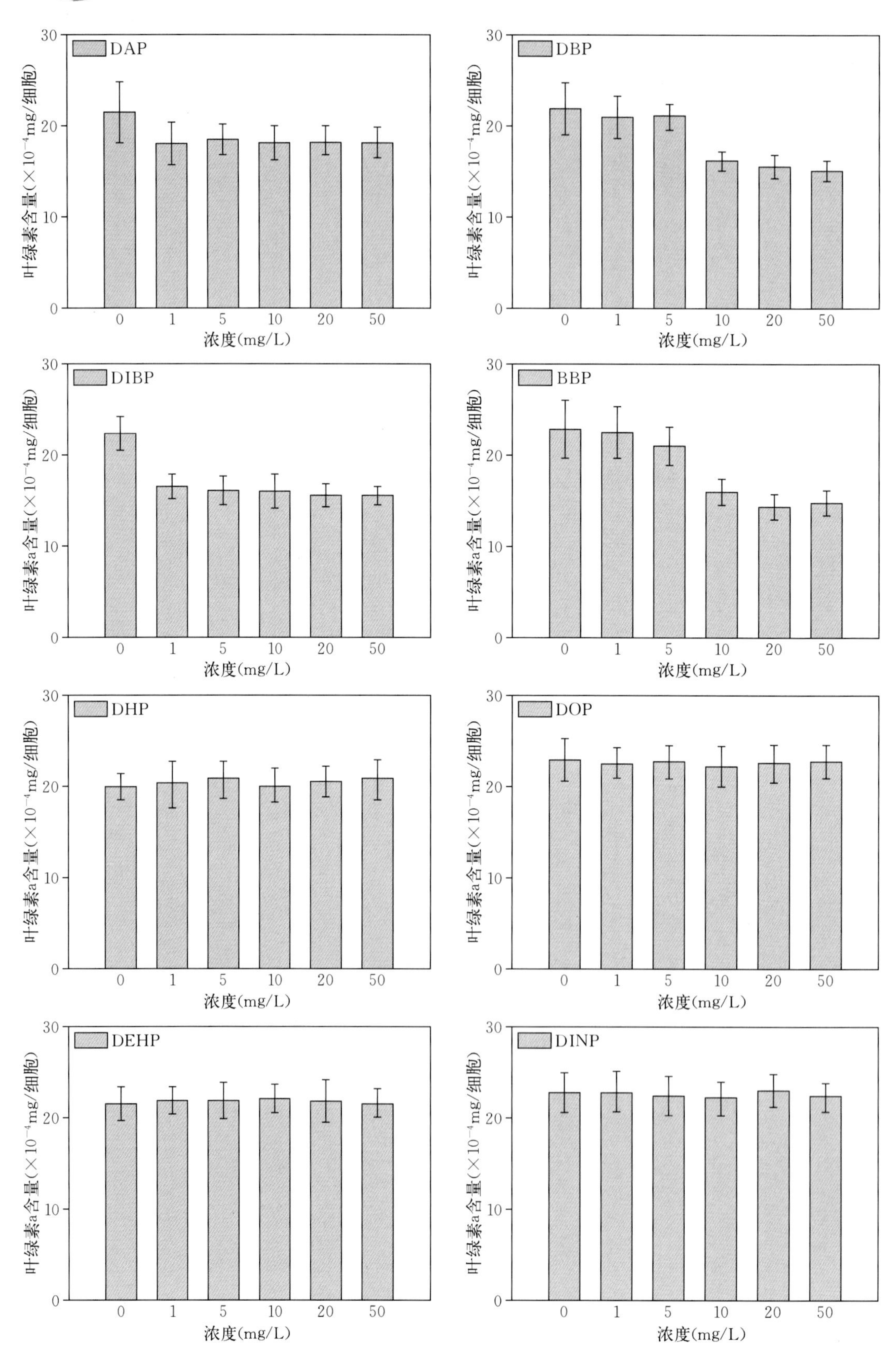
DAP
DBP
DIBP
BBP
DHP
DOP
DEHP
DINP
叶绿素含量(×10⁻⁴mg/细胞)
叶绿素a含量(×10⁻⁴mg/细胞)
浓度(mg/L)
0
10
20
30
0
1
5
10
20
50

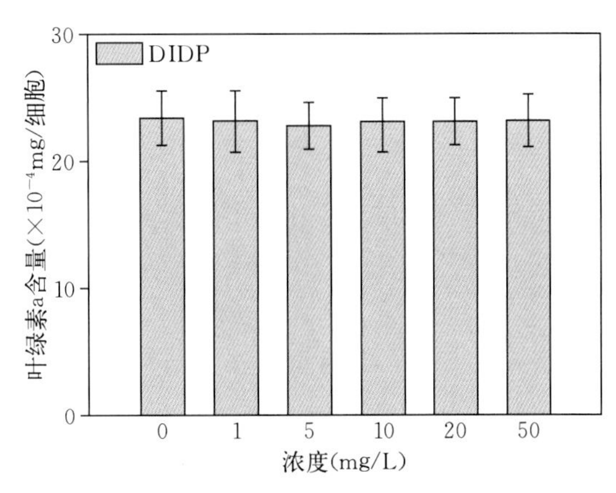

图 6－45　不同烷基链长度 PAEs 影响短凯伦藻的叶绿素 a 含量

该实验结果与 PAEs 抑制短凯伦藻生长的实验中观察到的现象吻合。在 DBP、DIBP、BBP 作用下，短凯伦藻藻液随着时间的推移，藻液颜色由棕黄色变为白色，且在对短凯伦藻生长抑制效果越强的 PAEs 作用下，藻液变白所需要的时间越短。

本节主要讨论了不同烷基链长度 PAEs 对短凯伦藻的生长抑制的作用。实验表明不同烷基链长的 PAEs 对短凯伦藻的生长抑制效果与其烷基链长度有关。当烷基链长度较小时（＜6），PAEs 对短凯伦藻的生长有抑制作用，且对短凯伦藻的毒性随着烷基链长的增加而增加。其中毒性最强的是 BBP，其 $EC_{50,96\,h}$ 为 4.77 mg/L。当烷基链长度较大时（＞6），PAEs 对短凯伦藻的生长没有显著影响。笔者的研究结果与 Staples（1997a）的研究相似，他们发现在鱼和无脊椎动物作为受试对象时，当 PAEs 的烷基链为 1～4 时，对受试对象的数目造成显著影响，而当烷基链长度大于 8 时，对受试对象的数目不造成影响。而 Yang et al（2010）研究了浓度为 0～7.5 mg/L 的 DBP 对三角褐指藻的影响，结果表明，与对照组相比，各 DBP 处理组对其生长具有影响。而本研究中 DBP 对短凯伦藻的 $EC_{50,96\,h}$ 为 13.90 mg/L，这表明 DBP 对藻类的生长具有抑制作用。

精确定量化叶绿素 a 是检测海洋和淡水环境中浮游生物生物量的有效手段。本节中检测了不同烷基链长度的 PAEs 作用下，对短凯伦藻细胞中叶绿素 a 含量的影响。本研究中，在 DBP、DIBP、BBP 作用下，藻细胞中的叶绿素 a 含量有显著下降，这表明 DBP、DIBP、BBP 影响了短凯伦藻的光合作用，使短凯伦藻的生长受到了抑制。

三、渤海表层水体中邻苯二甲酸酯的分布特征

2015 年春季（5 月）渤海大面站航次共采样站位 85 个站位，结果表明渤海总 PAEs 浓度在 0.61～39.62 μg/L，平均浓度为 6.431 μg/L，大部分海区 PAEs 总浓度均低于 5 μg/L（图 6－46）。检测出的主要的种类有 DMP、DEP、DIBP、DBP、BBP 和 DEHP 6 种，这 6 种的总量占增塑剂总浓度的 95%以上。通过对 6 种主要的 PAEs 做箱式图，分析发现 5 月渤海中典型 PAEs 主要由 DBP 和 BBP 贡献，DMP 含量最少（图 6－47）。DMP、DEP、DIBP、DEHP 的浓度主要集中在 1 μg/L 以内，BBP 的浓度较集中，大部分区域浓度均在 1～1.5 μg/L 范围内。受陆源污染物输入的影响，6 类 PAEs 均有高浓度异常值，此现象主要在近岸或河口附近产生。渤海 PAEs 总浓度变化范围较大，整体呈现近岸浓度较高，中部

浓度较低；主要分布于莱州湾南部、黄河口附近、渤海湾西北部（滦河入海口附近）以及辽东湾大部分海域。PAEs的来源主要为陆源输入，目前已发现的自然界中仅有少量的几种微生物能够合成PAE。PAEs集中分布在近岸和河口附近区域，而辽东湾整个海区PAEs浓度均偏高，辽东湾海流作用使得辽河排入的污染物扩散均匀。

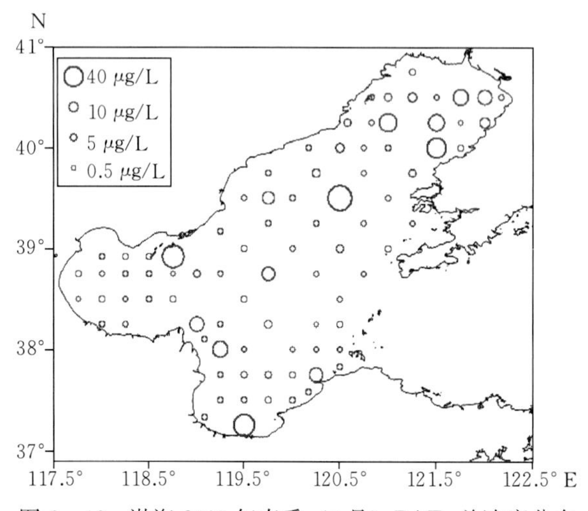

图6-46 渤海2015年春季（5月）PAEs总浓度分布

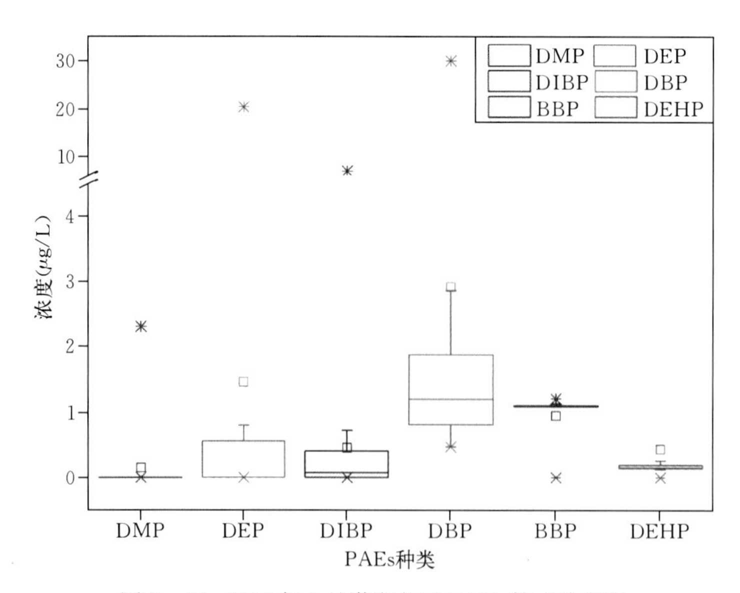

图6-47 2015年5月渤海主要PAEs箱式分布图

DMP、DEP、DIBP、DBP、BBP和DEHP这6种PAEs在85个采样点中的检出率分别为18.82%、32.94%、57.47%、100%、87.06%和97.65%，DBP、BBP和DEHP三种检出率最高，可能与这三种增塑剂用途广泛、使用量大有关（图6-48）。6种PAEs的浓度区间如表6-12所示，平均浓度排序为：DBP>DEP>BBP>DEHP>DIBP>DMP，其中DBP检出浓度最高，在0.510～30.158 μg/L，平均值为3.36 μg/L。分布上，以这6种PAEs单种的浓度做等值线图，发现不同PAEs的分布规律与总浓度有一定相似性（$P<0.05$），

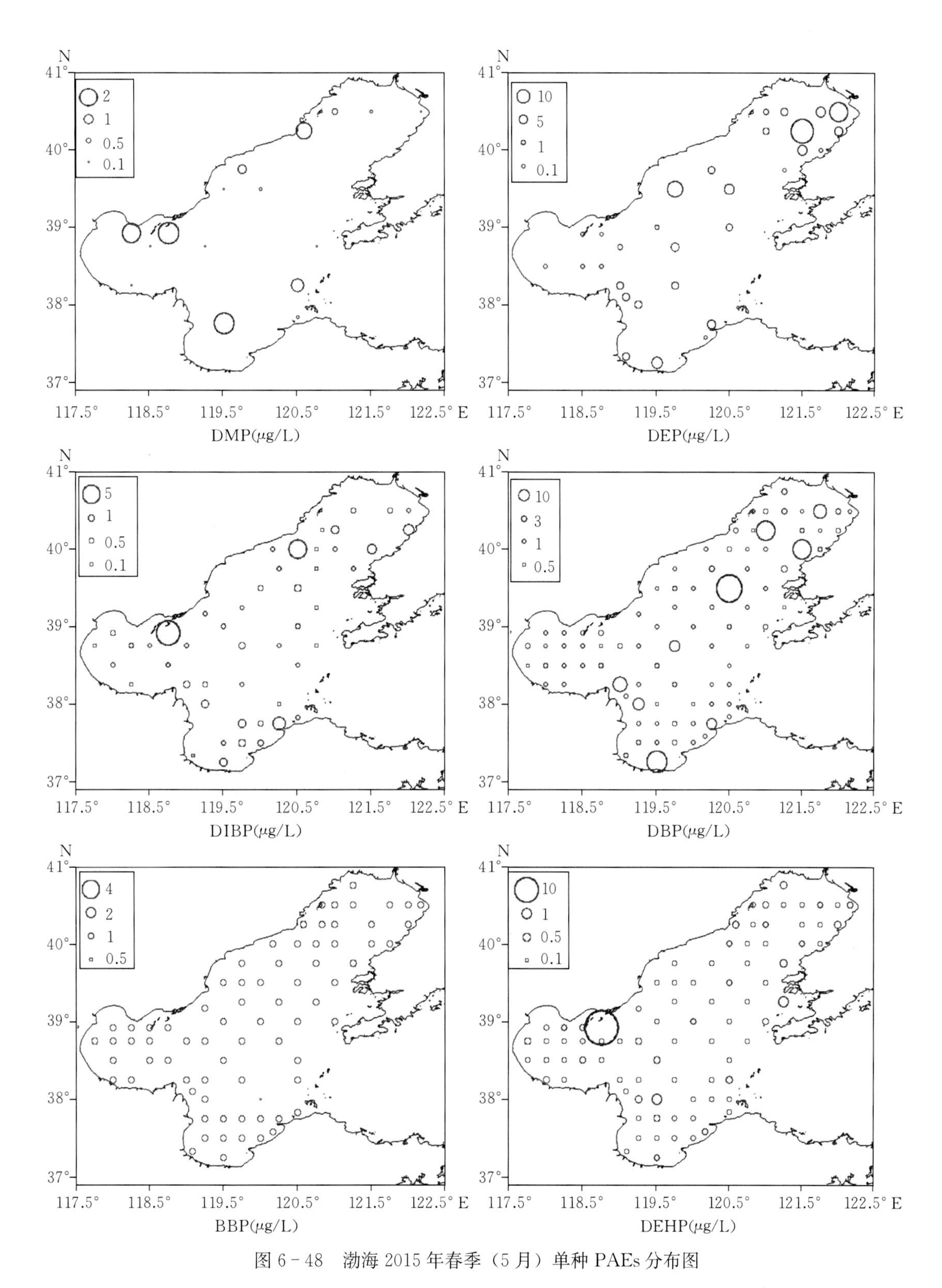

图 6-48 渤海 2015 年春季（5 月）单种 PAEs 分布图

却也略有不同。DMP 其分布主要在渤海北部沿岸、黄河口和莱州湾东部区域；DEP 主要集

中在莱州湾南部、黄河口附近以及辽东湾大部分地区；DIBP 分布主要集中在黄河口莱州湾东南部和辽东湾海域，呈现近岸高、远海低；DBP 主要集中在黄河口莱州湾东南部和辽东湾海域。BBP 在渤海中分布较均匀且大部分海域浓度在 0.8～1.2 μg/L，仅在渤海海峡附近、渤海湾和辽东湾中部区域未检出；DEHP 在渤海中分布也较均匀，在辽东湾近岸和黄河口处浓度有较高浓度。6 种 PAEs 的污染分布有差异，但在黄河口、辽河口和滦河附近 PAEs 的浓度值均在平均水平以上结果说明渤海近岸海域的污染状况主要受滦河、辽河、黄河等河流输入的影响。

表 6-12　2015 年 5 月渤海表层海水中 PAEs 的浓度分布（μg/L）

PAEs	浓度范围（μg/L）	平均值（μg/L）	检出率/%
DMP	ND～2.12	0.13	18.82%
DEP	0～20.45	2.1	32.94%
DIBP	0～4.67	0.56	57.47%
DBP	0.04～30.158	3.36	100%
BBP	ND～1.205	1.07	87.06%
DEHP	ND～1.086	0.69	97.65%
ΣPAEs	0.613～39.623	8.02	100%

注："ND" 表示该项未检出。

（李锋民）

参考文献

别聪聪，李锋民，李媛媛，等，2012. 邻苯二甲酸二丁酯对短裸甲藻活性氧自由基的影响［J］. 环境科学，32（2）：442-447.

曹亮，2010. 铜、镉对褐牙鲆（*Paralichthys olivaceus*）早期发育阶段的毒理效应研究［D］. 北京：中国科学院研究生院.

陈彩芳，沈伟良，霍礼辉，等，2012. 重金属离子 Cd^{2+} 对泥蚶鳃及肝脏细胞显微和超微结构的影响［J］. 水产学报，36（4）：522-528.

陈大刚，1991. 黄渤海渔业生态学［M］. 北京：海洋出版社：503.

陈秋兰，陈猛，郑森林，等，2010. 毒死蜱、乙草胺、三氯杀螨醇对中肋骨条藻的单一和二元联合毒性效应［J］. 海洋环境科学，29（6）：874-878.

崔志松，郑立，杨佰娟，2010. 两种海洋专性解烃菌降解石油的协同效应［J］. 微生物学报，50（3）：350-359.

邓冬富，闫玉莲，谢小军，2012. 长江朱杨段和沱江富顺段鱼类体内 6 种邻苯二甲酸酯的含量［J］. 淡水渔业，42（2）：55-60.

邓景耀，孟田湘，任胜民，1986. 渤海鱼类食物关系的初步研究［J］. 生态学报，6（4）：356-364.

刁书永，张立志，袁慧，2005. 镉中毒机理研究进展［J］. 动物医学进展，26（5）：49-51.

丁磊，黄鹤忠，吴康，等，2004. 镉对鲫非特异性免疫力的影响［J］. 农业环境科学学报，23（1）：64-66.

董书芸，胡前胜，2001. 水环境镉对鲫鱼免疫毒性的研究［J］. 中国公共卫生，17（3）：226-228.

杜丽娜，余若祯，王海燕，等，2013. 重金属镉污染及其毒性研究进展［J］. 环境与健康杂志，30（2）：

167 - 174.

杜青平，彭润，刘伍香，2012. 四溴双酚 A 对斑马鱼胚胎体内外发育的毒性效应［J］. 环境科学学报，32（3）：739 - 744.

高秋生，焦立新，杨柳，等，2018. 白洋淀典型持久性有机污染物污染特征与风险评估［J］. 环境科学，39（4）：1616 - 1627.

高双荣，梁爱华，易艳，等，2011. 雄黄中砷的不同形态及其毒性研究进展［J］. 中国实验方剂学杂志，17（24）：243 - 247.

胡宁静，石学法，刘季花，等，2011. 莱州湾表层沉积物中重金属分布特征和环境影响［J］. 海洋科学进展，29（1）：63 - 72.

黄博珠，何瑞，孙凯峰，等，2016. 邻苯二甲酸二丁酯对海洋微藻生长的影响［J］. 生态毒理学报，11（2）：292 - 299.

黄伟，2010. 汞、铅、锌对褐牙鲆（*Paralichthys olivaceus*）早期发育过程毒理作用的研究［D］. 北京：中国科学院研究生院.

惠天朝，王家刚，朱荫湄，等，2004. 镉对罗非鱼脑 AChE 及组织中代谢酶的影响［J］. 浙江大学学报（农业与生命科学版），30（6）：673 - 678.

金显仕，窦硕增，单秀娟，等，2015. 我国近海渔业资源可持续产出基础研究的热点问题［J］. 渔业科学进展，36（1）：124 - 131.

金显仕，赵宪勇，孟田湘，等，2005. 黄、渤海生物资源与栖息环境［M］. 北京：科学出版社.

李卫华，刘玉海，2011. 阴/阳离子交换色谱—电感耦合等离子体质谱法分析鱼和贝类海产品砷的形态［J］. 分析化学，39（10）：1577 - 1581.

凌善锋，华跃进，2005. 镉离子对鲫鱼肾细胞超微结构的影响［J］. 海洋湖沼通报，1：37 - 42.

刘春晓，王平，李海燕，等，2015. DBP 对铜绿微囊藻生长和抗氧化酶的影响［J］. 环境科学与技术，38（2）：7 - 12.

刘广绪，吴洪喜，柴雪良，等，2011. 重金属对滩涂贝类缢蛏精子的毒性作用［J］. 水生生物学报，35（6）：1043 - 1048.

刘建博，潘登，江安娜，等，2013. 镉暴露对文蛤雄性生殖细胞的影响［J］. 环境科学学报，33（7）：2036 - 2043.

刘建博，夏利平，徐瑞，等，2014. 镉离子对文蛤肝胰腺超微结构的影响［J］. 动物学杂志，49（5）：727 - 735.

刘泽君，唐雅丽，2017. 5 种杀虫剂对 3 种淡水浮游动物的急性毒性［J］. 安全与环境学报，17（2）：793 - 799.

穆希岩，黄瑛，李学锋，等，2016. 我国水体中持久性有机污染物的分布及其对鱼类的风险综述［J］. 农药学学报，18（1）：12 - 27.

那宏坤，黄清育，黄河清，2009. 差速离心结合蛋白质组学技术研究受镉盐胁迫后的牙鲆肝差异蛋白质［J］. 分析化学，37（7）：1019 - 1024.

彭瑞冰，蒋霞敏，乐可鑫，等，2014. 5 种饵料动物的营养成分分析及评价［J］. 水产学报，38（02）：257 - 264.

秦粉菊，金琎，顾华杰，等，2011. 纳米硒对镉胁迫下吉富罗非鱼非特异性免疫和抗氧化功能的影响［J］. 农业环境科学学报，30（6）：1044 - 1050.

秦洁芳，陈海刚，蔡文贵，等，2011. 邻苯二甲酸二乙基己酯（DEHP）胁迫下红鳍笛鲷不同组织生化指标的变化［J］. 农业环境科学学报，30（3）：409 - 415.

邱楚雯，王韩信，2018. 饵料藻类的研究进展［J］. 水产科技情报，45（3）：127 - 132.

任中华，2019. 铜、褐牙鲆早期生活史阶段的抗氧化和免疫系统对甲基汞毒性的响应［D］. 北京：中国科

学院研究生院.
石凤琼，2014. 广东沿海海洋生物体中邻苯二甲酸酯残留及其健康风险评价研究 [D]. 上海：上海海洋大学.
孙德文，詹勇，许梓荣，2003. 重金属对鱼类危害作用的研究 [J]. 水利渔业，23 (2)：4-6.
唐启升，苏纪兰，等，2002. 中国海洋生态系统动力学研究：Ⅱ渤海生态系统动力学过程 [M]，北京：科学出版社.
万祎，胡建英，安立会，等，2005. 利用稳定氮和碳同位素分析渤海湾食物网主要生物种的营养层次 [J]. 科学通报，50 (7)：708-711.
王兰，孙海峰，李春源，2002. 镉对长江华溪蟹精子发生的影响 [J]. 动物学报，48 (5)：677-684.
王丽平，郑丙辉，孟伟，2007. 多环芳烃对海洋硅藻中肋骨条藻的光毒性效应 [J]. 环境科学研究，20 (3)：128-132.
王佩华，赵大伟，聂春红，等，2010. 持久性有机污染物的污染现状与控制对策 [J]. 应用化工，39 (11)：1761-1765.
魏筱红，魏泽义，2007. 镉的毒性及其危害 [J]. 公共卫生与预防医学，18 (4)：44-46.
吴益春，赵元凤，吕景才，等，2006. 水生生物对重金属吸收和积累研究进展 [J]. 生物技术通报，20 (S1)：133-137.
吴越，陈星星，潘齐存，等，2017. 多氯联苯在两种海洋微藻中毒性效应及富集效应的研究 [J]. 海洋科学，41 (3)：61-67.
徐东晖，刘光兴，2010. 多环芳烃（萘）对火腿许水蚤（*Schmackeria poplesia*）急性和慢性毒性效应的研究 [J]. 生态毒理学报，5 (4)：543-548.
徐晓辉，樊廷俊，景毅，等，2013. 氯化镉对条斑星鲽卵巢细胞的毒性作用及其机理研究 [J]. 山东大学学报（理学版），48 (11)：1-6.
薛莹，金显仕，2003. 鱼类食性和食物网研究评述 [J]. 海洋水产研究，24 (2)：76-87.
杨纪明，2001. 渤海鱼类的食性和营养级研究 [J]. 现代渔业信息，16 (10)：10-19.
员晓燕，杨玉义，李庆孝，等，2013. 中国淡水环境中典型持久性有机污染物（POPs）的污染现状与分布特征 [J]. 环境化学，32 (11)：2072-2081.
张波，唐启升，2004. 渤、黄、东海高营养层次重要生物资源种类的营养级研究 [J]. 海洋科学进展，22 (4)：393-404.
张朝晖，李幸，吴端生，2011. 镉对红鲫免疫及生殖功能的影响 [J]. 实用预防医学，18 (1)：7-8.
张蕴晖，陈秉衡，郑力行，2003. 环境样品中邻苯二甲酸酯类物质的测定与分析 [J]. 环境与健康杂志，20 (5)：283-286.
张泽光，2013. 水环境中十溴联苯醚的生物富集特性及生物毒性研究 [D]. 上海：东华大学.
张彰，王茜，2003. 镉对长江华溪蟹精子发生过程中细胞核超微结构的影响 [J]. 中国水产，15 (2)：69-71.
赵红霞，詹勇，许梓荣，2003. 重金属对水生动物毒性的研究进展 [J]. 江西饲料，28 (2)：13-18.
赵艳芳，段元慧，尚德荣，等，2013. 我国几种重要经济贝类中砷的含量及其形态特征转化规律 [J]. 水产学报，37 (5)：735-741.
甄静静，叶方源，王都，等，2018. 镉离子对文蛤鳃上皮细胞超微结构的影响 [J]. 水产科学，37 (4)：39-44
庄平，赵优，章龙珍，等，2009. 3种重金属对长江口纹缟虾虎鱼早期发育的毒性作用 [J]. 长江流域资源与环境，18 (8)：719-726.
Agus HH, Sümer S, Erkoç F, 2015. Toxicity and molecular effects of di-n-butyl phthalate (DBP) on CYP1A, SOD, and GPx in *Cyprinus carpio* (common carp) [J]. Environmental Monitoring & Assess-

ment, 187 (7): 4622.

Allen P, 1995. Accumulation profiles of lead and cadmium in the edible tissues of *Oreochromis aureus* during acute exposure [J]. J Fish Biol, 47: 559 - 568.

Alquezar R, Markich SJ, Bootha DJ, 2006. Effects of metals on condition and reproductive output of the smooth toadfish in Sydney estuaries, south - eastern Australia [J]. Environ Pollut, 142 (1): 116 - 122.

Al - Yousuf MH, El - Shahawi MS, Al - Ghais SM, 2000. Trace metals in liver, skin and muscle of *Lethrinus lentjan* fish species in relation to body length and sex [J]. Sci Total Environ, 256 (2 - 3): 8794.

Alvarez S, Kolok AS, Jimenez LF, et al, 2012. Mercury concentrations in muscle and liver tissue of fish from marshes along the Magdalena River, Colombia [J]. B Environ Contam Tox, 89 (4): 836 - 840.

Alves LC, Glover CN, Wood CM, 2006. Dietary Pb accumulation in juvenile freshwater rainbow trout (*Oncorhynchus mykiss*) [J]. Archives of Environmental Contamination and Toxicology, 51 (4): 615 - 625.

Amachree D, Moody AJ, Handy RD, 2013. Comparison of intermittent and continuous exposures to cadmium in the blue mussel, *Mytilus edulis*: Accumulation and sub - lethal physiological effects [J]. Ecotoxicology & Environmental Safety, 95 (1): 19 - 26.

Anan Y, Kunito T, Tanabe S, et al, 2005. Trace element accumulation in fishes collected from coastal waters of the Caspian Sea [J]. Mar Pollut Bull, 51 (8 - 12): 882 - 888.

Andrady AL, Neal MA, 2009. Applications and societal benefits of plastics [J]. Philos T R Soc B, 364: 1977 - 1984.

Association of Official Analytical Chemist (AOAC), 1995. Official Methods of Analysis of AOAC International, 16th edn. AOAC Inc, Arlington, VA, USA.

Au DWT, Chiang MWL, Wu RSS, 2000. Effects of cadmium and phenol on motility and ultrastructure of sea urchin and mussel spermatozoa [J]. Archives of Environmental Contamination & Toxicology, 38 (4): 455 - 463.

Bagnyukova TV, Luzhna LI, Pogribny IP et al, 2007. Oxidative stress and antioxidant defenses in goldfish liver in response to short - term exposure to arsenite [J]. Environmental and Molecular Mutagenesis, 48 (8): 658 - 665.

Bao Y, Liu X, Zhang W, et al, 2016. Identification of a regulation network in response to cadmium toxicity using blood clam *Tegillarca granosa* as model [J]. Sci Rep, 6: 35704.

Barse AV, Chakrabarti T, Ghosh TK, et al, 2007. Endocrine disruption and metabolic changes following exposure of Cyprinus carpio to diethyl phthalate [J]. Pesticide biochemistry and physiology, 88 (1): 36 - 42.

Benaduce AP, Kochhann D, Flores EM, et al, 2008. Toxicity of cadmium for silver catfish Rhamdia quelen (Heptapteridae) embryos and larvae at different alkalinities [J]. Arch Environ Contam Toxicol, 54 (2): 274 - 282.

Berges - Tiznado ME, Marquez - Farias JF, Torres - Rojas Y, et al, 2015. Mercury and selenium in tissues and stomach contents of the migratory sailfish, *Istiophorus platypterus*, from the Eastern Pacific: concentration, biomagnification, and dietary intake [J]. Mar Pollut Bull, 101: 349 - 358.

Bergmann M, Wirzberger V, Krumpen T, et al, 2017. High quantities of microplastic in Arctic deep - sea sediments from the HAUSGARTEN observatory [J]. Environ Sci Technol, 51: 11000 - 11010.

Bertin G, Averbeck D, 2006. Cadmium: cellular effects, modifications of biomolecules, modulation of DNA repair and genotoxic consequences (a review) [J]. Biochimie, 88 (11): 1549 - 1559.

Beyers DW, Farmer MS, 2001. Effects of copper on olfaction of *Colorado pikeminnow* [J]. Environ Toxicol Chem, 20 (4): 907 - 912.

Bhattacharya P, Lin S, Turner JP, et al, 2010. Physical adsorption of charged plastic nanoparticles affects algal photosynthesis [J]. J Phys Chem C，114：16556 - 16561.

Boyle D，Brix KV，Amlund H，et al，2008. Natural Arsenic Contaminated Diets Perturb Reproduction in Fish [J]. Environ Sci Technol，42 (14)：5354 - 5360.

Bouwmeester H，Hollman PCH，Peters RJB，2015. Potential health impact of environmentally released micro - and nanoplastics in the human food production chain：Experiences from nanotoxicology [J]. Environ Sci Technol，49：8932 - 8947.

Browne MA，Galloway TS，Thompson RC，2010. Spatial patterns of plastic debris along estuarine shorelines [J]. Environ Sci Technol，44：3404 - 3409.

Brzoska MM，Moniuszko - Jakoniuk J，2005. Bone metabolism of male rats chronically exposed to cadmium [J]. Toxicology and Applied Pharmacology，207 (3)：195 - 211.

Brzoska MM，Moniuszko - Jakoniuk J，2005. Disorders in bone metabolism of female rats chronically exposed to cadmium [J]. Toxicology and Applied Pharmacology，202 (1)：68 - 83.

Calder PC，2006. Branched - Chain amino acids and immunity [J]. The Journal of Nutrition，136 (1)：288S - 293S.

Cao L，Huang W，Shan XJ，et al，2009. Cadmium toxicity to embryonic - larval development and survival in red sea bream *Pagrus major* [J]. Ecotoxicology & Environmental Safety，72 (7)：1966 - 1974.

Carreau ND，Pyle，GG，2005. Effect of copper exposure during embryonic development on chemosensory function of juvenile fathead minnows (*Pimephales promelas*) [J]. Ecotoxicol Environ Saf，61：1 - 6.

Carter DE，Aposhian HV，Gandolfi AJ，2003. The metabolism of inorganic arsenic oxides，gallium arsenide，and arsine：a toxicochemical review [J]. Toxicology and applied pharmacology，193 (3)：309 - 334.

Cavaletto M，Ghezzi A，Burlando B，et al，2002. Effect of hydrogen peroxide on antioxidant enzymes and metallothionein level in the digestive gland of Mytilus galloprovincialis [J]. Comparative Biochemistry and Physiology Part C：Toxicology & Pharmacology，131 (4)：447 - 455.

Cedervall T，Hansson LA，Lard M，et al，2012. Food chain transport of nanoparticles affects behaviour and fat metabolism in fish [J]. Plos One，7：e32254.

Chandurvelan R，Marsden ID，Gaw S，et al，2013. Biochemical biomarker responses of green - lipped mussel，Perna canaliculus，to acute and subchronic waterborne cadmium toxicity [J]. Aquatic Toxicology，140 (6)：303 - 313.

Chandurvelan R，Marsden ID，Gaw S，et al，2013. Waterborne cadmium impacts immunocytotoxic and cytogenotoxic endpoints in green - lipped mussel，*Perna canaliculus* [J]. Aquatic Toxicology，142 - 143：283 - 293.

Chang M，Wang WN，Wang AL，et al，2009. Effects of cadmium on respiratory burst，intracellular Ca^{2+} and DNA damage in thewhite shrimp *Litopenaeus vannamei* [J]. Comparative Biochemistry & Physiology Part C Toxicology & Pharmacology，149 (4)：581 - 586.

Cherkashin SA，Pryazhevskaya TS，Kovekovdova LT，et al，2008. Effect of copper on the survival of prelarvae of the Japanese anchovy *Engraulis japonicus* [J]. Russ J Mar Biol，34：336 - 339.

Chi Z，Wang D，You H，2016. Study on the mechanism of action between dimethyl phthalate and herring sperm DNA at molecular level [J]. Journal of Environmental Science and Health，Part B，51 (8)：553 - 557.

Christoffersen J，Christoffersen MR，Larsen R，et al，1988. INTERACTION of cadmium ions with calcium hydroxyapatite crystals - a possible mechanism contributing to the pathogenesis of cadmium - induced bone - diseases [J]. Calcified Tissue International，42 (5)：331 - 339.

Chouchene L, Banni M, Kerkeni A, et al, 2011. Cadmium-induced ovarian pathophysiology is mediated by change in gene expression pattern of zinc transporters in zebrafish (*Danio rerio*) [J]. Chemico-Biological Interactions, 193 (2): 172-179.

Cole M, Lindeque P, Fileman E, et al, 2015. Galloway, The impact of polystyrene microplastics on feeding, function and fecundity in the marine copepod *Calanus helgolandicus* [J]. Environ Sci Technol, 49: 1130-1137.

Corradetti B, Stronati A, Tosti L, et al, 2013. Bis-(2-ethylexhyl) phthalate impairs spermatogenesis in zebrafish (*Danio rerio*) [J]. Reproductive Biology, 13 (3): 195-202.

Coughlan B M, Hartl M G, O' Reilly S J, et al, 2002. Detecting genotoxicity using the Comet assay following chronic exposure of Manila clam *Tapes semidecussatus* to polluted estuarine sediments [J]. Mar Pollut Bull, 44 (12): 1359-1365.

Craig A, Hare L, Tessier A, 1999. Experimental evidence for cadmium uptake via calcium channels in the aquatic insect *Chironomus staegeri* [J]. Aquatic Toxicology, 44 (4): 255-262.

Cullen WR, Reimer KJ, 1989. Arsenic speciation in the environment [J]. Chemical Reviews, 89 (4): 713-764.

Cusimano RF, Brakke DF, Champman GA, 1986. Effects of pH on the toxicities of cadmium, copper and zinc to steelhead trout (*Salmo gairdneri*) [J]. Can J Fish. Aquat Sci, 43: 1497-1503.

Datta S, Ghosh D, Saha DR, et al, 2009. Chronic exposure to low concentration of arsenic is immunotoxic to fish: role of head kidney macrophages as biomarkers of arsenic toxicity to *Clarias batrachus* [J]. Aquatic Toxicology, 92 (2): 86-94.

Davey JC, Nomikos AP, Wungjiranirun M, et al, 2008. Arsenic as an endocrine disruptor: Arsenic disrupts retinoic acid receptor-and thyroid hormone receptor-mediated gene regulation and thyroid hormone-mediated amphibian tail metamorphosis [J]. Environmental Health Perspectives, 116 (2): 165-172.

Dawson A, Huston W, Kawaguchi S, et al, 2007. Uptake and depuration kinetics influence microplastic bioaccumulation and toxicity in Antarctic krill (*Euphausia superba*) [J]. Environ Sci Technol, 52: 3195-3201.

Dawson AL, Kawaguchi S, King CK, et al, 2018. Turning microplastics into nanoplastics through digestive fragmentation by Antarctic krill [J]. Nature communications, 9: 1001.

Dave G, Xiu RQ, 1991. Toxicity of mercury, copper, nickel, lead, and cobalt to embryos and larvae of zebrafish, *Brachydanio rerio* [J]. Arch Environ Contam Toxicol, 21: 126-134.

de Souza MM, Windmoller CC, Hatje V, 2011. Shellfish from Todos os Santos Bay, Bahia, Brazil: treat or threat? [J]. Mar Pollut Bull, 62: 2254-2263.

DeForest DK, Brix KV, Adams WJ, 2007, Assessing metal bioaccumulation in aquatic environments: the inverse relationship between bioaccumulation factors, trophic transfer factors and exposure concentration [J]. Aquat Toxicol, 84: 236-246.

Desta Z, Borgstrom R, Rosseland BO, et al, 2006. Major difference inmercury concentrations of the African big barb, *Barbus intermedius* (R.) due to shifts in trophic position [J]. Ecol Freshw Fish, 15: 532-543.

Devlin EW, 2006. Acute toxicity, uptake and histopathology of aqueous methyl mercury to fathead minnow embryos [J]. Ecotoxicology, 15 (1): 97-110.

DiToro DM, Mahony JD, Hansen DJ, 1990 Toxicity of cadmium in sediments: The role of acid volatile sulfide [J]. Environ Toxicol Chem, 9: 1487-1502.

Dominik J, Tagliapietra D, Bravo AG, Sigovini, M, et al, 2014. Mercury in the food chain of the Lagoon of Venice, Italy [J]. Mar Pollut Bull, 88: 194 - 206.

Domouhtsidou GP, Dimitriadis VK, 2000. Ultrastructural localization of heavy metals (Hg, Ag, Pb, and Cu) in gills and digestive gland of mussels, *Mytilus galloprovincialis* (L.) [J]. Archives of Environmental Contamination & Toxicology, 38 (4): 472 - 478.

Dong W, Liu J, Wei L X, et al, 2016. Developmental toxicity from exposure to various forms of mercury compounds in medaka fish (*Oryzias latipes*) embryos [J]. Peer J, 4: e2282.

Dong WQ, Sun HJ, Zhang Y, et al, 2018. Impact on growth, oxidative stress, and apoptosis - related gene transcription of zebrafish after exposure to low concentration of arsenite [J]. Chemosphere, 211: 648 - 652.

Dou SZ, 1995. Food utilization of adult flatfishes co - occurring in the Bohai Sea of China [J]. Neth J Sea Res, 34: 183 - 193.

Driessnack MK, Jamwal A, Niyogi S, 2017. Effects of chronic waterborne cadmium and zinc interactions on tissue - specific metal accumulation and reproduction in fathead minnow (*Pimephales promelas*) [J]. Ecotoxicology and Environmental Safety, 140: 65 - 75.

Earls AO, Axford IP, Braybrook JH, 2003. Gas chromatography - mass spectrometry determination of the migration of phthalate plasticisers from polyvinyl chloride toys and childcare articles. [J]. Journal of Chromatography A, 983 (1 - 2): 237 - 246.

El - Ebiary EH, Wahbi OM, El - Greisy ZA, 2013. Influence of dietary Cadmium on sexual maturity and reproduction of Red Tilapia [J]. The Egyptian Journal of Aquatic Research, 39 (4): 313 - 317.

Ellenberger SA, Baumann PC, May TW, 1994. Evaluation of effects caused by high copper concentrations in Torch Lake, Michigan, on reproduction of yellow perch [J]. J Great Lakes Res, 20: 531 - 536.

Elliott M, Hemingway KL, Krueger D, et al, 2003. From theIndividual to the Population and Community Responses to Pollution, in Effects of Pollution on Fish, Lawrence, AJ and Hemingway KL, Eds, New York: Blackwell, pp. 289 - 311.

Farkas A, Salänki J, Specziár A, 2002. Relation between growth and the heavy metal concentration in organs of bream *Abramis brama* L. populating Lake Balaton [J]. Arch Environ Con Tox, 43 (2): 236 - 243.

Farkas A, Salänki J, Specziár A, 2003. Age - and size - specific patterns of heavy metals in the organs of freshwater fish *Abramis brama* L. populating a low - contaminated site [J]. Water Res, 37 (5): 959 - 964.

Faucher K, Fichet D, Miramand P, et al, 2008. Impact of chronic cadmium exposure at environmental dose on escape behaviour in sea bass (*Dicentrarchus labrax* L.; Teleostei, Moronidae) [J]. Environmental Pollution, 151 (1): 148 - 157.

Faucher K, Fichet D, Miramand P, et al, 2006. Impact of acute cadmium exposure on the trunk lateral line neuromasts and consequences on the C - start response behaviour of the sea bass (*Dicentrarchus labrax* L.; Teleostei, Moronidae) [J]. Aquatic Toxicology, 76 (3): 278 - 294.

Fischer D, Li Y, Ahlemeyer B, et al, 2003. In vitro cytotoxicity testing of polycations: influence of polymer structure on cell viability and hemolysis [J]. Biomaterials, 24: 1121 - 1131.

Galloway T, Lewis C, Dolciotti I, et al, 2010. Sublethal toxicity of nano - titanium dioxide and carbon nanotubes in a sediment dwelling marine polychaete [J]. Environ Pollut, 158: 1748 - 1755.

Galloway TS, Lewis CN, 2016. Marine microplastics spell big problems for future generations [J]. Proc Natl Acad Sci USA, 113: 2331 - 2333.

Gao D, Xu ZE, Kuang XD, et al, 2014. Molecular characterization and expression analysis of the autophagic gene Beclin 1 from the purse red common carp (*Cyprinus carpio*) exposed to cadmium [J]. Comparative Biochemistry and Physiology C - Toxicology & Pharmacology, 160: 15 - 22.

Gao J, Chi J, 2015. Biodegradation of phthalate acid esters by different marine microalgal species [J]. Mar Pollut Bull, 99 (1-2): 70-75.

Gárriza A, del Fresnoa PS, Carriquiribordeb P, et al, 2019. Effects of heavy metals identified in Chascomús shallow lake on the endocrine-reproductive axis of pejerrey fish (*Odontesthes bonariensis*) [J]. Gen Comp Endocr, 273: 152-162.

Gauthier K, Chassande O, Plateroti M, et al, 1999. Different functions for the thyroid hormone receptors TRα and TRβ in the control of thyroid hormone production and post-natal development [J]. The EMBO journal, 18 (3): 623-631.

Ge J, 2012. Study on metabolism of N-Butyl Benzyl Phthalate (BBP) and Dibutyl Phthalate (DBP) in *Ctenopharyngodon idellus* by GC and LC-MS/MS [J]. African Journal of Agricultural Research, 7 (12).

Gebel T, 1997. Arsenic and antimony: comparative approach on mechanistic toxicology [J]. Chemico-biological Interactions, 107 (3): 131-144.

Gebel T, 2000. Confounding variables in the environmental toxicology of arsenic [J]. Toxicology, 144 (1-3): 155-162.

Gebel TW, 2001. Genotoxicity of arsenical compounds [J]. International Journal of Hygiene and Environmental Health, 203 (3): 249-262.

Geier G, Zwilling R, 1998. Cloning and characterization of a cDNA coding for Astacus embryonic astacin, a member of the astacin family of metalloproteases from the crayfish *Astacus astacus* [J]. European Journal of Biochemistry, 253 (3): 796-803.

Ghorpade N, Mehta V, Khare M, et al, 2002. Toxicity study of diethyl phthalate on freshwater fish *Cirrhina mrigala* [J]. Ecotoxicology & Environmental Safety. 53 (2): 255-258.

Ghosh D, Bhattacharya S, Mazumder S, 2006. Perturbations in the catfish immune responses by arsenic: organ and cell specific effects [J]. Comparative Biochemistry and Physiology Part C: Toxicology & Pharmacology, 143 (4): 455-463.

Giari L, Manera M, Simoni E, et al, 2007. Cellular alterations in different organs of European sea bass *Dicentrarchus labrax* (L.) exposed to cadmium [J]. Chemosphere, 67 (6): 1171-1181.

Giles MA, Klaverkamp JF, 1982. The acute toxicity of vanadium and copper to eyed eggs of rainbow trout (*Salmo gairdneri*) [J]. Water Res, 16: 885-889.

Gomiero A, Volpato E, Nasci C, et al, 2005. Use of multiple cell and tissue-level biomarkers in mussels collected along two gas fields in the northern Adriatic Sea as a tool for long term environmental monitoring [J]. Marine Pollution Bulletin, 93 (1-2): 228-244.

Gomot A, 1998. Toxic Effects of cadmium on reproduction, development, and hatching in the freshwater snaillymnaea stagnalisfor water quality monitoring [J]. Ecotoxicology and Environmental Safety, 41 (3): 288-297.

Groh KJ, Carvalho RN, Chipman JK, et al, 2015. Development and application of the adverse outcome pathway framework for understanding and predicting chronic toxicity: Ⅰ. Challenges and research needs in ecotoxicology [J]. Chemosphere, 120: 764-777.

Guardiola FA, Cuesta A, Meseguer J, et al, 2013. Accumulation, histopathology and immunotoxicological effects of waterborne cadmium on gilthead seabream (*Sparus aurata*) [J]. Fish & Shellfish Immunology, 35 (3): 792-800.

Guo W, Liu X, Liu Z, et al, 2010. Pollution and potential ecological risk evaluation of heavy metals in the sediments around Dongjiang Harbor, Tianjin [J]. Procedia Environmental Sciences, 2: 729-736.

Hallare AV, Schirling M, Luckenbacha T, et al, 2005. Combined effects of temperature and cadmium on developmental parameters and biomarker responses in zebrafish (*Danio rerio*) embryos [J]. J Therm Biol, 30: 7 - 17.

Halliwell B, 1994. Free radicals and antioxidants: a personal view [J]. Nutrition Reviews, 52 (8): 253 - 265.

Harper DD, Farag AM, Brumbaugh WG, 2008. Effects of acclimation on the toxicity of stream water contaminated with zinc and cadmium to juvenile cutthroat trout [J]. Arch Environ Contam Toxicol, 54: 697 - 704.

Harshvardhan K, Jha B, 2013. Biodegradation of low - density polyethylene by marine bacteria from pelagic waters [J]. Arabian Sea, India Mar Pollut Bull, 77: 100 - 106.

Harush - Frenkel O, Bivas - Benita M, Nassar T, et al, 2010. A safety and tolerability study of differently - charged nanoparticles for local pulmonary drug delivery, Toxicol [J]. Appl Pharmacol, 246: 83 - 90.

Hatakeyama S, Yasuno M, 1987. Chronic effects of cd on the reproduction of the guppy (poecilia - reticulata) through cd - accumulated midge larvae (chironomus - yoshimatsui) [J]. Ecotoxicology and Environmental Safety, 14 (3): 191 - 207.

Hepp LU, Pratas JAMS, Graca MAS, 2017. Arsenic in stream waters is bioaccumulated but neither biomagnified through food webs nor biodispersed to land [J]. Ecotoxicology and Environmental Safety, 139: 132 - 138.

Herrmann K, 1993. Effects of the anticonvulsant drug valproic acid and related substances on the early development of the zebrafish (*Brachydanio rerio*) [J]. Toxicol Vitro, 7: 41 - 54.

Hobson KA, Welch HE, 1992. Determination of trophic relationships within a high Arctic marine food web using $\delta^{13}C$ and $\delta^{15}N$ analysis [J]. Mar Ecol Prog Ser, 84: 9 - 18.

Hong S, Choi SD, Khim JS, 2018. Arsenic speciation in environmental multimedia samples from the Youngsan River Estuary, Korea: A comparison between freshwater and saltwater [J]. Environmental Pollution, 237: 842 - 850.

Horowitz AJ, Elrick KA, 1987. The relation of stream sediment surface area, grain size and composition to trace element chemistry [J]. Appl Geochem, 2 (4): 437 - 451.

Huang C, Ke Q, Costa M, et al, 2004. Molecular mechanisms of arsenic carcinogenesis [J]. Molecular and cellular biochemistry, 255 (1 - 2): 57 - 66.

Huang TL, Obih PO, Jaiswal R, et al, 1997. Evaluation of liver and brain esterases in the spotted gar fish (*Lepisosteus oculatus*) as biomarkers of effect in the lower Mississippi River Basin [J]. Bulletin of Environmental Contamination and Toxicology, 58 (5): 688 - 695.

Huang W, Cao L, Shan XJ, et al, 2011. Toxicity testing of waterborne mercury with red sea bream (*Pagrus major*) embryos and larvae [J]. B Environ Contam Tox, 86 (4): 398 - 405.

Huang W, Cao L, Liu J H, et al, 2010a. Short - term mercury exposure affecting the development and antioxidant biomarkers of Japanese flounder embryos and larvae [J]. Ecotoxicol Environ Saf, 73 (8): 1875 - 1883.

Huang W, Cao L, Shan XJ, et al, 2010b. Toxic effects of zinc on the development, growth and survival of red sea bream *Pagrus major* embryos and larvae [J]. Arch Environ Contam Toxicol, 58 (1): 140 - 150.

Hwang PP, Tung YC, Chang MH, 1996. Effect of environmental calcium levels on calcium uptake in tilapia larvae (*Oreochromis mossambicus*) [J]. Fish Physiol Biochem, 15: 363 - 370.

Ivanina AV, Hawkins C, Sokolova IM, 2014. Immunomodulation by the interactive effects of cadmium and hypercapnia in marine bivalves Crassostrea virginica and Mercenaria mercenaria [J]. Fish Shellfish Immu-

nol, 37 (2): 299 - 312.

Iwanaga S, Lee B, 2005. Recent Advances in the Innate Immunity of Invertebrate Animals [J]. Journal of biochemistry and molecular biology, 38: 128 - 150.

Jabeen K, Lei S, Li J, et al, 2017. Microplastics and mesoplastics in fish from coastal and fresh waters of China, Environ [J]. Pollut, 221: 141 - 149.

Jang MH, Kim WK, Lee SK, et al, 2014. Uptake, tissue distribution, and depuration of total silver in common carp (*Cyprinus carpio*) after aqueous exposure to silver nanoparticles [J]. Environ Sci Technol, 48: 11568 - 11574.

Jezierska B, Ługowska K, Witeska M, 2009. The effects of heavy metals on embryonic development of fish (a review) [J]. Fish Physiol Biochem, 35 (4): 625 - 640.

Jezierska B, Słominska I, 1997. The effect of copper on common carp (*Cyprinus carpio* L.) during embryonic and postembryonic development [J]. Pol Arch Hydrobiol, 44: 261 - 272.

Ji C, Wang Q, Wu H, et al, 2016. A metabolomic study on the biological effects of metal pollutions in oysters *Crassostrea sikamea* [J]. Marine Pollution Bulletin, 102 (1): 216 - 222.

Ji C, Wu H, Zhou M, et al, 2015. Multiple biomarkers of biological effects induced by cadmium in clam *Ruditapes philippinarum* [J]. Fish & Shellfish Immunology, 44 (2): 430 - 435.

Ji C, Xu H, Wang Q, et al, 2015. Comparative investigations on the biological effects of As (Ⅲ) and As (Ⅴ) in clam *Ruditapes philippinarum* using multiple biomarkers [J]. Fish Shellfish Immunol, 47 (1): 79 - 84.

Ji C, Yu D, Wang Q, et al, 2016. Impact of metal pollution on shrimp *Crangon affinis* by NMR - based metabolomics [J]. Marine Pollution Bulletin, 106 (1 - 2): 372 - 376.

Jin Y, Liu Z, Liu F, et al, 2015. Embryonic exposure to cadmium (Ⅱ) and chromium (Ⅵ) induce behavioral alterations, oxidative stress and immunotoxicity in zebrafish (*Danio rerio*) [J]. Neurotoxicology and Teratology, 48: 9 - 17.

Johnson A, Carew E, Sloman KA, 2007. The effects of copper on the morphological and functional development of zebrafish embryos [J]. Aquat Toxicol, 84: 431 - 438.

Kaoud HA, Zaki MM, El - Dahshan AR, et al, 2011. Amelioration the Toxic Effects of Cadmium - Exposure in Nile Tilapia (*Oreochromis niloticus*) by using *Lemna gibba* L [J]. Life Science Journal - Acta Zhengzhou University Overseas Edition, 8 (1): 185 - 195.

Kazlauskiene N, Stasiunaite P, 1999. The lethal and sublethal effect of heavy metal mixture on rainbow trout (*Oncorhynchus mykiss*) in its early stages of development [J]. Acta Zool Lituanica Hydrobiol, 1: 47 - 54.

Khan AT, Weis JS, 1987. Effects of methylmercury on sperm and egg viability of two populations of killifish (*Fundulus hetroclitus*) [J]. Arch Environ Contam Toxicol, 16: 499 - 505.

Kime DE, 1984. The effect of cadmium on steroidogenesis by testes of the rainbow trout, *Salmo gairdneri* [J]. Toxicology Letters, 22 (1): 83 - 88.

Kime DE, Ebrahimi M, Nysten K, et al, 1996. Use of computer assisted sperm analysis CASA for monitoring the effects of pollution on sperm quality of fish; application to effects of heavy metals [J]. Aquat Toxicol, 36: 223 - 237.

Kirubagaran R, Joy KP, 1988. Toxic effects of mercuric chloride, methylmercuric chloride, and emisan 6 (an organic mercurial fungicide) on ovarian recrudescence in the catfish *Clarias batrachus* (L.) [J]. B Environ Contam Tox, 41 (4 - 6): 902 - 909.

Kishimura H, Tokuda Y, Yabe M, et al, 2007. Trypsins from the pyloric ceca of jacopever (*Sebastes schlegelii*) and elkhorn sculpin (*Alcichthys alcicornis*): isolation and characterization [J]. Food Che,

100: 1490 - 1495.

Klein - Macphee G, Cardin JA, Berry WJ, 1984. Effects of silver on eggs and larvae of the winter flounder [J]. T Am Fish Soc, 113 (2): 247 - 251.

Kluytmans JH, Brands F, Zandee DI, 1988. Interactions of cadmium with the reproductive cycle of Mytilus edulis L [J]. Marine Environmental Research, 24 (1): 189 - 192.

Kolandhasamy P, Su L, Li J, Qu X, et al, 2018. Adherence of microplastics to soft tissue of mussels: A novel way to uptake microplastics beyond ingestion [J]. Sci Total Environ, 610: 635 - 640.

Kumar R, Banerjee TK, 2012. Analysis of Arsenic bioaccumulation in different organs of the nutritionally important catfish, *Clarias batrachus* (L.) exposed to the trivalent arsenic salt, sodium arsenite [J]. Bulletin of Environmental Contamination and Toxicology, 89 (3): 445 - 449.

Lam SH, Winata CL, Tong Y, et al, 2006. Transcriptome kinetics of arsenic - induced adaptive response in zebrafish liver [J]. Physiological Genomics, 27 (3): 351 - 361.

Langner HW, Jackson CR, Mcdermott TR, et al, 2001. Rapid oxidation of arsenite in a hot spring ecosystem, Yellowstone National Park [J]. Environmental Science & Technology, 35 (16): 3302 - 3309.

Lavers JL, Bond AL, Hutton I, 2014. Plastic ingestion by flesh - footed shearwaters (*Puffinus carneipes*): implications for chick body condition and the accumulation of plastic - derived chemicals [J]. Environ Pollut, 187: 124 - 129.

Lavoie RA, Hebert CE, Rail JF, et al, 2010. Trophic structure and mercury distribution in a Gulf of St. Lawrence (Canada) food web using stable isotope analysis [J]. Sci Total Environ, 408: 5529 - 5539.

Lawrence AJ, 2003. Molecular effect and population response [M]//: Effects of Pollution on Fish, Lawrence, AJ and Hemingway KL, Eds, New York: Blackwell, 256 - 288.

Le Guevel R, Petit FG, Le Goff P, et al, 2000. Inhibition of rainbow trout (*Oncorhynchus mykiss*) estrogen receptor activity by cadmium [J]. Biology of Reproduction, 63 (1): 259 - 266.

Li D, Lu C, Wang J, et al, 2009. Developmental mechanisms of arsenite toxicity in zebrafish (*Danio rerio*) embryos [J]. Aquatic Toxicology, 91 (3): 229 - 237.

Li M, Yang W, Sun T, et al, 2016. Potential ecological risk of heavy metal contamination in sediments and macrobenthos in coastal wetlands induced by freshwater releases: A case study in the Yellow River Delta, China [J]. Marine Pollution Bulletin, 103 (1 - 2): 227 - 239.

Li X, Ma Y, Li D, et al, 2012. Arsenic impairs embryo development via down - regulating Dvr1 expression in zebrafish [J]. Toxicology Letters, 212 (2): 161 - 168.

Liang C, Wei H, Liu J, et al, 2010. Accumulation and oxidative stress biomarkers in Japanese flounder larvae and juveniles under chronic cadmium exposure [J]. Comparative Biochemistry & Physiology Part C Toxicology & Pharmacology, 151 (3): 386 - 392.

Liao C, Tsai J, Ling M, et al, 2004. Organ - specific toxicokinetics and dose - response of arsenic in tilapia *Oreochromis mossambicus* [J]. Archives of Environmental Contamination and Toxicology, 47 (4): 502 - 510.

Lin HC, Dunson WA, 1993. The effect of salinity on the acute of cadmium to the tropical, estuarine, hermaphroditic fish, *Rivulus marmoratus*: a comparison of Cd, Cu, and Zn tolerance with *Fundulus heteroclitus* [J]. Arch Environ Contam Toxicol, 25: 41 - 47.

Lin S, Wang X, Ji Z, et al, 2014. Aspect ratio plays a role in the hazard potential of CeO2 nanoparticles in mouse lung and zebrafish gastrointestinal tract [J]. ACS nano., 8, 4450 - 4464.

Liu C, Zhang X, Deng J, et al, 2010. Effects of prochloraz or propylthiouracil on the cross - talk between the HPG, HPA, and HPT axes in zebrafish [J]. Environmental Science & Technology, 45 (2):

769 - 775.

Liu D, Chen Z, Liu Z, 2013. Analysis of reactive oxygen species, Ca^{2+}, and Hsp70 in the gill and mantle of clams *Ruditapes philippinarum* exposed in cadmium [J]. Microsc Res Tech, 76 (12): 1297 - 1303.

Liu N, Wen F, Li F, et al, 2016. Inhibitory mechanism of phthalate esters on Karenia brevis [J]. Chemosphere, 155: 498 - 508.

Long ER, MacDonald DD, Smith SL, et al, 1996. Incidence of adverse biological effects within ranges of chemical concentrations in marine and estuarine sediments [J]. Environ Manage, 19 (1): 81 - 97.

Lu Y, Zhang Y, Deng Y, et al, 2016. Uptake and accumulation of polystyrene microplastics in zebrafish (*Danio rerio*) and toxic effects in liver [J]. Environ Sci Technol, 50: 4054 - 4060.

Ługowska K, 2005. Effect of copper and cadmium on carp (*Cyprinus carpio* L.) embryogenesis and larval quality [D]. PhD thesis. University of Podlasie, Prusa, Siedlce, Poland.

Macdonald A, Silk L, Schwartz M, et al, 2002. A lead - gill binding model to predict acute lead toxicity to rainbow trout (*Oncorhynchus mykiss*) [J]. Comparative Biochemistry and Physiology C—Toxicology & Pharmacology, 133 (1 - 2): 227 - 242.

Magellan K, Barral - Fraga L, Rovira M, et al, 2014. Behavioural and physical effects of arsenic exposure in fish are aggravated by aquatic algae [J]. Aquat Toxicol, 156: 116 - 124.

Ma - Hock L, Landsiedel R, Wiench K, et al, 2012. Short - term rat inhalation study with aerosols of acrylic ester - based polymer dispersions containing a fraction of nanoparticles [J]. Int J Toxicol, 31: 46 - 57.

Mao Y, Li Y, Richards J, et al, 2013. Investigating uptake and translocation of mercury species by sawgrass (*Cladium jamaicense*) using a stable isotope tracer technique [J]. Environmental Science & Technology, 47 (17): 9678 - 9684.

Mattsson K, Ekvall MT, Hansson LA, et al, 2015. Cedervall, Altered behavior, physiology, and metabolism in fish exposed to polystyrene nanoparticles [J]. Environ Sci Technol, 49: 553 - 561.

McCollum CW, Hans C, Shah S, et al, 2014. Embryonic exposure to sodium arsenite perturbs vascular development in zebrafish [J]. Aquatic Toxicology, 152: 152 - 163.

Mi G, Klerks PL, Xing W, et al, 2016. Metal Concentrations in sediment and biota of the huludao coast in Liaodong Bay and associated human and ecological health risks [J]. Archives of Environmental Contamination & Toxicology, 71 (1): 87.

Morcillo P, Cordero H, Meseguer J, et al, 2015. In vitro immunotoxicological effects of heavy metals on European sea bass (*Dicentrarchus labrax* L.) head - kidney leucocytes [J]. Fish & Shellfish Immunology, 47 (1): 245 - 254.

Morcillo P, Cordero H, Meseguer J, et al, 2015. Toxicological in vitro effects of heavy metals on gilthead seabream (*Sparus aurata* L.) head - kidney leucocytes [J]. Toxicology in Vitro, 30 (1): 412 - 420.

Middaugh DP., Dean JM, 1977. Comparative sensitivity of eggs, larvae and adults of the estuarine teleosts, *Fundulus heteroclitus* and *Menidia menidia* to cadmium [J]. Bull Environ Contam Toxicol, 17 (6): 645 - 652.

Miliou H, Zaboukas N, Moraitou - Apostolopoulou M, 1998. Biochemical composition, growth, and survival of the guppy, *Poecilia reticulata*, during chronic sublethal exposure to cadmium [J]. Arch Environ Contam Toxicol, 35: 58 - 63.

Miller PA, Munkittrick KR, Dixon DG, 1992. Relationship between concentrations of copper and zinc in water, sediment, benthic invertebrates, and tissues of white sucker (*Catostomus commersoni*) at metal - contaminated sites [J]. Can J Fish Aquat Sci, 49: 978 - 984.

Mukherjee D, Kumar V, Chakraborti P, et al, 1994. Effect of mercuric chloride and cadmium chloride on gonadal function and its regulation in sexuallymature common carp *Cyprinus carpio* [J]. Biomedical and environmental sciences: BES, 7 (1), 13 - 24.

Munkittrick KR, Dixon DG, 1989. Effects of natural exposure to copper and zinc on egg size and larval copper tolerance in white sucker (*Catostomus commersoni*) [J]. Ecotoxicol Environ Saf, 18 (1): 15 - 26.

Neff JM, 1997. Ecotoxicology of arsenic in the marine environment [J]. Environmental Toxicology and Chemistry, 16 (5): 917 - 927.

Oliva M, Garrido MDC, Perez E, et al, 2007. Evaluation of acute copper toxicity during early life stages of gilthead seabream, *Sparus aurata* [J]. Subst Environ Eng, 42: 525 - 533.

Oronsaye JAO, 1989. Histological changes in the kidneys and gills of the stickleback, *Gasterosteus aculeatus* L, exposed to dissolved cadmium in hard water [J]. Ecotoxicology and Environmental Safety, 17 (3): 279 - 290.

Ozoh PTE, 1979. Malformations and inhibitory tendencies induced to *Brachydanio rerio* (Hamilton - Buchanan) eggs and larvae due to exposures in low concentrations of lead copper ions [J]. Bull Environ Toxicol, 21, 66.

Pan L, Zhang H, 2006. Metallothionein, antioxidant enzymes and DNA strand breaks as biomarkers of Cd exposure in a marine crab, *Charybdis japonica* [J]. Comparative Biochemistry & Physiology Part C Toxicology & Pharmacology, 144 (1): 67 - 75.

Pang X, Yuan XZ, Cao ZD, et al, 2014. The effects of fasting on swimming performance in juvenile qingbo (*Spinibarbus sinensis*) at two temperatures, [J]. J Therm Biol, 42: 25 - 32.

Pascoe D, Evans SA, Woodworth J, 1986. Heavy metal toxicity to fish and the influence of water hardness [J]. Arch Environ Contam Toxicol, 15: 481 - 487.

Perry DM, Weis JS, Weis P, 1988. Cytogenetic effects of methylmercury in embryos of the killifish, *Fundulus heteroclitus* [J]. Arch Environ Contam Toxicol, 17 (5): 569 - 574.

Post DM, 2002. Using stable isotopes to estimate trophic position: models, methods, and assumptions [J]. Ecology, 83: 703 - 718.

Pytharopoulou S, Grintzalis K, Sazakli E, et al, 2011. Translational responses and oxidative stress of mussels experimentally exposed to Hg, Cu and Cd: One pattern does not fit at all [J]. Aquatic Toxicology, 105 (1): 157 - 165.

Qiu Y, Zeng E Y, Qiu H, et al, 2017. Bioconcentration of polybrominated diphenyl ethers and organochlorine pesticides in algae is an important contaminant route to higher trophic levels [J]. Science of The Total Environment, 579: 1885 - 1893.

Qu R, Feng M, Sun P, et al, 2015. A comparative study on antioxidant status combined with integrated biomarker response in *Carassius auratus* fish exposed to nine phthalates [J]. Environmental Toxicology, 30 (10): 1125 - 1134.

Raisuddin S, Jha AN, 2004. Relative sensitivity of fish and mammalian cells to sodium arsenate and arsenite as determined by alkaline single - cell gel electrophoresis and cytokinesis - block micronucleus assay [J]. Environ Mol Mutagen, 44 (1): 83 - 89.

Ram RN, Sathyanesan AG, 1983. Effect of mercuric chloride on the reproductive cycle of the teleostean fish *Channa punctatus* [J]. B Environ Contam Tox, 41 (1): 902 - 909.

Rana SV, 2014. Perspectives in endocrine toxicity of heavy metals—a review [J]. Biol Trace Elem Res, 160 (1): 1 - 14.

Ray A, Bhaduri A, Srivastava N, et al, 2017. Identification of novel signature genes attesting arsenic - induced immune alterations in adult zebrafish (*Danio rerio*) [J]. Journal of Hazardous Materials, 321: 121 -

131.

Risher JF, Amler SN, 2005. Mercury exposure: evaluation and intervention, the inappropriate use of chelating agents in diagnosis and treatment of putative mercury poisoning [J]. Neurotoxicology, 26 (4): 691 - 699.

Rogers JT, Wood CM, 2004. Characterization of branchial lead - calcium interaction in the freshwater rainbow trout *Oncorhynchus mykiss* [J]. Journal of Experimental Biology, 207 (5): 813 - 825.

Rombough PJ, Garside ET, 1980. Cadmium toxicity and accumulation in eggs and alevins of Atlantic salmon *Salmo salar* [J]. Can J Zool, 60: 2006 - 2014.

Romero A, Novoa B, Figueras A, 2015. The complexity of apoptotic cell death in mollusks: An update [J]. Fish Shellfish Immunol, 46 (1): 79 - 87.

Rossi G, Bamoud J, Monticelli L, 2014. Polystyrene nanoparticles perturb lipid membranes [J]. J Phys Chem Lett, 5: 241 - 246.

Rowbotham AL, Levy LS, Shuker LK, 2000. Chromium in the environment: an evaluation of exposure of the UK general population and possible adverse health effects [J]. J Toxicol Environ Health Part B, 3: 145 - 178.

Rowe CL, 2003. Growth Responses of an estuarine fish exposed to mixed trace elements in sediments over a full life cycle [J]. Ecotoxicol Environ Saf, 54: 229 - 239.

Ruby SM, Jaroslawski P, Hull R, 1993. Lead and cyanide toxicity in sexually maturing rainbow trout, *Oncorhynchus mykiss* during spermatogenesis [J]. Aquat Toxicol, 26: 225 - 238.

Sacheti P, Patil R, Dube A, et al, 2014. Proteomics of arsenic stress in the gram - positive organism *Exiguobacterium* sp PS NCIM 5463 [J]. Applied Microbiology and Biotechnology, 98 (15): 6761 - 6773.

Samson JC, Shenker J, 2000. The teratogenic effects of methylmercury on early development of the zebrafish, *Danio rerio* [J]. Aquat Toxicol, 48 (2 - 3): 343 - 354.

Sarkar S, Mukherjee S, Chattopadhyay A, et al, 2017. Differential modulation of cellular antioxidant status in zebrafish liver and kidney exposed to low dose arsenic trioxide [J]. Ecotoxicology and Environmental Safety, 135: 173 - 182.

Sarnowska K, Sarnowski P, Słominska I, 1997. The effects of lead and copper on embryonic development of grass carp (*Ctenopharyngodon idella*) [J]. XVII Zjazd Hydrobiologow Polskich, Poznan, 173 (In Polish).

Schoof R, Yost L, Eickhoff J, et al, 1999. A market basket survey of inorganic arsenic in food [J]. Food and Chemical Toxicology, 37 (8): 839 - 846.

Seltenrich N, 2015. New link in the food chain? Marine plastic pollution and seafood safety [J]. Environ Health Perspect, 123: 34 - 41.

Shazili NAM, Pascoe D, 1986. Variable sensitivity of rainbow trout (*Salmo gairdneri*) eggs and alevins to heavy metals [J]. Bull Environ Contam Toxicol, 36: 468 - 474.

Sloman KA, Baker DW, Ho CG, et al, 2003. The effects of trace metal exposure on agonistic encounters in juvenile rainbow trout, *Oncorhynchus mykiss* [J]. Aquat Toxicol, 63: 187 - 196.

Słominska I, 1998. Sensitivity of early developmental stages of common carp (*Cyprinus carpio* L.) to lead and copper toxicity [D]. Olsztyn: Institute of inland fisheries (In Polish).

Somasundaram B, King PE, Shackley SE, 1984. Some morphological effects of zinc upon the yolk - sac larvae of *Clupea harengus* L [J]. J Fish Biol, 25: 333 - 343.

Sonnack L, Kampe S, Muth - Köhne E, et al, 2015. Effects of metal exposure on motor neuron development, neuromasts and the escape response of zebrafish embryos [J]. Neurotoxicology and Teratology, 50: 33 - 42.

Staessen JA, Lauwerys RR, Ide G, et al, 1994. Renal - function and historical environmental cadmium pollution from zinc smelters [J]. Lancet, 343 (8912): 1523 - 1527.

Staples C A, Adams W J, Parkerton T F, et al, 1997a. Aquatic toxicity of eighteen phthalate esters [J]. Environmental Toxicology & Chemistry, 16 (5): 875 - 891.

Staples C A, Peterson D R, Parkerton T F, et al, 1997b. The environmental fate of phthalate esters: A literature review [J]. Chemosphere, 35 (4): 667 - 749.

Stohs SJ, Bagchi D, 1995. Oxidative mechanisms in the toxicity of metal - ions [J]. Free Radical Biology and Medicine, 18 (2): 321 - 336.

Stouthart AJHX, Haans JLM., Lock AC, 1996. Effects of water pH on copper toxicity to early life stages of the common carp (*Cyprinus carpio*) [J]. Environ Toxicol Chem, 15: 376 - 383.

Stouthart XJHX, Spanings FAT, Lock RAC, et al, 1995. Effects of water pH on chromium toxicity to early life stages of the common carp (*Cyprinus carpio*) [J]. Aquat Toxicol, 32 (1): 31 - 42.

Sun HJ, Xiang P, Tang MH, et al, 2016. Arsenic impacted the development, thyroid hormone and gene transcription of thyroid hormone receptors in bighead carp larvae (*Hypophthalmichthys nobilis*) [J]. J Hazard Mater, 303: 76 - 82.

Sunila I, 1988. Acute histological responses of the gill of the mussel, *Mytilus edulis*, to exposure by environmental pollutants [J]. Journal of Invertebrate Pathology, 52 (1): 137 - 141.

Sussarellu R, Suquet M, Thomas Y, et al, 2016. Oyster reproduction is affected by exposure to polystyrene microplastics [J]. PNAS, 113: 2430 - 2435.

Szczerbik P, Mikolajczyk T, Sokolowska - Mikolajczyk A, et al, 2006. Influence of long - term exposure to dietary cadmium on growth, maturation and reproduction of goldfish (subspecies: Prussian carp *Carassius auratus gibelio* B.) [J]. Aquatic Toxicology, 77 (2): 126 - 135.

Tam NFY, Wong YS, 1997. Accumulation and distribution of heavy metals in a simulated man grove system treated with sewage [J]. Hydrobiologia, 352: 67 - 75.

Ter Halle A, Jeanneau L, Martignac M, et al, 2017. Nanoplastic in the North Atlantic Subtropical Gyre [J]. Environ Sci Technol, 51: 13689 - 13697.

Thophon S, Kruatrachue, M, Upatham ES, et al, 2003. Histopathological alterations of white seabass, *Lates calcarifer*, in acute and subchronic cadmium exposure [J]. Environ Pollut, 121: 307 - 320.

Tilton SC, Foran CM, Benson WH, 2003. Effects of cadmium on the reproductive axis of Japanese medaka (*Oryzias latipes*) [J]. Comparative Biochemistry and Physiology Part C: Toxicology & Pharmacology, 136 (3): 265 - 276.

van Gestel CAM, Koolhaas JE, Hamers T, et al, 2009. Effects of metal pollution on earthworm communities in a contaminated floodplain area: Linking biomarker, community and functional responses [J]. Environmental Pollution, 157 (3): 895 - 903.

Vazzana M, Celi M, Tramati C, et al, 2014. In vitro effect of cadmium and copper on separated blood leukocytes of *Dicentrarchus labrax* [J]. Ecotoxicology & Environmental Safety, 102 (4): 113 - 120.

Ventura - Lima J, Bogo MR, Monserrat JM, 2011. Arsenic toxicity in mammals and aquatic animals: A comparative biochemical approach [J]. Ecotoxicology and Environmental Safety, 74 (3): 211 - 218.

Vetillard A, Bailhache T, 2005. Cadmium: an endocrine disrupter that affects gene expression in the liver and brain of juvenile rainbow trout [J]. Biology of Reproduction, 72 (1): 119 - 126.

Von Moos N, Burkhardt - Holm P, Koöhler A, 2012. Uptake and effects of microplastics on cells and tissue of the blue mussel *Mytilus edulis* L. after an experimental exposure [J]. Environ Sci Technol, 46: 11327 - 11335.

Von Westernhagen H, Rosenthal J, Sperling KR, 1974. Combined effects of cadmium and salinity on development and survial of herring eggs [J]. Helgolander Wiss Meeresunters, 26: 416-433.

Wallace WG, Lee BG, Luoma SN, 2003. Subcellular compartmentalization of Cd and Zn in two bivalves. I. Significance of metal-sensitive fractions (MSF) and biologically detoxified metal (BDM) [J]. Marine Ecology Progress Series, 249: 183-197.

Wang B, Du Y. 2013. Cadmium and its neurotoxic effects [J]. Oxidative Medicine & Cellular Longevity 2013 (4-5): 898034.

Wang J, Chen S, Xia T, 2010. Environmental risk assessment of heavy metals in Bohai Sea, North China [J]. Procedia Environmental Sciences, 2: 1632-1642.

Wang Q, Wang X, Wang X, et al, 2010. Analysis of metallotionein expression and antioxidant enzyme activities in *Meretrix meretrix* larvae under sublethal cadmium exposure [J]. Aquatic Toxicology, 100 (4): 321-328.

Wang XY, Zhou Y, Yang HS, et al, 2010. Investigation of heavy metals in sediments and Manila clams *Ruditapes philippinarum* from Jiaozhou Bay, China [J]. Environ Monit Assess, 170: 631-643.

Wang Z, 2010. Mechanisms of cadmium toxicity to various trophic saltwater organisms [M]. Nova Science Publishers.

Wang Z, Yin L, Zhao J, et al, 2016. Trophic transfer and accumulation of TiO_2 nanoparticles from clamworm (*Perinereis aibuhitensis*) to juvenile turbot (*Scophthalmus maximus*) along a marine benthic food chain [J]. Water Res, 95: 250-259.

Watts AJR, Lewis C, Goodhead CRM, et al, 2014. Uptake and retention of microplastics by the shore crab *Carcinus maenas* [J]. Environ Sci Technol, 48: 8823-8830.

Watts AJR, Urbina MA, Goodhead R, et al, 2016. Effect of microplastic on the gills of the shore crab carcinus maenas [J]. Environ Sci Technol, 50: 5364-5369.

Watts AJR, Urbina MA, Corr S, et al, 2015. Ingestion of plastic microfibers by the crab *Carcinus maenas* and its effect on food consumption and energy balance [J]. Environ Sci Technol, 49: 14597-14604.

Weng N, Wang WX, 2014. Variations of trace metals in two estuarine environments with contrasting pollution histories [J]. Science of the Total Environment, 485: 604-614.

Williams ND, Holdway DA, 2000. The Effects of pulse-exposed cadmium and zinc on embryo hatchability, larval development, and survival of Australian crimson spotted rainbow fish (*Melanotaenia fluviatilis*) [J]. Environmen Toxicol, 15 (3): 165-173.

Wilson W B, Giam C S, Goodwin T E, et al, 1978. The toxicity of phthalates to the marine dinoflagellate *Gymnodinium breve*. [J]. Bulletin of environmental contamination and toxicology, 20 (2): 149-154.

Witeska, M, Jezierska, B, Chaber, J, 1995. The influence of cadmium on common carp embryos and larvae [J]. Aquaculture 129, 129-132.

Wong, PPK, Chu, LM, Wong, CK, 1999. Study of toxicity and bioaccumulation of copper in the silver sea bream *Sparus sarba* [J]. Environ Int, 25: 417-422.

Woodworth J, Pascoe D, 1982. Cadmium toxicity to rainbow trout, *Salmo gairdneri* Richardson: a study of eggs and alevins [J]. J Fish Biol 21, 47-57.

Wright SL, Rowe D, Thompson RC, et al, 2013. Microplastic ingestion decreases energy reserves in marine worms [J]. Curr Biol, 23: 1031-1033.

Wu H, Xu L, Yu D, et al, 2017. Differential metabolic responses in three life stages of mussels *Mytilus galloprovincialis* exposed to cadmium [J]. Ecotoxicology, 26 (1): 1-7.

Wu H, Zhang X, Wang Q, et al, 2013. A metabolomic investigation on arsenic-induced toxicological effects in the clam *Ruditapes philippinarum* under different salinities [J]. Ecotoxicology and environmental safety, 90: 1-6.

Xia L, Chen S, Dahms HU, et al, 2016. Cadmium induced oxidative damage and apoptosis in the hepatopancreas of *Meretrix meretrix* [J]. Ecotoxicology, 25 (5): 959-969.

Xie J, Yang D, Sun X, et al, 2017. Combined toxicity of cadmium and lead on early life stages of the Pacific oyster, *Crassostrea gigas* [J]. Invertebrate Survival Journal, 14: 210-220.

Xie J, Zhao Y, Wang Q, et al, 2016. An integrative biomarker approach to assess the environmental stress in the north coast of Shandong Peninsula using native oysters, *Crassostrea gigas* [J]. Marine Pollution Bulletin, 112 (1-2): 318-326.

Xu H, Dong X, Zhang Z, et al, 2015. Assessment of immunotoxicity of dibutyl phthalate using live zebrafish embryos [J]. Fish & Shellfish Immunology, 45 (2): 286-292.

Xu H, Lam SH, Shen Y, et al, 2013. Genome-wide identification of molecular pathways and biomarkers in response to arsenic exposure in zebrafish liver [J]. PloS one, 8 (7): e68737.

Xu L, Ji C, Wu H, et al, 2016. A comparative proteomic study on the effects of metal pollution in oysters *Crassostrea hongkongensis* [J]. Marine Pollution Bulletin, 112 (1-2): 436-442.

Xu L, Ji C, Zhao J, et al, 2016. Metabolic responses to metal pollution in shrimp *Crangon affinis* from the sites along the Laizhou Bay in the Bohai Sea [J]. Marine Pollution Bulletin, 113 (1-2): 536-541.

Xu L, Peng X, Yu D, et al, 2016. Proteomic responses reveal the differential effects induced by cadmium in mussels *Mytilus galloprovincialis* at early life stages [J]. Fish & Shellfish Immunology, 55: 510-515.

Xu L, Wang T, Ni K, et al, 2014. Ecological risk assessment of arsenic and metals in surface sediments from estuarine and coastal areas of the southern Bohai Sea, China [J]. Human and Ecological Risk Assessment, 20 (2): 388-401.

Yan F, Yang H, Wang T, et al, 2010. Metallothionein and superoxide dismutase responses to sublethal cadmium exposure in the clam *Mactra veneriformis* [J]. Comparative Biochemistry & Physiology Toxicology & Pharmacology Cbp, 151 (3): 325-333.

Yang H, Duan S, 2010. The ecological toxic effects of dibutyl phthalate on *Phaeodactylum tricornutum*. Ecology and Environmental Sciences, 19 (9), 2155-2159.

Yu D, Ji C, Zhao J, et al, 2016. Proteomic and metabolomic analysis on the toxicological effects of As (Ⅲ) and As (Ⅴ) in juvenile mussel *Mytilus galloprovincialis* [J]. Chemosphere, 150: 194-201.

Zhang W, Chen L, Zhou Y, et al, 2016. Biotransformation of inorganic arsenic in a marine herbivorous fish *Siganus fuscescens* after dietborne exposure [J]. Chemosphere, 147: 297-304.

Zhang W, Guo Z, Zhou Y, et al, 2015. Biotransformation and detoxification of inorganic arsenic in Bombay oyster *Saccostrea cucullata* [J]. Aquatic Toxicology, 158: 33-40.

Zhang W, Wang WX, 2012. Large-scale spatial and interspecies differences in trace elements and stable isotopes in marine wild fish from Chinese waters [J]. Journal of Hazardous Materials, 215-216: 65-74.

Zhao H M, Du H, Xiang L, et al, 2016. Physiological differences in response to di-n-butyl phthalate (DBP) exposure between low-and high-DBP accumulating cultivars of Chinese flowering cabbage (*Brassica parachinensis* L.) [J]. Environmental Pollution, 208: 840-849.

Zhou T, Weis JS, 1998. Swimming behavior and predator avoidance in three populations of *Fundulus heteroclitus* larvae after embryonic and/or larval exposure to methylmercury [J]. Aquat Toxicol, 43: 131-148.

Zoeller RT, Tan SW, Tyl RW, 2007. General background on the hypothalamic-pituitary-thyroid (HPT) axis [J]. Critical Reviews in Toxicology, 37 (1-2): 11-53.

第七章

增殖放流对渔业资源的影响及其生态效应

——以中国对虾为例

第一节　增殖放流对中国对虾资源的影响及其生态效应

20 世纪 70—80 年代，由于过度捕捞、环境污染、病害暴发等诸多因素的叠加效应，我国黄渤海中国对虾资源急剧萎缩，1998 年中国对虾秋汛产量已经下降到 500 t，仅为历史高峰期产量的约 1/80。为增加我国北方沿海这一重要渔业种类资源量，自 1981 年开始，黄海水产研究所和下营增殖站率先在山东半岛北部的莱州湾潍河口开展了中国对虾的人工增殖放流和跟踪实验，这一工作标志着黄渤海大规模中国对虾人工增殖放流行动的开始。持续近 40 年的放流实践和跟踪调查表明，人工增殖放流对黄渤海秋汛产量的恢复以及种群资源的补充起到了决定性的作用。多年统计数据表明，春季每放流 1 亿尾仔虾，秋汛季节可回捕成虾 65～190 t（依不同放流海区、不同年份、不同放流规格）不等。目前，学术界普遍认可的一个观点是“中国对虾没有放流就没有回捕”，关于回捕群体中放流中国对虾的比例，多项统计研究数据表明，放流个体占据回捕样本中比例在 90%以上。与此同时，中国对虾增殖放流也在民间得到了深入，每年秋汛季节水产市场上“放流虾”已经成为招揽顾客的金字招牌。相比其他物种，每年中国对虾不仅是放流数量最多的（黄渤海每年放流中国对虾仔虾总量在几十亿尾），截至目前，也是经济效益及生态价值最为成功的物种。不可否认的是，增殖放流也是对自然种群不同程度的人为干涉过程，尤其是中国对虾这类放流数量巨大的物种，长期放流会对中国对虾种群数量变动、生态习性以及遗传结构造成什么样的影响？弄清这些影响，不仅是关系到中国对虾资源的恢复和可持续发展的关键，同时也是渔业主管部门适时调整增殖放流规范的重要依据。利用项目团队前期开发的基于微卫星（Simple Sequence Repeats，SSR）分子标记中国对虾增殖放流效果评估技术体系，经过连续多年、多海区的跟踪调查，对大规模增殖放流下中国对虾群体结构和生态习性影响进行了评估。

一、增殖放流对中国对虾资源数量及资源结构的影响

利用 SSR 分子标记中国对虾增殖放流效果评估技术体系对 2015 年 8—9 月间莱州湾增殖放流中国对虾进行了海上跟踪调查（表 7－1），在 8 个海上站点共计 289 尾回捕样本中检测到放流个体 155 尾，莱州湾放流个体所占比例平均为 53.63%，每个站点放流个体检出率从 41.3%到 85.71%不等。如果考虑到部分来自渤海湾增殖放流个体在回捕样品中的溯源分析结果，那么在以上 8 个海上站点中，平均 64.71%的个体为来自莱州湾、部分为来自渤海湾的放流个体。莱州湾为渤海内三大湾之一，每年放流数量为几亿到 10 亿尾，除莱州湾之外的渤海湾、辽宁湾等地亦是渤海大规模中国对虾放流的海区，其数量每年也在 10 亿尾以上的规模，由此可以预期增殖放流苗种在渤海中国对虾种群中占据了绝对多数，这和学术界此前普遍认可的观点相符合。

通过对 2015 年度莱州湾 1 017 尾增殖放流亲虾（莱州湾所有用于增殖放流的亲虾）及渤海湾（天津汉沽海域）212 尾（占渤海湾所有增殖放流亲虾的约 1/6）增殖放流亲虾及 2016 年 3 月中旬在山东半岛东南部外海捕获的 581 尾生殖洄游亲虾的亲子溯源分析中发现：581 尾生殖洄游亲虾中检测到 90 尾是来自 2015 年莱州湾（79 尾）及渤海湾增殖放流（11

表 7-1 2015 年莱州湾增殖放流中国对虾溯源分析结果

捕捞时间	经　度	维　度	捕捞数量（尾）	来自放流的个体数量（尾）
8月6日	119°20′13.26″E	37°25′25.62″N	46	19
8月7日	119°42′0.06″E	37°44′18.06″N	2	1
8月7日	119°29′36.42″E	37°43′41.94″N	42	23
8月7日	119°29′58.80″E	37°36′56.58″N	7	6
8月7日	119°45′11.34″E	38° 0′46.80″N	12	6
8月8日	119°10′58.92″E	38°13′43.20″N	54	35
8月9日	118°22′13.50″E	38°44′30.60″N	50	28
8月9日	118°16′4.80″E	38°44′38.16″N	76	37

尾）的个体；初步估算，2016 年度春季生殖洄游亲虾中至少有 13.6%和 11.4%的个体分别来自莱州湾及渤海湾增殖放流个体。这说明两个问题：①莱州湾及渤海湾增殖放流个体已经可以形成繁殖群体，对中国对虾资源的补充产生了效应；②从洄游习性层面分析，至少有部分放流个体能够适应和野生群体相同的环境因子完成索饵、越冬及生殖洄游。

二、中国对虾增殖放流群体洄游迁徙习性的变迁

结合 2015 年度海上调查站点地理位置分布及回捕样本中来自莱州湾和渤海湾增殖放流中国对虾的检出情况，初步得出从放流到 8 月期间的动态分布途径。其中莱州湾放流个体到 8 月底之前已经有部分迁徙出莱州湾，并且沿着渤海西岸经过黄河口朝向北至西北偏北方向游动，最北的个体出现在渤海湾天津汉沽外海。9 月之前未发现有游出渤海的迹象。而同期，渤海湾增殖放流中国对虾也有部分游出渤海湾，沿着渤海西岸与莱州湾增殖放流个体相反的方向向南及东南方向游动，其中部分个体出现在莱州湾外海，亦没有发现有个体游出渤海的迹象。2018 年渤海湾增殖放流个体跟踪溯源再次证实了以上观点，即 9 月初在渤海湾外海回捕样本中检测出高比例的增殖放流个体；在 10 月初，来自黄河口附近海域中的回捕样本中也检测出高比例的来自渤海湾的增殖放流个体。总体上，到 10 月下旬、11 月上旬越冬洄游之前，莱州湾和渤海湾增殖放流个体的活动范围基本集中在各自海湾地区及渤海西海岸沿岸 20 m 左右的等深线以内进行索饵游动，这和此前学者关于渤海中国对虾自然种群索饵洄游路线基本相符，说明放流中国对虾在索饵洄游期间的生态习性并未与野生群体产生明显分化。结合春季在山东半岛东南部外海捕获到的生殖洄游亲虾中溯源到来自莱州湾和渤海湾的增殖放流个体，从洄游生态习性上分析，至少有部分放流群体能够适应和野生群体相同的环境因子完成索饵、越冬及生殖洄游（部分）。不过，由于每年 3 月中旬在山东半岛东南外海渔船的高强度集中捕捞，现有数据表明，极少有亲虾能够洄游到渤海各传统产卵场，因此缺乏样品回答“各地放流中国对虾是否能洄游到放流点或各自的传统产卵场”“放流中国对虾能否完成一个完整的生活史”等关键科学问题。

三、增殖放流对中国对虾种群生态安全的影响

通过对莱州湾及渤海湾增殖放流亲虾群体及回捕群体进行基于 8 个 SSR 分子标记的群

体遗传参数统计及分析，评估群体的分子近交水平、有效群体大小，并据此建议合理的亲虾使用数量。群体的近交系数通过 Coancestry 1.0 中的 Triadic Likelihood 最大似然法进行计算。群体的有效群体数量（N_e）通过 NeEstimator 2.01 中的 Linkage Disequilibrium 连锁不平衡法进行计算。位点多态性信息含量（*PIC*）在 8 个位点中的范围为 0.780～0.963 个位点的平均值为 0.911。观测杂合度（H_o）在亲本群体中的范围为 0.740～0.953，在回捕群体中的范围为 0.756～0.993，平均值分别为 0.860 和 0.864。期望杂合度分别为 0.812～0.964 和 0.808～0.954，平均值分别为 0.925 和 0.912。采用 Triadic Likelihood 最大似然法计算得到 2015 年莱州湾放流亲本群体及回捕群体分子近交系数 *F* 分别为 11.3%和 10.3%，莱州湾群体已经产生一定程度的近交衰退，不过这种近交衰退所引发的具体性状的衰退程度目前尚无法确定。以莱州湾为例，如果仍保持目前的放流规模，为保证遗传多样性及有效群体大小的稳定，建议每年增殖放流使用亲虾的数量至少增加到 5 000 尾。

（王伟继）

第二节　中国对虾幼虾应对关键环境因子变动的行为响应

中国对虾属于洄游型甲壳类，主要分布于我国渤海和黄海。上述海区的关键环境因子如水温、溶解氧、生物饵料和盐度等具有明显的时空波动。研究显示，3—6 月期间，渤海湾、辽东湾、莱州湾和海州湾的水温波动范围为 10.2～25.1 ℃，溶解氧波动范围为 3.3～11.6 mg/L，盐度波动范围为 8.3～33.1，浮游生物丰度最低值为 0（Cai et al，2014 b；Wu et al，2016；Pei et al，2017）。同时，运动能力对甲壳类的生存至关重要，它不仅是甲壳类获取食物、繁衍后代、寻找合适生境、逃避敌害等生命活动的重要实现方式，也是甲壳类环境适合度的重要决定因素。运动能力下降意味着躲避捕食能力的降低以及对环境的不适应。以体长 1.1 cm 的中国对虾幼虾为实验对象，研究中国对虾幼虾应对溶解氧、饥饿、温度和盐度等关键环境因子变动的运动行为响应。

实验虾购自山东日照海辰水产有限公司（日照市）。幼虾放入 2 m^3 水槽中暂养 1 周。暂养期间所有环境因子与养殖场一致，其中水体持续充气保持溶解氧处于饱和水平，温度维持 21 ℃，光照周期为 14 h 光照：10 h 黑暗，盐度为 30。每天更换三分之一海水，饱食投喂两次配合饲料。所有实验虾处于蜕皮间期（蜕皮间期通过头胸甲硬度来判断）。

运动行为分别以临界游泳速度（Critical Swimming Speeds，U_{crit}）和弹跳速度（Tail - flipping Speeds，U_{tail}）为参考指标。游泳和弹跳实验在可控温的垂直循环回流水槽（大连汇新科技有限公司）中开展。循环回流水槽的结构见图 7 - 1：回流水槽行为观测窗的规格为 60 cm×13 cm×13 cm（长×宽×高），驱动电机为 50 W，通过控制电机转速来调控水流速度。水流速度用日本产 VR - 101 型流速计测定。水槽上方悬挂 1 只 22 W 日光灯，以保证观测槽的光照条件一致。

游泳行为观察方法如下：对虾单尾放入水槽内，在水流每秒流动距离为对虾体长 0.4 倍的条件下 0.44 cm/s 适应 10 min，然后每隔 10 min 增加 0.44 cm/s 水流速度，直至对虾游泳疲劳。游泳疲劳判断以对虾停止游泳并被水流冲到水槽下游拦网上，用小抄网将对虾移动到水槽上游 3 次也不重新游泳为标准。临界游泳速度计算公式如下：

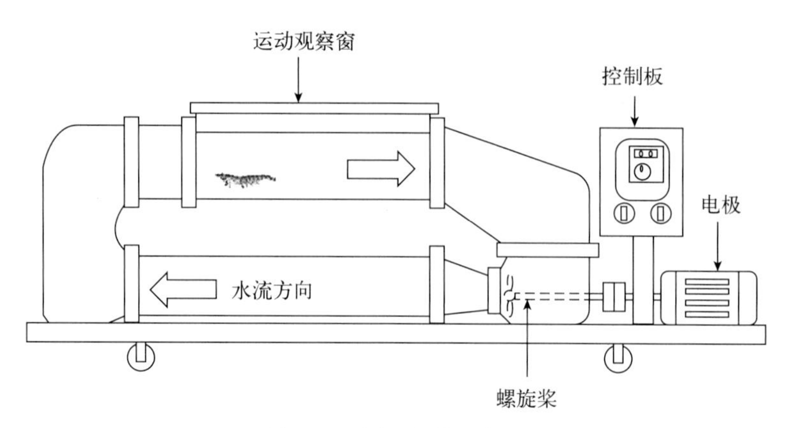

图 7-1　循环水槽示意图

$$U_{\text{crit}} = V + \left(\frac{t}{\Delta T}\right) \times \Delta V \quad (7-1)$$

式中，V（cm/s）是实验虾能够完成完整 10 min 游泳的最大水流速度，ΔV 是速度增量（0.44 cm/s），即每次增加的水流速度；ΔT 为游泳历时（10 min），即每隔 10 min 使水流速度增加一个梯度；t（min）为实验虾在达到疲劳状态时在 10 min 游泳历时内所经历的实际游泳时间。

弹跳行为观察方法如下：实验期间水槽电机关闭，保证水槽水体处于静止状态。实验虾单尾放入水槽并适应 5 min。用小抄网轻触实验虾头胸甲，使其产生弹跳运动。弹跳刺激期间拍摄 30 s 视频。实验视频用 Photoshop 软件将第 1 次连续弹跳运动的第 1 帧与最后一帧截图进行合成，测量实验虾额剑通过的距离作为弹跳距离（d，cm）。弹跳时间（t，s）$=N/25$，N 为弹跳运动的帧数（每帧为 1/25 s）。弹跳速度（v，cm/s）$=d/t$。每尾实验虾连续测量 3 次弹跳，取平均值。

一、水体溶解氧与幼虾运动能力关系

动物主要依靠有氧代谢获取能量，因此水体溶解氧含量与动物能量调控密切相关。水体溶解氧含量显著影响动物的运动能力，相关研究已在鱼类大量报道（Brett，1972；Fu et al，2011）。鱼类在运动过程中的能量消耗量是静止水平的 10～15 倍，表明鱼类运动需要消耗大量能量。临界游泳运动是鱼类的有氧运动，能量主要通过有氧代谢获取。因此，水体溶解氧下降能够显著降低鱼类临界游泳速度。究其原因，低氧胁迫抑制了鱼类有氧代谢，导致游泳过程中能量供应不足。

关于对虾，Duan 等（2014）研究了急性低氧胁迫对凡纳滨对虾成虾游泳耐力的影响，结果表明，3.8 mg/L 的急性低氧胁迫能够显著降低成虾的游泳耐力。本研究中，溶解氧设 5 个水平：2.2 mg/L（32%饱和浓度）、3.2 mg/L（45%饱和浓度）、4.2 mg/L（58%饱和浓度）、5.2 mg/L（71%饱和浓度）、6.2 mg/L（对照，84%饱和浓度）。低氧胁迫时间为 1 d，胁迫结束后，分别测量临界游泳速度和弹跳速度。结果显示，溶解氧降至 4.2 mg/L 时，中国对虾幼体临界游泳速度显著下降。以上结果表明，相比成虾，幼体具有相对较弱的低氧耐受能力。虽然两种对虾之间具有物种差异，但以上现象的原因主要与不同发育阶段对

虾氧气输送能力不同有关。甲壳类氧气输送与血淋巴血蓝蛋白浓度有关，血蓝蛋白浓度越高则氧气输送能力越强。随着对虾生长发育，对虾血淋巴血蓝蛋白含量逐渐上升。相比幼虾，成虾具有更高的血淋巴血蓝蛋白含量，从而使成虾具有相对更强的氧气输送能力。

相比临界游泳速度，弹跳速度主要依靠厌氧代谢获取能量。因此，溶解氧降至 3.2 mg/L 时中国对虾仍保持稳定的弹跳能力。但是溶解氧降低至 2.2 mg/L 时，中国对虾幼虾弹跳能力显著下降（表 7－2）。由此说明，严重的急性低氧胁迫能够降低对虾弹跳能力。对虾弹跳是一种高强度运动，能量最初由磷酸肌酸分解获取，但腹肌中磷酸肌酸含量很低，因此弹跳所需能量大部分源自厌氧糖酵解。严重的急性低氧胁迫（＜2.2 mg/L）能够降低对虾厌氧糖酵解能力（Abbaraju et al，2011），导致对虾弹跳能力显著下降。

表 7－2　不同溶解氧条件下中国对虾幼体游泳和弹跳能力

溶解氧 (mg/L)	临界游泳速度（cm/s）			弹跳速度（cm/s）		
	平均值±标准误	最小值	最大值	平均值±标准误	最小值	最大值
2.2	1.70±0.27 d	0.55	2.06	12.03±0.81b	4.95	19.95
3.2	2.36±0.25c	1.10	3.61	13.49±1.13a	8.35	21.35
4.2	2.97±0.26b	1.71	4.23	13.91±1.14a	8.77	21.77
5.2	3.68±0.24a	2.42	5.29	14.41±0.77a	10.17	22.25
6.2（对照）	3.94±0.22a	2.56	5.96	14.89±0.90a	10.67	22.78
	$F=47.056$；$P<0.001$			$F=9.649$；$P=0.005$		

注：同列不同字母表示差异显著（单因素方差分析及 Duncan 多重对比）。

二、饥饿与对虾运动关系

动物在运动开始时主要依靠肌肉中储存的 ATP 供能，但 ATP 储存量相对较少，动物后续运动所需 ATP 主要通过一系列能量物质如磷酸肌酸、糖原、脂肪和蛋白质等分解供能。饥饿过程中，由于缺乏摄食获取的能量，动物主要消耗自身储存的能量物质，因此饥饿可引起动物体内糖原、脂肪和蛋白质等能量物质显著下降（Li et al，2017）。以上能量物质的消耗可造成运动过程中能量供应不足，因此饥饿可降低动物运动能力（Penghan et al，2016）。

本研究中，饥饿时间设 5 个水平：1 d（对照）、3 d、5 d、7 d 和 9 d，每种饥饿时间各设 3 个平行。饥饿期间，水温维持 21 ℃，盐度为 30，水体持续充空气保持溶解氧饱和。饥饿结束后，测量了幼虾游泳和弹跳能力。结果显示，饥饿至第 5 天时，中国对虾幼体临界游泳速度已显著下降。Yu 等（2010）研究了饥饿对凡纳滨对虾成体游泳能力的影响，结果发现，饥饿至第 8 天后，成虾临界游泳速度显著下降。相比成虾，幼虾具有相对较弱的耐饥饿能力。虽然两种对虾之间具有物种差异，但以上现象的原因主要与不同发育阶段对虾能量物质储存总量不同有关。相比成虾，幼虾体重较轻，储存的蛋白质、脂肪和糖原总量较低，饥饿过程中可利用的能量物质相对较少，使得幼虾耐饥饿能力较差。

Li 等（2017）研究了饥饿对食蚊鱼（*Gambusia affinis*）临界游泳速度和暴发游泳速度的影响，结果表明，相比临界游泳速度，饥饿过程中与逃跑密切相关的暴发游泳速度更加稳定。本研究中，饥饿至第 5 d 时幼虾临界游泳速度已显著下降，而弹跳速度仍保持稳定水平，饥饿至第 7 d 时幼虾弹跳速度显著下降。以上结果表明，饥饿过程中，与逃跑密切相关的弹跳能力更加稳定（表7-3），这与鱼类的研究结果一致（Li et al，2017）。分析认为主要与饥饿过程中能量物质消耗的顺序有关。有研究显示，饥饿过程中动物肌肉磷酸肌酸相对比较稳定，短期饥饿不会造成肌肉磷酸肌酸含量下降（Kieffer et al，1998）。动物在饥饿过程中主要消耗脂肪、糖原和蛋白质获取能量，因此短期饥饿能够显著降低肌肉脂肪、糖原和蛋白质含量（Sánchez-Paz et al，2007）。虽然对虾弹跳主要依靠厌氧糖酵解获取能量（Head et al，1986；Gruschczyk et al，1990），但肌肉磷酸肌酸同样参与弹跳的能量供应（England et al，1983）。对虾游泳则主要靠消耗肌肉甘油三酯和糖原来获取能量（Yu et al，2009）。饥饿过程中肌肉磷酸肌酸比糖原和脂肪稳定，因此对虾具有相对更稳定的弹跳逃跑能力，有助于对虾在饥饿期间躲避捕食、维持存活等。

表7-3　不同饥饿条件下中国对虾幼体游泳和弹跳能力

饥饿时间(d)	临界游泳速度（cm/s）			弹跳速度（cm/s）		
	平均值±标准误	最小值	最大值	平均值±标准误	最小值	最大值
1（对照）	3.94±0.22a	2.56	5.96	14.89±0.90a	10.67	22.78
3	3.59±0.24a	2.12	4.82	13.63±0.60a	8.60	23.61
5	2.69±0.21b	1.17	4.69	13.33±1.13a	6.68	21.34
7	2.02±0.29c	1.07	4.04	11.48±0.77b	6.43	20.43
9	1.53±0.34 d	1.01	3.43	10.35±0.81b	5.39	20.35
	$F=16.670$，$P=0.001$			$F=8.282$，$P=0.006$		

注：a 同列不同字母表示差异显著（单因素方差分析及 Duncan 多重对比）。

三、温度对幼虾运动能力的影响

已有大量研究显示水温变化能够显著改变鱼类游泳能力（Cai et al，2014a；Moyano et al，2016；Xia et al，2017）。其主要原因包括：①水温变化能够改变肌肉收缩能力，如低温条件下鱼类肌肉收缩性能和动力传递效率显著下降，降低了鱼类游泳运动能力；②低温能够增加水体阻力，降低鱼类游泳效率。

关于对虾，本研究中温度设5个水平：9℃、13℃、17℃、21℃（对照）和25℃，每种温度各设3个平行。实验期间盐度维持30，水体持续充空气保持溶解氧饱和。胁迫时间为1 d，胁迫结束后，分别测量幼虾游泳和弹跳速度。结果显示，水温从21℃降至17℃，中国对虾幼体临界游泳速度和弹跳速度均显著下降，表明17℃低温能够抑制幼虾运动（表7-4）。Yu等（2010）研究了成虾的游泳行为，结果发现水温从20℃降至17℃，凡纳滨对虾成体临界游泳速度显著下降。以上结果表明，水温对幼虾和成虾具有相似的影响效果，这与其能量代谢受到抑制有关。对虾游泳和弹跳主要依靠有氧代谢和无氧糖酵解途径获取能量。水温变化能够显著降低对虾肌肉能量代谢，导致游泳和弹跳过程中能量供应不足，造成运动能力显著下降。

表7-4　不同温度条件下中国对虾幼体游泳和弹跳能力

温度(℃)	临界游泳速度（cm/s）			弹跳速度（cm/s）		
	平均值±标准误	最小值	最大值	平均值±标准误	最小值	最大值
9	1.01±0.06 d	0.17	2.84	3.58±0.90 d	1.10	9.43
13	1.83±0.23c	0.83	3.68	6.73±0.80c	1.13	13.13

（续）

温度（℃）	临界游泳速度（cm/s）			弹跳速度（cm/s）		
	平均值±标准误	最小值	最大值	平均值±标准误	最小值	最大值
17	2.68±0.22b	1.63	4.53	10.93±0.85b	5.33	17.34
21（对照）	3.94±0.22a	2.56	5.96	14.89±0.90a	10.67	22.78
25	3.77±0.13a	2.19	6.11	16.03±1.05a	10.10	28.77
	F=76.233，P<0.001			F=80.738，P<0.001		

注：同列不同字母表示差异显著（单因素方差分析及 Duncan 多重对比）。

四、渗透调控与幼虾运动能力关系

盐度胁迫下，水生动物需要额外消耗能量用于渗透调控，或者降低鳃膜渗透性以维持体液和环境之间渗透压差。以上生理特征能够减少分配于运动的能量，导致水生动物运动能力下降，相关研究已在鱼类大量报道（Plaut，2000；Yetsko et al，2015）。关于对虾，Zhang 等（2007）首次研究了急性盐度胁迫对凡纳滨对虾成虾游泳耐力的影响，研究结果显示，盐度从 32 降至 15 时，成虾游泳耐力显著下降。Yu 等（2010）研究发现，急性胁迫下，盐度从 30 降至 20 时，凡纳滨对虾成虾临界游泳速度显著下降。本研究中，盐度设为 5 个水平：10、15、20、25、30（对照），每种盐度各设 3 个平行。实验期间，水温维持 21 ℃，水体持续冲入空气保持溶解氧饱和。胁迫时间为 1 d，胁迫结束后，分别测量幼虾临界游泳速度和弹跳速度。结果显示，盐度从 30 降至 15 时，中国对虾幼体临界游泳速度和弹跳速度仍保持稳定水平，但盐度降至 10 时，幼虾临界游泳速度和弹跳速度均显著下降（表 7－5）。以上结果表明，中国对虾幼体比凡纳滨对虾成体具有更强的耐低盐能力。原因可能与中国对虾幼体栖息环境有关。在幼体阶段，中国对虾主要分布在河口和近海海区（Wang et al，2006），水体盐度具有极高的空间异质性和显著的周期波动性（Wu et al，2016；Pei et al，2017）。Chen 等（1995）研究发现，中国对虾具有相对较强的渗透调节能力，盐度从 33 降至 10 时，中国对虾仍可调控血淋巴渗透压以适应盐度变化。较强的渗透调节能力有助于中国对虾维持稳定的运动速度，从而保证幼虾应对低盐胁迫时仍具备稳定的捕食和躲避捕食能力。

表 7－5　不同盐度条件下中国对虾幼体游泳和弹跳能力

盐度	临界游泳速度（cm/s）			弹跳速度（cm/s）		
	平均值±标准误	最小值	最大值	平均值±标准误	最小值	最大值
10	3.07±0.14b	2.04	4.98	12.42±0.34b	8.63	17.97
15	3.64±0.13a	2.11	5.09	14.22±0.62a	8.57	20.82
20	3.78±0.28a	2.13	5.12	14.51±0.73a	9.33	21.33
25	3.81±0.23a	2.17	5.44	14.72±0.81a	9.82	22.68
30（对照）	3.94±0.22a	2.56	5.96	14.89±0.90a	10.67	22.78
	F=3.193，P=0.002			F=2.665，P=0.009		

注：同列不同字母表示差异显著（单因素方差分析及 Duncan 多重对比）。

五、环境敏感性

本研究中，相比弹跳，幼虾游泳行为对环境变化更为敏感。游泳行为的方差分析 F 值和线性方程斜率的对比结果均显示：温度最高、溶解氧其次、饥饿时间再次、盐度最小。因此，温度对中国明对虾运动能力的影响程度最大，盐度的影响程度最小。这与上述环境因子对甲壳类肌肉能量代谢的影响程度不同有关。已有研究显示，对虾肌肉能量代谢对温度十分敏感，温度从 25 ℃降至 21 ℃时，相关代谢酶活已显著下降（Liu et al，2015）。而其他环境因子只有较大的降幅才能导致对虾能量代谢酶活下降，如溶解氧从 6.0 mg/L 降至 3.0 mg/L（Li et al，2019a），饥饿时间由 2 h 增加至 120 h（5 d）（Sánchez - Paz et al，2008；Cota -

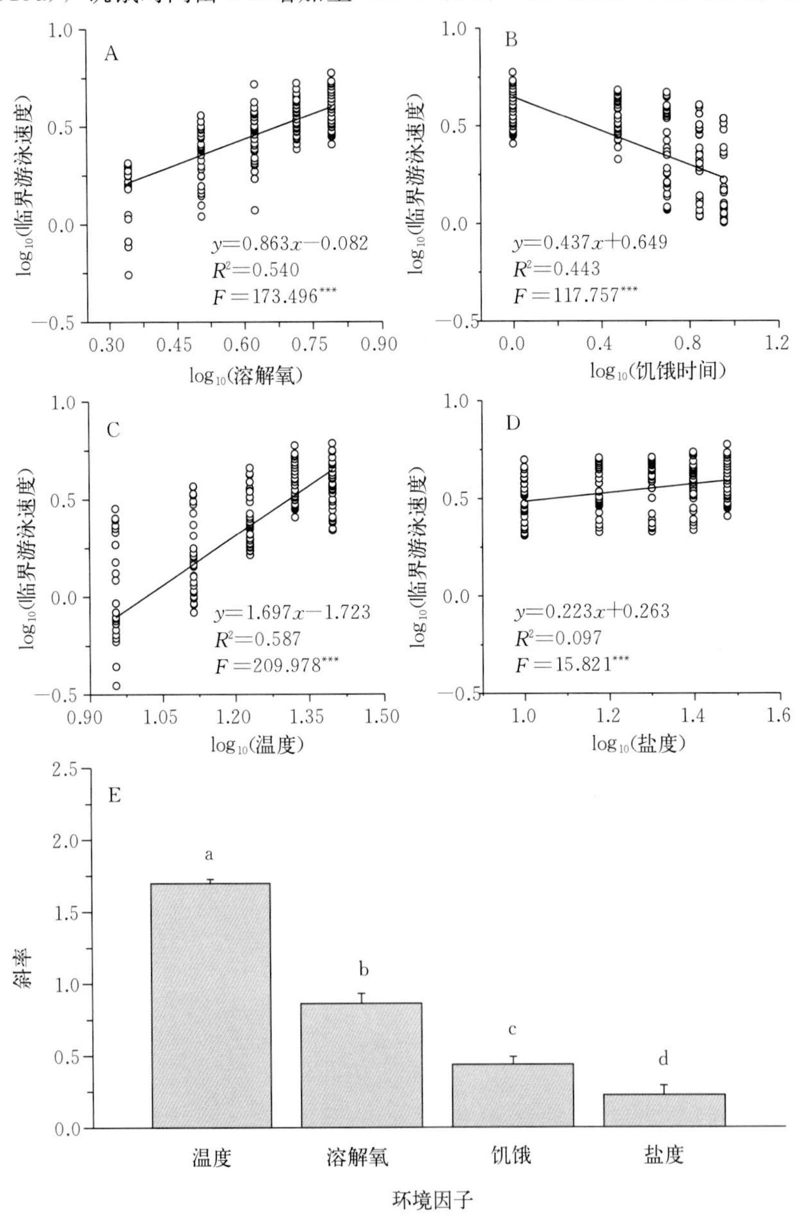

图 7 - 2　各环境因子与中国明对虾幼体临界游泳速度的关系

A. 溶解氧与临界游泳速度　B. 饥饿时间与临界游泳速度　C. 温度与临界游泳速度

D. 盐度与临界游泳速度　E. 环境因子间斜率对比

所有数据均通过 log10 标准化转换。*** ：$P<0.001$。不同字母表示差异显著

Ruiz et al，2015），盐度从30降至10（Li et al，2019b）。因此，温度对中国明对虾幼体运动能力的影响程度最大，盐度的影响程度最小。

（张秀梅、李江涛）

第三节　中国对虾增殖放流和监测

本节以昌邑、无棣、乳山和海阳中国对虾增殖放流为例，介绍了样品采集、分子标记放流和回捕调查等相关过程。

一、标志放流点

2013年在山东近海沿岸设置8个放流地点，分别为：山东海渔水产良种引进开发中心、海阳市海洋水产资源增殖站、昌邑市海丰水产养殖有限责任公司、无棣县渤海水产资源增殖站、东营市河口华春水产技术开发有限责任公司、垦利县惠鲁水产养殖有限公司、潍坊市滨海经济开发区光辉渔业资源增殖站和莱州市对虾育苗增殖场（图7-3）。根据育苗场的具体情况，确定了分子标记亲虾的数量及亲虾样品采集方式等。

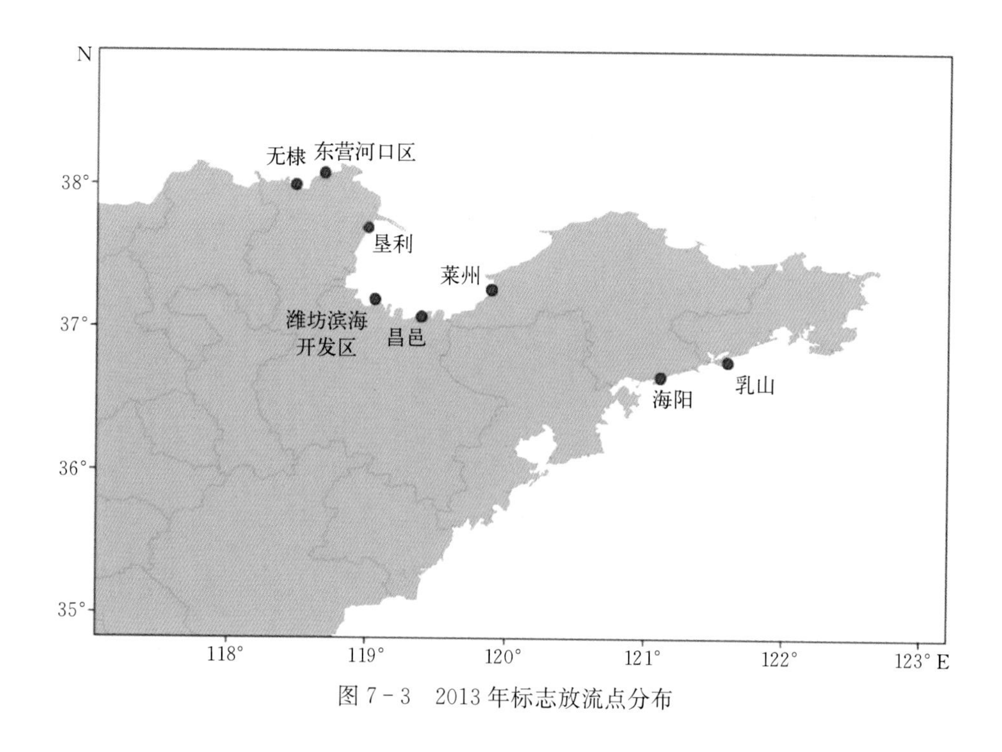

图7-3　2013年标志放流点分布

二、亲虾与苗种繁育

在2013年中国对虾标志放流的苗种繁育工作中，昌邑市海丰水产养殖有限责任公司、无棣县渤海水产资源增殖站、山东海渔水产良种引进开发中心和海阳市海洋水产资源增殖站4个放流单位负责为所有标志放流单位培育中国对虾幼体。2013年4—5月，项目组在以上4个标志放流单位共采集中国对虾亲虾3 048尾。样品信息见表7-6。

表 7-6　2013 年亲虾采样情况

地点	亲虾来源	采样时间	亲虾总数（尾）	采样数量（尾）	平均体长（mm）	平均体重（g）	苗种规格
昌邑 潍坊滨海经济开发区	养殖越冬[1]	4 月 25 日至 5 月 19 日	2 088	1 477	159.8±15.06	53.7±14.43	大规格
垦利 东营河口区	海阳外海[1]	4 月 25 日至 5 月 19 日	969	782	185.9±8.17	78.7±11.00	大规格
无棣	海阳外海[2]	5 月 3 日至 5 月 5 日	240	144	214.0±1 079	83.5±13.66	大规格
乳山 莱州	荣城外海[3]	4 月 20 日至 5 月 5 日	约 1 000	381	189.3±11.38	82.3±15.18	小规格
海阳	海阳外海[4]	4 月 30 日至 5 月 2 日	264	264	197.3±16.92	85.2±15.42	小规格 大规格

注：1 为昌邑市海丰水产养殖有限责任公司，2 为无棣县渤海水产资源增殖站，3 为乳山市裕洋良种中心，4 为海阳市海洋水产资源增殖站。

1. 昌邑

项目组成员于 2013 年 4 月 25 日至 5 月 19 日在潍坊市昌邑市海丰水产养殖有限责任公司参与了中国对虾亲虾培育与苗种繁育工作，并进行了亲虾样品与苗种信息的采集工作（图 7-4）。

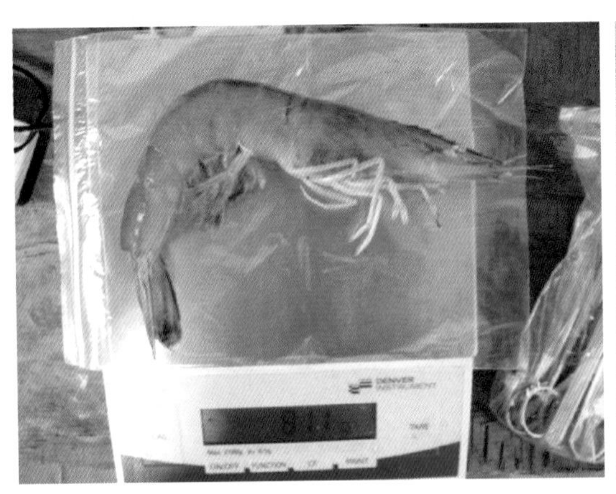

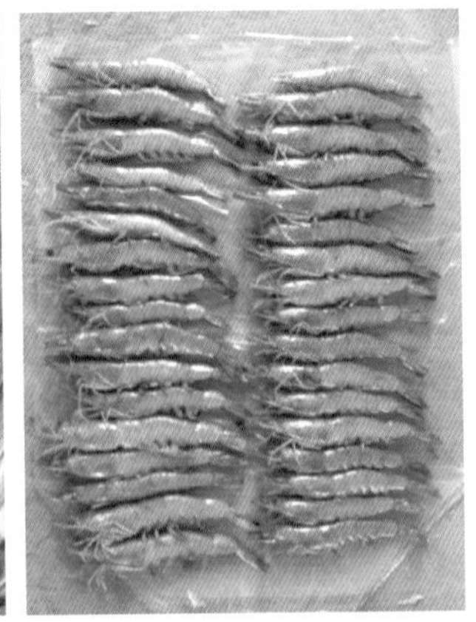

图 7-4　昌邑亲虾体重测量和计数

中国对虾亲虾共计 3 057 尾，均用于繁育对虾大规格苗种。其中 2 088 尾为养殖越冬亲虾（使用 2012 年苗种培育），暂养于亲虾养殖车间的 23～28 号养殖池；969 尾为海捕野生亲虾（捕自海阳外海），暂养于 31～34 号养殖池。养殖越冬亲虾所产虾苗除用于昌邑市海丰水产养殖有限责任公司自身放流外，还用于潍坊市滨海经济开发区光辉渔业资源增殖站的放流苗种培育。海捕野生亲虾所产虾苗则用于东营市河口华春水产技术开发有限责任公司和垦利县惠鲁水产养殖有限公司的放流苗种培育。

采样期间共采集到 1 477 尾养殖越冬亲虾和 782 尾海捕野生亲虾的肌肉组织，并分别获

得 100 尾和 91 尾亲虾的形态学数据。肌肉组织于－20 ℃冰箱中冷冻保存，用于后续分子遗传学实验；形态学数据用于评估亲虾规格。

2. 无棣

项目组成员于 2013 年 5 月 3 日至 5 月 5 日在无棣县渤海水产资源增殖站进行中国对虾亲虾样品与苗种信息的采集工作（图 7－5）。

图 7－5　无棣亲虾体重测量和计数

中国对虾亲虾采自海阳外海，共计 240 尾，暂养于无棣县渤海水产资源增殖站 3 车间的 6 号和 7 号养殖池，所产虾苗用以对虾大规格苗种放流。采样期间共获取了 144 尾亲虾的肌肉样品和 45 尾亲虾的形态学数据。肌肉样品带回实验室用于后续分子遗传学分析，形态学数据用于评价亲虾规格。

3. 乳山

项目组成员于 2013 年 4 月 20 日至 5 月 5 日在乳山南泓的山东海渔水产良种引进开发中心参与了中国对虾的苗种繁育工作，并进行了亲虾样品与苗种信息的采集工作（图 7－6）。

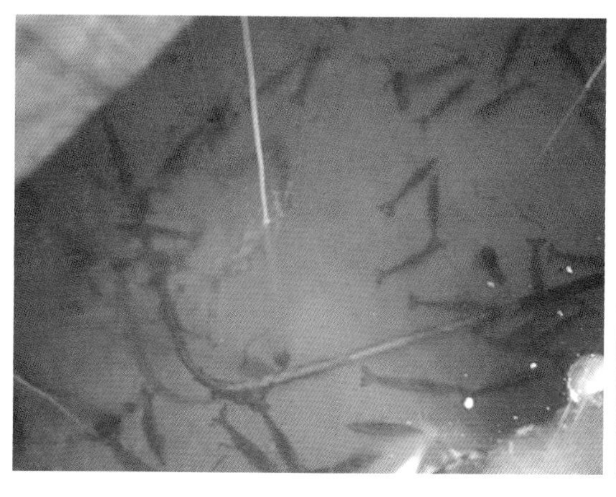

图 7－6　亲虾暂养和亲虾体长测量

中国对虾亲虾采自荣城外海，约 1 000 尾，暂养于对虾养殖车间的 3 号、4 号和 6 号养殖池，所产虾苗用于本单位和莱州市对虾育苗增殖场的小规格苗种增殖放流。采样期间共获取381尾亲虾的肌肉组织和54尾亲虾的形态学数据。肌肉组织冷冻保存后带回实验室进行分子遗传学分析，形态学数据用于评价亲虾规格。

4. 海阳

项目组成员于2013年4月30日—5月2日在海阳市海洋水产资源增殖站进行中国对虾亲虾样品的采集工作（图7-7）。

图7-7　海阳亲虾形态指标测量

中国对虾亲虾采自海阳外海，共计264尾，暂养于6车间20号和21号养殖池。采样期间共采集到264尾亲虾的肌肉组织，并测量了50尾亲虾的体重和体长等形态学数据。肌肉组织冷冻保存后带回实验室用于分子遗传学实验，形态学数据用于评价亲虾规格。

三、增殖放流

1. 2012年标志放流情况

2012年5月20日至6月14日，三家放流合作单位共在昌邑、乳山和海阳近海放流中国对虾虾苗31 318万尾，其中大规格苗种14 145万尾，小规格苗种17 173万尾（表7-7）。

表7-7　2012年中国对虾标志放流情况

放流地点	苗种规格	放流时间	放流数量（万尾）	平均体长（mm）	平均体重（g）
昌邑潍河	小规格	5月24日	3 067	12.79±1.231	0.02±0.005
	大规格	6月14日	8 369	32.71±2.981	0.34±0.098
乳山塔岛湾	小规格	5月20日，5月26日	11 428	10.31±1.056	0.01±0.015
海阳丁字湾	小规格	5月24日	2 678	—	—
	大规格	6月5日至6月7日	5 776	43.30±6.832	1.09±0.973

2. 2013年标志放流情况

2013年5月18日至2013年6月30日，8家放流合作单位先后在莱州湾沿岸和海阳、乳山近海放流中国对虾苗种71 071.5万尾，其中大规格苗种42 690万尾，小规格苗种28 381.5万尾。放流信息详见表7-8。

表 7-8　2013 年中国对虾标志放流情况

放流地点	苗种规格	放流时间	放流数量（万尾）	平均体长（mm）	平均体重（g）
无棣套儿河	大规格	6 月 12 日	6 464	34.07±2.353	0.38±0.083
东营河口区	大规格	6 月 30 日	6 136	53.66±4.605	1.57±0.399
垦利小岛河	大规格	6 月 12 日至 6 月 15 日	8 313	23.91±2.770	0.11±0.051
潍坊港	大规格	6 月 10 日	7 113	46.58±9.520	1.125±0.437
昌邑潍河	大规格	6 月 15 日	9 080	—	—
莱州叼龙咀	小规格	5 月 21 日至 5 月 23 日	11 582.5	—	—
乳山塔岛湾	小规格	5 月 18 日	14 545	—	—
海阳丁字湾	小规格	5 月 21 日	2 254	—	—
	大规格	6 月 5 日	5 584	29.69±2.614	0.23±0.067

四、跟踪调查

2012 年 6—9 月在潍河以及莱州湾进行了 6 次跟踪调查（表 7-9），捕获中国对虾共计 1 179 尾。通过对样品进行生物学测定，得到了中国对虾体长分布直方图（图 7-8）。

表 7-9　2012 年中国对虾跟踪调查情况

时间	调查地点	数量/尾	平均体长（mm）	平均体重（g）
6 月 20 日	潍河	293	48.15	1.31
7 月 1 日	潍河	267	57.84	1.98
7 月 26 日	潍河	8	90.09	8.25
8 月 9 日	莱州湾	396	135.79	28.50
8 月 22 日	莱州湾	179	147.34	37.35
9 月 19 日	莱州湾	36	166.97	55.11

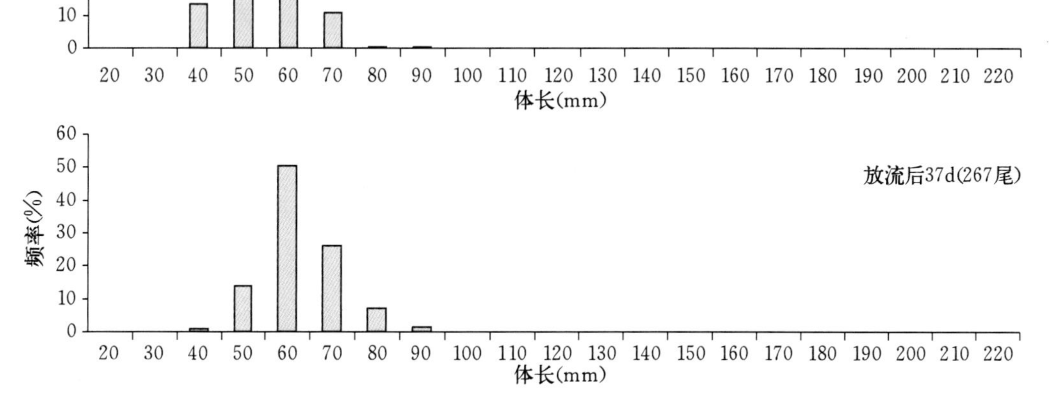

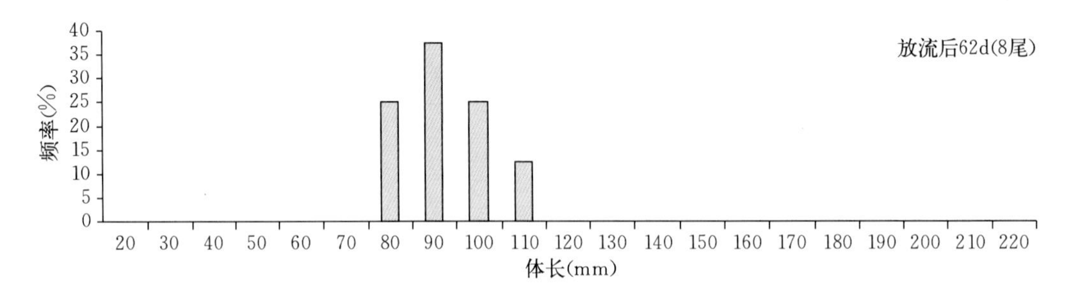

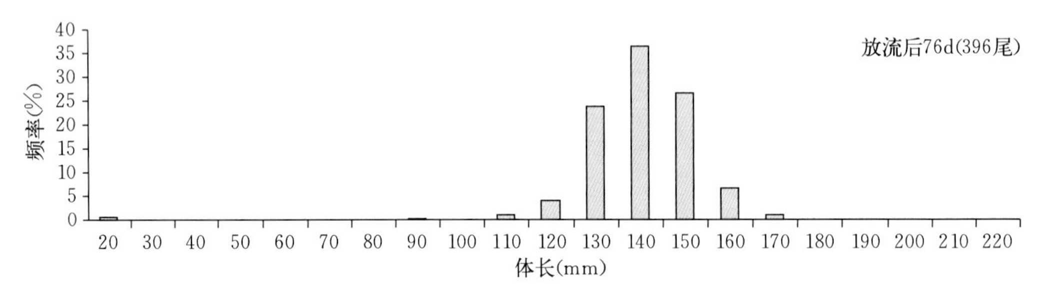

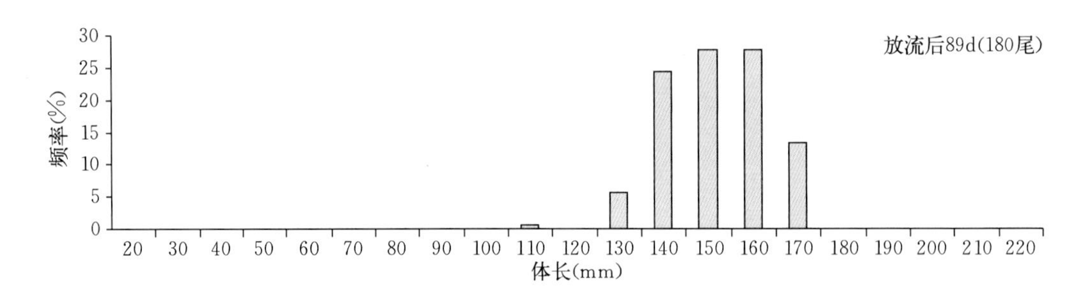

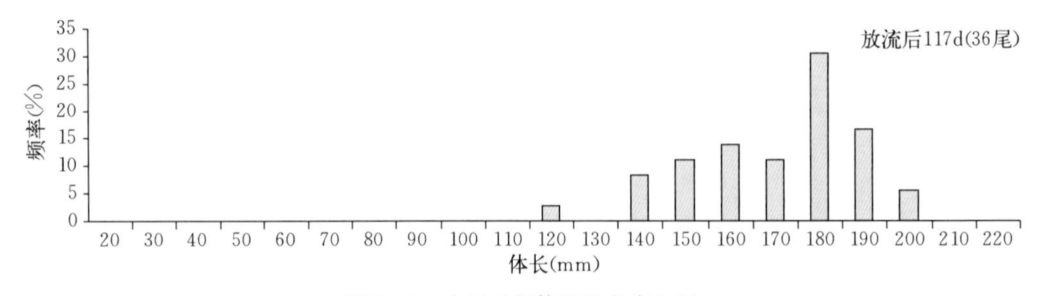

图 7-8　中国对虾体长分布直方图

通过图 7-8 可以看出：①放流后较短的时间内，大苗与小苗的生长差异不明显，从体长范围已无法将大小苗区分开来；②放流 4 个月之后，体长约增加了 3.5 倍，体重约增加了 42 倍。

五、回捕调查

1. 2012 年秋季回捕

2012 年 8—9 月，项目组在莱州湾进行了 4 次回捕采样，获得回捕中国对虾 630 尾（表 7-10）。

表 7-10　2012 年秋季回捕对虾样品信息

回捕地点	回捕时间	回捕数量（尾）	平均体长（mm）	平均体重（g）	备　注
东营	8 月 8 日	19	131.5±15.53	29.0±8.91	项目组回捕调查
莱州湾	8 月 9 日	396	136.0±10.47	28.7±6.61	山东省海洋水产研究所莱州湾调查
莱州湾	8 月 22 日	179	147.4±11.14	37.2±8.71	山东省海洋水产研究所莱州湾调查
莱州湾	9 月 19 日	36	166.3±18.88	55.0±18.63	山东省海洋水产研究所莱州湾调查

此外，2012 年 8 月 31 日，项目组在非标志放流海域日照外海采集中国对虾 40 尾，平均体长为（152.2±14.64）mm，平均体重为（32.8±6.46）g。

2. 2013 年春季回捕

2013 年 4 月底至 5 月初，在标志放流单位采集海捕野生亲虾 1 571 尾，其中 1 190 尾捕自海阳外海，381 尾捕自荣城外海（表 7-11）。

表 7-11　2013 年春季回捕对虾样品信息

回捕地点	回捕时间	回捕数量（尾）	平均体长（mm）	平均体重（g）	备　注
海阳	4 月 25 日至 5 月 19 日	782	185.9±8.17	78.7±11.00	东营河口区和垦利县亲虾
海阳	5 月 3 日至 5 月 5 日	144	214.0±1 079	83.5±13.66	无棣亲虾
荣成	4 月 20 日至 5 月 5 日	381	189.3±11.38	82.3±15.18	乳山、莱州亲虾
海阳	4 月 30 日至 5 月 2 日	264	197.3±16.92	85.2±15.42	海阳亲虾

2013 年 5 月 8 日，租赁当地渔船在日照近海进行中国对虾回捕调查，捕获中国对虾 35 尾，也视为 2012 年补充群体。

3. 2013 年秋季回捕

2013 年 8—10 月，项目组在标志放流海域开展了 7 次回捕采样，共采集回捕中国对虾 1 262 尾（表 7-12）。

表 7-12　2013 年秋季回捕对虾样品信息

回捕地点	回捕时间	回捕数量（尾）	平均体长（mm）	平均体重（g）	备　注
莱州湾	8 月 21 日	318	132.8±73.62	26.1±18.60	山东省海洋水产研究所莱州湾调查
东营	8 月 27 日	194	146.7±20.99	33.65±10.57	项目组回捕调查
东营	8 月 31 日	216	153.2±15.02	38.25±9.80	项目组收购
莱州湾	9 月 12 日	276	163.4±15.38	48.2±11.39	项目组回捕调查
乳山	9 月 17 日	57	168.8±16.76	55.4±14.92	项目组回捕调查
乳山	9 月 26 日	39	171.2±16.94	60.2±17.53	项目组回捕调查
海阳	10 月 13 日	162	183.9±17.14	67.1±18.09	项目组回捕调查

（张秀梅、李江涛）

第四节　基于分子标记的中国对虾增殖放流效果评价

本节运用线粒体控制区及微卫星等分子生物学手段识别了中国对虾回捕群体中的放流个体，分析大小两种规格的苗种在回捕对虾中的比例，并通过横向和纵向比较，评估了标志放流个体对莱州湾对虾产量和山东省对虾产量的贡献，评价 2012 年整体增殖放流效果和 2013 年秋季增殖放流效果。

一、中国对虾分子标记

1. 2012 年分子标记

（1）线粒体 DNA 控制区序列分析　2012 年 8 月下旬至 2013 年 5 月中旬，课题组共回捕对虾样品 2 190 尾，包括 2012 年秋季莱州湾的回捕对虾 630 尾和 2013 年春季海阳、日照近海的回捕对虾（繁殖群体）1 225 尾。对回捕对虾控制区序列进行扩增，共获得了 688 尾回捕对虾的控制区序列，序列比对后获得 76 个单倍型，单倍型多样度 0.944 3±0.005 2，核苷酸多样度 0.009 5±0.005 2。其中，43 个单倍型，共计 659 尾回捕对虾与亲虾单倍型相同，与亲虾单倍型相同的比例为 95.81%。

2012 年 8 月，课题组采集日照近海对虾 40 尾。对回捕对虾控制区序列进行扩增、比对，获得 18 个单倍型，单倍型多样度为 0.926 9±0.022 0，核苷酸多样度为 0.009 2±0.005 1。其中，16 个单倍型共 38 尾采集对虾与 2012 年昌邑苗种场亲虾单倍型相同，与亲虾单倍型的相同比例为 95%。

（2）微卫星分析　本项目一共采用 8 对微卫星荧光引物作为分子标记进行个体判别，引物描述见表 7 - 13。

表 7 - 13　8 对微卫星荧光引物描述

引物	等位基因数	观测杂合度	期望杂合度	多态信息含量	排除率	哈温平衡	无效等位基因
FC06	48	0.776	0.903	0.894	80.5%	***	0.077
FC18	37	0.703	0.935	0.930	86.7%	***	0.141
FC22	34	0.587	0.83	0.811	67.5%	ND	0.179
FC24	43	0.784	0.933	0.928	86.3%	NS	0.08
Hd2378	55	0.852	0.960	0.957	91.6%	ND	0.057
Hd3227	40	0.825	0.944	0.940	88.6%	NS	0.065
Hd3284	30	0.69	0.842	0.822	68.4%	***	0.097
Hd4828	36	0.666	0.886	0.876	80.5%	***	0.142
平均等位基因数				40.38			
平均期望杂合度				0.904 2			
平均多态信息含量				0.894 7			
累积排除率				99.999 9%			

注：*** 表示极显著（$P<0.001$）；NS 表示不显著（$P>0.05$）；ND 表示未检测。

从表 7－13 可以看出，8 对引物的等位基因数和多态信息含量均较高，分别为 40.38 和 0.894 7，表明了引物的个体识别能力高。每对引物的单亲排除率在 67.5%～91.6%，累积单亲排除率超过 99.99%，表明引物能够有效地区分放流个体和非放流个体。

运用 8 对微卫星荧光引物对 2012 年秋季回捕对虾进行归属鉴定，结果显示：放流个体占 2012 秋季回捕对虾总数的比例为 16.34%，其中大规格苗种所占比例为 8.01%，小规格苗种所占比例为 8.33%。

运用 8 对微卫星荧光引物对 2013 年春季中国对虾繁殖群体进行归属鉴定，结果显示：放流个体占 2013 年春季回捕群体（繁殖群体）对虾总数的比例为 4.71%。按照苗种规格划分，大规格苗种所占比例为 1.71%，小规格苗种所占比例为 3.00%。按照回捕海域划分，海阳回捕对虾中，9 尾为放流苗种，所占比例为 3.85%；日照回捕对虾中，2 尾为放流个体，所占比例为 0.86%。

综合 2012 年秋季和 2013 年春季回捕样品的微卫星分析结果，得出放流个体占 2012 年回捕对虾（包括 2012 年秋季回捕和 2013 年春季回捕）总数的比例为 12.56%，其中大规格苗种占 5.99%，小规格苗种占 6.57%。

运用 8 对引物对 2012 年 8 月采集的日照对虾进行归属鉴定，结果显示 40 尾个体全部被排除，与 2012 年亲虾不存在亲缘关系。

2. 2013 年分子标记

2013 年 8—10 月，项目组在莱州湾海域及乳山、海阳外海共采集回捕中国对虾 1 262 尾。该时间段内，中国对虾尚未开始长距离洄游，莱州湾群体与乳山、海阳群体之间几乎不存在混杂交流，因此项目组将回捕样品分为莱州湾群体和乳山、海阳群体分别进行分子遗传学数据的比对分析。

（1）莱州湾海域

① 线粒体 DNA 控制区序列分析：2013 年 8 月—9 月，课题组共回捕对虾样品 1 004 尾，对回捕样品扩增后获得 598 尾对虾的控制区序列，进行比对后，获得 113 个单倍型，单倍型多样度为 0.921 1±0.014 5，核苷酸多样度为 0.009 2±0.005 1。其中 88 个单倍型，共计 558 尾个体与亲虾单倍型相同，与亲虾单倍型相同比例为 93.31%（表 7－14）。

表 7－14　亲虾和莱州湾回捕对虾单倍型比对结果

单倍型	亲虾（尾）	8 月 21 日（尾）	8 月 27 日（尾）	8 月 31 日（尾）	9 月 12 日（尾）	合计回捕（尾）
Hap1	71	5	1	8	15	29
Hap2	65	2		5	6	13
Hap3	48	11	3	11	2	27
Hap4	53	7	4	10	21	42
Hap5	3					0
Hap6	57	5	7	1	4	17
Hap7	57	16	11		29	56
Hap8	47	6	2		1	9

（续）

单倍型	亲虾（尾）	8月21日（尾）	8月27日（尾）	8月31日（尾）	9月12日（尾）	合计回捕（尾）
Hap9	51	3	1	2	11	17
Hap10	52	2	1	1	13	17
Hap11	34	5		3	2	10
Hap12	36	5	3		19	27
Hap13	29	1	9	2	6	18
Hap14	34	1	1	1	3	6
Hap15	47				4	4
Hap16	37	1	1	2		4
Hap17	31	2	3	1	8	14
Hap18	30				2	2
Hap19	22		2	1	3	6
Hap20	39	3	1	1	1	6
Hap21	30			3	4	7
Hap22	35	2	1			3
Hap23	31	2	1	2	5	10
Hap24	36	3	1	2	3	9
Hap25	28	2	1	1	8	12
Hap26	36	1		2	1	4
Hap27	22	1	2	1	2	6
Hap28	30	1	1	1	4	7
Hap29	26	3	1	1	1	6
Hap30	22	5	1		1	7
Hap31	26	1	1		2	4
Hap32	29		1	3	1	5
Hap33	29	2	1	1	3	7
Hap34	23			1	3	4
Hap35	23	1		1		2
Hap36	17	1	1		1	3
Hap37	23	2	1			3
Hap38	30	2		2	1	5
Hap39	19	1		1	1	3
Hap40	13	1	1	1	1	4
Hap41	11	1	1	1	1	4
Hap42	10		1	2		3
Hap43	5				1	1

（续）

单倍型	亲虾（尾）	8月21日（尾）	8月27日（尾）	8月31日（尾）	9月12日（尾）	合计回捕（尾）
Hap44	7	1	1	2	1	5
Hap45	6	1	1		3	5
Hap46	3	1		1	2	4
Hap47	5			1	1	2
Hap48	1	1		1	1	3
Hap49	9	1	1			2
Hap50	10		1		3	4
Hap51	0	1	1	2	1	5
Hap52	0	1	1	1	1	4
Hap53	9	1		1	1	3
Hap54	3	1				1
Hap55	0		1	1		2
Hap56	4	1	1		1	3
Hap57	2	1	1	1	1	4
Hap58	4	1		1	1	3
Hap59	2				2	2
Hap60	2	3	1		1	5
Hap61	3	2			1	3
Hap62	0		1	1		2
Hap63	0	3	1		1	5
Hap64	3	1		1	1	3
Hap65	0	1		1	2	4
Hap66	2	1		1	1	3
Hap67	2	1			1	2
Hap68	0			2		2
Hap69	2					0
Hap70	1		1	1	1	3
Hap71	2				1	1
Hap72	2		1	1	2	4
Hap73	1		1	1	2	4
Hap74	2		1			1
Hap75	2		1		1	2
Hap76	4		1	2	1	4
Hap77	2		1			1
Hap78	1		1	1	3	5

（续）

单倍型	亲虾（尾）	8月21日（尾）	8月27日（尾）	8月31日（尾）	9月12日（尾）	合计回捕（尾）
Hap79	3			1		1
Hap80	2	1			2	3
Hap81	3			1		1
Hap82	1			1	3	4
Hap83	1			1	1	2
Hap84	0				1	1
Hap85	1					0
Hap86	1			1		1
Hap87	0			1		1
Hap88	1					0
Hap89	1		1	1		2
Hap90	2				1	1
Hap91	1				1	1
Hap92	3				1	1
Hap93	0		1	1		2
Hap94	1		1	1		2
Hap95	2			1	2	3
Hap96	1		1		1	2
Hap97	0		1		1	2
Hap98	0			1		1
Hap99	1			1	1	2
Hap100	0				1	1
Hap101	1	1				1
Hap102	1				1	1
Hap103	1				1	1
Hap104	1			1		1
Hap105	0				1	1
Hap106	0		1	1		2
Hap107	0	1				1
Hap108	0				1	1
Hap109	1		1	1		2
Hap110	0			1		1
Hap111	1	1				1
Hap112	0				1	1
Hap113	0				1	1

② 微卫星分析：运用8对微卫星荧光引物对2013年秋季回捕对虾进行归属鉴定，结果显示有176尾为放流对虾个体，占回捕对虾总数的比例为29.42%。其中，70尾为潍坊2家放流单位（昌邑市海丰水产养殖有限责任公司和潍坊市滨海经济开发区光辉渔业资源增殖站）的放流个体，比例为11.70%；88尾为东营2家放流单位（东营市河口华春水产技术开

发有限责任公司和垦利县惠鲁水产养殖有限公司）的放流个体，比例为14.74%；18尾为无棣县渤海水产资源增殖站放流的个体，比例为3.00%。

（2）海阳海域 线粒体DNA控制区序列分析：2013年8—9月，课题组共回捕对虾样品162尾，对所有个体的控制区序列进行扩增、比对，获得64个单倍型，单倍型多样度为0.9420±0.015 7，核苷酸多样度为0.009 4±0.005 2。其中59个单倍型，共计157尾回捕个体与亲虾单倍型相同，与亲虾单倍型相同比例为96.91%（表7-15）。

表7-15 海阳亲虾和海阳回捕对虾单倍型

单倍型	亲虾（尾）	回捕对虾（尾）	单倍型	亲虾（尾）	回捕对虾（尾）
Hap1	25	14	Hap33	1	2
Hap2	28	13	Hap34	2	3
Hap3	21	7	Hap35	1	3
Hap4	15	9	Hap36	1	1
Hap5	20	6	Hap37	2	
Hap6	14	9	Hap38	2	1
Hap7	17	7	Hap39	1	2
Hap8	13	5	Hap40	1	1
Hap9	10	4	Hap41	1	3
Hap10	9	4	Hap42	1	1
Hap11	5	5	Hap43	1	
Hap12	7	4	Hap44		1
Hap13	8	3	Hap45	1	1
Hap14	5	3	Hap46	1	2
Hap15	4	2	Hap47		2
Hap16	4		Hap48	1	1
Hap17	3	1	Hap49	1	1
Hap18	1	2	Hap50	1	2
Hap19	1	3	Hap51	1	1
Hap20	1	1	Hap52	2	1
Hap21	1	2	Hap53	1	2
Hap22	3	4	Hap54	1	1
Hap23		1	Hap55	1	1
Hap24	2	1	Hap56		1
Hap25	2	1	Hap57	1	1
Hap26	3		Hap58	1	1
Hap27	1	1	Hap59	2	2
Hap28	2	2	Hap60	1	1
Hap29	1	1	Hap61	1	1
Hap30	1	1	Hap62	1	1
Hap31	1	1	Hap63	1	1
Hap32	2	2	Hap64	1	1

二、中国对虾增殖效果评价

1. 中国对虾线粒体控制区分析

中国对虾线粒体序列分析结果见表 7-16。2012 年亲虾和回捕对虾进行线粒体控制区分析后，获得 76 个单倍型，43 个单倍型与亲虾单倍型相同，对应 659 尾回捕对虾，与亲虾单倍型相同比例为 95.81%。

表 7-16 中国对虾线粒体序列分析结果

时 间	标志放流地点	回捕地点	一致率（%）
2012 年	潍坊昌邑	莱州湾	95.81
2013 年	潍坊昌邑和滨海开发区、东营垦利和河口区、滨州无棣	莱州湾	93.31
	海阳	海阳海域	96.91

2013 年莱州湾亲虾和回捕对虾进行线粒体控制区分析后，获得 113 个单倍型，88 个单倍型与亲虾单倍型相同，对应 558 尾回捕对虾，与亲虾单倍型相同比例为 93.31%。

2013 年海阳亲虾和海阳回捕对虾进行线粒体控制区分析后，获得 64 个单倍型，59 个单倍型与亲虾单倍型相同，对应 157 尾回捕对虾，与亲虾单倍型相同比例为 96.91%。

中国对虾线粒体控制区分析结果表明，以线粒体控制区作为分子标记，排除非放流个体的作用有限，但能够对亲虾和回捕对虾起到分组的作用，为后续的微卫星分析奠定了良好的基础。

2. 微卫星分析结果

中国对虾微卫星分析结果见表 7-17。2012 年秋季莱州湾回捕对虾中，经微卫星鉴定 16.34%为昌邑放流的对虾苗种，其中大规格苗种占 8.01%，小规格苗种占 8.33%。2013 年春季山东南部沿海的回捕对虾中，4.71%为昌邑放流的个体。按照规格划分，大规格苗种所占比例为 1.71%，小规格苗种所占比例为 3.00%；按照回捕海域划分，海阳回捕对虾中，9 尾为放流苗种，所占比例为 3.85%；日照回捕对虾中，2 尾为放流个体，所占比例为 0.86%。综合 2012 年秋季和 2013 年春季的放流结果，放流个体所占比例为 12.56%，其中大规格苗种占 5.99%，小规格苗种占 6.57%。

表 7-17 中国对虾微卫星分析结果

<table>
<tr><th colspan="2">时 间</th><th>标志放流地点</th><th>放流个体占回捕对虾的比例（%）</th></tr>
<tr><td rowspan="3">2012 年</td><td>2012 年秋季回捕</td><td rowspan="3">昌邑</td><td>16.34</td></tr>
<tr><td>2013 年春季回捕</td><td>4.71</td></tr>
<tr><td>合计</td><td>12.56</td></tr>
<tr><td rowspan="3">2013 年</td><td rowspan="3">2013 年秋季回捕</td><td>潍坊昌邑和滨海开发区</td><td>11.70</td></tr>
<tr><td>东营垦利和河口区</td><td>14.72</td></tr>
<tr><td>滨州无棣</td><td>3.00</td></tr>
</table>

2012 年 8 月采集的日照对虾全部被排除，与 2012 年亲虾不存在亲缘关系。

2013 年秋季回捕对虾中，29.42%为莱州湾沿岸五个放流单位放流的对虾苗种。其中，11.70%为潍坊 2 家放流单位（昌邑市海丰水产养殖有限责任公司和潍坊市滨海经济开发区

光辉渔业资源增殖站）的放流个体；14.72%为东营2家放流单位（东营市河口华春水产技术开发有限责任公司和垦利县惠鲁水产养殖有限公司）的放流个体；3.00%为无棣县渤海水产资源增殖站放流的个体。

微卫星分析结果表明：①微卫星作为分子标记，在进行回捕对虾个体判别时，能够达到区分放流个体和非放流个体的效果，在中国对虾增殖效果评价中可以进行广泛应用；②微卫星能够区分不同放流单位放流的苗种，从而对不同放流单位的放流效果进行评价；③在自然海域中能够捕获放流的对虾苗种，证明放流苗种对于对虾资源量补充发挥了重要作用，尤其在次年春季繁殖群体中找到了放流个体，由此推断增殖放流对于资源的补充是持续的；④增殖放流过程中，放流大规格苗种和小规格苗种的增殖效果未产生明显差异，考虑到大规格苗种暂养的经济投入，建议在未来的放流活动中适当增加放流小规格苗种的数量。

（张秀梅、李江涛）

参考文献

Abbaraju NV, Rees BB, 2011. Effects of dissolved oxygen on glycolytic enzyme specific activities in liver and skeletal muscle of *Fundulus heteroclitus* [J]. Fish Physiol Biochem, 38: 615-624.

Brett JR, 1972. The metabolic demand for oxygen in fish, particularly salmonids, and a comparison with other vertebrates [J]. Respir Physiol, 14: 151-170.

Cai L, Liu GY, Taupier R, et al, 2014a. Effect of temperature on swimming performance of juvenile *Schizothorax prenanti* [J]. Fish Physiol Biochem, 40: 491-498.

Cai WQ, Borja A, Liu LS, et al, 2014b. Assessing benthic health under multiple human pressures in Bohai Bay (China), using density and biomass in calculating AMBI and M-AMBI [J]. Mar Ecol, 35: 180-192.

Chen JC, Lin MN, Ting YY, et al, 1995. Survival, haemolymph osmolality and tissue water of *Penaeus chinensis* juveniles acclimated to different salinity and temperature levels [J]. Comp Biochem Physiol A, 110: 253-258.

Cota-Ruiz K, Peregrino-Uriarte AB, Felix-Portillo M, et al, 2015. Expression of fructose 1, 6-bisphosphatase and phosphofructokinase is induced in hepatopancreas of the white shrimp *Litopenaeus vannamei* by hypoxia [J]. Mar Environ Res, 106: 1-9.

Duan Y, Zhang X, Liu X, et al, 2014. Effect of dissolved oxygen on swimming ability and physiological response to swimming fatigue of whiteleg shrimp (*Litopenaeus vannamei*) [J]. J Ocean Univ China, 13: 132-140.

England WR, Baldwin J, 1983. Anaerobic energy metabolism in the tail musculature of the Australian Yabby *Cherax destructor* (Crustacea, Decapoda, Parastacidae): Role of phosphagens and anaerobic glycolysis during escape behavior [J]. Physiol Zool, 56: 614-622.

Fu SJ, Brauner CJ, Cao ZD, et al, 2011. The effect of acclimation to hypoxia and sustained exercise on subsequent hypoxia tolerance and swimming performance in goldfish (*Carassius auratus*) [J]. J Exp Biol, 214: 2080-2088.

Gruschczyk B, Kamp G, 1990. The shift from glycogenolysis to glycogen resynthesis after escape swimming: studies on the abdominal muscle of the shrimp, *Crangon crangon* [J]. J Comp Physiol B, 159: 753-760.

Head G, Baldwin J, 1986. Energy metabolism and the fate of lactate during recovery from exercise in the Australian freshwater crayfish *Cherax destructor* [J]. Mar Freshwater Resh, 37: 641-646.

Kieffer JD, Tufts BL, 1998. Effects of food deprivation on white muscle energy reserves in rainbow trout (*Oncorhynchus mykiss*): the relationships with body size and temperature [J]. Fish Physiol Biochem, 19: 239 - 245.

Li J, Lin X, Xu Z, et al, 2017. Differences in swimming ability and its response to starvation among male and female *Gambusia affinis* [J]. Biol Open, 6: 625 - 632.

Li J, Xu X, Li W, et al, 2019a. Effects of acute and chronic hypoxia on the locomotion and enzyme of energy metabolism in Chinese shrimp *Fenneropenaeus chinensis* [J]. Mar. Freshw. Behav. Physiol, 51: 275 - 291.

Li J, Xu X, Li W, et al, 2019b. Linking energy metabolism and locomotor variation to osmoregulation in Chinese shrimp *Fenneropenaeus chinensis* [J]. Comp Biochem Physiol B, 234: 58 - 67.

Liu F, Guo B, Wang F, et al, 2015. Effect of different thermal regimes on glucose, enzymes involved in glycolysis and HSP70 of *Litopenaeus vannamei* [J]. Aquac Res, 46: 1707 - 1720.

Moyano M, Illing B, Peschutter P, et al, 2016. Thermal impacts on the growth, development and ontogeny of critical swimming speed in Atlantic herring larvae [J]. Comp Biochem Physiol A, 197: 23 - 34.

Pei S, Laws EA, Zhang H, et al, 2017. Patchiness of phytoplankton and primary production in Liaodong Bay, China [J]. PLoS ONE, 12: e0173067.

Penghan LY, Pang X, Fu SJ, 2016. The effects of starvation on fast - start escape and constant acceleration swimming performance in rose bitterling (*Rhodeus ocellatus*) at two acclimation temperatures [J]. Fish Physiol Biochem, 42: 909 - 918.

Plaut I, 2000. Resting metabolic rate, critical swimming speed, and routine activity of the euryhaline cyprinodontid, *Aphanius dispar*, acclimated to a wide range of salinities [J]. Physiol Biochem Zool, 73: 590 - 596.

Sánchez - Paz A, García - Carreño F, Hernández - López J, et al, 2007. Effect of short - term starvation on hepatopancreas and plasma energy reserves of the Pacific white shrimp (*Litopenaeus vannamei*) [J]. J Exp Mar Biol Ecol, 340: 184 - 193.

Sánchez - Paz A, Soñanez - Organis JG, Peregrino - Uriarte AB, et al, 2008. Response of the phosphofructokinase and pyruvate kinase genes expressed in the midgut gland of the Pacific white shrimp *Litopenaeus vannamei* during short - term starvation [J]. J Exp Mar Biol Ecol, 362: 79 - 89.

Wang Q, Zhuang Z, Deng J, et al, 2006. Stock enhancement and translocation of the shrimp *Penaeus chinensis* in China [J]. Fish Res, 80: 67 - 79.

Wu Q, Wang J, Zhang B, et al, 2016. Monthly variation in crustacean assemblage (decapod and stomatopod) and its relationships with environmental variables in Laizhou Bay, China [J]. J Ocean Univ China, 15: 370 - 378.

Xia JG, Ma YJ, Fu C, et al, 2017. Effects of temperature acclimation on the critical thermal limits and swimming performance of *Brachymystax lenok tsinlingensis*: a threatened fish in Qinling Mountain region of China [J]. Ecol Res, 32: 61 - 70.

Yetsko K, Sancho G, 2015. The effects of salinity on swimming performance of two estuarine fishes, *Fundulus heteroclitus* and *Fundulus majalis* [J]. J Fish Biol, 86: 827 - 833.

Yu X, Zhang X, Duan Y, et al, 2010. Effects of temperature, salinity, body length, and starvation on the critical swimming speed of whiteleg shrimp, *Litopenaeus vannamei* [J]. Comp Biochem Physiol A, 157: 392 - 397.

Yu X, Zhang X, Zhang P, et al, 2009. Critical swimming speed, tail - flip speed and physiological response to exercise fatigue in kuruma shrimp, *Marsupenaeus japonicus* [J]. Comp Biochem Physiol A, 153: 120 - 124.

Zhang P, Zhang X, Li J, et al, 2007. The effects of temperature and salinity on the swimming ability of whiteleg shrimp, *Litopenaeus vannamei* [J]. Comp Biochem Physiol A, 147: 64 - 69.